本教材第4版曾获首届全国教材建设奖全国优秀教材二等奖

“十二五”普通高等教育本科国家级规划教材
教育部普通高等教育精品教材
普通高等教育“十一五”国家级规划教材

内燃机学

第5版

主　编　刘圣华
副主编　韩永强　王　忠　汪　映
参　编　王金华　杜家益　魏衍举
主　审　黄佐华

[本书资源，扫码观看]

机械工业出版社

本书是教育部普通高等教育精品教材。

本书从内燃机工作性能指标之间的运算关系、理论与实际循环和缸内燃烧过程三个基础理论方向，系统讲述内燃机工作的基本原理，并结合电控燃料供给系统、可变进气系统、增压小型化、高效排气后处理等技术，介绍内燃机实现节能减排的技术路线和潜力等。

本书共分 11 章，内容主要包括内燃机的性能指标、工作循环、燃料、缸内气体流动与混合气的形成及燃烧、排放机理及控制等，更新了柴油机燃烧着火过程及阶段划分内容，简化了燃料供给系统内容，突出介绍了现代内燃机节能减排的原理与技术方法，并包含有一定的内燃机使用和动力学与设计等内容。

本书为高等院校内燃机方向及相关专业本科生教材，也可供从事内燃机研究、设计制造及应用的人员参考。

本书配套齐全，不仅有配套的电子教案、习题答案，还有试卷及参考答案，向授课教师免费提供，需要者可登录机工教育服务网（www. cmpedu. com）下载。

图书在版编目（CIP）数据

内燃机学/刘圣华主编. —5 版. —北京：机械工业出版社，2024. 1 (2025. 6 重印)

“十二五”普通高等教育本科国家级规划教材　教育部普通高等教育精品教材　普通高等教育“十一五”国家级规划教材

ISBN 978-7-111-74251-7

Ⅰ. ①内…　Ⅱ. ①刘…　Ⅲ. ①内燃机-高等学校-教材　Ⅳ. ①TK4

中国国家版本馆 CIP 数据核字（2023）第 220958 号

机械工业出版社（北京市百万庄大街 22 号　邮政编码 100037）
策划编辑：尹法欣　　责任编辑：尹法欣
责任校对：梁　静　　封面设计：王　旭
责任印制：张　博
固安县铭成印刷有限公司印刷
2025 年 6 月第 5 版第 2 次印刷
184mm×260mm · 18 印张 · 441 千字
标准书号：ISBN 978-7-111-74251-7
定价：59.00 元

电话服务　　　　　　　　　　网络服务
客服电话：010-88361066　　机　工　官　网：www. cmpbook. com
　　　　　010-88379833　　机　工　官　博：weibo. com/cmp1952
　　　　　010-68326294　　金　书　网：www. golden-book. com
封底无防伪标均为盗版　　　　机工教育服务网：www. cmpedu. com

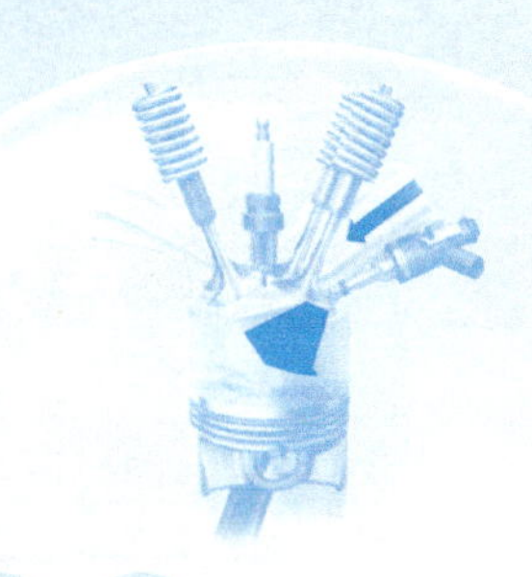

前言

我国每年的各型内燃机总产量逾7000万台，总功率超12亿kW，产销量均居世界首位，成就了其在我国装备制造业中的支柱地位。我国已全面实施国Ⅵ（非道路国Ⅳ）排放标准，先进的车用发动机热效率超过了54%，我国在内燃机工业领域已完成向研发设计与生产制造并重发展的制造强国的转型。为更好地反映我国改革开放40多年来内燃机领域的基础研究和工业发展成就，满足新工科建设对教学内容思想性、前沿性与时代性的要求，此次修订以新工科理念为先导，以高素质复合型人才需求为牵引，更新了部分内燃机学的教学内容，并更加注重专业特色、知识传授与能力培养的统一。

本书共11章，分为三部分：在基本知识方面，内容包括内燃机发展简史、中国内燃机工业发展简史和内燃机的典型构造与技术；在内燃机原理方面，有内燃机的性能指标、工作循环、燃料、混合气的形成和燃烧及污染物的生成与控制等内容，特别加强了现代内燃机节能减排新技术内容；在应用与设计方面，延续前版教材特点，内容涵盖内燃机的使用特性与匹配、内燃机动力学及概念设计。本书配有部分动画，扫描书中二维码即可观看。

本书为“九五”部级重点教材、普通高等教育“十五”“十一五”“十二五”国家级规划教材，以及教育部普通高等教育精品教材，2021年又被评为全国首届教材建设奖高等教育类全国优秀教材二等奖。书中内容注重理论与工程实践结合。随着国Ⅵ排放标准的实施，此次修订了内燃机的燃烧与排放控制等内容，以适应内燃机工业的发展变化，满足新的教学计划要求。本书由西安交通大学刘圣华教授任主编，吉林大学的韩永强教授、江苏大学的王忠教授和西安交通大学的汪映教授任副主编，刘圣华主要完成了第一~三章、第五章（部分内容）和第八章（部分内容）的编写，汪映编写了第四章和第八章（部分内容），韩永强编写了第六章（部分内容）、第九~十一章，江苏大学王忠和杜家益教授共同编写了第七章，西安交通大学的王金华教授和魏衍举副教授参编了第五章（部分内容）和第六章（部分内容），魏衍举副教授还对全书思政内容进行了修订。

本书的编写不仅得到了潍柴控股集团有限公司、广西玉柴机器集团有限公司、昆明云内动力股份有限公司、重庆长安汽车股份有限公司等单位的鼎力支持，还得到了许多内燃机同行的帮助，在此谨向对本书的编辑和出版做出贡献的所有人表示感谢。

内燃机科技发展日新月异，主要体现在内燃机的有效热效率的提升、先进的电子控制和高效排放后处理等几个方面。本书在承接前几版教材结构和内容的基础上，力求反映当今最新科技成果，但疏漏之处在所难免，恳请读者提出宝贵建议，聚焦内燃机专业特点和育人要求，帮助编者及本书不断进步。

前人栽树，后人乘凉。最后，在此深切缅怀周龙保教授、蒋德明教授等学者，感谢他们对本书的重要贡献。

编　者

常用符号

符号	名称	单位
A_{Fi}	示功图面积	
B	燃油消耗量	kg/h
BDC	下止点	
b_e	有效燃油消耗率	g/(kW·h)
b_i	指示燃油消耗率	g/(kW·h)
BSU	滤纸烟度	
c_p	比定压热容	kJ/(kg·K)
c_V	比定容热容	kJ/(kg·K)
D	气缸直径	mm
$dQ_B/d\varphi$	瞬时放热率	kJ/(°)(CA)
K	传热系数	$W/(m^2 \cdot K)$
H_u	燃料低热值	kJ/kg
i	气缸数	
κ	等熵指数	
l_0	化学计量空燃比	
n	发动机转速	r/min
n_1	压缩多变指数	
n_2	膨胀多变指数	
P_e	有效功率	kW
P_i	指示功率	kW
P_L	升功率	kW/L
P_m	机械损失功率	kW
p	压力	
p_a	环境压力	kPa
p_b	增压压力	MPa
p_{max}	最高燃烧压力	MPa
p_{me}	平均有效压力	MPa
p_{mi}	平均指示压力	MPa
p_{mm}	平均机械损失压力	MPa
q_m	质量流量	kg/s
q_V	体积流量	m^3/s
S	活塞行程	mm
T_a、t_a	环境温度	K,℃

符号	名称	单位
TDC	上止点	
T_{ex}、t_{ex}	膨胀终点温度	K,℃
T_{max}、t_{max}	最高燃烧温度	K,℃
T_r、t_r	排气温度	K,℃
T'_r、t'_r	残余废气温度	K,℃
T_{tq}	转矩	N·m
v_m	活塞平均速度	m/s
V_s	工作容积	L
X	燃烧百分率	
A/F	空燃比	
ε_c	压缩比	
η_{et}	有效热效率	
η_{it}	指示热效率	
η_m	机械效率	
η_s	扫气效率	
θ_{fj}	喷油提前角	(°)(CA)
θ_{ig}	点火提前角	(°)(CA)
λ	曲柄连杆比,热导率	
λ_p	压力升高比	
π_C	增压比	
ρ_o	初始膨胀比	
τ	冲程数(四冲程 $\tau=4$,二冲程 $\tau=2$)	
τ_i	滞燃期	ms
$\phi_a(\lambda)$	过量空气系数	
ϕ_c	充量系数	
φ_i	滞燃期	(°)(CA)
ϕ_r	残余废气系数	
ϕ_s	扫气系数	
ϕ_{tq}	转矩储备系数	
φ	曲轴转角	(°)(CA)
φ_c	凸轮轴转角	(°)(CA)
φ_j	喷油持续角	(°)(CA)
Ω	涡流比	

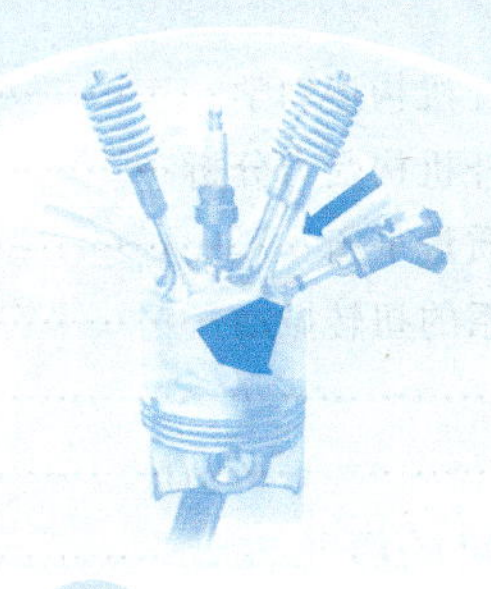

目录

第一章

概 论

第一节 内燃机发展简史

内燃机是一种燃料在机器内部燃烧释放能量对外做出机械功的热机。本书只介绍点燃式内燃机（汽油机，也能燃用其他高辛烷值燃料）和压燃式内燃机（柴油机，也能燃用其他高十六烷值燃料）。燃气轮机也是内燃机的一种，但它的工作原理与汽油机和柴油机的完全不同，因而不在本书讨论范围之内。内燃机的热效率高、结构简单、比质量小、比体积小、价格便宜、耐久可靠、运行成本低，且能够符合相关的排放法规，因而广泛应用于交通运输（陆地、内河、海上和航空）、农业机械、工程机械和发电等领域。

150 年来，内燃机的研究与发展凝聚了众多科学技术人员的聪明智慧，历史上具有重要影响的产品发明与制造大致如下：

一、大气压力式内燃机

1860 年，定居在法国巴黎的比利时人莱诺依尔（J. J. E. Lenoir，1822—1900）发明了大气压力式内燃机。该内燃机的工作过程是煤气和空气在活塞的前半个行程吸入气缸，然后被火花点燃，后半个行程为膨胀行程，燃烧的煤气推动活塞下行膨胀做功，活塞上行时开始排气行程。这种发动机在燃烧前没有工质压缩，膨胀比也较小，其热效率低于 5%，最大功率只有 4.5kW 左右。1860—1865 年共生产了约 5000 台。大气压力式内燃机及工作循环如图 1-1 所示。

奥托（Nicolaus A. Otto，1832—1891）和浪琴（Eugen Langen，1833—1895）受莱诺依尔煤气机的启发，发明了一种更为成功的大气压力式内燃机，并在 1867 年巴黎博览会上展出。它利用燃烧所产生的缸内压力升高，在膨胀行程时加速一个自由活塞和齿条机构，它们的动量将使气缸内产生真空，然后大气压力推动活塞内行。齿条通过滚轮离合器与输出轴相啮合，输出功率。这种发动机热效率可达 11%，共生产了近 5000 台。奥托-浪琴的发动机如图 1-2 所示。

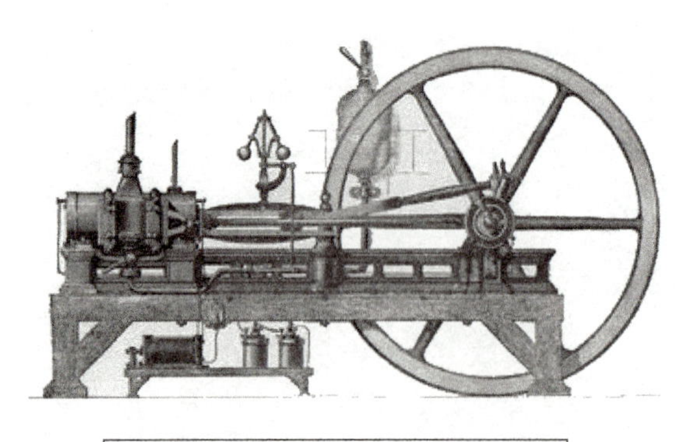

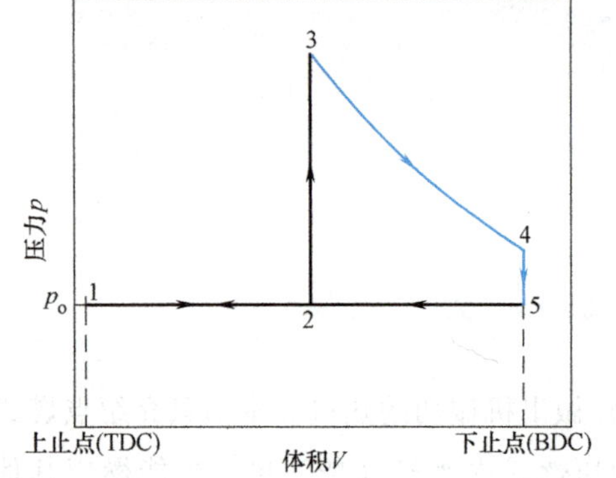

图 1-1 大气压力式内燃机及工作循环

图 1-2 奥托-浪琴的发动机

大气压力式煤气机虽然比蒸汽机具有更大的优越性，但仍不能满足交通运输业所要求的高速、轻便等性能要求。

二、四冲程内燃机

1876 年，奥托完成了一种四冲程循环的内燃机的发明制造。该机器拥有进气、着火前的压缩、燃烧膨胀与排气交替进行的四个活塞行程，克服了以前的大气压力式内燃机热效率低、质量大的缺点，使发动机的热效率提高到了 14%，而质量则减小了近 70%，从而能够有效地投入工业应用。至 1890 年，生产约 50 万台机器销往欧洲和美国。奥托的四冲程内燃机及工作循环如图 1-3 所示。

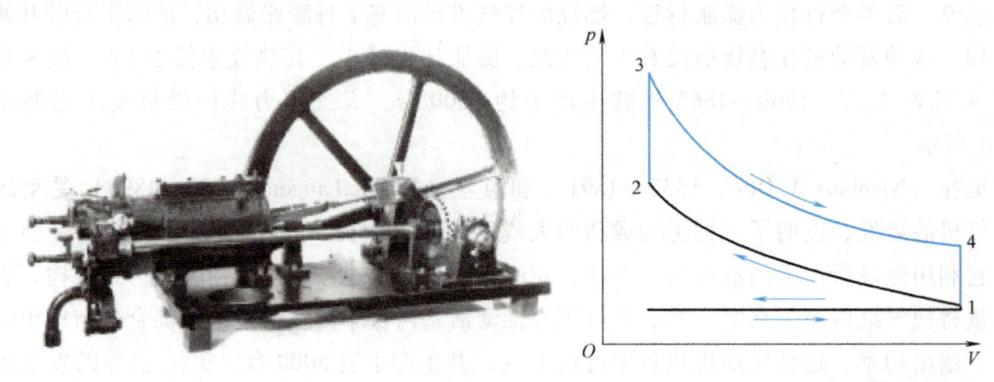

图 1-3 奥托的四冲程内燃机及工作循环

奥托（Nicolaus A. Otto）

1832 年出生于德国霍兹豪森镇，卒于 1891 年科隆。1860 年以后，陆续完成了多种内燃机制造技术的发明，1876 年完成了具有划时代意义的四冲程点燃式内燃机的发明创造。

三、二冲程内燃机

1878 年，英国人克拉克（Dugald Clerk，1854—1913）完成了一款通过顶置进气门轴流扫气的二冲程内燃机的发明（混合气由顶部气门进入气缸，与现在的轴流扫气方案正好相反）。

1897 年，德国人奔驰（Karl Benz，1844—1929）独立完成了与之类似的曲轴箱预压缩进气二冲程内燃机的发明。

四、压燃式内燃机

1892 年德国工程师狄塞尔提出了一种新型内燃机的专利，即在压缩终了将液体燃料喷入缸内，利用压缩终了气体的高温将燃料点燃，它可以采用大的压缩比和膨胀比，没有爆燃，热效率比当时其他的内燃机高一倍。这一发明在 5 年之后终于变成一个实际的机器，即柴油机。狄塞尔的柴油机及工作循环如图 1-4 所示。

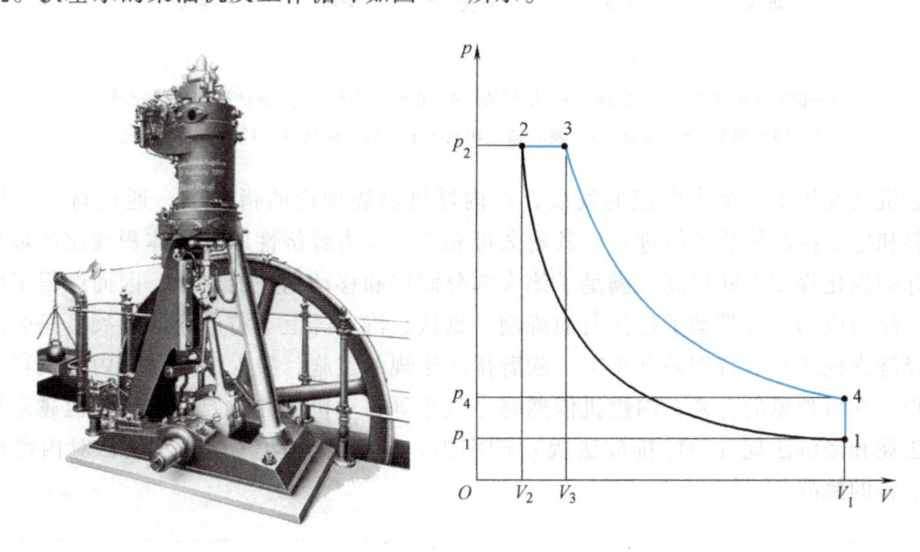

图 1-4 狄塞尔的柴油机及工作循环

狄塞尔（Rudolf Christian Karl Diesel）

1858 年出生于巴黎，卒于 1913 年。1893 年获得压燃式内燃机专利，并于 1896 年试制成功，1897 年完善为液体燃料喷射定压加热循环模式的水冷机型，是世界上第一台柴油机的发明者。

五、转子发动机

1957 年，汪克尔（F. Wankel）通过多年的努力，在成功地解决了密封与缸体震纹之后，实现了他的三角活塞转子发动机的发明。它的零件数少、体积小、转速高、质量小、功率大。除燃用汽油燃料外，转子发动机现在也可以燃用重质燃料，如柴油等，在赛车、无人机和小型发电机组等领域获得了较好的应用。汪克尔的发动机主要部件与工作原理如图 1-5 所示。

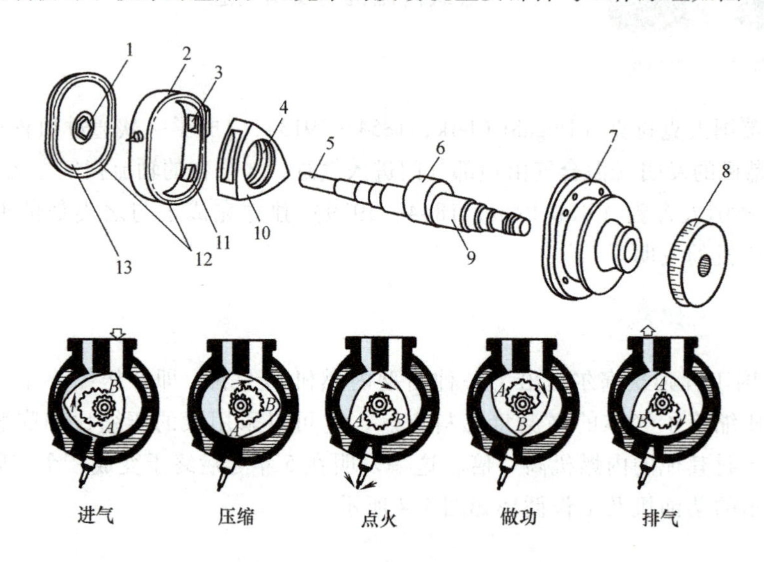

图 1-5 汪克尔发动机主要部件与工作原理

1—固定正时齿轮 2—缸体 3—排气道 4—正时内齿轮 5—驱动端 6—偏心轮
7、13—端盖 8—飞轮 9—偏心轴 10—转子 11—进气道 12—冷却水通道

内燃机已经历了一个半世纪的发展，在内燃机燃烧理论的指引下，通过材料、机械加工、燃料和电子控制等技术的进步，其耐久可靠性、动力经济性以及比体积或比质量功率等技术指标的强化程度不断提高，满足了绝大部分固定和移动用途的要求，因而取得了巨大的成功和广泛的应用，并带动了包括石油炼制、钢铁、汽车等上下游产业的发展，是名副其实的国民经济支柱产业。特别是近年来，随着排放法规的实施，极大地推动了内燃机科学与技术的进步。在可预见的将来，内燃机依然将是汽车等移动机械的主要动力源，但越来越严苛的排放法规和经济法规（CO_2 排放法规）的实施，特别是电动汽车的发展，对内燃机工作者提出了新的挑战。

第二节 中国内燃机工业发展简史

从 1908 年广州的均和安机器厂仿制成第一台煤气机开始，中国内燃机工业至今已经走过了百年。内燃机工业在中国的发展历史可以概括地分为内燃机工业初创期、内燃机工业体系的建设期和内燃机工业飞速发展期三个阶段。

一、内燃机工业初创期（1908—1949）

1901 年冬，上海出现由外国人带入的汽车，外国生产的内燃机作为商品也开始进入我国口岸。据统计，仅上海一地，先后有20多个洋行（外国人办的商行）在我国推销英、德、美、法等国生产的30多种型号的内燃机。由于内燃机在性能上比蒸汽机优越，有市场需求，继1908年广州的均和安机器厂的5.88kW单缸卧式煤气机及1915年广州的协同和机器厂制成的第一台29.4kW烧球式柴油机之后，1924年上海新祥和机器厂制成了11.76kW和17.05kW等5种不同规格的压缩着火四冲程低速柴油机。上海新中工程公司于1929年制成我国第一台功率为26.47kW双缸柴油机，1937年仿制出35马力（1马力=735.499W）的帕金斯（Perkins）高速柴油机，1939年仿制出1800r/min、65马力的MAN高速车用柴油机，并参照生产出1500r/min、45马力的煤气机。这表明中国内燃机工业已由制造结构比较简单的单缸卧式低速柴油机，发展到能够制造技术要求较高的多缸柴油机和车用高速柴油机。

1949年，全国内燃机总的生产能力为7000kW左右，从1908年到1949年累计生产内燃机不足14万kW，内燃机生产厂家主要分布在广州、上海、无锡、常州、福州、昆明、太原、长沙和天津等地。

二、内燃机工业体系的建设期（1950—1979）

1. 内燃机工业体系初建期（1950—1957）

1949年新中国成立后，在经济建设恢复的3年（1950—1952）期间，我国的内燃机工业迅速得到了恢复。上海柴油机厂试制成功110系列柴油机，天津动力机厂研制成功4146柴油机，上海与天津建立油泵油嘴生产点。至1952年，我国内燃机产量就达到了3万kW。

在第一个五年计划（1953—1957）期间，通过自主开发、仿制和接受援建等，我国建成了内燃机工业第一批骨干企业，如现在的知名企业上海柴油机厂、无锡柴油机厂、济南柴油机厂、潍坊柴油机厂、河南柴油机厂、陕西柴油机厂、常州柴油机厂、宁波动力机厂等，并着手按专业化生产方式组织内燃机配附件生产，形成完整系列的小功率单缸到多缸大功率柴油机及多种型号的汽油机的开发与生产能力。最值得纪念的当属1956年在长春建成年产3万辆装载质量为4t的解放牌汽车的第一汽车制造厂，同时生产功率为66kW的CA10型六缸汽油机。同年，南京汽车厂开始生产功率为37kW的NJ-50型四缸汽油机，等等。到1957年，全国知名的内燃机骨干企业已有34家之多，内燃机产量已经达到50万kW，我国内燃机工业已初具规模。这一时期引进机型虽然不多，但引进的是成套技术和装备，对我国内燃机工业的大量生产起到了示范作用，为后续发展奠定了基础。

2. 内燃机工业体系建设期（1958—1979）

1958年，上海柴油机厂试制成功了可与汽车、工程机械、船舶、农业机械、发电机等多种用途配套的135系列柴油机，它是我国由仿制到自行设计、由小批量转为大批量生产的第一个中小功率系列柴油机。

在拖拉机与农用柴油机方面，1959年建成了洛阳第一拖拉机厂，生产东方红54型履带式拖拉机与4125型柴油机。该厂从苏联引进了柴油机先进生产技术与由专用机床组成的流水生产线，引进了具有当时国际先进水平的油泵油嘴生产技术与检测设备。天津拖拉机厂引进并生产东方红40拖拉机和4105型柴油机。北京内燃机总厂引进与铁牛55型拖拉机配套的4115型柴油机。在当时的农业机械部的领导组织下，有关工厂还先后研制开发了多种型号（165、175、195系列）的小型单缸农用柴油机，推动了我国农业机械化进程。

在大功率柴油机方面，我国自行设计了12V180型机车用柴油机、6250Z型增压柴油机

（用于发电与船舶）以及6300系列柴油机（用于船用、发电、排灌）等。

在排气涡轮增压器与增压柴油机方面，1958年新中动力机厂研制成功我国第一台轴流式T250X型排气涡轮增压器及882kW的8L350Z型柴油机，之后有关单位先后研制成功10号径流式增压器（配6135型柴油机）和12号径流式增压器（配6160型柴油机）。

20世纪60年代中期，全国已建成内燃机主机生产厂家近百家，零部件企业超过200家，成立了上海内燃机研究所、山西车用发动机研究所、天津内燃机研究所和上海船用柴油机研究所及长春汽车研究所、洛阳拖拉机研究所、大连热力机车研究所（大连内燃机车研究所）、中国农业机械化科学研究院等科研单位，天津大学、上海交通大学、西安交通大学、吉林大学（吉林工业大学）等30多所高等院校设立了内燃机专业，形成产学研相结合的科技攻关联合队伍，初步完成了系统全面的内燃机工业建设。

“文革”时期，为了到1980年基本上实现农业机械化，片面强调内燃机工业主要为农业机械化服务，内燃机企业盲目发展，低水平重复建设，内燃机企业从60余家猛增到270多家，内燃机产量也从1280万kW增长到1840万kW。内燃机工业在产品结构、技术、工艺和管理等低水平趋同。期间，虽然有二汽10万台的车用汽油机的建成投产，船舶、铁道、军工等部门研制并投产了多种新的内燃机型，在内燃机的生产数量和品种发展上仍有较大的进步，但总的来说只是生产规模的扩大，技术进步不显著，拉大了与国外先进技术水平的差距。

三、内燃机工业飞速发展期（1980—现在）

十一届三中全会以后，我国实行改革开放的政策，国民经济进入快速发展通道，中国汽车和内燃机工业也迎来全面发展的新时代。内燃机工业进行了一系列调整整顿工作，通过引入市场机制，推行全面质量管理，引进国外先进技术和对企业进行技术改造等，我国内燃机的技术水平有了明显提高。这一时期引进与技术合作开发的新产品种类繁多，主要有：摩托车汽油机和小型通用汽油机；微型汽车和桑塔纳、捷达、富康、通用、本田等轿车汽油发动机；依维柯索菲姆、日本五十铃、康明斯和斯太尔等系列柴油机。船机方面一般采用引进许可证协议的方式生产，如日本大发、MAN、法国热机协会的PA与PC系列柴油机等。此外，还有许多工厂完成了老机型的技术升级改造，并积极开发新机型。整机生产的大发展带动了诸如活塞、增压器、燃油系统及汽车电子和尾气净化器等一大批零部件行业和企业的陆续崛起。

2000年以来，我国国民经济的壮大和人民生活水平的提高，带动了汽车工业的快速发展，汽车产销量由2000年的200万辆左右发展到2015年的2450多万辆。2010年以来，我国内燃机年产量连续保持在7300万台以上的规模，总功率达15亿kW左右。我国已成为全球内燃机生产和使用大国，内燃机的设计开发水平也有了很大提高，满足了汽车、摩托车、工程机械、发电以及船用配套在规模和技术水平上不断提高的需求，内燃机工业发展取得了举世公认的成就。与此同时，内燃机工业积极实施走出国门的战略，完成了一系列战略合作与兼并，中国内燃机工业已融入世界内燃机工业体系。目前，我国已成为内燃机生产制造大国，汽车与内燃机产品国际市场的激烈竞争，将持续有力地推动我国内燃机工业的技术进步，逐步使我国成为内燃机创新创造强国。

随着我国汽车保有量的增加，为控制汽车排气对环境的污染，相继发布和实施了不同阶段的汽车排放标准。我国从2000年起实施国Ⅰ汽车排放标准，经过20余年的发展，全国范围内2020年7月全面实施国ⅥA排放标准，2023年7月开始执行国ⅥB阶段排放标准。不同阶段排放标准的实施，有力推动了我国内燃机工业和技术的发展。

随着“十四五”规划、《内燃机产业高质量发展规划（2021—2035）》的实施，内燃机出现了向高效清洁燃烧、智能控制、智能制造、燃料多元化应用方向发展的新局面。同时，“双碳”目标也正在深刻影响着内燃机行业的发展，内燃机的热效率要超过50%，排放向国Ⅶ升级，燃料向氢、氨、生物质等低碳燃料转型，同时融合智能化和电气化。随着内燃机产业的不断创新发展，我国已迈入内燃机制造大国强国之列。

第三节　内燃机的典型构造与技术

内燃机燃用经济而又高能的石油基燃料，以其低价、高效、高动力性、坚固耐用和排放符合法规等优点，在道路和非道路及其他众多领域获得了大量的应用。

内燃机种类及分类方法有很多，均可按着火方式分为点燃式和压燃式两类，按常见用途又可分为小型汽油机（主要有通用小型汽油机和摩托车汽油机）、车用发动机、非道路车辆用发动机、船用和固定用途发动机4类。不同用途的内燃机工作过程和原理虽然是相同的，但在结构和燃烧与排放控制等方面具有不同的特点，以下仅就车用汽油机和柴油机做一简单介绍。

一、车用汽油机

车用汽油机是人们最为熟知的一类，广泛用于轿车、轻型车和微型车，气缸数为3~12缸不等，它们的平衡性好，输出转矩较为均匀，满足汽车驾驶性的要求。1.2L排量以下为3缸，1.2~2.5L排量的发动机以直列四缸机居多，六缸机的排量通常为2.5~4.5L，一般采用V形布置方案。V8和W12缸机也是常用的发动机机型，它们结构紧凑，排量更大，可以输出非常高的转矩和功率。

追求卓越、满足社会节能减排和人们消费的需求，带动了车用汽油机技术的不断进步，诸如可变气门正时（VVT）、汽油缸内直喷（GDI）、小型轻量化（Downsizing）、增压（Super/Turbocharging）及可变增压（VGT）等技术，大大提高了发动机和整车的燃油经济性，减少了有害气体和CO_2温室气体的排放。

各大汽车公司，尤其是乘用车公司，均有自己的发动机厂家，便于整车传动系统的调校，在此不可能一一列举全部的发动机及其特征等，下面仅以长安汽车股份有限公司的进气道喷射、缸内直喷和混合动力汽油机为例，做一些简单介绍。

1. 进气道喷射汽油机

进气道喷射汽油机，由于喷油压力低对燃油供给系统要求不高，能够实现燃油供给量的较精确控制以及各缸之间的均匀分配，满足现阶段对排放控制的要求。成本低的优势使其仍然成为当前阶段乘用车的主要动力配置方案。

图1-6所示为长安汽车股份有限公司生产的H16DVVT发动机外观及剖视图，其基本性能参数见表1-1，为直列、4缸、四冲程、电控多点进气道顺序喷射、水冷汽油机。发动机采用双顶置凸轮轴（DOHC）驱动16气门、液压挺柱和滚子摇臂减摩配气机构，配双可变气门正时（DVVT）和高滚流燃烧系统。H16DVVT的电控系统为德尔福公司的Delphi-MT62

或博世公司的 Bosch-MT1788。排放控制方面，采用前氧 λ 闭环，单级催化紧耦合布置，加快三效催化器起燃，有效转化尾气排放物，配备车载故障诊断系统（OBD Ⅱ），能满足国Ⅵ排放标准。

表 1-1 H16DVVT 发动机的基本性能参数

机型	缸径×行程	排量	压缩比	最大功率/转速	升功率	最大转矩/转速	最低燃油消耗率
	mm	mL	—	kW/(r/min)	kW/L	N·m/(r/min)	g/(kW·h)
H16DVVT	78×83.6	1598	10.8	92/6000	58	160/4000~5000	238

该机型搭载于长安逸动、悦翔 V7、CS35 等多款乘用车，有 MT、AT 及 DCT 三种不同传动配置，几种车型百公里油耗为 6.2~7.2L 不等，具有低油耗和优异的 NVH 性能，目前已累计投放市场近 100 万台。

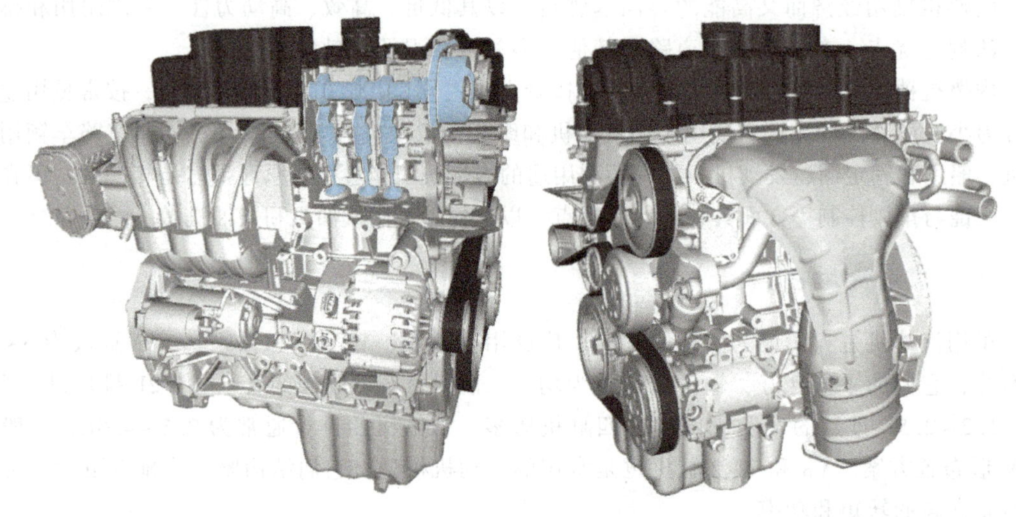

图 1-6 H16DVVT 发动机外观及剖视图

2. 缸内直喷汽油机

缸内直喷汽油机是将汽油经喷油器直接喷入气缸，相比于气道喷射方式，避免了进气道黏附油膜现象，更易实现精准控制喷油。通过匹配废气涡轮增压器，进一步提高发动机的动力性和经济性，降低整车燃油消耗。

图 1-7 所示为长安汽车生产的 H15TGDI 发动机外观及剖视图，其基本性能参数见表 1-2。该发动机为直列 4 缸四冲程水冷汽油机，采用 DOHC 驱动 16 气门，双可变气门正时，滚子摇臂和轻量化小轴颈低摩擦设计技术；电控系统为德尔福公司的 Delphi-MT92，缸内直喷系统采用德尔福高压燃油喷射油轨，喷射压力可达 15MPa，喷油器为 6 孔，喷雾粒径小于 10μm，充分保证燃油的雾化均匀和混合，配合高滚流燃烧系统，提高燃烧效率和燃油经济性；增压系统采用博格华纳公司的排气涡轮增压器，实现发动机的小型化，提高升功率；排放控制方面，采用前氧 λ 闭环，两级催化控制：前置催化器快速起燃，减少起动阶段污染物排出，后级催化器满足高排气流量下的废气转化能力需求，有效转化尾气排放物，配备车载故障诊断系统（OBD Ⅱ），能满足国Ⅵ排放标准，可升级至欧Ⅵ排放标准。

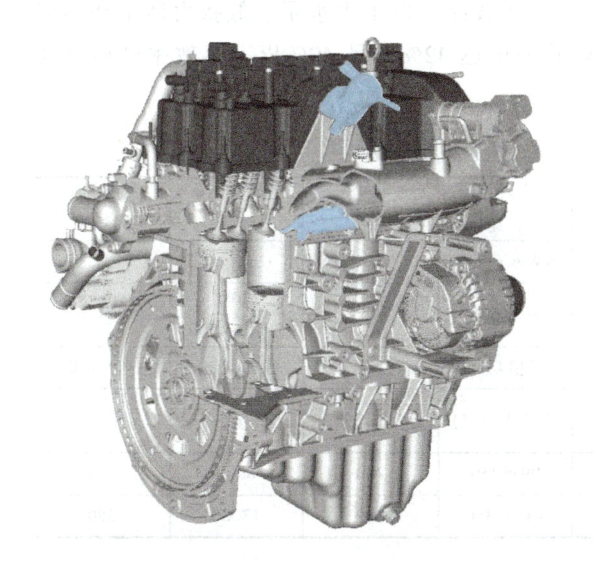

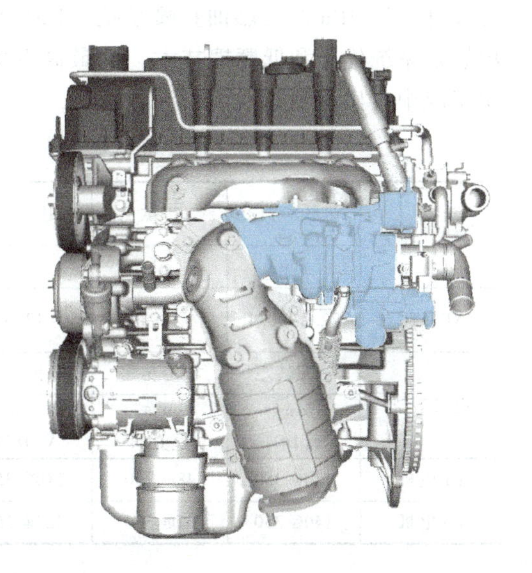

图 1-7 H15TGDI 发动机外观及剖视图

表 1-2 H15TGDI 发动机的基本性能参数

机型	缸径×行程	排量	压缩比	最大功率/转速	升功率	最大转矩/转速	最低燃油消耗率
	mm	mL	—	kW/(r/min)	kW/L	N·m/(r/min)	g/(kW·h)
H15TGDI	76×82.6	1499	10	125/5000~5500	83.3	230/1950~4500	241

该机型匹配长安逸动，从起动到100km/h实测加速时间为8.86s，具有优秀的动力性能。虽然该机为抑制爆燃倾向，设计采用了较低的压缩比，并适当加强了冷却、润滑，再加上凸轮轴驱动的高压燃油泵等，相比H16DVVT发动机在相同转矩下的油耗略有升高，但与目前2.0L自然吸气发动机相比，在相同动力性的条件下，可使如长安睿骋、CS75等高级别车型的整车油耗下降10%以上。

3. 混合动力专用汽油机

随着乘用车动力电气化的快速发展，以及对超低能耗要求的不断提升，混合动力汽油机的开发已由传统燃油发动机设计理念逐步转向混合动力专用化设计，并在结构和性能方面形成一系列的差异化特点。由于电气化下电机的动力补偿和工况辅助调节能力不断增强，发动机的运行区域变得更加集中，高热效率已逐渐成为首要开发目标。主流的混合动力专用汽油机设计特点和应用技术包括高压缩比设计、大的行程/缸径比设计、米勒/阿特金森循环、排气再循环、高能点火以及电气化附件等。基于上述技术方案，即便在当量燃烧的情况下，汽油机有效热效率也已普遍超过40%。另一方面，对于电动化场景应用占比较大，发动机使用频次明显较低的情况，混合动力专用汽油机也可适当进行技术简化，在成本与性能之间寻求平衡，例如由缸内直喷改为进气道喷射、双可变配气正时系统改为单可变配气正时系统、取消全可变润滑油泵等。

图1-8所示为长安汽车研发的一款与双电机混联电驱系统匹配的混合动力专用汽油机——蓝鲸NE15TG，其主要参数见表1-3。该款汽油机为一台1.5L直列4缸增压直喷发动机，压缩比为13，主要采用深度米勒循环和低压冷却排气再循环技术以抑制爆燃，同时增加膨胀比，降低传热损失。此外，该款汽油机还采用了1.25行程/缸径比设计、高滚流进气

道设计、35MPa 高压燃油直喷系统、120mJ 高能点火线圈、电子主水泵、低张力活塞环等多项燃烧系统优化和低摩擦技术，其最高有效热效率可达 42%，且 40%以上热效率区域在使用工况中占比达到 60%。

表 1-3 长安蓝鲸 iDD 混合动力系统主要技术参数

发动机型号	缸径×行程	排量	压缩比	额定功率@转速	升功率	最大转矩@转速	最低燃油消耗率
	mm	mL	—	kW@ r/min	kW/L	N · m@ r/min	g/(kW · h)
NE15TG	72.5×90.4	1494	13.0	110@ 5000	73.3	230@ 2000～4500	201.6
电机类型	额定转矩	额定功率	峰值转矩	峰值功率	最高反电动势	最高转速	堵转力矩
	N · m@ V(DC)	kW@ V(DC)	N · m@ V(DC)	kW@ V(DC)	V(DC)	r/min	N · m
P1 电机	130@ 350	48@ 350	210@ 350	99@ 350	700	6000	210
P3 电机	140@ 350	67@ 350	320@ 350	145@ 350	700	13000	280

图 1-8 长安蓝鲸 iDD 混合动力总成

4. 汽油机的结构与技术分析

乘用车用汽油机的压缩比较小，缸内燃烧最高压力较低，所以整机机械负荷低，机体缸盖可以采用铝合金材料，传热性能好，整机重量轻。发动机的机械负荷较小，可以进一步采用轻量化活塞连杆曲轴和低摩擦活塞及环组设计，提高发动机的机械效率。

汽油机采用火焰传播燃烧方式，需要进气滚流，以提高燃烧过程的湍流强度；燃烧室为蓬顶形，火花塞置顶，火焰传播距离短，能够缩短燃烧持续期，为提高发动机的压缩比和降低汽油辛烷值，提高发动机循环的热效率等，提供了结构保证。

汽油机燃烧均质混合气，采用变量调节，在活塞吸气过程，由于活塞前后压差产生吸气负功，影响循环效率和燃油经济性，采用可变进气正时，或进排气双可变正时，不仅能够减少进排气损失，还能够实现压缩比和膨胀比不同的循环方式，进一步提高发动机热效率和降低排放。

发动机转速高，进排气流速快，易出现超临界流动状态，进排气流动阻力大。为提高发动机的充量系数，保障动力性，DOHC 驱动的 4 气门结构和 VVT 已成为其系统的标准配置。

近年来，为落实“双碳”目标，关注燃油经济性和低碳排放的混合动力系统成为汽车产业的一个重要发展方向。从现有的混合动力技术看，针对 HEV、PHEV 和 REEV 等混合动力架构，研发混合动力专用发动机及配套的专用变速器是势在必行。

二、车用柴油机

中重型货车（含低速货车）及客车等道路运输车辆几乎全部使用柴油机作为动力，有的轿车和皮卡也采用柴油机作为动力，这些柴油机以四缸机和六缸机为主，缸径一般在 80mm 以上，其中轿车和皮卡用的缸径较小，转速较高，载货汽车按动力性要求匹配不同排量和强化程度的柴油机，要求转速低、转矩大。

下面以云内动力、潍柴和玉柴等公司的柴油机为例，说明现阶段轻型车用柴油机和中重型车用柴油机的典型结构和技术特征。

1. 轻型车用柴油机

国内柴油轿车较少，只有一些 SUV、皮卡等类轻型的柴油版车辆。通过增压强化，柴油机的升功率也可以达到较高的水平。柴油机的压缩比大，再加上无节气门节流，泵气损失小等，使柴油机的热效率明显高于汽油机。与同级别的汽油车辆比较，柴油车辆节能在 20%以上，相应地降低了二氧化碳排放，因而乘用车也有柴油化的发展趋势。

图 1-9 所示为昆明云内动力股份有限公司生产的 D20TCI 系列柴油机的横纵剖视图。通过改变冲程的办法，该公司还开发出了 1.6L 和 2.1L 系列柴油机。表 1-4 为 D20TCI 系列柴油机的主要性能参数，表 1-5 是其技术方案的对比。

表 1-4　D20TCI 系列柴油机的主要性能参数

发动机型号	国Ⅳ	国Ⅴ	国Ⅵ
发动机形式	直列、4 缸、水冷、4 气门、双顶置凸轮轴		
进气方式	增压中冷		
(缸径/mm)×(行程/mm)	81×97		
总排量/L	1.999		
(标定功率/kW)/[转速/(r/min)]	75/3600	85/3600	103/3200
(最大转矩/N·m)/[转速/(r/min)]	250/2000	285/1600～2600	350/1600～2400
升功率/(kW/L)	37.52	42.52	51.53
最低燃油消耗率/[g/(kW·h)]	203		
噪声/dB(A)	67(怠速),92(额定转速)		
外形尺寸(长/mm)×(宽/mm)×(高/mm)	810×700 ×700		

表 1-5　D20TCI 国Ⅳ、国Ⅴ、国Ⅵ系列柴油机的技术方案对比

发动机型号	国Ⅳ	国Ⅴ	国Ⅵ
共轨喷射系统	Bosch	Bosch	Bosch
电控软件平台	EDC17CV54	EDC17CV54	MD1CC878
最高喷射压力/MPa	160	160	200
缸内最高爆压/MPa	15	16	18
增压器	WGT 废气涡轮增压	WGT 废气涡轮增压	WGT 废气涡轮增压

（续）

发动机型号	国Ⅳ	国Ⅴ	国Ⅵ
进气涡流控制	无	无	无
进气节流控制	无	无	无
EGR 控制系统	有	无	无
EGR 冷却	有	无	无
排气后处理	DOC+POC	DOC+SCR	DOC+DPF+SCR+ASC

注：DOC—柴油机氧化催化反应器，DPF—柴油机颗粒物捕集器。

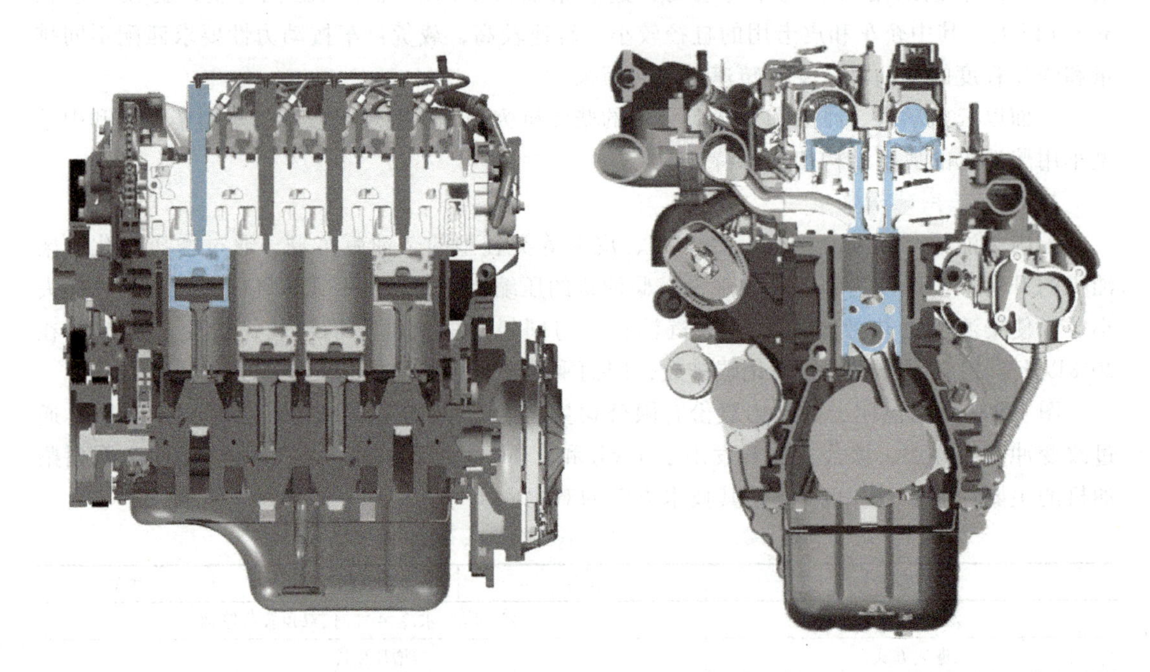

图 1-9 云内动力 D20TCI 系列柴油机的横纵剖视图

表 1-5 中几款柴油机整体结构相当，采用无缸套龙门结构强化机体，四缸一盖，双顶置凸轮轴驱动 16 气门，链条正时传动系统，增压中冷，双质量飞轮等。不同之处在于按照不同的排放标准，配置了不同压力的 Bosch 共轨燃油喷射系统、可变截面涡轮增压及电子控制系统。尾气排放控制采用 DOC、DPF 和 SCR 等后处理技术，使全系列发动机可以满足道路国Ⅵ和非道路国Ⅳ等排放标准，可匹配不同用途的车辆、农业机械、工程机械及固定动力等。

2. 中重型车用柴油机

国内知名品牌的中重型柴油机主要有潍柴、玉柴、一汽锡柴、东风康明斯等公司生产的多种型号的柴油机，以 6 缸机居多，缸径为 100～130mm、排量为 6～13L，功率覆盖范围为 130～400kW，而且同一机型也往往覆盖一定的功率范围，可供不同的车辆选用。

（1）潍柴机器 潍柴集团生产众多型号的柴油机和气体机等，最著名的当属 WD615 和 WD618 及由此发展而来的 WP10 和 WP12 系列柴油机，其主要技术性能参数见表 1-6。图 1-10 所示为 WP10 柴油机的外观和纵横剖视图。

表 1-6　WP10 和 WP12 系列柴油机的主要性能参数

机器型号	(缸径/mm)×(行程/mm)	排量/L	(最大转矩/N·m)/[转速/(r/min)]	(标定功率/kW)/[转速/(r/min)]	外特性最低油耗率/[g/(kW·h)]
WP10	126×130	9.7	1800~1900/1000~1400	276~294/1900	181
WP12	126×155	11.6	2060~2300/1000~1400	316~360/1900	181

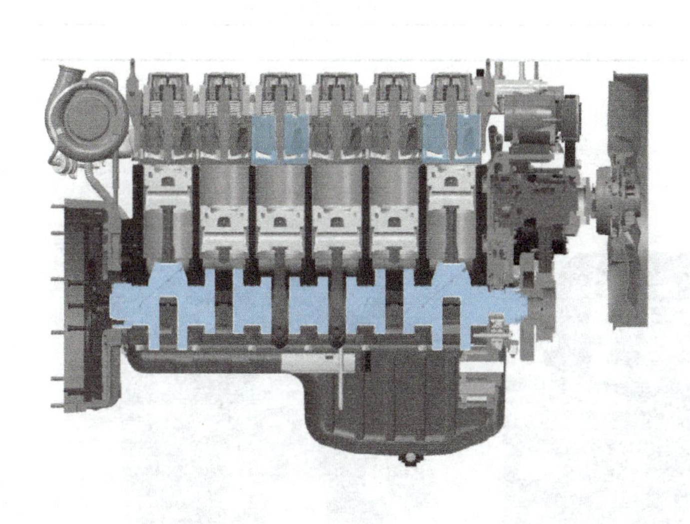
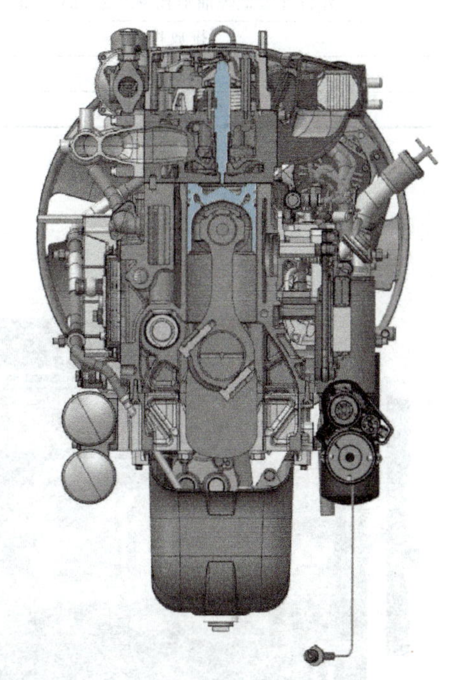

图 1-10　WP10 柴油机的外观和纵横剖视图

WP 系列柴油机采用一缸一盖，2 进 2 排的 4 气门结构，干式气缸套与阻尼式整体框架结构的机体，具有机体刚度高，机械负荷承载能力强，NVH 性能好的特点。增压中冷进气，全新的低油耗大凹槽容积、大弧脊半径的燃烧室，配 Bosch 电控高压共轨喷射系统。在排气后处理技术方面，采用高效尿素选择性催化转化装置（Hi-SCR），控制柴油机 NO_x 排放。通过燃烧优化，再配合 DOC 和 DPF 尾气后处理等手段，能够满足我国国Ⅳ、国Ⅴ和国Ⅵ不同阶段排放法规的要求。

(2) 玉柴机器　广西玉柴机器股份有限公司生产多型号的柴油机，可与货车、客车、乘用车、专用车、农用车、发电机组、轮船等配套使用。表 1-7 为玉柴 YCK13 国Ⅵ系列车用柴油机的一些主要技术性能参数，其缸径为 129mm，活塞行程为 165mm，发动机的总排量为 12.94（13）L，该系列柴油机的功率范围覆盖 390~440kW。图 1-11 所示为其纵横剖视图。

YCK13 系列柴油机采用 6 缸一盖整体气缸盖集成进气道结构，采用单顶置凸轮轴 2 进 2 排的 4 气门结构，增压中冷进气。湿式缸套配龙门式对称气缸体，侧压主轴承盖配合底部加强板，提高机体刚度。发动机热管理，top-down 缸盖入机体冷却技术，降低缸盖热负荷。配

200MPa Bosch 共轨燃油喷射系统，燃烧室设计爆压 22MPa，排放满足国Ⅵ标准。

表 1-7 玉柴 YCK13 国Ⅵ系列车用柴油机的一些主要技术性能参数

(缸径/mm)×(行程/mm)	129×165
总排量/L	12.94
(额定功率/kW)/[转速/(r/min)]	441/1900
(最大转矩/N·m)/[转速/(r/min)]	2600/950~1400
外特性最低燃油消耗率/[g/(kW·h)]	187
排放控制	高压共轨+DOC+DPF+Hi-SCR+ASC
排放标准	国Ⅳ,国Ⅴ,国Ⅵ
噪声/dB(A)	≤96

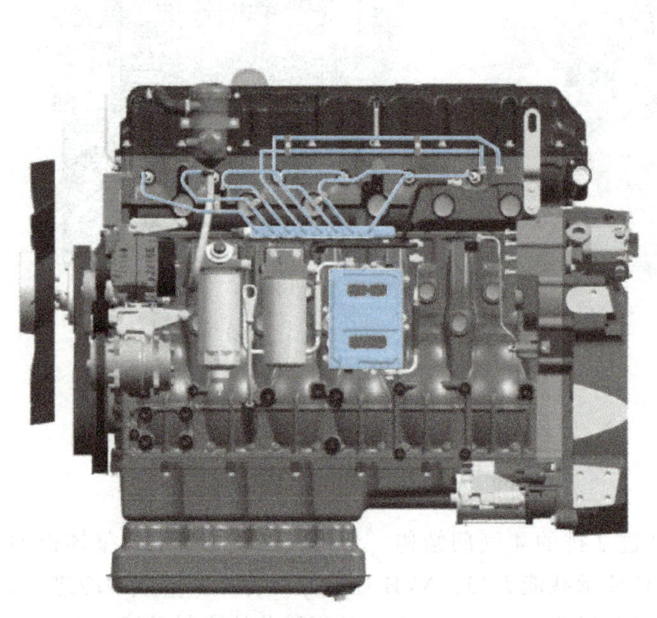
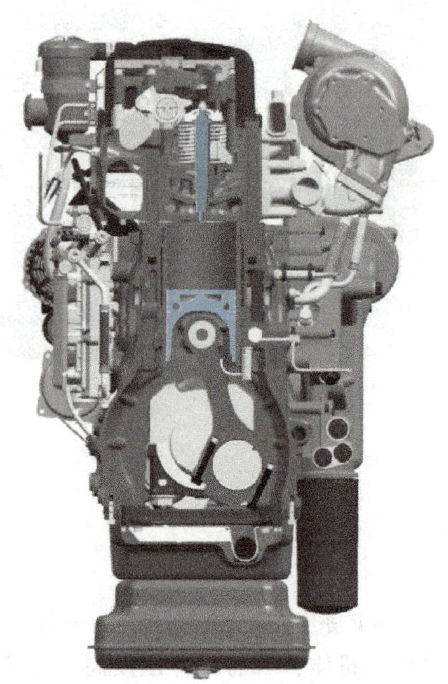

图 1-11 YCK13 系列车用柴油机的外观与纵横剖视图

3. 车用柴油机的典型构造和技术分析

在柴油机结构设计方面，整机要达到 20MPa 以上的缸内最高爆发压力的要求，需要控制缸盖、机体和缸套的变形，提高发动机的可靠性和耐久性，并降低振动噪声。气缸盖需要采用合金铸铁、双层水套和弧面结构等。由于缸内温度和压力的提高，铝活塞逐步被钢活塞替代，气缸垫的密封也需要特别注意。在配气系统方面，采用 VGT 增压或两级增压带中冷，DOHC 驱动 4 气门，中等进气涡流或可变进气涡流。在燃烧室布置方面，配 200MPa 以上的高压共轨燃油多次喷射系统，除传统意义上的燃烧室匹配外，还需要考虑采用不同的燃烧模式，以提高发动机的热效率和降低排放。为提高发动机的机械效率，需要采用变压润滑、电动水泵和冷却风扇等诸多发动机热管理技术，轴承轻量化与滑动摩擦滚动设计等低摩擦技术。在排放控制方面，为满足日益严格的排放法规，冷 EGR、SCR、DOC 和 DPF 等将成为必不可少的减排措施。

参考文献

[1] 周龙保，刘忠长，高宗英．内燃机学［M］．3版．北京：机械工业出版社，2013.

[2] HEYWOOD J B. Internal Combustion Engine Fundamentals［M］. New York：McGraw Hill，1988.

[3] 李斯特H，匹辛格A. 内燃机设计总论：内燃机全集新版第一卷［M］. 高宗英，译．北京：机械工业出版社，1986.

[4] WIKIPEDIA. History of the internal combustion engine［OL］.［2016-05-20］https：//en. wikipedia. org/wiki/History_ of_ the_ internal_ combustion_ engine.

[5] 中国内燃机工业协会．中国内燃机工业诞辰一百周年纪念文集［C］. 北京：机械工业出版社，2008.

[6] 科普中国．中国汽车工业-百度百科［OL］.［2015-01-06］http：//baike. baidu. com

[7] 关晓武．中国汽车工业发展史略［J］. 机械技术史，1998（00）：461-467.

[8] 张柏春．上海新中工程公司仿制汽车发动机技术的初步考察［J］. 中国科技史，1991，12（4）：32-37.

[9] 李健中，袁锡潘，汪大明．135系列柴油机的发展［J］. 上海机械，1964（10）：13-17.

[10] 马碧霞．近年来我国引进国外技术、合资生产的内燃机产品汇总［J］. 内燃机，1999（05）33-37.

[11] 姚春德．内燃机先进技术与原理［M］. 天津：天津大学出版社，2010.

[12] 李骏．汽车发动机节能减排先进技术［M］. 北京：北京理工大学出版社，2011.

[13] 内燃机工业年鉴编辑委员会．内燃机工业年鉴［M］. 上海：上海交通大学出版社，2010~2014.

[14] 何学良．内燃机燃料［M］. 北京 ：中国石化出版社，1999.

[15] 李勤．现代内燃机排气污染物的测量与控制［M］. 北京：机械工业出版社，1998.

思考与练习题

1-1 内燃机的发明对工业化进程的影响。

1-2 内燃机燃料与润滑油对内燃机技术进步的作用。

1-3 我国内燃机引进技术消化与吸收存在的问题。

1-4 车用内燃机技术发展趋势分析。

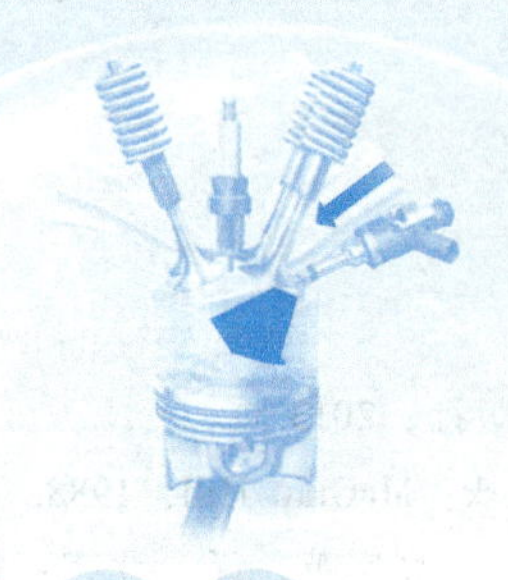

第二章 内燃机的性能指标

为了便于比较内燃机的动力性、经济性等工作性能，对内燃机的工作状态设计了一些工作指标参数。内燃机的工作指标参数很多，主要有动力性能指标参数（功率、转矩、转速等）、经济性能指标参数（燃料与润滑油消耗率等）、运转性能指标参数（冷起动性能、噪声和排气品质等）和耐久可靠性指标参数（大修或更换零件之间的最长运行时间与无故障长期工作能力）等。

本章主要分析表征动力性能指标和经济性能指标的各种参数及其相互关系，一些关于排放和其他一些运转性能指标将在本书的其他章节中分析讨论。

第一节　示功图与指示性能指标

一、示功图

内燃机燃料燃烧产生的热量是通过气缸内工质所进行的工作循环转化为机械功的。内燃机的工质在燃烧前是燃料与空气的混合物，燃烧后即为燃烧产物。燃料燃烧所释放的热量加热工质，使工质的温度压力升高。气缸中工质的压力作用在活塞顶上，通过曲柄连杆机构的运动配合，在克服了内燃机内部各项损失后，经由曲轴对外输出。因此，要研究内燃机的动力性能和经济性能，应首先对内燃机工作循环中热功转换的质和量两方面加以分析。

内燃机气缸内部实际进行的工作循环是非常复杂的，为获得正确反映气缸内部实际情况的试验数据，通常利用压电传感器测量缸压的变化，并经转换和计算机数据采集记录，获得不同曲轴转角时气缸压力的变化历程，即所谓的 p-φ 示功图（图 2-1）。p-φ 示功图可以通过活塞的曲柄连杆机构运动学关系计算，转化为气缸工作容积对压力的变化关系，即 p-V 示功图（图 2-2）。需要说明的是，由进气和排气行程组成的发动机换气过程的示功图部分（也叫作低压示功图），由于气缸压力低，而压电传感器的量程又较高，一般不能够准确地采集到缸压，需要根据经验进行计算转换。此外，传感器还存在零点漂移等问题，也需要实时修正。

由示功图可以观察到内燃机工作循环的不同阶段（进气、压缩、燃烧膨胀和排气）的

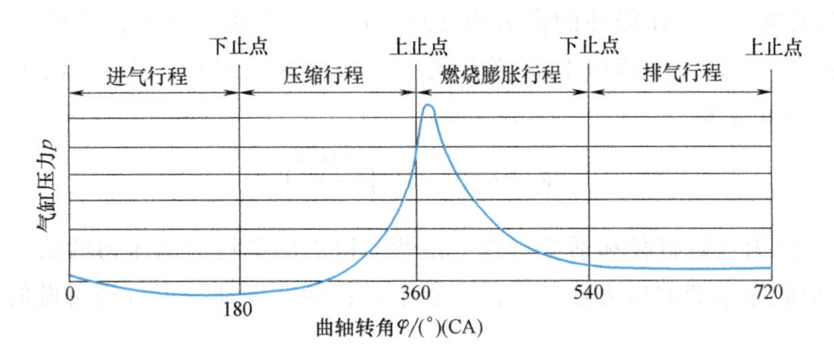

图 2-1　四冲程内燃机的 p–φ 示功图

压力变化，通过数据处理，还可以获得燃烧放热规律、指示性能指标参数等，将它们与其他的试验数据进行分析比较，可以对整个工作过程或工作过程的不同阶段进展的完善程度做出判断，因此示功图是研究内燃机工作过程的一个重要依据。

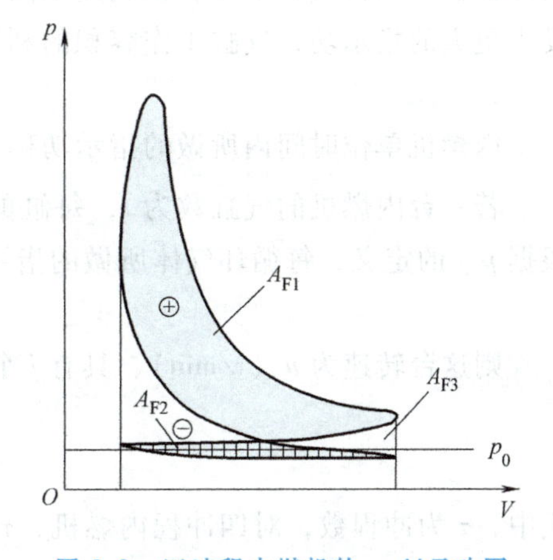

图 2-2　四冲程内燃机的 p–V 示功图

二、指示性能指标

内燃机的指示性能指标是以工质对活塞做功为基础的性能指标。

1. 指示功和平均指示压力

指示功是指内燃机完成一个工作循环工质向活塞传递的有用功 W_i。指示功的大小可以用 p-V 图中闭合曲线包围的面积表示。图 2-2 中，四冲程非增压发动机的示功图中面积 A_{F1} 和 A_{F3} 代表压缩、燃烧膨胀两个活塞行程中所得到的有用功，称为总指示功 W_g。面积 A_{F2} 和 A_{F3} 代表进气和排气两个活塞行程中消耗的功，叫作泵气损失功 W_p。总指示功与泵气损失功的差（W_g-W_p）即为指示功 W_i，可用图中面积 A_{F1}-A_{F2} 表示。

实际的发动机在某工况下的指示功可以由燃烧分析仪采集缸内压力示功图，再通过数值积分的方法求得，即

$$W_i = \oint p\mathrm{d}V \tag{2-1}$$

对于四冲程内燃机，式（2-1）的积分区间取 0°～720°曲轴转角；对于二冲程内燃机，积分区间取 0°～360°曲轴转角。同时，也可以按照缸压数据序列与其对应的曲轴转角关系设定积分区间，分别求取四冲程发动机的压缩膨胀行程所做总指示功 W_g 和进排气行程的泵气损失功 W_p。

指示功 W_i 反映了发动机气缸在一个工作循环中所获得的有用功的数量，它除了与循环中热功转换的有效程度有关外，还与气缸容积的大小有关。为了能更清楚地对不同工作容积发动机工作循环的热功转换有效程度做比较，应用平均指示压力（用 p_{mi} 表示，单位为 Pa 或 MPa）更直观。平均指示压力是指单位气缸容积一个循环所做的指示功，即

$$p_{mi} = \frac{W_i}{V_s} \tag{2-2}$$

式中，W_i 为发动机一个工作循环的指示功（J）；V_s 为发动机气缸工作容积（m^3）；p_{mi} 的单位为 Pa。一般地，气缸工作容积 V_s 的单位为 L，W_i 的单位为 kJ，则 p_{mi} 的单位为 MPa。

式（2-2）也可写成

$$W_i = p_{mi} V_s = p_{mi}\left(\frac{\pi D^2 S}{4}\right) \tag{2-3}$$

式中，D 和 S 分别为气缸直径和活塞行程。由此可以引出平均指示压力的第二个概念：平均指示压力是一个假想不变的压力作用在活塞顶上，使活塞移动一个行程所做的功等于该循环的指示功。

平均指示压力是衡量发动机实际循环动力性能的一个很重要的指标，它是从实际循环的角度评价发动机气缸工作容积利用率高低的一个参数。p_{mi} 越高，同样大小的气缸容积可以发出更大的指示功，气缸工作容积的利用程度越佳。

2. 指示功率

内燃机单位时间内所做的指示功称为指示功率 P_i。

若一台内燃机的气缸数为 i，每缸的工作容积为 V_s（L），平均指示压力为 p_{mi}（MPa），根据 p_{mi} 的定义，每循环气体所做的指示功（kJ）为

$$W_i = p_{mi}(iV_s) \tag{2-4}$$

则这台转速为 n（r/min）、具有 i 个气缸的发动机的指示功率（kW）为

$$P_i = \frac{p_{mi} V_s n i}{30\tau} \tag{2-5}$$

式中，τ 为冲程数，对四冲程内燃机，$\tau=4$；对二冲程内燃机，$\tau=2$。

对四冲程发动机

$$P_i = \frac{p_{mi} V_s n i}{120} \tag{2-6}$$

对二冲程发动机

$$P_i = \frac{p_{mi} V_s n i}{60} \tag{2-7}$$

3. 指示热效率和指示燃油消耗率

指示热效率是发动机实际循环指示功与所消耗的燃料热量的比值，即

$$\eta_{it} = \frac{W_i}{Q} \tag{2-8}$$

式中，Q 是为获得指示功 W_i 所消耗燃料的热量（kJ）。

对于一台发动机，当测得其指示功率 P_i（kW）和每小时燃油消耗量 B（kg/h）时，根据 η_{it} 的定义，可得

$$\eta_{it} = \frac{3600 P_i}{B H_u} \tag{2-9}$$

式中，H_u 为所用燃料的低热值（kJ/kg）。

指示燃油消耗率是指单位指示功的耗油量，通常用单位千瓦小时指示功的耗油量克数［g/(kW · h)］来表示

$$b_i = \frac{B}{P_i} 10^3 \tag{2-10}$$

因此，表示实际循环的经济性指标 b_i 和 η_{it} 之间存在着以下反比关系：

$$b_i \eta_{it} = \frac{3.6 \times 10^6}{H_u} \tag{2-11}$$

第二节 有效性能指标

内燃机的指示性能指标只能评定该内燃机工作循环进行的好坏，内燃机发出的指示功率需扣除运动件的摩擦以及驱动风扇、机油泵、燃油泵、发电机等附件所消耗的功率后，才能成为曲轴的有效输出，因此定义以曲轴对外做功为基础的性能指标为内燃机的有效性能指标。

一、发动机的功率和转矩

内燃机曲轴输出的功率 P_e 是转矩与旋转角速度的积，即

$$P_e = \omega T_{tq} \tag{2-12}$$

式中，T_{tq} 为转矩（N·m）；ω 为角速度（s^{-1}）。

通常，内燃机的输出转矩 T_{tq} 是利用各种形式的测功器测得的，同时转速计测出曲轴转速 n（r/min），此时可按以下公式计算求出有效功率 P_e（kW）

$$P_e = T_{tq} \frac{2\pi n}{60} \times 10^{-3} = \frac{n T_{tq}}{9550} \tag{2-13}$$

在测量发动机转矩等参数时，应根据有关标准或试验大纲，确定内燃机所带附件种类数量等，并做出必要的说明。同时，内燃机的试验环境也应该在功率可修订范围以内。

二、有效性能指标

上述的转矩和功率是内燃机的有效性能指标，但不能全面反映内燃机性能的优劣。以下三种也是常用的有效性能指标。

1. 平均有效压力

与平均指示压力相似，平均有效压力（p_{me}）也可看作是一个假想的、平均不变的压力作用在活塞顶上，使活塞移动一个行程所做的功等于每循环所做的有效功。

参照式（2-5），P_e（kW）和 p_{me}（MPa）的关系可以表示为

$$P_e = \frac{p_{me} V_s n i}{30\tau} \quad 或 \quad p_{me} = \frac{30\tau P_e}{V_s n i} \tag{2-14}$$

应用式（2-13）和式（2-14），就可以推出平均有效压力和转矩的关系式

$$T_{tq} = \frac{318.3 p_{me} V_s i}{\tau} \tag{2-15}$$

可见，对于一定排量（iV_s）的发动机，平均有效压力 p_{me} 值反映了发动机输出转矩 T_{tq} 的大小。也就是说，p_{me} 反映了发动机单位气缸工作容积输出转矩的大小。所以，平均有效

压力是一个与发动机转速和排量无关的衡量发动机动力性能的一个重要参数。

2. 升功率

升功率 P_L（kW/L）是指在额定工况下，发动机每升气缸工作容积所发出的有效功率，即

$$P_L = \frac{P_{e,r}}{iV_s} = \frac{np_{me,r}}{30\tau} \tag{2-16}$$

式中，下标 r 表示额定工况。

升功率 P_L 是从发动机有效功率的角度对其气缸工作容积的利用率或强化程度做出的总评价。P_L 值越大，发动机的强化程度越高，发动机的动力性能就越好，或对应于一定功率的发动机的尺寸就可以越小。因此，不断提高发动机运转的 p_{me} 和 n 的水平，以获得更强劲、更轻巧和紧凑的发动机，一直是内燃机工作者的奋斗目标，因而 P_L 成为评定一台发动机整机动力性能和强化程度的重要指标。

3. 有效热效率和有效燃油消耗率

衡量发动机经济性能的重要指标是有效热效率 η_{et} 和有效燃油消耗率 b_e。

有效热效率是实际循环的有效功与所消耗燃料热量的比值，即

$$\eta_{et} = \frac{W_e}{Q} \tag{2-17}$$

η_{et} 还可以表述为

$$\eta_{et} = \frac{3.6\times10^3 P_e}{BH_u} \tag{2-18}$$

因此，在试验中测得发动机有效功率 P_e 和每小时耗油量 B 后，可利用此式计算发动机的有效热效率 η_{et}。

有效燃油消耗率 b_e 是指单位有效功的耗油量，通常用单位千瓦小时有效功所消耗的燃料克数 [g/(kW · h)] 来表示，即

$$b_e = \frac{B}{P_e}\times10^3 \tag{2-19}$$

因此 b_e 又可表示为

$$b_e = \frac{3.6\times10^6}{H_u \eta_{et}} \tag{2-20}$$

第三节 机械效率与机械损失

内燃机在运转过程中，存在各种各样的摩擦现象。摩擦导致内燃机的机械损失增加，效率下降。此外，驱动一部分内燃机的附件功率也计算到机械损失当中。因此需要分析内燃机中的机械损失，区别对待内燃机中的润滑与摩擦现象，以推动低摩擦技术的发展。

一、机械效率

上面讨论的指示性能指标和有效性能指标之间的关系，涉及内燃机的机械效率。发动机

发出的指示功率（P_i）需扣除运动件的摩擦功率以及驱动配气系统、冷却风扇、机油泵、燃油泵、发电机等附件所消耗的功率后才能变为曲轴输出的有效功率（P_e）。所有这些被消耗功率的总和称为机械损失功率 P_m，即

$$P_m = P_i - P_e \tag{2-21}$$

有效功率与指示功率之比称为机械效率。机械效率反映了发动机缸内气体压力对活塞所做的指示功转换为曲轴输出的有用功的效率，即

$$\eta_m = \frac{P_e}{P_i} = 1 - \frac{P_m}{P_i} \tag{2-22}$$

在评定发动机机械损失时，有时也参照平均指示压力和平均有效压力的定义方法，建立平均机械损失压力 p_{mm}，用来衡量机械损失的大小。p_{mm}（MPa）与 P_m（kW）等参数的关系式为

$$P_m = \frac{p_{mm} V_s n i}{30\tau} \tag{2-23}$$

内燃机的机械效率与其工作的负荷大小有关。高负荷时机械效率就高，低负荷时就低。当内燃机空转时，其机械效率为 0，这是因为此时的指示功全部用来克服摩擦和驱动附件等，以维持发动机的运转，发动机对外输出的有效功 $P_e = 0\text{kW}$。

二、机械损失

内燃机中机械损失表现在以下 3 个方面：①将新鲜充量吸入气缸和将燃气排出缸外所消耗的机械功（泵气损失功）；②克服各种摩擦所消耗的机械功；③驱动内燃机正常运转所必需的附件功耗。

发动机在不同工况下运转，机械损失各部分的大小及占总有效功率的比例也不同，甚至有较大差异，下面简要分析内燃机中各部分的机械损失情况。

1. 缸套与活塞及环组的摩擦损失

缸套与活塞及环组之间在不同行程的不同位置，其润滑状态是不同的：在上止点（TDC）附近，由于缸套壁面温度高，且受到高温燃气的冲刷较为严重，处于贫油润滑状态；在行程中间位置，活塞速度快，一般认为是油膜的弹性润滑状态，而在下止点（BDC）附近，则处于较好的流体润滑状态。当然，不同的活塞行程，其润滑与摩擦状态也还有一定的差异。缸套与活塞及环组之间滑动面的比压大、速度高、润滑不充分等原因，造成该部分摩擦成为内燃机中摩擦损失的主要部分。这部分的摩擦损失与活塞的结构设计、配合间隙以及活塞环的形状、数目和张力等因素有关。润滑油的黏温弹性的影响是显而易见的。在构造相同的情况下，摩擦损失随气缸压力、活塞速度以及润滑油的黏度升高而增加。

2. 轴承与气门机构的摩擦损失

内燃机的主轴承、连杆轴承和凸轮轴轴承及与其配合的轴颈是另一类重要摩擦副，在这些滑动轴承摩擦副中，由于润滑充分，流体润滑摩擦因数很低。随着轴承直径的增大和转速的提高，轴颈圆周速度增大，运动件惯性力增大，这部分损失也将增加，但它们对气缸中压力的变化不太敏感。

气门驱动中的凸轮和挺柱之间、气门杆与导管之间、齿轮副等也是内燃机中重要的摩擦副。压缩气门弹簧也消耗一定的功。消耗在气门驱动机构上的功率，相对标定功率的比例较

小，但在低速小负荷时，它的比例将增大。

3. 风阻损失

活塞、连杆、曲轴、飞轮等零件在高速运动时，为克服油雾、空气阻力及曲轴箱通风等所消耗的那部分功称为风阻损失。风阻损失（windage）的数值是很微小的，但曲轴箱通风不畅造成的损失增加也需要充分考虑。

4. 驱动附件的功率消耗

计算功率消耗的附件主要是指为保证发动机正常工作所必不可少的部件或总成，如冷却水泵总成（风冷发动机中则是冷却风扇）、机油泵、喷油泵、调速器等，而一些不是发动机运转所必需的总成一般不包括在内，如柴油机的发电机、汽车制动用的空气压缩机、真空助力泵等。有时散热器的冷却风扇也不包括在发动机机械损失之内，这与不同的试验规范或目的有关。这些附件消耗的功率随发动机的转速和润滑油黏度的增加而增大，大部分与气缸压力无关，一般仅占机械损失中的一小部分。

5. 驱动扫气泵及增压器的损失

在二冲程或机械增压发动机中，还要加上对进气进行压缩而带来的损失。此部分也可以算作附件的功率消耗。

6. 泵气损失

内燃机进气过程存在流动阻力，特别是节气门和进气门的节流作用，使发动机在高速运转过程为吸入新鲜充量而要消耗一定的曲轴轴功，形成进气损失。同样，排气系统中有较长的管道，排气流速高，再加上排气门、排气后处理器、消声器等的存在，使排气过程缸内压力超过大气压力，活塞需要消耗一定的曲轴轴功将燃气强制推出，造成了强制排气损失。

对于增压发动机，泵气过程总的来说是增加了发动机的有效功，但相较增压压力和排气压力可获得的理论上的有效功而言，还是有一定的损失。

虽然在由示功图计算指示功时，泵气损失已被计入，但在一些测试中却很难将其与其他损失项分开，此时泵气损失就归于机械损失。

图 2-3 以平均压力表示了自然吸气发动机机械损失各组成部分的分布情况，可见其中活塞和活塞环的摩擦损失所占的比例最大。

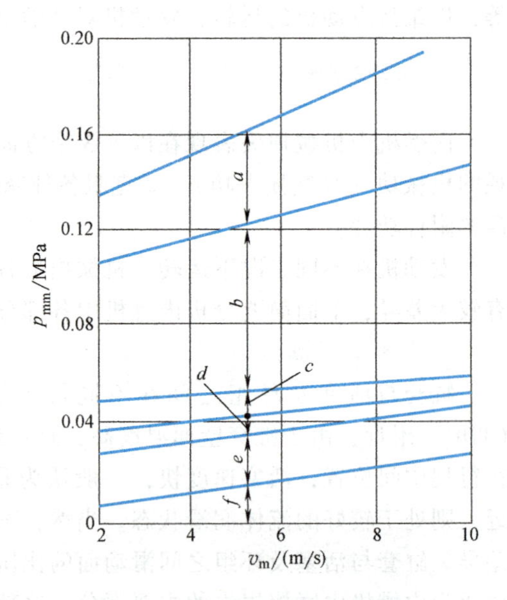

图 2-3 自然吸气发动机中机械损失各组成部分随活塞平均速度v_m的变化

a—泵气损失 b—活塞与活塞环的摩擦损失 c—气门机构驱动损失 d—附件驱动损失 e—连杆轴承摩擦损失 f—凸轮轴承摩擦损失

据统计，一般发动机中机械损失功率的分布大致为：

活塞和活塞环的摩擦损失	45%～65%
整个活塞连杆曲轴机构中的摩擦损失	60%～70%
气门机构的驱动损失	2%～3%

附件的驱动损失 10%~20%

泵气损失 10%~20%

四冲程内燃机的摩擦功占全部有效功的10%~20%，而活塞及其环组与缸套间的摩擦损失又可能占到总机械损失的45%以上。有研究表明，减少10%的摩擦损失可以节约2%~3%的油耗，因此，开展内燃机的低摩擦设计对节能减排具有重要的意义。

三、内燃机的低摩擦技术

内燃机中有多种滑动和滚动摩擦副，涉及各种类型的润滑与摩擦现象。对所有摩擦副来讲，相互运动表面之间的润滑状态极为重要。因此，摩擦副的结构设计、材料及表面状态、负荷及润滑状态等是内燃机摩擦的主要影响因素。内燃机的低摩擦技术概括起来可以分为以下几个方面：

1. 低摩擦活塞组技术

低摩擦活塞组技术包括活塞裙部非对称主副推力面桶形、裙部椭圆形状、两道环密封结构及活塞环的结构优化设计、缸套及活塞的热变形控制、表面涂层技术等。

2. 低摩擦轴承技术

低摩擦轴承技术包括优化连杆大头和小头及主轴承的设计，如减小轴颈、轴承宽度和配合间隙等。采用滚动轴承设计的气门驱动摇臂轴承和凸轮轴轴承等。

3. 润滑剂及表面处理技术

如采用合适黏度的多级润滑油；改进运动副表面加工技术、涂层材料和涂覆技术等。有关内容可参阅本书第八章第三节中发动机的低摩擦设计内容。

第四节 内燃机的升功率推算以及提高动力性与经济性的途径

内燃机的升功率代表了内燃机的强化程度，通过分析影响单位气缸工作容积输出的升功率的各种因素，可以掌握改善内燃机工作过程来提高其动力性能各种措施的效果。同样的方法也可以用来分析内燃机的经济性能指标。

一、内燃机的升功率推算

根据每循环吸入的空气量，可以导出诸如平均有效压力和升功率等内燃机的性能参数指标，从而为分析提高内燃机性能的技术措施奠定理论基础。

1. 内燃机的循环进气量

若把内燃机每缸每循环吸入气缸的空气量换算成进气管状态（p_s，T_s）的体积V_1，其值一般要比活塞排量V_s小，两者的比值定义为充量系数，用符号ϕ_c表示。它表征实际换气过程进行的完善程度，是换气过程并影响内燃机性能的一个极为重要的参数。

$$\phi_c=\frac{m_1}{m_{th}}=\frac{V_1}{V_s} \tag{2-24}$$

式中，m_1、V_1分别为实际进入气缸的新鲜空气的质量及其进气管状态下的体积；m_{th}为在进气管状态下充满气缸工作容积的空气质量。对于非增压机器，特别是进气节流发动机，进气管状态可以参考大气状态。

这样，在已知内燃机的（缸径×行程）结构参数后，就可以方便地计算出内燃机的单缸排量 V_s，然后根据进气管中空气状态（p_s，T_s），计算出发动机一个工作循环的进气量 m_1，即

$$m_1 = \phi_c m_{th} = \phi_c (iV_s)\rho_s = \phi_c (iV_s)\frac{p_s}{RT_s} \tag{2-25}$$

可见，在相同充量系数 ϕ_c 条件下，只有提高进气压力和降低进气温度，即提高进气密度，才能提高发动机的进气量，这也是采用增压中冷技术的原因之一。

2. 内燃机的循环供油量

燃烧 1kg 燃料的实际空气量与理论空气量之比叫作过量空气系数，用符号 ϕ_a（工程中常用 λ）表示，则发动机每循环可以燃烧的燃料量，即每循环燃料供给量 g_b 为

$$g_b = \frac{m_1}{\phi_a l_0} \tag{2-26}$$

式中，l_0 为单位质量燃料完全燃烧所需的理论空气质量，又称为化学计量空燃比（stoichiometric air fuel ratio）。如柴油 $l_0 \approx 14.3$，汽油 $l_0 \approx 14.8$，等。

对柴油机来说，缸内燃烧宏观上的 ϕ_a 总是大于 1，以保证喷入气缸的柴油能完全燃烧。柴油机在吸入气缸的空气量一定的情况下，减小 ϕ_a 意味着可以向气缸多喷油，吸入气缸的空气的利用率高，燃烧放热多，机器发出的功率就大。因此，ϕ_a 是反映混合气形成和燃烧完善程度的一个重要指标，应力求减小 ϕ_a。减小 ϕ_a 在小型高速柴油机中主要受燃烧完善程度的限制，在大型及增压柴油机中主要受热负荷及排放的限制。柴油机在全负荷时 ϕ_a 的一般数值范围为：高速柴油机 $\phi_a = 1.2 \sim 1.5$，增压柴油机 $\phi_a = 1.7 \sim 2.2$。过小的 ϕ_a 往往导致发动机冒黑烟（冒烟极限），发动机的动力性能反而会下降，排放恶化。

对汽油机来说，在绝大部分运行工况下，为了满足三效催化剂的高转化效率的要求，发动机受电控单元（ECU）和氧传感器的闭环控制，ϕ_a 在 1.0 左右。只有在起动及暖机、全负荷（节气门全开）与加速过程中，发动机需要较浓的混合气以稳定发动机的运转和提高动力性能，在这些工况下，$\phi_a<1$。

3. 指示功和指示功率

根据燃料的性质和前述指示性能指标，易得

燃料燃烧循环发热量
$$Q = g_b H_u \tag{2-27}$$

循环指示功
$$W_i = \eta_{it} Q = \eta_{it} g_b H_u \tag{2-28}$$

指示功率
$$P_i = \frac{nW_i}{30\tau} \tag{2-29}$$

4. 有效功率和升功率

考虑发动机的机械效率为 η_m，发动机的有效功率为

$$P_e = \eta_m P_i \tag{2-30}$$

将式（2-24）~式（2-29）代入式（2-30），则在额定工况下（式中未标示额定工况），发动机的升功率可以表示为

$$P_L = \frac{1}{30}\frac{\eta_{it}H_u}{\phi_a\ l_0}\frac{1}{\tau}\phi_c\eta_m\rho_s n = K_1\left(\frac{1}{\tau}\right)\left(\frac{\eta_{it}}{\phi_a}\right)\phi_c\eta_m\rho_s n \tag{2-31}$$

这是因为内燃机燃料的物性参数$\left(\frac{H_u}{l_0}\right)$的值变化很小。

此外，作为衡量发动机经济性能的重要指标b_e，可由式（2-20）求得

$$b_e=\frac{3.6\times10^6}{\eta_{it}\eta_m H_u}=\frac{K_2}{\eta_{it}\eta_m} \tag{2-32}$$

式（2-31）和式（2-32）概括而又明确地指出了提高发动机动力性能指标和经济性能指标的基本途径。

二、提高内燃机动力性与经济性的途径

1. 采用增压技术

在其他各参数保持不变的情况下，增加进气密度ρ_s，就可以使发动机功率按比例增长。这就需要在内燃机上装置增压器，使空气进入气缸前得到压缩。

目前，在柴油机上已广泛采用排气涡轮增压器和中冷器，尤其当采用高增压后，可以促使柴油机的p_{me}和P_L成倍增长，降低整机单位功率的比体积和比质量。与此同时，它还是改善柴油机的经济性能和有害排放的一项最有效的技术措施。增压柴油机的p_{me}值已超过3MPa，单位功率质量可降低到2kg/kW以下。汽油机由于受爆燃限制，压缩行程终了时的温度不宜过高，这就限制了增压压力的提高。增压汽油机的功率提高一般为30%~40%，但个别小型化增压汽油机的p_{me}值也已经达到了3MPa。

内燃机的增压除可以提高发动机的升功率外，还是降低柴油机排放和恢复高原使用功率的技术手段。随海拔的增加，进气密度下降，燃烧恶化。而装备了增压发动机的汽车，高原动力性能与经济性能则可以得到明显改善。

2. 合理组织燃烧过程

合理组织燃烧不仅可以提高内燃机循环的指示热效率η_{it}，对柴油机而言还可以适当降低燃烧的宏观过量空气系数ϕ_a，有利于提高内燃机的动力性。同时，提高指示热效率η_{it}还改善了发动机的经济性能。因此，需要从研究内燃机工作循环入手，深入分析在整个热功转换过程中，各种热力损失的大小及其分布，掌握各种因素对热力损失的影响程度，从而寻找减少这些损失的技术措施。

对于柴油机，由于对其动力性、有害排放物和噪声的控制水平要求不断提高，使得增压程度不断强化，缸内最高压力和压力升高率等不断提高，这些都对柴油机的燃油喷射及控制、混合气形成与燃烧和柴油机燃烧系统方面提出了越来越高的要求。

对于汽油机，单纯的排放指标要求可以通过后处理系统来满足，对燃烧系统的要求仅限于空燃比的较精确控制，缸内直喷显示出比进气道喷射的优越性。随着CO_2排放法规的将要实施，经济性能和动力性能指标要求不断提高，使汽油机不断向较高压缩比、增压比和较低转速方向发展，使早燃爆燃燃烧等不正常燃烧现象发生的概率增加，危害发动机寿命，同时由于混合气密度的增加使燃烧速度减慢，所以合理组织湍流燃烧显得尤为重要。此外，为了改善汽油机的排放和经济性，在缸内直喷技术的基础上，实现稀薄燃烧、分层燃烧、均质压燃等低温燃烧，也对汽油机的混合气形成和燃烧提出了许多新课题。

3. 改善换气过程

同样大小的气缸容积，在相同的进气状态下若能吸入更多的新鲜空气，则可容许喷入更

多的燃料，在同样的燃烧条件下可以获得更多的有用功。改善换气过程，不仅可以提高 ϕ_c，而且可以减少换气损失，提高内燃机循环的 η_{it}。为此，必须对换气过程进行深入研究，分析产生损失的原因，然后从进排气正时、配气机构动力学性能及管道流体动力性能等方面着手进行研究改进。

除了要减小流动阻力，进气过程还应该考虑进气涡流及其滚流的大小，以满足燃烧过程的需要。

4. 提高发动机的转速

增加转速可以增加单位时间内每个气缸工作循环的次数，因而可提高发动机的功率输出，并同步降低了发动机的比质量功率等。因此，它是提高发动机功率、减小质量和尺寸的一个有效措施。当前，小型柴油机（气缸直径 $D=70\sim90$mm）的最高转速已达 5000r/min，但一般为 3000~4000r/min，活塞平均速度 v_m 为 11~13m/s；车用汽油机的最高转速一般为 5500~7000r/min，某些小型风冷汽油机转速可高达 8000~10000r/min，它们的 v_m 值为 18~20m/s。

转速的增长不同程度上受燃烧恶化 η_{it} 减小、充量系数 ϕ_c 和机械效率 η_m 急剧降低、零件使用寿命和可靠性下降以及发动机振动和噪声加剧等问题的限制。目前，除摩托车用汽油机和乘用车用汽油机追求高的升功率，需要高的发动机转速外，为节能减排，大部分汽油、柴油发动机的应用和设计均朝着低速化（Down speeding）方向发展，其低速动力性的问题通过增压强化来解决。

5. 提高内燃机的机械效率

提高机械效率可以提高内燃机的动力性能和经济性能。这方面主要靠合理选定各种热力和结构参数，除结构、工艺上的措施外，还采用小型化、低速化等技术措施；采用低摩擦技术，减少各摩擦副的摩擦损失；采用电气化电控可调节的水泵、油泵、冷却风扇等，减少驱动附属机构所消耗的功率；选用低黏度润滑油；合理组织进排气过程及曲轴箱通风等，减少泵气损失。

6. 采用二冲程提高升功率

理论上，采用二冲程相对于四冲程可以提高升功率一倍，但由于二冲程在组织热力过程和结构设计上的特殊问题，在相同工作容积和转速下，p_{me} 往往达不到四冲程的水平，升功率也只能提高 50%~60%。

目前，除了大型低速船用柴油机采用二冲程结构外，传统上占绝对优势的小型风冷汽油机二冲程因为排放控制不易达标等问题，大多也开始采用四冲程结构。

参考文献

[1] 周龙保，刘忠长，高宗英．内燃机学［M］．3 版．北京：机械工业出版社，2013.

[2] HEYWOOD J B. Internal Combustion Engine Fundamentals［M］. New York：McGraw Hill，1988.

[3] LICHTY L C，G B Carson. ENGINE FRICTION ANLYSIS［C/OL］. 1939，SAE 390020. http：//www. sae. com.

[4] BALL W F，JACKSON N S，PILLEY A D，et al. The Friction of a 1. 6 litre Automotive Engine Gasoline and Diesel［C/OL］. 1986，SAE 860418. http：//www. sae. com.

[5]　李斯特 H，匹辛格 A. 内燃机设计总论：内燃机全集新版第一卷［M］. 高宗英，译．北京：机械工业出版社，1986.
[6]　李骏．汽车发电机节能减排先进技术［M］. 北京：北京理工大学出版社，2011.
[7]　上海内燃机研究所．中国内燃机规格参数汇编［M］. 上海：同济大学出版社，2013.
[8]　中国工程院．内燃机节能减排技术发展战略［M］. 北京：高等教育出版社，2014.

思考与练习题

2-1　内燃机的性能指标为什么要分为指示指标和有效指标两大类？表示动力性能和经济性能的指标有哪些？它们的物理意义是什么？它们之间的关系是什么？

2-2　试根据发动机的一幅缸压示功图，求取发动机的指示性能指标。

2-3　机械效率的定义是什么？内燃机的机械损失由哪几部分组成？

2-4　平均有效压力和升功率作为评定发动机的动力性能指标方面有何区别？

2-5　充量系数的定义是什么？它的高低影响哪些性能参数？

2-6　试推导由吸入的空气量来计算升功率的解析式，并分析提高发动机升功率的途径。

2-7　影响有效燃油消耗率的因素有哪些？降低的途径有哪些？

2-8　过量空气系数的定义是什么？在实际发动机上怎样求得？

2-9　要设计一台六缸四冲程高速柴油机，设平均指示压力 0.85MPa，平均机械损失压力 0.15MPa，希望在 2000r/min 时能发出的功率为 73.5kW。

1）为将活塞平均速度控制在 8m/s，缸径与行程比取多大？

2）为使缸径行程比为 1∶1.2，缸径与行程取多大？

2-10　有一台 6135Q 柴油机，$D \times S = 135\text{mm} \times 140\text{mm}$，在 2200r/min 时，发动机的有效功率为 154kW，$b_e = 217\text{g}/(\text{kW}\cdot\text{h})$。

1）求发动机的 p_{me}、T_{tq} 和 η_{et}。

2）当 $\eta_m = 0.75$ 时，试求 b_i、η_{it}、P_i 和 P_m 的值。

3）当 η_{it}、ϕ_c、ϕ_a 均未变，η_m 由 0.75 提高到 0.8，求此时 P_L、P_e 和 b_e 的值。

4）若通过提高 ϕ_c 使 P_e 提高到 160kW，而 η_{it}、P_m 均未变化，则 P_i、η_m、b_e 值是多大？

5）通过以上计算，你可以得出哪些结论？

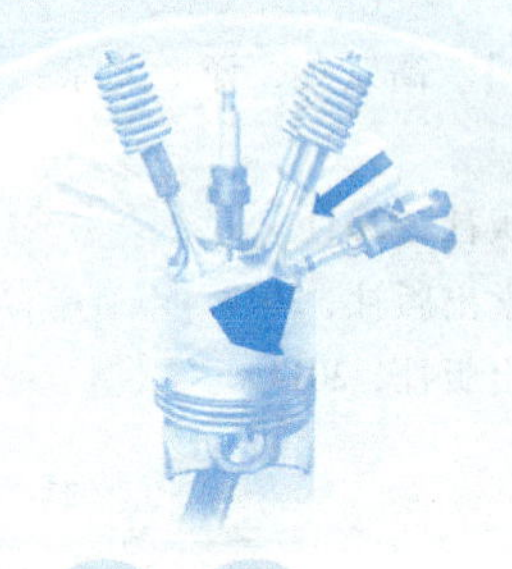

第三章

内燃机的工作循环

内燃机的工作循环是周期性地将燃料燃烧所产生的热能转变为机械能的过程，它由活塞运动形成的进气、压缩、膨胀和排气等多个有序联系重复进行的阶段组成。内燃机通过排气过程排出已燃废气，通过进气过程吸入新鲜空气或空气与燃料的混合气，为下一循环做好准备；通过活塞的压缩行程，将混合气的温度压力提高到一个合适的水平，然后燃料以点燃或压燃的方式开始燃烧。燃料燃烧过程中释放出热能，缸内工质因此被加热，温度和压力得到进一步的提升。在随后的膨胀行程，缸内高压气体工质推动活塞对外做功，从而最终完成将燃料燃烧所产生的热能转化为机械能。在内燃机的这些过程中，工质的温度、压力、成分和流动状态等时刻发生着非常复杂的变化，因而需要根据内燃机工作过程的特点，将实际循环过程简化，建立内燃机的理论循环，并与实际循环过程进行比较，以分析研究内燃机循环效率和平均压力的主要影响因素。

第一节　内燃机的理论循环

一、内燃机的理论循环

为建立内燃机的理论循环，需对内燃机的实际循环中大量存在的湍流耗散、温度压力和成分的不均匀性以及摩擦、传热、燃烧、节流和工质泄漏等一系列不可逆过程做必要的简化和假设，概括起来有：

1）把压缩和膨胀过程简化成理想的绝热可逆的等熵过程，忽略工质与外界的热量交换及其泄漏等的影响。

2）将燃烧过程简化为可逆的等容、等压或混合加热方式从高温热源吸热；将排气过程简化为向低温热源可逆的等容放热过程。

3）忽略发动机进、排气过程，从而将循环简化为一个闭口循环。

4）以空气为工质，并视为理想气体，在整个循环中工质物理及化学性质保持不变，比热容为常数。

如图 3-1 所示，通常根据内燃机所使用的燃料、混合气形成方式、缸内燃烧过程（加热方式）等特点，把火花点火发动机的实际循环简化为等容加热循环，把压燃式柴油机的实际循环简化为等压加热循环或混合加热循环[1-3]，这些工作循环称为内燃机的理论循环。其中，$a \to c$ 为压缩过程，$c \to z$ 为工质从高温热源吸热过程，热量为 Q_b，$z \to b$ 为膨胀过程，$b \to a$ 为工质向低温热源定容放热过程，放热量为 Q_e，则循环的热效率为

$$\eta_t = \frac{Q_b - Q_e}{Q_b} = 1 - \frac{Q_e}{Q_b} \tag{3-1}$$

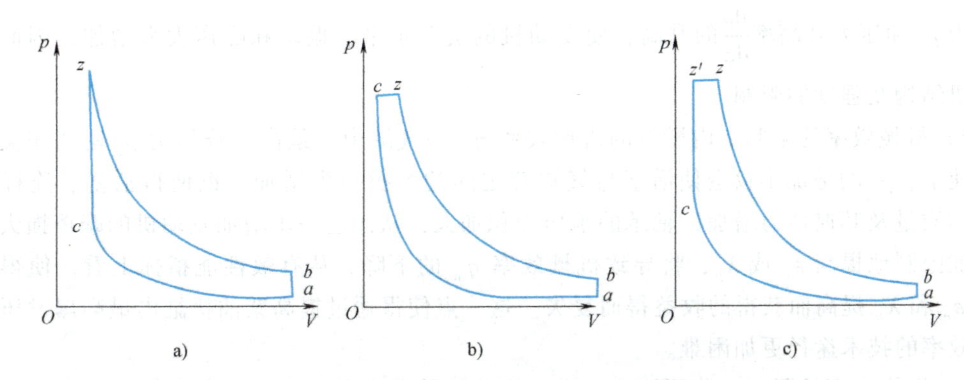

图 3-1　四冲程内燃机典型的理论循环

a）等容加热循环　b）等压加热循环　c）混合加热循环

在上述假设的基础上，内燃机各种理论循环的热效率 η_t 和循环平均压力 p_t 等参数可以依照热力学关系进行推导[1-3]，其表达式及特点见表 3-1。

表 3-1　内燃机理论值循环参数及特点

循环名称	循环热效率	循环平均压力	循环特点
等容加热循环	$\eta_t = 1 - \frac{1}{\varepsilon_c^{\kappa-1}}$	$\frac{p_t}{p_a} = \left(\frac{\eta_t Q_b}{m c_V T_a}\right)\left(\frac{1}{\kappa-1}\right)\left(\frac{\varepsilon_c}{\varepsilon_c-1}\right)$	加热过程在等容条件下快速完成，热效率仅与压缩比有关
等压加热循环	$\eta_t = 1 - \frac{1}{\varepsilon_c^{\kappa-1}} \frac{\rho_o^{\kappa}-1}{\kappa(\rho_o-1)}$		加热过程在等压条件下完成，负荷的增加使循环热效率下降
混合加热循环	$\eta_t = 1 - \frac{1}{\varepsilon_c^{\kappa-1}} \frac{\lambda_p \rho_o^{\kappa}-1}{\lambda_p - 1 + \kappa\lambda_p(\rho_o-1)}$		加热过程在等容和等压条件下完成，热效率介于上述两者之间

注：$\kappa = \frac{c_p}{c_V}$ 为等熵指数，$\varepsilon_c = \frac{V_a}{V_c}$ 为压缩比，$\lambda_p = \frac{p_z}{p_c}$ 为压力升高比，$\rho_o = \frac{V_z}{V_c}$ 为初始膨胀比，Q_b 为循环加热量，m 为工质质量，温度 T、体积 V、压力 p 的下标 a、c、z 的意义参照图 3-1。

分析表 3-1 中三种理论循环的热效率和平均压力表达式，不难发现：

1）三种理论循环的热效率均与压缩比 ε_c 有关。提高压缩比 ε_c 可以提高工质的最高燃烧温度，扩大了循环的温度阶梯，从而使热效率 η_t 增加，但热效率 η_t 增加率随着压缩比 ε_c 的提高而逐渐减小。

2）增大压力升高比 λ_p 可以增加混合加热循环中等容部分的加热量，使循环的最高温度和压力增加，从而提高了燃料热量的利用率和循环的热效率 η_t。

3）增大初期膨胀比 ρ_o，使等压部分加热量增加，将导致混合加热循环热效率 η_t 的降低，因为增加的这部分热量是在活塞的膨胀行程后期加入的，膨胀比较低，做功能力较差。

4）所有提高内燃机理论循环热效率的措施，以及增加循环始点的进气压力 p_a、降低进气温度 T_a、增加循环供油量（g_b，即循环加热量 Q_b）等措施，均有利于循环平均压力 p_t 的提高。

理论上能够提高内燃机循环热效率和平均压力的措施，往往受到内燃机实际工作条件的限制：

1）结构强度的限制。从理论循环的分析可知，提高内燃机的压缩比 ε_c 和压力升高比 λ_p 对提高循环热效率 η_t 和平均压力 p_t 均起着有利的作用，但 ε_c 和 λ_p 的增加将导致最高燃烧压力 p_z 和压力升高率 $\frac{dp}{d\varphi}$ 的升高，使发动机的负荷水平、振动和噪声大大增加，因而受到发动机结构及强度的限制。

2）机械效率的限制。内燃机的机械效率 η_m 与气缸中的最高燃烧压力 p_z 密切相关，相同转速下，p_z 的增加不仅会使活塞与气缸套之间的摩擦损失增加，也使得活塞、连杆等运动件的质量及其惯性力增加，轴承的承压面积加大，从而进一步增加发动机的摩擦损失，因此不加限制地提高 ε_c 或 λ_p，将导致机械效率 η_m 的下降，从有效性能指标上看，使得由压缩比 ε_c 和 λ_p 提高而获得的收益得而复失。这一点使得通过提高柴油机缸内最高爆发压力来提高效率的技术途径更加困难。

3）燃烧方面的限制。若压缩比过高，汽油机易产生爆燃、表面点火等不正常燃烧的现象。对于柴油机而言，过高的压缩比将使压缩容积变得很小，燃烧室的设计和制造难度增加，也不利于混合气的形成和燃烧的高效进行。单纯的增加循环油量，将导致燃料的不完全燃烧增加，发动机会出现动力性能下降、热效率降低等现象。

4）排放方面的限制。循环供油量的增加受实际吸入气缸内的空气量的限制，否则可能出现冒烟、HC、CO 排放激增等不良现象。另外，同样情况下压缩比和压力升高比的增加，会使最高燃烧温度和压力上升，使发动机的 NO_x 排放增加。

二、内燃机的理论循环效率比较

研究内燃机的理论循环，可以：

1）用简单的公式来阐明内燃机工作过程中各基本热力参数间的关系，明确提高以理论循环热效率为代表的经济性和以循环平均压力为代表的动力性的基本途径。

2）确定循环热效率的理论极限，以判断实际工作过程的经济性能和循环进行的完善程度及改进潜力。

3）比较内燃机各种热力循环的动力经济性能等。

以下以温熵图简单说明在某些相同初始条件限定下，理论循环的效率对比情况。

1. 压缩比和加热量相同时的比较

如图 3-2a 所示，循环 1-2-3-4-1 为等容加热循环；1-2-3″-4″-1 为等压加热循环；1-2-2′-3′-4′-1 为混合加热循环，因压缩比和初始状态相同，它们的等熵压缩线是重合的，同时由于循环从高温热源的吸热量相同，即

面积 1234561 = 面积 122′3′4′5′61 = 面积 123″4″5″61

但各循环向低温热源的放热量不同

面积 14561 的放热量 < 面积 14′5′61 的放热量 < 面积 14″5″61 的放热量

所以，等容加热循环的热效率最高。

例如，采用异辛烷化学计量比混合气作为工质，取 $T_1=333\mathrm{K}$，比热比 $\gamma=1.3$，压缩比 $\varepsilon_c=12$，三种理论循环的计算结果见表 3-2[3]。

表 3-2　理论循环参数对比

循环类型	η_t	$\frac{\text{IMEP}^{①}}{p_1}$	$\frac{\text{IMEP}}{p_3}$	$\frac{p_{max}}{p_1}$
等容加热循环	0.526	16.3	0.128	127.3
混合加热循环	0.500	15.5	0.231	67
等压加热循环	0.380	11.8	0.446	25.3

① IMEP 是指理论循环的平均压力。

可见，等容加热循环的高效率是要付出缸内高温和高压的代价。

中低负荷工况点燃式汽油机采用 HCCI 方式，因属于稀燃低温燃烧，缸内爆发压力不会太高，这样不仅减少了泵气损失，而且燃烧的等容度提高，两方面因素使 HCCI 的效率大大高于常规化学计量比均质混合气燃烧的汽油机。

HCCI 发动机的压缩比一般较柴油机的低，柴油机中低负荷工况下混合加热模式的有效热效率与 HCCI 方式相比较需要具体分析。

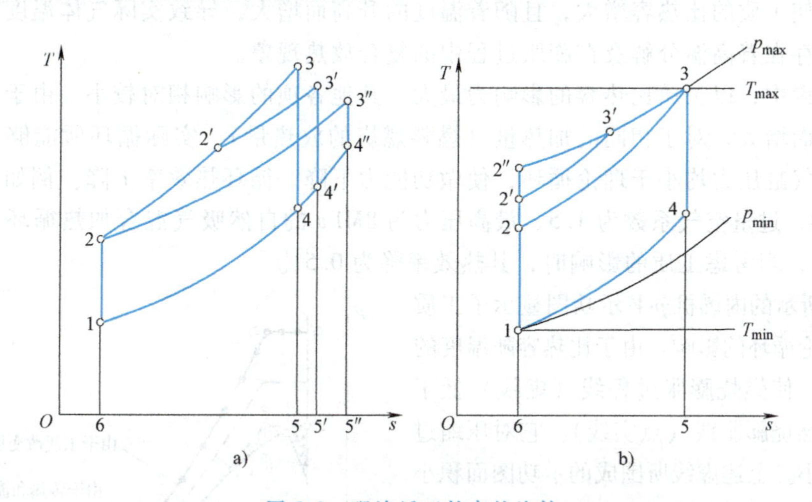

图 3-2　理论循环效率的比较

a) ε_c 和 Q_B 相同时的比较　b) p_{max} 和 T_{max} 相同时的比较

2. 最高压力和温度相同时的比较

为了比较发动机循环的机械负荷与热负荷水平相同时的循环效率，如图 3-2b 所示，规定点 3 为各循环相同的 p_{max} 和 T_{max}，其压缩初始状态均为点 1，循环 1-2-3-4-1 为等容加热循环；1-2″-3-4-1 为等压加热循环；1-2′-3′-3-4-1 混合加热循环。可见，3 个循环对低温热源的放热量 Q_e 相同，都等于面积 14561，但从高温热源的吸热量 Q_B 的面积不同：

面积 12″34561>面积 12′3′34561>面积 1234561

即等压加热循环、混合加热循环与等容加热循环的吸热量依次减少，表示它们的效率依次递减，其原因在于不同循环的压缩比发生了改变。

在柴油机强化程度不断提高的情况下，当增压比达到 3 时，如果发动机的压缩比在 17 左右，那么，仅空气的绝热压缩压力就可以达到 14MPa 以上，这个压力基本就是国Ⅳ柴油机缸内压力的设计限值。在这种情况下，保持压缩比不变，采用等压循环是效率最高的，而实际上发动机高负荷工况的燃烧也大多是从上止点后开始的。

第二节 内燃机的实际循环

与理论循环相比，内燃机的实际循环在压缩、燃烧、膨胀和进排气过程存在着许多不可逆损失，因而不可能达到理论循环的热效率和循环平均压力。分析这些损失，有助于掌握两者之间的差异及成因，为提高内燃机工作过程的热效率指明方向。图 3-3 所示以混合加热循环自然吸气压燃式发动机为例，给出了理论循环与实际循环示功图的示意图，现将两者之间的差别分别阐述如下。

一、工质的影响

理论循环的工质是理想的双原子气体，其物理化学性质在整个循环过程中是不变的。在内燃机的实际循环中，燃烧前的工质是由新鲜空气、燃料蒸气和上一循环残留废气等组成的混合气体。在燃烧过程中，工质的成分及其质量不断变化。二氧化碳、水蒸气等三原子气体成分增加，使工质的比热容增大，且随着温度的升高而增大，导致实际气体温度下降。同时燃烧产物还存在着高温分解及在膨胀过程中的复合放热现象。

上述因素中，以工质比热容的影响为最大，其他各项的影响相对较小。由于工质比热容随温度增加而增大，对于相同的加热量（燃料燃烧的放热量），实际循环所能够达到的最高燃烧温度和气缸压力均小于理论循环，使做功能力下降，循环热效率下降。例如，对于一个压缩比为 18、过量空气系数为 1.5、最高压力为 8MPa 的自然吸气混合加热循环，其理论热效率为 0.63，当考虑工质的影响时，其热效率降为 0.51。

图 3-3 所示的内燃机 p-V 示功图显示了工质热物性对理论循环的影响。由于比热容随温度的升高而增大，使燃烧膨胀过程线（虚线）低于理论循环的燃烧膨胀线（点实线）。它对压缩过程的影响较小。上述虚线所围成的示功图面积小于理论循环点实线所围成的示功图面积。

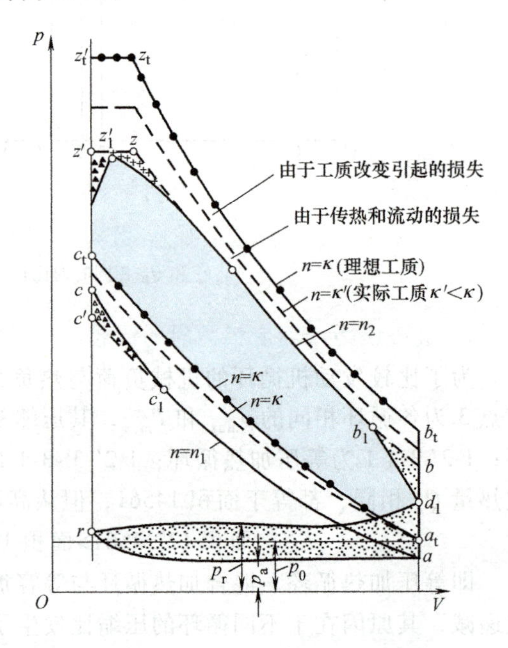

图 3-3 自然吸气压燃式内燃机理论和实际循环 p-V 图的比较

二、传热损失

理论循环假设与工质相接触的燃烧室壁面是绝热的，两者间不存在热量的交换，因而没有传热损失。实际上，缸套内表面、活塞顶面以及气缸盖底面等（统称壁面）与缸内工质直接接触，始终与工质发生着热量交换。在压缩行程初期，由于壁面温度高于工质温度，工质受到加热，随着压缩过程的进行，工质温度在压缩后期将超过壁面温度，热量由工质传向壁面。特别是在燃烧和膨胀期，工质大量向壁面传热。传热损失造成循环的热效率和循环的指示功有所下降，同时增加了内燃机受热零部件的热负荷。

三、换气损失

理论循环可以不考虑工质更换的换气过程，即使考虑换气过程，也认为没有任何形式的流动阻力损失。在实际的内燃机循环中，内燃机需要吸入空气、燃料等新鲜充量，燃烧后再排出废气，这是使实际循环得以周而复始进行所必不可少的。为了保证内燃机有较好的性能，排气门需要在膨胀行程接近下止点前提前开启，以排出更多废气，降低缸内压力，减少排气行程活塞强制排气的推出功损失。燃气在膨胀下止点前开始从气缸内排出，循环将沿 b_1d_1 线进行，这造成示功图上有用功面积的减少（图中阴影区面积 b_1-d_1-b），称为膨胀损失。在强制排气和自然吸气行程中，气体在流经进排气管、进排气道以及进排气门时，由于各种流动阻力，形成活塞推出功和吸气负功。上述排气门提前开启造成的膨胀损失、强制排气的推出损失功和吸气过程的吸气损失，统称为换气损失。

由于进气节流造成压力损失，压缩始点压力 p_a 低于进气管压力，使整个压缩线 ac 处于理论压缩线 a_tc_t 的下方，从而影响整个循环的平均压力。

四、燃烧损失

根据理论循环对燃烧过程的处理，燃烧是外界热源向工质在等容和等压条件下的加热过程。燃烧（加热）速度根据加热方式的不同而有差异：在等容条件下加热，热源向工质的加热速度极快，可以在活塞上止点瞬时完成；在等压条件下加热，加热的速度是与活塞的运动速度相配合的，以保持缸内压力不变。实际的燃烧过程（柴油机）要经历着火准备、预混燃烧和扩散燃烧等阶段，燃烧速度受到多种因素的影响，与理论循环有较大的差异，这种差异所造成的燃烧损失体现在以下两个方面。

1. 燃烧速度的有限性

实际的燃料燃烧速度是有限的，燃烧需要足够的时间来完成，这就造成了内燃机实际循环中一个由燃烧速度的有限性所造成的损失，称为时间损失。它给整个循环带来了以下几方面的不利影响：

（1）压缩负功增加　为了使燃烧能够在上止点附近完成，燃料的燃烧需在上止点前开始，由此造成了压缩负功的增加（图中面积为 c_1-c'-c）。

（2）最高压力下降　由于燃烧速度的有限性（或压力升高率的限制），等容加热部分达不到瞬时完成加热的要求，再加上传热损失以及活塞在上止点后的下行运动使工质体积膨胀，实际循环的压力升高率有限，使得实际循环的最高压力下降，循环的平均压力和做功能力下降。

（3）膨胀功减少　理论循环假设等容加热是瞬时完成的，其余热量在等压条件下于某一点（z 点）前完全加入，而后进入绝热膨胀过程，而实际循环的燃烧持续期长，部分热量是在膨胀行程的后期加入的，这部分热量的做功能力低，循环获得的膨胀功减少。

2. 不完全燃烧损失

理论上在空气充分的条件下，燃料能够完全燃烧，释放出所有化学能，用来加热气体工质，但实际上仍会有很小一部分燃油由于附着到燃烧室壁面、熄火等原因，没有燃烧或没有完全燃烧，以未燃 HC、CO 和碳烟颗粒等形式排出机外，所有这一切造成了燃料的不完全

燃烧损失。

燃料的不完全燃烧损失可以用燃烧效率来表示。燃烧效率是指燃料燃烧实际释放出的总热量与燃料所能释放的总热量之比。燃烧效率和循环热效率是两个完全不同的概念，它主要和混合气的空燃比有关。

第三节 四冲程内燃机的换气过程

内燃机执行的是一个开式循环，换气过程是为排出本循环的已燃气体和为下一循环吸入新鲜充量。内燃机的性能很大程度上依赖换气过程的完善程度，不仅需要研究换气过程进排气流动阻力损失，尤其还要关注进气所形成的缸内气体流动状态，以提高内燃机工作循环的动力性能和经济性能指标。

一、内燃机的换气过程

图 3-4 所示是四冲程内燃机的换气过程，它可分为排气、气门叠开、进气三个阶段，其中内燃机进排气门开启和关闭的相位不一定对称。排气门在下止点前 1 点开启，由于缸内压力高，燃气快速流出，缸内压力迅速下降。在排气上止点前，进气门在 3 点打开，此时的排气门尚未关闭，出现一段时间的气门叠开期。排气门在上止点后 2 点关闭。进气门打开初期，由于进气道与缸内压差和流通面积小，进气流量小，随着活塞向下运动的加快，造成了缸内较大的真空度，同时气门升高流通面积增大，使得中后期的进气流速和流量提高。最后，进气门在下止点后 4 点关闭，一个循环的换气过程结束。

1. 排气过程

内燃机的排气门都在膨胀行程到达下止点前的某一曲轴转角位置提前开启，这个提前开启的曲轴转角称为排气提前角。由于受配气机构运动学和动力学的限制，排气门不可能瞬时完全打开。在排气门开启的最初一段曲轴转角内，气门升程小，排气流通面积小，废气排出的量很小。如果排气门刚好在膨胀行程的下止点才开始打开，则由于排气不畅造成气缸压力下降迟缓，活塞在向上止点运动强制排气时，将增加排气行程所消耗的活塞推出功，所以需要设置一个合适的排气提前角，以平衡膨胀损失与排气推出功的大小。排气提前角的范围在 30°~80°（CA）之间，视发动机的工作方式、转速、增压与否而定，一般汽油机的小些，柴油机的大些，增压柴油机的更大一些。

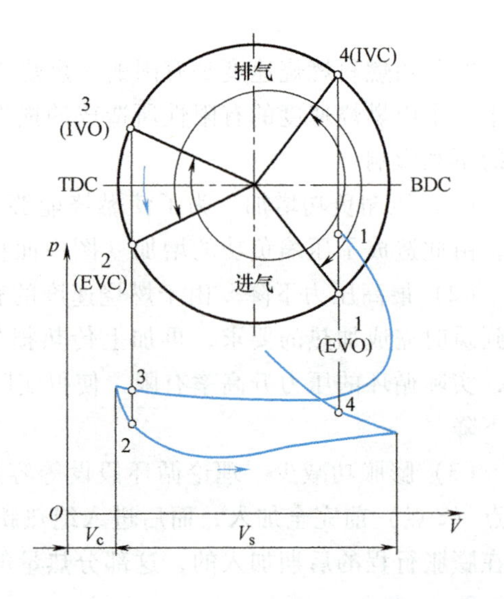

图 3-4 四冲程内燃机的配气相位与换气过程

IVO—进气门开启角 IVC—进气门关闭角 EVO—排气门开启角 EVC—排气门关闭角 V_c—余隙容积 V_s—气缸工作容积

按燃气对活塞的作用，排气过程可分为自由排气和强制排气两个阶段；按排气流动的性质，排气过程又可分为超临界排气和亚临界排气两个阶段。

从排气门打开到活塞到达排气下止点这段曲轴转角内，缸内气体压力高于排气管内的排气背压，缸内气体一边对活塞做功，一边可以自动地排出缸外，称为自由排气阶段。活塞通过下止点后向上止点运动，活塞推动缸内气体强制排出机外，故又称为强制排气过程。强制排气过程需要消耗发动机的有效功。

在排气过程的初期，由于缸内压力较高，排气管内气体压力与气缸压力之比往往小于临界值$\left(\frac{2}{\kappa+1}\right)^{\frac{\kappa}{\kappa-1}}$，排气流过排气门时的流动呈超临界状态，这段排气时期称为超临界排气阶段。此时缸内气体以当地声速流过排气门，排气流出的多少只取决于缸内气体状态、有效流通面积和时间，而与排气管内的气体状态无关。随着排气的进行，缸内气体压力不断下降，排气管压力与气缸压力之比增加，当比值大于临界值$\left(\frac{2}{\kappa+1}\right)^{\frac{\kappa}{\kappa-1}}$后，气体流动呈亚临界流动状态。在亚临界流动阶段，气体流出的质量不仅与排气门的有效流通面积有关，还与缸内和排气管内气体的压差有关。

在自由排气和强制排气初期，发动机缸内气体压力高，有可能处于超临界排气状态，而在大部分曲轴转角上是处于亚临界排气状态的。在超临界排气阶段中排出的废气量与内燃机的转速无关，因而发动机在高速运转时，同样的超临界排气时间对应的曲轴转角将大大增加，为了使气缸压力及时下降，必须适当加大排气提前角，否则将使超临界排气阶段（以曲轴转角计）延长，从而增加活塞强制排气功的消耗。超临界排气阶段虽然占整个排气时间的比例不大，但由于废气流速高，排出的废气量可以达到60%以上，一般可持续到下止点后10°~30°（CA）。

同样地，内燃机的排气门也不是在活塞的排气上止点关闭的，而是有一个滞后角，这个滞后关闭的角度叫作排气门迟闭角。它一方面可以避免因排气流通面积过早减小而造成的排气阻力的增加，使活塞强制排气所消耗的推出功与缸内的残余废气量增加；另一方面还可以利用排气流动的惯性从气缸内抽吸一部分废气，实现过后排气。理想的排气门迟闭角是缸内废气流出刚刚停止的时刻或曲轴转角，排气门迟闭角的范围一般在上止点后10°~70°（CA）。

2. 进气过程

从进气门开启到关闭内燃机吸入新鲜充量的整个过程称为进气过程。为了增加进入气缸的新鲜充量，进气门在吸气上止点前要提前开启，在吸气下止点后应推迟关闭。进气门提前开启的角度称为进气提前角。进气门下止点后滞后关闭的角度称为进气门迟闭角。

进气提前角一般在上止点前10°~40°（CA）。尽管进气门提前开启，新鲜充量的真正吸入还是要等到气缸内残余废气膨胀，压力降至低于进气压力后才开始。活塞在由上止点向下止点运动一定角度后速度增加，而此时气门开启还不够充分，缸内的压力迅速降低，这为新鲜充量的顺利流入创造了条件。随着进气门流通面积的加大，以及较高的进气流速，进入气缸的新鲜充量不断增加，再加上燃烧室表面和残余废气对新鲜充量的加热，气缸压力逐渐升高。

活塞到达下止点时，进气门并未马上关闭，而是经过一个进气门迟闭角后才关闭，在这段曲轴转角内，活塞虽然已经上行，但进气系统向缸内充气的气流速度依然较高，进气门迟闭正

是利用了在进气过程中形成的气流惯性，实现向气缸的过后充气，增加缸内充量。这样，有可能使进气过程终了时的缸内压力等于或略高于进气管压力。发动机高速运转时进气流速高，惯性大，进气门迟闭角应相应增大一些。进气门迟闭角一般为20°~60°（CA）。

尽管利用过后充气可以增加进入气缸的空气量，但过大的进气门迟闭角会使得在低速时发生缸内气流倒流进入进气管的现象，也会降低发动机的有效压缩比，从而影响压缩终了时的温度，造成发动机冷起动困难等。因此，合理的进气正时是十分重要的。

3. 气门叠开和燃烧室扫气过程

四冲程内燃机换气过程还存在一个特殊的阶段：在进排气上止点前后，由于进气门的提前开启与排气门的延迟关闭，使内燃机从进气门开启到排气门关闭这段曲轴转角内，出现进排气门同时开启的状态，这一现象称为气门叠开。气门叠开持续期所对应的曲轴转角叫作气门叠开角，它在数值上等于排气迟闭角与进气提前角之和。内燃机的形式不同，对气门叠开角大小的要求也有所差异。

在气门叠开期间，进气管、气缸、排气管三者直接相通，此时的气体流动方向就取决于三者间的压力差。对于自然吸气发动机，若气门叠开角过大，则会出现部分气体倒流的现象，即排气管内废气倒流回缸内，缸内废气倒流至进气管。点燃式内燃机由于采用节气门来调节发动机的功率，进气管内压力总是低于大气压力，在低负荷节气门开度小时更是如此，若进气提前角过大，高温废气有可能倒流进入进气管，引起进气管回火，故这类发动机的气门叠开角一般都比较小。在自然吸气柴油机中，进气管内压力始终接近大气压力，因此可以采用较大的气门叠开角，以提高柴油机在常用转速范围内的充量系数。无论是点燃式还是压燃式，转速高的发动机宜采用较大的气门叠开角和气门开启持续期，以提高发动机的充量系数。

对于增压柴油机，由于进气压力高，新鲜充量在正向压差的作用下流入气缸。增压柴油机一般采用较大的气门叠开角，一方面有利于扫除缸内的残余废气，增加进入气缸的新鲜充量，另一方面还可以用新鲜充量冷却燃烧室内气缸盖、排气门、活塞顶、缸套等高温部件，调节排气的温度，从而降低发动机及增压器受热严重且冷却困难的关键零部件的热负荷，对提高发动机可靠性有显著的效果。但是过大的叠开角易造成气门与活塞运动的干涉，需在活塞上加工避气门坑，此举有可能影响燃烧室内气体运动的组织以及发动机的压缩比。此外，过多的扫气还会加重增压器的负担。增压柴油机气门叠开角一般为80°~140°（CA）。

二、内燃机的换气损失

内燃机的理论循环不考虑换气过程造成的有用功的损失，而发动机实际的换气过程却存在因为排气门早开所造成的膨胀损失、流动阻力造成的活塞强制排气的推出损失和吸气过程的进气损失等。与理论循环相比，实际循环在换气过程中所产生的功的损失统称为换气损失。

图3-5所示是四冲程自然吸气与增压两类内燃机的换气损失示意图。在自然吸气内燃机中（图3-5a），理论循环没有膨胀损失，进排气行程缸内压力与大气压力相等，因而也没有换气损失。对于（等压）增压内燃机而言（图3-5c），理论换气过程是经过压缩的新鲜充量以增压压力 p_b 等压流入气缸，而排气则以 p_T 等压排出，进气与排气压力值均高于大气压力，且 $p_b>p_T$。这样，理论循环换气过程就获得了大小为（p_b-p_T）V_s 的正功，如图中的矩形面积所示。

在实际循环中，排气门早开造成膨胀功的减少损失（膨胀损失 W），活塞还要消耗一定的功强制排出缸内废气（推出损失 X）。对自然吸气内燃机，活塞要消耗一定的功来克服气缸的负压，才能完成进气，而对于增压机来说，进气流动阻力造成了进气损失（均称为进气损失 Y）。与理论循环相比，发动机在换气过程要消耗如图中 W、X 和 Y 面积所表示的功，才能完成一个换气过程，它们代表了换气损失的大小。

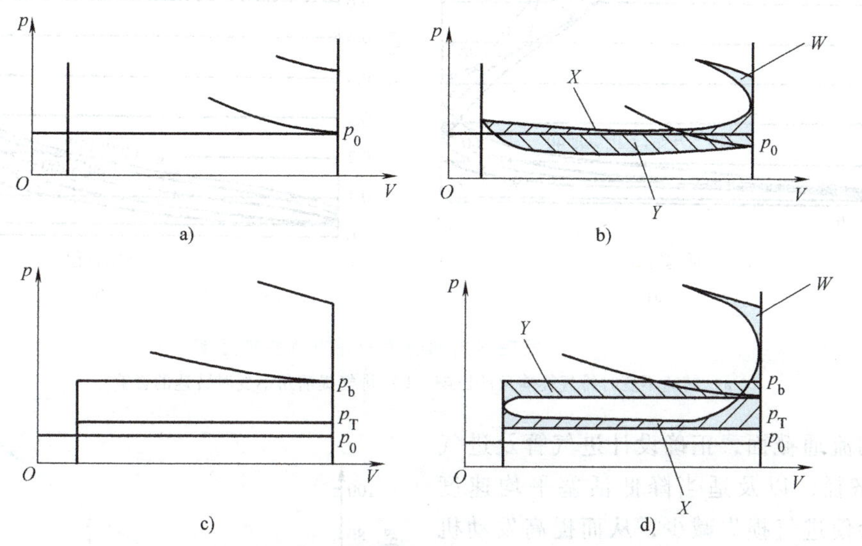

图 3-5　四冲程内燃机的换气损失

a）自然吸气内燃机理论换气过程　c）增压内燃机理论换气过程

b）自然吸气内燃机实际换气过程　d）增压内燃机实际换气过程

W—膨胀损失　X—推出损失　Y—进气损失

1. 排气损失

从排气门提前开启到下止点这一时期，由于提前排气造成了缸内压力下降，使膨胀功减少，称为膨胀损失。活塞由下止点向上止点的强制排气行程所消耗的功称为推出损失。两者之和称为排气损失。

排气损失的大小与排气正时、发动机转速等因素有关。如图 3-6a 所示，在发动机转速一定时，当排气提前角较小时，内燃机的膨胀损失 W 小，但活塞的推出损失 X 就大。随着排气提前角的增大，膨胀损失 W 增加，而推出损失 X 则减小。在排气提前角由小变大的过程中，存在一个最佳的排气提前角，使发动机的排气损失最小。发动机的转速对排气损失影响如图 3-6b 所示。发动机的转速增加，一方面转速升高使排气流速增加，因流动阻力增加而使排气损失增加；另一方面对于排气正时而言，相同的排气提前角所对应的排气时间变短，通过排气门排出的废气量减少，膨胀损失减少，但活塞推出损失大大增加。

发动机转速增高时排气损失总体上呈现增加的趋势，所以排气提前角应随转速的增加而适当加大。除合理确定排气提前角外，还应考虑增加排气门直径或数目，以增加流通截面积，减小排气流动阻力损失。

2. 进气损失

与理论循环相比，内燃机在实际进气过程中所造成的功的减少称为进气损失。图 3-7 所示是某发动机在不同转速下测量的平均排气损失和进气损失，两者相比，在数值上进气损失明显小于排气损失。但与排气损失不同，进气损失不仅体现在进气过程所消耗的功上，更重要的是它影响发动机的充量系数，对发动机的性能有显著的影响。合理调整气门正时，加大

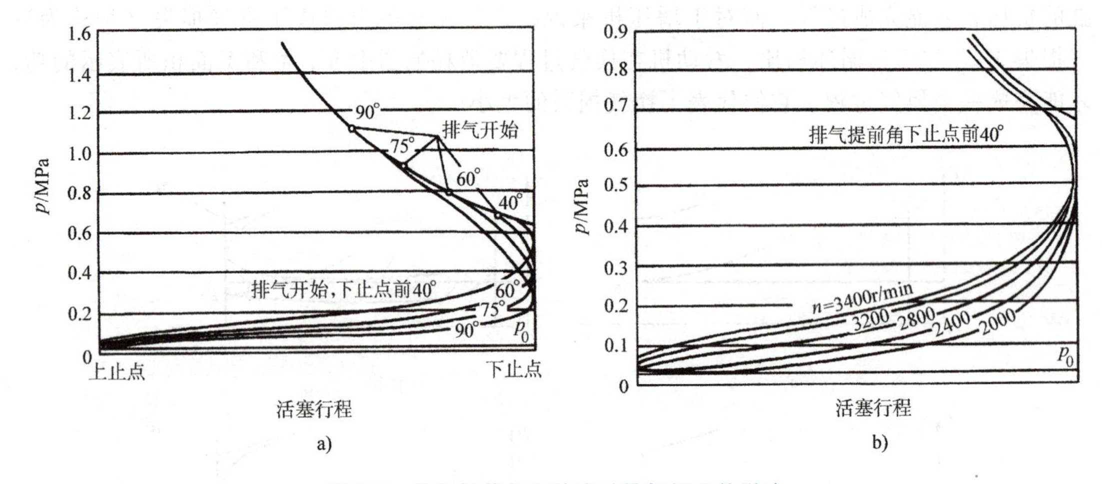

图 3-6 排气提前角和转速对排气损失的影响

a）转速不变时排气提前角的影响 b）排气提前角不变时转速的影响

进气门的流通截面，正确设计进气管及进气的流动路径，以及适当降低活塞平均速度等，都会使进气损失减少，从而提高发动机的充量系数，改善发动机的性能。

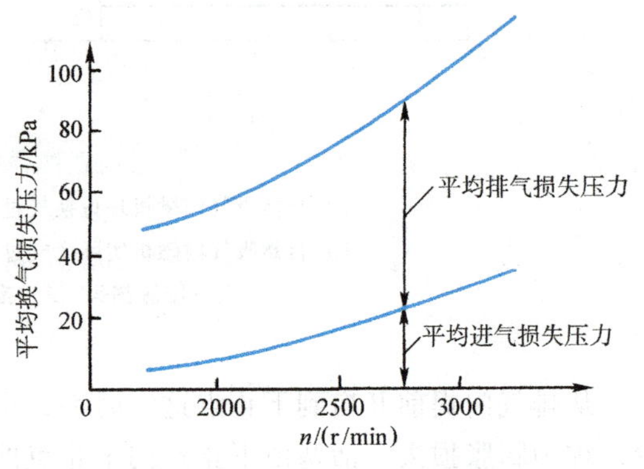

图 3-7 换气损失随内燃机转速的变化

3. 泵气损失与泵气功

四冲程内燃机的进气行程和排气行程构成的进排气过程称为泵气过程。与理论循环相比，实际循环的泵气过程造成的有用功的减小叫作泵气损失（$X+Y$）。泵气功则是指泵气过程缸内气体工质对活塞所做的功。

对于自然吸气发动机，它的强制排气损失 X 与吸气损失 Y 之和就是泵气损失，泵气功 W_p 等于它的泵气损失，且对整个循环来说，它们均为负功。即

$$W_p = X+Y \tag{3-2}$$

对于增压发动机，如果进气压力高于排气背压，理论上能够获得 $(p_b-p_T)V_s$ 正的有用功。而在实际循环的泵气过程中，由于流动阻力的原因，依然存在泵气损失（$X+Y$），但 $(p_b-p_T)V_s>(X+Y)$，所以活塞在泵气过程中获得了正的有用功。即

$$W_p = (p_b-p_T)V_s-(X+Y) \tag{3-3}$$

有些柴油机为了保证足够的排气参与再循环，排气背压高于增压后的进气压力（$p_b<p_T$），发动机在泵气过程需要付出曲轴的有效功。此时，内燃机效率的提高需要与排气后处理的能耗代价进行平衡。

第四节 提高内燃机的循环效率

从内燃机的理论循环分析，提高循环效率的方法有：

1）提高压缩比和压力升高比：两者能够提高循环的高低温热源间的温差，但受到发动机结构强度和燃烧与排放等方面的限制。

2）增加膨胀比：减少排气向低温热源的放热，即排气带走的热量损失，如采用阿特金森循环，但也受到运动机构和运行工况的限制。

3）增加等熵指数 κ：因为 κ 值的增加，可以增加压缩或膨胀行程的高低温热源之间的温度的比值，使循环的效率增加。如 EGR 可以提高混合气的 κ 值，所以能够提高循环的热效率，但需要和燃烧过程平衡。

内燃机的实际循环过程存在多项损失，其中工质的影响难以回避，所以提高实际循环效率的方法在于：

1）提高燃烧速度。合理组织燃烧，使之尽可能在上止点附近完成，提高循环的等容度，但燃烧损失对正常循环效率的影响已接近燃烧理论和技术的极限。

2）减少传热损失。受材料性能的制约，内燃机的冷却是必不可少的，但通过发动机的热管理，能够优化冷却，提高冷却温度，从而减少向冷却系统的传热等，提高循环的热效率。从减少 NO_x 和减少对外传热损失的角度出发，内燃机低温燃烧被提出并被广泛研究，但这一般对中低负荷工况有效，即因传热损失减少使效率的增加要对循环效率因温差减小而降低取得优势，并且还要充分考虑不完全燃烧造成的燃烧损失及排温低和排放高所面临的排气后处理的困难。

3）减少换气损失。实际气体的黏性使流动过程的损失不可避免，但通过合理设计可以一定程度地减小，尤其是对进气节流的点燃式内燃机减少泵气损失尤为重要。

减少上述各项损失就意味着可以提高内燃机实际循环的指示效率，在内燃机研究和开发过程中，降低换气过程损失是提高循环效率和发动机性能的重要举措。

一、可变配气系统

对于带进气节流的汽油机来说，无论是部分负荷工况为减少泵气损失提高效率和降低排放，还是全负荷工况提高充量系数（也是减少泵气损失）增强动力性，利用可变正时的配气系统均是不二的选择。理论与实践表明，比较理想的进气系统应满足以下要求：

1）低速时，采用较小的气门叠开角以及较小的气门升程，防止出现缸内新鲜充量向进气系统的倒流，并提高进气进入气缸的射流速度，增强湍流改善燃烧，增加低速转矩，提高燃油经济性。

2）高速时应具有最大的气门升程和进气门迟闭角，以最大程度地减小流动阻力，并充分利用过后充气，提高充量系数，满足发动机高速时动力性的要求。

3）配合发动机转速负荷工况的变化，进气门从开启到关闭的进气持续角也进行相应地调整，以实现不同工况下最佳的气门正时，将进气损失降到最低。

如图 3-8a、b 所示，部分负荷工况，单纯地利用进气门早关或迟闭的可变正时，不单是使进气损失减小，它也使得发动机在发出相同的功率时，循环总指示功减小。这就意味着发动机可以减少进气，即减少燃料的消耗。如果完全采用迟开和早闭的进气门正时控制进气量，并取消节气门，则可进一步减少进气损失，提高循环的效率，如图 3-8c 所示。利用可变气门正时技术（VVT）实现阿特金森/米勒循环的内容见第八章第四节的相应内容。

通过进排气门正时的双调节（DVVT），不仅可以降低发动机整个换气过程的换气损失，更能在低速小负荷区域减少废气对混合气的稀释，或者做中高负荷实现内部 EGR 等，在提高发动机性能的同时，还可以实现节能 5%以上。当然，DVVT 较大的气门叠开角也给 GDI 发动机的空燃比控制带来了一定的挑战。

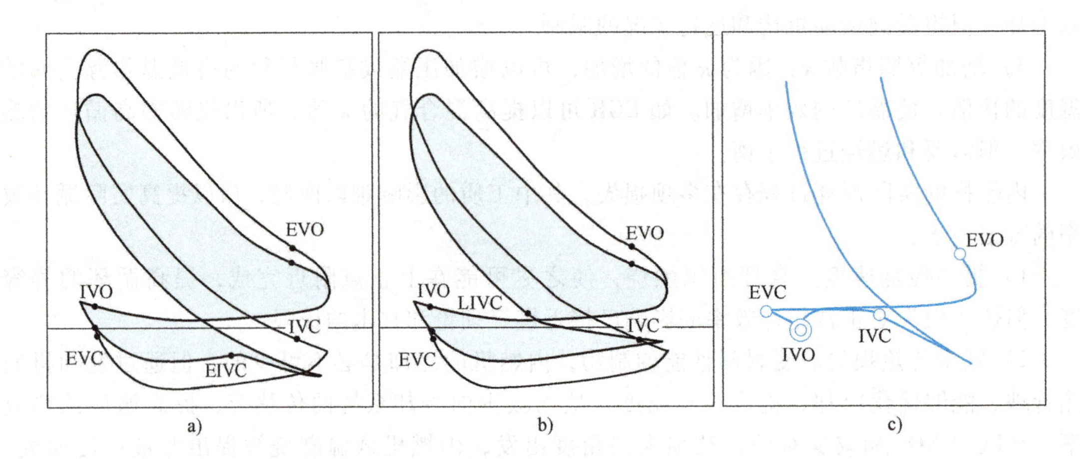

图 3-8 进气门正时对循环的影响

a）进气门早闭 b）进气门迟闭 c）进气门迟开早闭

二、降低换气过程的流动阻力

减少换气损失，提高发动机循环的效率，除 VVT 技术外，降低换气过程的流动阻力损失也至关重要，主要包括降低进排气系统的流动阻力和 EGR 系统的流动阻力等。

内燃机配气系统流动阻力可分为两类：一类是沿程阻力，即管道摩擦阻力，它与流速、管长、管壁表面质量等有关；另一类是局部阻力，它是由于流通截面大小、形状以及流动方向的变化造成局部产生涡流所引起的损失。在内燃机进排气流动中，由于管道壁面比较光滑，总的说沿程阻力并不大，因此进排气流动的局部阻力损失是造成泵气损失的主要原因。造成局部阻力的环节主要包括空气滤清器、增压中冷器、进排气门、排气后处理器、EGR 中冷器和消声器等。

提高发动机充量系数和降低进气阻力的常见措施主要有：

1）采用四气门结构和较大的进气门直径，增加进气的流通面积。

2）合理的配气正时。无论有无 VVT 系统，配气正时的优化都是必要的。

3）合理的进气管系统。要求设计选用合适的管径，管道内壁光滑，没有突起物和急剧转弯。可变进气管系统是通过进气管长度的改变或谐振器，利用气流惯性在进气管中的进气谐振现象，提高发动机的充量系数，改善动力经济性。

发动机的进气系统还应该满足各缸进气量均匀的要求，除此以外，进气系统还要辅助完成发动机对缸内进气流动的要求，如柴油机的螺旋进气道对于进气涡流的形成、汽油机的直气道对于进气滚流和湍流的影响等。

降低排气系统阻力，可以使缸内的残余废气压力下降，这样不仅减小了泵气损失，使发动机工作循环的效率提高，而且还减小了残余废气系数，提高充量系数。

与进气系统一样，排气流通截面最小处是排气门座处，此处的流速最高，压降最大，故在设计时应保证气门及其座面的良好流体动力性能。排气道应当是渐扩型，以保证排出气体的充分膨胀。

排气正时的优化应该是使发动机循环的膨胀损失和活塞推出功的损失之和最小。

排气管也存在谐振现象，所希望的谐振效果是使得排气门处的压力降低。良好的歧管流型与结构也有助于降低排气流动阻力，特别是对于高速多缸发动机，为避免排气压力波的互相干涉，用多枝型排气管或多排气管结构来替代单排气管，可以获得良好的充量系数与低速转矩。

在排气管中往往还有消声器和排气后处理器（催化转化器等），设计时应在保证良好的消声与降污效果的前提下，尽可能降低流动阻力。

EGR 的主要作用是降低发动机 NO_x 排放，为此大部分还采用冷却 EGR 系统。EGR 系统的流动阻力对发动机的性能影响亦不容小觑，这主要是由于 EGR 流量是由进排气压系统的压差保证的。一定的 EGR 流量下，系统的流动阻力高，相应的发动机排气背压就高，直接的就是 IMEP 或 BMEP 的减少。

因此，发动机进排气系统设计应结合台架试验和 CFD 计算，详细分析进排气系统中的流动特性，找到影响进气充量系数和各部分排气背压的产生原因，以及进气流动对缸内气体湍流流动的影响，才能完成进排气系统的结构优化。

进排气系统的设计还要求一定的进排气消声体积和膨胀比等，以使进排气系统满足发动机或整车的 NVH 性能要求。

第五节 内燃机的增压

内燃机所能发出的最大功率主要是由气缸内燃料有效燃烧所放出的热量决定的，而这受到每循环吸入气缸内实际空气量的限制。如果空气在进入气缸前得到压缩，使进气密度增大，则在同样气缸工作容积的条件下，可以有更多的新鲜空气进入气缸，因而可以增加循环供油量，获得更高的功率输出。因此，增压也是内燃机工作循环研究的重要内容。

一、内燃机增压技术概述

内燃机增压技术萌生于 19 世纪末，在 20 世纪初期得到初步应用和发展。随着材料科学及制造技术的进步，柴油机的涡轮增压技术在 20 世纪中叶开始大规模应用，并逐步推广到汽油机。柴油机增压的目的主要在于提高它的动力性，并降低排放，满足法规要求。汽油机增压一方面可提高动力性，另一方面可使发动机小型化，从而提高发动机运行工况的负荷水平并降低摩擦损失，改善整车的运行经济性。

内燃机的增压主要有机械增压和排气涡轮增压两大类，其中这两种类型又可以进行排列组合，形成不同配置的多级增压模式。内燃机增压技术的优势表现在：

1）增压器的质量与尺寸相对发动机而言都很小，增压可以使发动机在总质量和体积基本不变的条件下，输出功率得到大幅度的提高，升功率、比质量功率和比体积功率都有较大增加，因而可以降低单位功率的造价，提高材料的利用率。对于大型柴油机而言，经济效益更加突出。

2）与自然吸气内燃机相比，排气可以在涡轮中得到进一步膨胀，因而排气噪声有所

降低。

3）内燃机增压后有利于高原稀薄空气条件下恢复功率，使之达到或接近平原性能。

4）柴油机增压后，缸内温度和压力水平提高，可以使滞燃期缩短，有利于降低压力升高率和燃烧噪声。

5）增压柴油机一般采用较大的过量空气系数，HC、CO 和碳烟排放降低。

6）技术适用性广，适用于从低速到高速的二冲程和四冲程的各种缸径的发动机。

当然，上述优势的取得是需要花费一定代价的，这就是：

1）内燃机缸内工作温度和压力水平明显提高，机械负荷及热负荷加大，整机可靠性和耐久性受到考验。

2）低速或低负荷时由于排气能量不足，涡轮增压器匹配不当会使发动机的低速转矩受到一定影响，对工程机械和车用造成不利影响。

3）由于在涡轮增压器中，从排气能量的变化到新的增压状态的建立需要一定的时间，存在加速响应滞后等问题。

在增压技术应用方面，目前市场仍以增压压力控制放气阀增压器为主，随着排放法规的升级，未来将以可变截面涡轮增压（VGT）和两级增压为主。为了降低进气温度，增压器与发动机之间一般布置中冷器。

为了进一步提高排气能量的利用率，还可以采用诸如动力涡轮复合技术（turbo-compounding）和涡轮发电复合（Electric Turbo Compounding）技术。前者一般在增压器后再安装一个动力涡轮（也可用于非增压发动机），通过一套齿轮机构和变矩器等，将涡轮能量输送到发动机的曲轴上输出。后者是将动力涡轮直接与一台电机相连，甚至将电机直接集成到增压器上。一体化的电力涡轮增压器优势在于，当发动机低速排气能量不足时，电机带动增压器工作，提高发动机的低速工作性能；当排气能量超过涡轮增压器正常工作范围时，系统转换为涡轮带动电机发电，提高了排气能量利用率。

二、涡轮增压器的工作特性

内燃机的排气涡轮增压器可以分为径流式涡轮增压器和轴流式涡轮增压器两大类。大型柴油机多采用轴流式，以满足大流量、高效率的要求。而车用发动机多采用径流式，以适应高转速及较高响应性能的要求。按照涡轮入口排气压力变化特性，内燃机径流式增压系统又分为定压增压系统和脉冲增压系统。以下仅就径流式排气涡轮增压器的工作特性做一简单介绍。

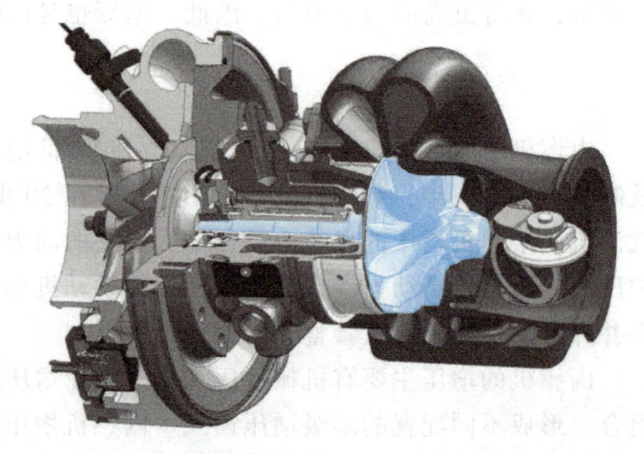

图 3-9 径流式排气涡轮增压器

图 3-9 所示是径流式排气涡轮增压器结构图，它由同轴安装的排气涡轮和压气机组成，其中涡轮机将发动机的排气能量转化为机械能，而压气机则消耗这部分能量，用以压缩进气，提高进气密度。

（一）离心式压气机的工作特性

1. 离心式压气机的工作过程

离心式压气机主要由进气道、工作轮、扩压器和压气机壳等部件组成（图 3-10）。首先在很短的呈收敛状的进口段，新鲜充量沿截面收缩的轴向进气道进入工作轮，压力稍下降，气流略有加速。气流进入高速旋转的工作轮叶片通道内，吸收叶轮的机械能，使气体的压力、流动速度和温度均有增加。在扩压器和压气机壳的通道内，由于两者的流通截面积逐渐增大，气体所拥有动能的大部分转变为压力能，压力和温度进一步升高，而速度下降。压气机壳同时还兼有收集流出的气体并向内燃机进气管输送的功能。

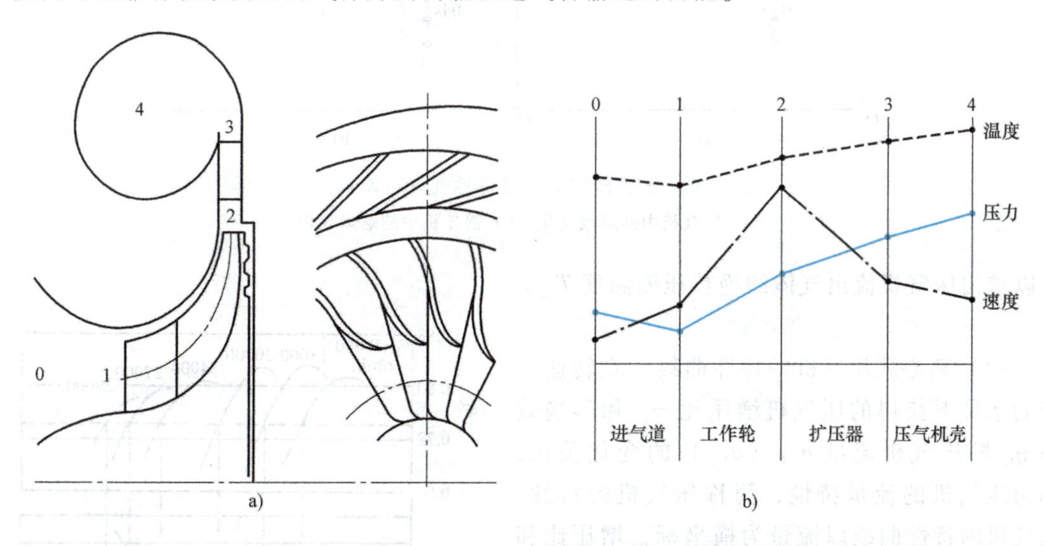

图 3-10　离心式压气机工作过程简图

a）离心式压气机简图　b）空气沿压气机通道的参数变化

2. 压气机中的能量转换

离心式压气机工作时，空气经过压气机的进气道，以一定的初速度进入压气机的叶轮，在叶轮通道内吸收机械能，使压力和速度有较大提高，进入到扩压器后，速度降低，压力进一步升高，在这一过程中，空气的温度也相应提高。压气机工作过程中空气工质的焓熵变化如图 3-11a 所示。

根据热力学第二定律，压气机的等熵效率为

$$\eta_C=\frac{\text{等熵压缩功}}{\text{实际压缩功}}=\frac{h_{02s}-h_{01}}{h_{02}-h_{01}}=\frac{T_{02s}-T_{01}}{T_{02}-T_{01}}=\frac{T_{01}}{T_{02}-T_{01}}\left[\left(\frac{p_{02}}{p_{01}}\right)^{\frac{\kappa-1}{\kappa}}-1\right] \tag{3-4}$$

为简化起见，不计压气机出口动能损失，可令压气机的增压比 $\pi_C=\frac{p_2}{p_0}=\frac{p_{02}}{p_{01}}$，进口滞止温度为大气温度，$T_{01}=T_0$。根据热力学第一定律，忽略气体与通道壁面的传热，则压气机所消耗的机械功为

$$-P_C=q_{mC}c_p(T_{02}-T_{01})=\frac{q_{mC}c_pT_0}{\eta_C}\left[\pi_C^{\frac{\kappa-1}{\kappa}}-1\right] \tag{3-5}$$

离心式压气机的等熵效率一般为 0.70～0.85。根据压气机的等熵效率表达式（3-4），还

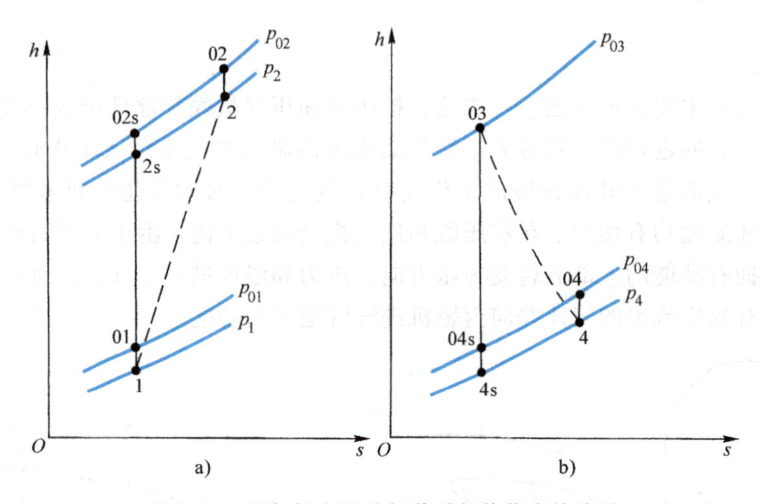

图 3-11 压气机和涡轮机前后气体状态焓熵图

a）压气机中的焓熵变化 b）涡轮机中的焓熵变化

可以求出压气机流出气体的绝热压缩温度 T_{02}。

3. 离心式压气机的工作特性

（1）离心式压气机的特性曲线 在转速一定的条件下获得的压气机增压比 π_C 和等熵效率 η_C 随压气机流量 q_{mC}（q_{VC}）的变化关系，称为压气机的流量特性，简称压气机的特性。压气机的特性曲线以流量为横坐标，增压比和等熵效率为纵坐标，转速为变量参数。为了使用方便，一般将等熵效率以等值线的形式绘制在压气机的流量增压比特性曲线上，从而可方便地看出在各种工况下压气机主要工作参数之间的相互关系，如图 3-12 所示。

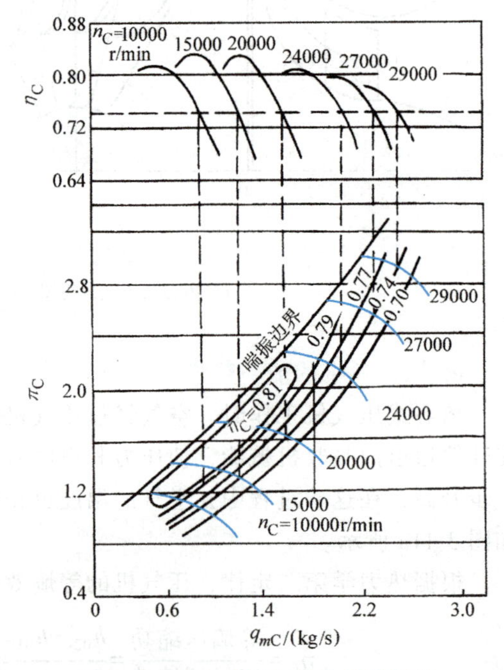

图 3-12 离心式压气机的流量特性

研究某一转速下增压比随流量的变化关系可以发现，压气机在某一流量（设计工况）时，增压比达到最大，无论流量增加还是减少，增压比都会降低，使压比特性曲线呈抛物线状。压气机效率随流量的变化关系与增压比的相似，转速一定时，压气机的绝热效率在设计工况最大，偏离设计流量后，其效率下降。

空气进入压气机被压缩，主要要克服两种损失。其一是摩擦损失，是由气体内部及气体与工作轮叶片表面、扩压器叶片表面等发生摩擦而产生的损失。在转速一定的条件下，流量增加使气流速度增大，摩擦加剧，所以摩擦损失将随流量的增大而增加。其二是撞击损失，它是气流与叶片撞击造成的。当压气机工作在设计工况流量时，气流的入口角与工作轮叶片及有叶扩压器叶片的设计几何角相等，气流无攻角，在流道中无分离，气流与叶片间的撞击损失较小。但当压气机在实际工作过程中偏离设计流量时（无论是大于或小于设计值），气

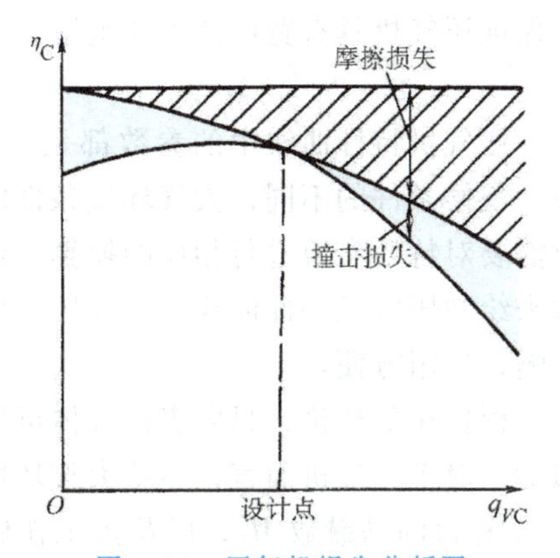

图 3-13　压气机损失分析图

流不再是顺叶片设计角流入，而是存在一定的攻角，于是气流和叶片发生了撞击，在叶片的内弧或外弧（压力面或吸力面）产生分离，从而造成损失。上述两种损失的变化，使得流量特性线呈现抛物线形状，且在流量大、转速高时增压比的变化较为陡峭，如图 3-13 所示。

（2）压气机的喘振　在一定转速下，当压比高而空气流量太小时，压气机进口的空气流量变得不稳定或者出现振荡状态，这种现象叫作喘振。喘振的状态可以用压气机入口压差这一参数表达，当压差达到 10kPa 时可以认为达到喘振状态，或用其标准偏差$\left\{\mathrm{SQRT}\left[\frac{1}{n}\sum_{i=1}^{n}(\Delta p_{\mathrm{i}}-\Delta p_{\mathrm{av}})^2\right]\right\}$这一统计数值来定义。一般认为其值达到均值 Δp_{av} 的 8%即为喘振状态，超过 12%则是一种严重的喘振状态。

压气机进口空气流量小于设计值，空气就会在叶轮或扩压器入口处出现边界层的分离。随着流量的不断减小，通道内的失速分离团逐渐增大，甚至导致气流吸入过程中断，气流不能进入叶片的吸入侧，结果使已经进入叶轮通道的下游气流在高压作用下回流，直至这个压比的建立，气体可以继续流入为止。这个不稳定状态会以一个固定的频率重复，分离涡导致的气流振荡，引起工作轮叶片振动，产生噪声甚至破坏。

把压气机出现喘振的工作点称为喘振点，对应的流量就是喘振流量。每一转速下都有一个喘振点，所有喘振点的连线称为喘振线。随着压气机转速的增加，喘振点对应的流量和压比增大。

当压气机工作在喘振线右侧时，其工作是稳定的，而当处于喘振线左侧运行时，压气机的工作因喘振而不稳，出口压力显著下降，并伴随很大的波动，严重时还会造成压气机的元件如叶片的损坏，是危险工况，因而压气机不允许在喘振条件下工作。

（3）压气机的堵塞　在某一增压器转速下，当流量超过设计工况继续增加到一定数值后，压气机的压比和效率均急速下降，而流量却不会再增加，这一现象称为压气机的堵塞。产生压气机堵塞的原因是通道中某个截面上的气流速度达到当地声速（临界状态），从而限制了流量的增加。压气机堵塞时所对应的气体流量称为堵塞流量，它也是该转速下压气机所对应的最大流量。通常规定当压气机效率降低到 55%时，就认为出现了堵塞。

当压气机流量超过设计值时，尽管也会发生气流与壁面的分离现象，但由于气流惯性的存在，使得发生分离的气体受到其他气体的压缩而局限在入口边缘，无法扩展到整个叶片通道，故不会产生喘振，但撞击损失却是增大了。研究表明，出现堵塞的临界截面位置一般出现在叶片扩压器的进口喉部附近或是工作轮叶片进口的喉部附近。压气机堵塞后，流量便不能再增加，此时只有提高压气机的转速，才能获得更高的流量。

离心式压气机需工作在喘振线、阻塞线以及压气机最高许用转速所限制的范围内。离心式压气机在大流量时可能发生堵塞，在小流量时又可能引起喘振，因此在设计或选配时应设

法保证压气机具有宽广的工作范围，以满足增压发动机的运转要求。

4. 压气机的通用特性

压气机特性曲线中的参数都是在一定的大气状态下测得的。由于增压器使用地区、季节、气候条件的不同，大气环境条件的差异很大，压气机受进口空气状态的影响，实际使用时需要对特性参数进行相应的换算，给选用带来不便。根据气体流动相似原理，采用相似参数来绘制压气机特性曲线，称为压气机的通用特性曲线。通用特性曲线不受环境条件变化的影响，使用方便。

根据相似理论，只要表征气体可压缩性的相似参数——马赫数相同，气体的流动就是相似的。对于压气机而言，不管大气环境参数如何改变，只要按压气机进口处轴向气流绝对速度 v_1 算得的马赫数 M_1，以及按工作轮叶片进口外径处的圆周速度 v_2 算得的马赫数 M_2 相同，即满足相似准则：

$$M_1=\frac{v_1}{\sqrt{\kappa RT_0}},\quad M_2=\frac{v_2}{\sqrt{\kappa RT_0}} \tag{3-6}$$

式中，κ 是等熵指数；R 是摩尔气体常数。

也就是说，不管压气机进口条件如何，满足上述两个马赫数相等的气流，在压气机流道内的流动就是相似的，流动损失也相似。这样，用相似参数 M_1 和 M_2 绘出的压气机特性曲线是与进口条件无关的，因而可以通用。

但是，由于上述两个相似马赫数 M_1 和 M_2 不是很直观，通常是寻找一些与 M_1 和 M_2 成比例的独立参数作为绘制压气机通用特性的相似参数。经过对进气速度 v_1 和圆周速度 v_2 的换算，M_1 和 M_2 分别与质量流量有关的参数$\frac{q_{mC}\sqrt{T_0}}{p_0}$（或与体积流量有关的参数$\frac{q_{VC}}{\sqrt{T_0}}$）和增压器转速有关的参数$\frac{n_C}{\sqrt{T_0}}$成正比，这样上述两个组合参数就可以用来作为绘制压气机通用特性。实际应用中，离心式压气机通用特性曲线采用与上述相似参数成正比的修正参数来绘制，修正参数（corrected）分别是

修正流量

$$q_{cor}=q_{mC}\frac{101.3}{p_0}\sqrt{\frac{T_0}{293}} \tag{3-7}$$

修正转速

$$n_{cor}=n_C\sqrt{\frac{293}{T_0}} \tag{3-8}$$

式中，p_0（kPa）和 T_0（K）分别是试验时测得的大气压力和温度。

将试验条件按标准大气条件（p_0=0.1013MPa，T_0=293K）进行修正，就可获得压气机的通用特性曲线，如图 3-14 所示。

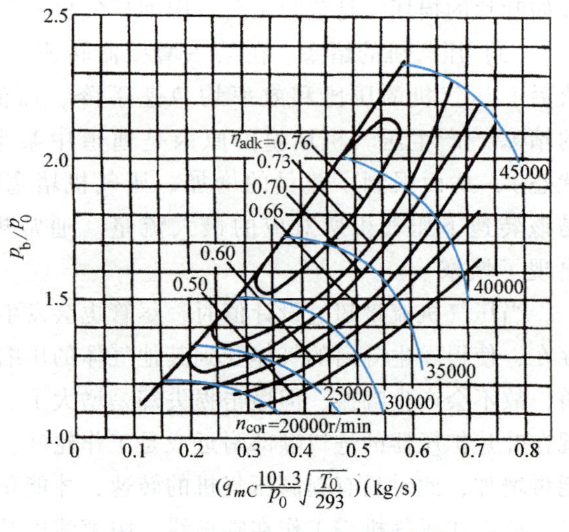

图 3-14 压气机的通用特性曲线

（二）径流式涡轮机的工作特性

涡轮机的功用是将发动机排出的高温燃气所拥有的能量尽可能多地转化为机械功，用来驱动压气机。以下介绍小型向心径流涡轮机的工作原理和主要工作参数。

1. 排气在径流涡轮机中的流动

径流式涡轮机主要是由进气涡轮壳 1、喷嘴环 2、工作轮 3 以及出气道 4 等组成，如图 3-15 所示。涡轮机的工作原理与压气机正好相反，内燃机排气由进气涡轮壳 1 流入喷嘴环 2，喷嘴环由周向均匀安装、带有一定倾角的多个叶片组成，叶片之间形成渐缩通道，内燃机高温排气流过喷嘴环时被加速，压力、温度下降，速度大大增加，一部分排气能量转化为气流的动能。部分小型涡轮常设计为无叶喷嘴环结构。

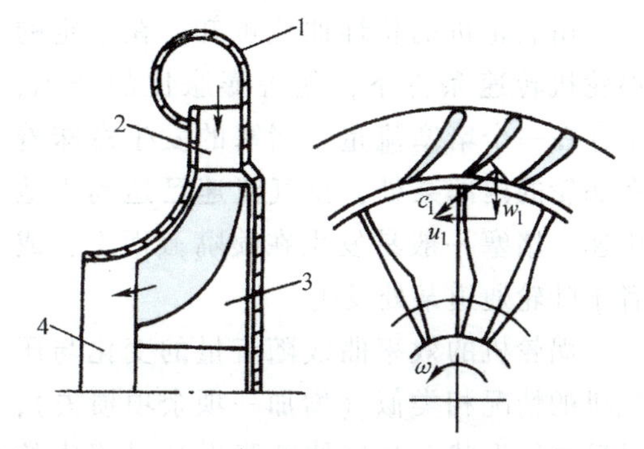

图 3-15　径流式涡轮机的工作简图

1—进气涡轮壳　2—喷嘴环　3—工作轮　4—出气道

一般的车用向心径流涡轮机皆有一定的反动度，即排气的能量不是全部由喷嘴转化为动能，排气的一部分能量要在涡轮的工作轮 3 中继续转化。具有一定方向的气流进入工作叶轮后继续膨胀，在向心流动的过程中继续加速，将排气的能量转化为推动叶轮旋转的轴功，即气体推动叶片做功。从叶轮出口排出的气体仍然具有的一定速度，进入排气管后，该部分动能无法利用，形成余项（速）损失。

涡轮出气道内排气的能量与进口处内燃机的排气能量相比（温度、压力）有很大下降，表明排气的大部分能量已传给了工作轮。

2. 涡轮中的能量转换

与压气机相反，涡轮机将排气能量通过喷嘴部分转化为动能，并在叶轮中进一步膨胀，推动涡轮叶片旋转，从而将排气能量转化为机械功，其焓变过程如图 3-11b 所示，则涡轮的等熵效率为

$$\eta_{\mathrm{T}}=\frac{\text{实际膨胀功}}{\text{等熵膨胀功}}=\frac{h_{03}-h_{04}}{h_{03}-h_{04\mathrm{s}}}=\frac{T_{03}-T_{04}}{T_{03}-T_{04\mathrm{s}}}=\frac{T_{03}-T_{04}}{T_{03}\left[1-\left(\dfrac{p_{04}}{p_{03}}\right)^{\frac{\kappa-1}{\kappa}}\right]} \tag{3-9}$$

因内燃机的排气速度较低，可令涡轮进气口处的滞止温度压力等于测量到的排气的温度压力，即 $T_{03}=T_3$，$p_{03}=p_3$。由于涡轮的出口速度较小，可以近似地认为 p_{04} 等于大气压力 p_0。若忽略通道内气体的传热，则涡轮机所发出的功率为

$$P_{\mathrm{T}}=q_{m\mathrm{T}}c_p(T_{03}-T_{04})=q_{m\mathrm{T}}c_pT_3\eta_{\mathrm{T}}\left[1-\pi_{\mathrm{T}}^{\frac{1-\kappa}{\kappa}}\right] \tag{3-10}$$

式中，$\pi_{\mathrm{T}}=\dfrac{p_3}{p_0}\approx\dfrac{p_{03}}{p_{04}}$，称为涡轮的膨胀比。涡轮机的等熵效率一般为 $\eta_{\mathrm{T}}=0.70\sim0.90$。

3. 涡轮机的特性

涡轮机的主要工作参数有：根据排气滞止参数计算的膨胀比 π_{T}（排气滞止压力与排气背压之比），排气质量流量 $q_{m\mathrm{T}}$，转速 n_{T} 以及涡轮效率等。涡轮机在不同工况下运行时，上述参数之间的关系，就是涡轮机的特性。与压气机一样，涡轮机的通用特性曲线也用修正流

量和修正转速参数$\left(\frac{q_{mT}\sqrt{T_{03}}}{p_{03}}, \frac{n_T}{\sqrt{T_{03}}}\right)$来绘制，如图 3-16 所示，横坐标为流量，纵坐标为膨胀比，涡轮效率一般以等值线的形式表示在膨胀比曲线上，由于是用修正参数绘制的，因此也叫涡轮的通用特性曲线。

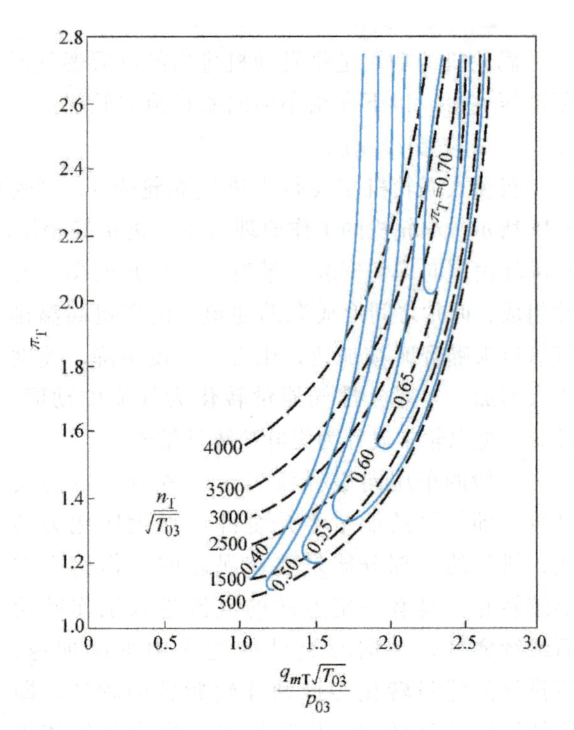

图 3-16 径流式涡轮机的通用特性曲线

由涡轮机的特性曲线可知，在一定的涡轮机转速条件下，随着膨胀比的增加，也存在一个堵塞流量。堵塞的发生意味着在涡轮的内部某处，排气流速已达到当地声速。堵塞一般易发生在喷嘴截面上，或者于叶轮通道某处发生。

涡轮机的效率曲线随流量的变化与压气机的情况相类似（增加一项余项损失），呈抛物线形状，与气体膨胀做功过程中的流动损失、撞击损失和余项损失有关。流动损失与气体流动速度有关，流速越高，流量越大，则流动损失也就越大。撞击损失和余项损失在设计工况点最小，偏离设计工况时，撞击损失和余项损失增加，偏离程度越大，则损失也越大。

涡轮机的通用特性曲线和压气机的通用特性曲线并列应用，可以方便地对涡轮机和压气机的匹配和运行进行分析。

（三）内燃机排气能量的利用

排气涡轮将内燃机的排气能量转化为机械能，驱动同轴安装的压气机工作，实现对进气的增压。按照对排气脉冲能量的利用情况，内燃机增压系统可分为定压和脉冲两类。下面根据（定压）增压柴油机的理论循环（图 3-17），定性说明可被涡轮利用的内燃机的排气能量和增压所需的能量情况。

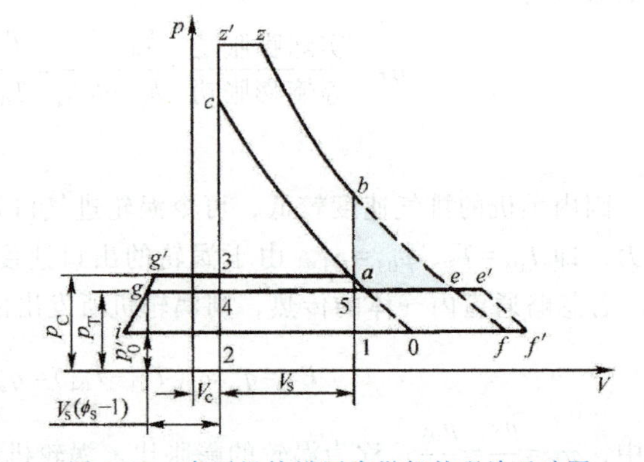

图 3-17 定压涡轮增压内燃机的理论示功图

1. 压气机的功耗

图 3-17 中，3-a 是内燃机的吸气过程，吸入的空气压力为 p_C，a-c-z'-z-b 是气缸内依次进行的压缩、燃烧与膨胀过程，然后是排气过程 b-5-4。由于排气涡轮增压器的存在，使得排气的背压即增压器前排气总管内的压力稳定在 p_T。在一定工况下，该压力对于定压增压系统而言是恒定的，显然 $p_C>p_T$，这样面积 a-5-4-3-a 为充量更换过程所获得的泵气正功。面积 2-3-a-0 为压缩进入内燃机气缸内的空气所需的能量，面积 i-g'-3-2

则为压缩扫气空气所需的能量（ϕ_s 为扫气系数），故压气机消耗的总能量为上述两部分之和，由面积 $i\text{-}g'\text{-}a\text{-}0$ 表示。

2. 排气能量的利用

排气中涡轮机的可用能量应为涡轮前压力 p_T 线与大气压力线 p_0 所围成的面积 $i\text{-}g\text{-}e\text{-}f$，它由三部分组成：①面积 $i\text{-}g\text{-}4\text{-}2$ 是扫气空气提供的能量；②面积 2-4-5-1 为活塞强制推出排气所做的推出功，由发动机活塞给予；③面积 $1\text{-}5\text{-}e\text{-}f$ 是真正取自排气的能量。

排气所具有的可用能为 $1\text{-}b\text{-}f$，它是排气由排气门开启始点状态 b 等熵膨胀到大气压力 f 所能做的最大功。定压系统仅能从损失的能量 $5\text{-}b\text{-}e\text{-}5$ 中回收一小部分热能，加热排气，从而使定压系统中排气的温度从 e 点提高至 e' 点，因此排气在涡轮中将沿着 $e'\text{-}f'$ 线膨胀，涡轮可用能量的面积将增加一项 $e\text{-}e'\text{-}f'\text{-}f$，因此 $5\text{-}b\text{-}e\text{-}5$ 中大部分能量不可避免地损失了。若采用高增压，使增压压力和涡轮前的压力提高，即提高排气总管内的压力，上述损失将会降低，能量的利用率就会有所提高。

一般地，当增压压力较小时，定压增压系统仅仅利用了排气能量的 12%～15%，高增压时可达 30%以上。

3. 涡轮和压气机的能量平衡

实际上，涡轮前排气的可用能量面积 $i\text{-}g\text{-}e'\text{-}f'$ 与涡轮机效率 η_T 的乘积才是涡轮机对压气机所给出的功，压气机所消耗的功是面积 $i\text{-}g'\text{-}a\text{-}0$ 除以压气机效率 η_C 和整个增压器的机械效率 η_m。两者在稳态工况下取得平衡。

三、涡轮增压器与发动机的匹配

增压器是为满足发动机的应用而出现的，常见的涡轮增压器有全流式固定几何截面涡轮增压器、旁通阀式（WG）和可变喷嘴涡轮式（VNT）三种，后两种还可统称为可变几何截面涡轮增压器（Variable Geometry Turbine，VGT）。不同用途的内燃机有不同的工作特性，其匹配的增压器和策略也不尽相同。如泵站、船机、电站机组等固定工况或主要工作区流量范围要求相对较窄、工况变化较少的柴油机，大多匹配全流式涡轮增压器；为满足车用内燃机复杂多变的工况，一般匹配 VGT 增压器。旁通式涡轮增压器是在全流涡轮增压器的基础上，增加了旁通放气机构，可在低速区或转矩点匹配，通过旁通放气保证高速高负荷工况下增压器工作不超压超速。可变喷嘴增压器是通过喷嘴环叶片的开度来实现与发动机的匹配，即低速时，通过减小喷嘴环涡轮流通截面积提高排气能量，从而使增压压力增高，改善发动机低速性能，而发动机高速高负荷时，喷嘴环逐渐打开，涡轮流通截面积增大，排气能量的减小避免了高速工况下增压器的超速、堵塞和效率低等问题。

内燃机与涡轮增压器之间没有机械联系，只有气动联系，即只通过内燃机的进排气流动将两者联系起来。内燃机的工作特性参数是用转速和负荷来表达的，不同的转速和负荷下排气的流量、压力和温度不同，即排气能量不同，通过增压器转换后，反过来影响进气状态，进而又影响发动机排气状态。内燃机的转速和负荷变化范围宽，对变化快慢响应的要求也不尽相同，要使增压内燃机有良好的性能，就必须使涡轮与压气机的联合运行工作特性在宽广的范围内与内燃机有良好的配合，彼此适应，满足不同用途的使用要求。

（一）内燃机与涡轮增压器的联合运行

内燃机匹配排气涡轮增压系统，在稳态运行工况条件下，内燃机的进气量与压气机提供的空气量相等，压比一致，因此可在压气机特性曲线图上以压比和流量联合运行点标示出来。以车用柴油机为例，如图 3-18 所示，当柴油机按照曲线 1 低速稳定转速、曲线 2 标定转速、曲线 3 外特性等特性曲线不同工况点运转时，这些工况点就可以在压气机特性曲线上确定下来，形成增压器与柴油机的联合运行线，构成联合运行图。对于车用发动机而言，其运行范围便是曲线 1、2、3 下所包围的面积。联合运行图反映了内燃机与增压器的匹配情况，良好的匹配既要使涡轮增压器运行范围处于高效工作区，又不要穿过喘振线。

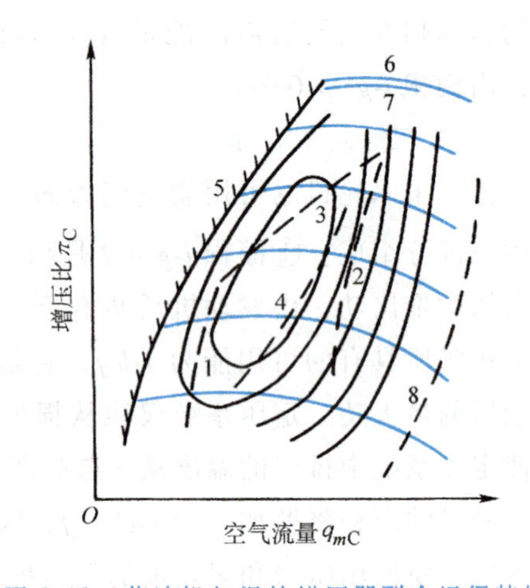

图 3-18 柴油机与涡轮增压器联合运行特性

1—n_{min} 负荷特性 2—n_{max} 负荷特性 3—外特性 4—螺旋桨特性线 5—喘振边界 6—最高转速线 7—最高排温线 8—最低效率线

（二）内燃机与涡轮增压器的匹配计算

内燃机与涡轮增压器的匹配是一个复杂的过程，一般都要经过计算，再选用增压器进行匹配试验，直至达到良好的配合。由于压气机和涡轮是同轴安装，若不考虑内燃机中的气体泄漏，涡轮增压器自由平衡运转时应满足：

1）涡轮机和压气机同轴安装，它们的转速相等：$n_T=n_C$。

2）扣除机械效率，涡轮机的输出功率与压气机的消耗功率相等：$P_C=\eta_m P_T$。

3）通过压气机和涡轮机的气体质量流量有如下关系：

$$q_{mT}=q_{mC}+q_f$$

式中，q_f 为发动机的燃油流量。如果发动机有 EGR 系统，则应结合 EGR 方式考虑压气机的进气量。根据上述平衡运转关系以及压气机的功率公式（3-5）和涡轮机的功率公式（3-10），可以推导建立定压涡轮增压器的基本方程，并利用已知的压气机与涡轮机的特性参数进行标定点、稳态和过渡工况排气涡轮增压的匹配计算以及其他条件改变情况下的匹配计算等内容，匹配的增压系统要做到：

1）设计工况下的增压压力、空气流量、发动机功率和燃油消耗率等参数达到设计要求。

2）内燃机与涡轮增压器的联合运行线处于压气机特性的高效区，距离喘振和堵塞有一定的裕度。

3）涡轮增压器和内燃机应能在各种工况下稳定、可靠地工作，增压器无超速，排温及零件热负荷在合理的范围内。

4）涡轮具有合适的流通能力，以保证提供给压气机所需要的功率。

（三）涡轮增压器与内燃机联合运行特性的调整

实际的涡轮增压器与内燃机匹配时，首先根据增压器厂家提供的特性曲线进行的匹配计算，选择一台性能接近的涡轮增压器，因此发动机和增压器并不一定能够完全匹配。这就需要根据内燃机运行的实际情况对增压系统做一些调整或修改，以改变内燃机运行范围在增压器特性曲线上的位置，实现增压比、效率和流量的匹配。改变内燃机的某些参数（如排气管设计、配气系统参数等），可以使联合运行线的位置发生变动，但改变涡轮增压器的某些参数（如喷嘴环截面积、压气机叶片扩压器叶片安装角等），也可以使联合运行线和喘振线位置发生移动，且往往更方便一些。

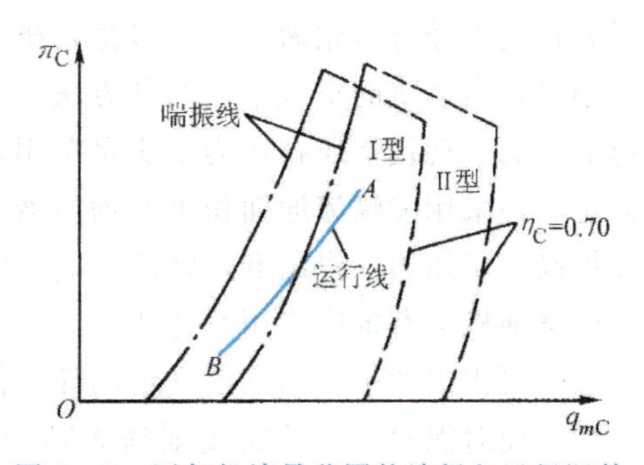

图 3-19　压气机流量范围的选择与运行调整

1. 压气机流量范围的选择

每个型号的压气机都有其合适的使用流量范围，它通常是指在一定压比下，从喘振线至某一效率等值线（例如 $\eta_C=0.7$）或堵塞线所包括的区域（参考图 3-14 压气机的通用特性曲线）。图 3-19 所示是两种型号的压气机流量范围示意图，假定 *AB* 为内燃机的低速运行线，型号Ⅱ的压气机流量比较大。如果内燃机与型号Ⅱ的压气机配合时，联合运行线 *AB* 穿过压气机的喘振线。但当与型号Ⅰ匹配时，运行线又偏离喘振线较远，会造成大流量时压气机工作处于低效区。因此，无论选择哪一个增压器，都需要进行进一步的调整与匹配。

2. 联合运行线的调整

调整涡轮增压器的某些结构参数，如增大涡轮喷嘴环出口截面积，排气能量减少，相同流量时压比下降，则发动机的联合运行线向下移动，可使其离开喘振线而进入正常的工作区域。或者保持增压压力不变，则通过增压系统的流量增加，压气机的流量增加，因此运行线离开喘振线向流量大的方向移动，但此时要达到涡轮机与压气机功率平衡，柴油机排气温度将要提高。

3. 喘振线位置的调整

因为喘振发生在压气机叶轮通道或叶片扩压器内，所以适当缩小压气机通流截面，如减小压气机进口直径、扩压器入口截面积和扩压器进口角等，可以使喘振线向小流量方向偏移。当运行线偏离喘振线太远时，可采用与上述相反的措施加以调整。

也可以改变涡轮机喷嘴环流通面积，改变增压器的联合运行线，使增压器适应压气机的特性曲线。

4. 压气机的堵塞控制

压气机堵塞现象的产生，是源于在某个流通截面上，气体流动速度达到了当地声速而导致流量不再增加。试验表明，临界截面一般出现在叶片扩压器的进口喉部附近，但当叶轮进口喉部面积过小时，也可能造成在叶轮喉口附近发生堵塞。因此，适当增大叶片扩压器喉口面积和叶轮喉口面积，可以提高压气机的堵塞流量，从而扩大压气机工作的流量范围。采用无叶扩压器也可以较好地解决压气机的堵塞问题。

5. 涡轮增压器超速和增压压力的调整

增压比近似与增压器转速的平方成正比，故两者的调整措施是一致的。涡轮增压器在运行过程中可能会出现超速现象，即增压内燃机的功率尚未达到标定值时，增压器转速已经达到了允许的最大值，若继续增加发动机功率，增压器将处于超速状态，这是不允许的。采用增大涡轮喷嘴面积的方法，减小涡轮前的排气能量，可克服增压器的超速问题。增压器转速下降，增压压力随之下降；增压器转速升高，增压压力也随之升高。

有时为了改善车用增压发动机的转矩特性，往往在最大转矩点选配涡轮增压器，这有可能使增压器在标定工况点出现超速现象。解决的办法通常是在涡轮前设计一个放气阀，使一

部分排气不经过涡轮做功而直接排入排气管中。也可以在压气机出口旁通一部分压缩空气，减小进入内燃机的空气量。两种方法都可以使涡轮的燃气流量减小，从而达到限制增压器超速的目的。现代增压技术为了满足车用发动机低速转矩和降低排放的要求，需采用可变增压系统，即采用喷嘴流通面积可变增压器。这种涡轮可以实现在低速时通过减小涡轮喷嘴面积以提高增压压力，提高低速转矩，高速时扩大涡轮喷嘴面积，降低排气能量，避免超速，在增压柴油机上有推广应用的趋势。

需要指出的是，修改压气机的任何部位的尺寸，只能改变压气机本身的特性曲线位置及形状，而对涡轮的特性曲线则毫无影响，反之修改涡轮的几何参数，调整涡轮机的特性曲线，对压气机也不会产生影响，但压气机或涡轮特性的改变都会影响与它们相匹配的内燃机的工作区域。

四、柴油机的增压技术

为了适应增压的要求，内燃机的结构与工作参数有必要进行适当的调整。

1. 压缩比与过量空气系数

为了降低最高燃烧压力，增压内燃机应适当降低压缩比。增压度越高，压缩比降低幅度越大，但过高的降幅会恶化内燃机的经济性能，且会造成冷起动困难。

一般地，中低度增压柴油机的压缩比选为17左右，为了降低内燃机的热负荷和改善经济性，可适当加大过量空气系数，这也是降低柴油机排放的技术手段之一。

2. 配气相位

利用增压压力比排气压力高的有利条件，合理地加大气门叠开角，以加强燃烧室扫气，从而降低缸内受热零件的热负荷。试验表明，气门叠开角每增加10°（CA），活塞平均温度降低4℃。增大气门叠开角除降低受热零件的热负荷外，还有利于缸内废气的扫除和进气终点温度的降低，使充量系数增大。此外，过量的扫气降低了排气温度，改善了涡轮的工作条件。

3. 进排气系统

进排气系统的设计要与增压系统的要求相一致。如脉冲系统，为了使各缸的排气不至于互相干扰，要求同一排气支管内所连各缸内的排气不能重叠或尽可能地减小重叠。如发火次序为1-5-3-6-2-4的六缸机，可以采用1、2、3缸和4、5、6缸各连一根排气管，每一根管内相邻两缸间的工作夹角为240°（CA），与排气脉冲波的持续时间大致相同，排气干扰不大。

增压内燃机的进气管容积希望尽可能大一些，以减少进气压力的脉动，从而提高压气机效率和改善发动机的性能。

4. 增压空气的冷却

对增压器出口空气进行冷却，一方面可以进一步提高内燃机进气管内的空气的密度，从而提高内燃机的功率输出，另一方面可以降低内燃机压缩始点的温度和整个循环的平均温度，从而降低内燃机的排气温度、内燃机的热负荷和NO_x排放。对增压器出口空气进行冷却称为中冷，可以利用循环冷却水进行“水冷”或用冷却风扇进行“风冷”。利用冷却风扇加车辆运行过程中所产生的高速气体流动来冷却增压空气的“空-空”中冷方式，可以获得比较好的冷却效果，且布置较为灵活，近年来在车用发动机上获得广泛应用。

五、汽油机的增压技术

在二氧化碳排放标准的压力下，再加上希望发动机在性能不减的情况下拥有更好的燃油经济性，汽油机涡轮增压趋势变化明显。从排气能量利用的观点看，汽油机的涡轮增压与柴油机相比并没有本质的区别，限制汽油机增压技术的主要障碍是爆燃、热负荷和增压器对排温、动态响应和宽流量范围等的特殊要求。

1. 爆燃控制

汽油机增压后，由于压缩始点压力、温度增高，以及燃烧室受热零件热负荷提高等原因，将促使爆燃的发生。采用 GDI 技术，再加上推迟点火等技术措施，可以一定程度上缓解爆燃现象的发生。但随着压比强化程度的提高，汽油机又出现了低速早燃爆燃（preignition knocking），又叫超级爆燃，是一种汽油机在火花点火之前就已经开始的早燃性质的爆燃燃烧。早燃爆燃的爆发压力为正常工作压力的几倍，且有高频的振荡，对发动机的可靠性危害较大。早燃爆燃发生在低速全负荷区，出现概率一般在万分之几，本质上是大量混合气的自燃，爆燃控制是高增压汽油机发展所必须面对的问题。

2. 热负荷

汽油机的过量空气系数小，燃烧温度高，膨胀比小，排气温度也比柴油机高 200～300℃，上限温度高达 1050℃。增压后，汽油机的整体温度水平提高，热负荷加重，同时，为避免可燃混合气的损失，一般气门叠开角不大，燃烧室的扫气作用不明显，因此，增压汽油机的排气门、活塞、涡轮等处的热负荷均比增压柴油机的高。

3. 对增压器的特殊要求

汽油机增压度虽低，但增压器的转速和流量变化范围广、热负荷高，这就要求增压器体积及转动惯量小、耐高温性能好、效率高，并要求有增压调节装置等。

汽油机增压技术的应用与进步，很大程度上取决于高性能涡轮增压器的发展。近 20 年来，结合电子控制技术，汽油机的增压技术已获得重大突破，得到了普遍应用。

六、机械增压

与排气涡轮增压相比，机械增压历史更为悠久，且机械增压发动机的低速转矩和加速响应性能较好，但高速时增压器噪声和使用寿命等影响了它在发动机上的实际使用。近年来，机械增压重新得到了重视与发展，这是因为：

1）制造工艺和材料的进步，使机械增压器的体积与噪声大幅度降低，效率和使用寿命有很大的提高。

2）小排量发动机采用涡轮增压难度大，机械增压可以比涡轮增压有更好的响应和转矩特性，甚至更好的经济性能。

3）对于排气管中安装有催化转化器或颗粒物粒捕集器等后处理装置的发动机，机械增压系统对排气系统可以不做任何改动。

参考文献

[1]　周龙保，刘忠长，高宗英．内燃机学［M］．3 版．北京：机械工业出版社，2013.

[2] 沈维道，蒋智敏，童钧耕. 工程热力学 [M]. 2版. 北京：高等教育出版社，2001.

[3] HEYWOOD J B. Internal Combustion Engine Fundamentals [M]. New York：McGraw-Hill，1988.

[4] HEISLER H. Advanced Engine Technology [M]. London：Arnold，1995.

[5] KUTLAR O A，ARSLAN H，CALIK A T. Methods to improve efficiency of four stroke spark ignition engines at part load [J]. Energy Conversion and Management，2005，46 (20) 3202-3220.

[6] IKEYA K，TAKAZAWA M，YAMADA T，et al. Thermal Efficiency Enhancement of a Gasoline Engine [C/OL]. 2015，SAE 2015-01-1263. http：//www. sae. com.

[7] 蒋德明. 内燃机的涡轮增压 [M]. 北京：机械工业出版社，1986.

[8] 宋守信. 内燃机增压技术 [M]. 上海：同济大学出版社，1993.

[9] 陆家祥. 柴油机涡轮增压技术 [M]. 北京：机械工业出版社，1999.

[10] 王研生，黄佑生. 车辆发动机废气涡轮增压 [M]. 北京：国防工业出版社，1984.

[11] BAINES N C. Fundamentals of Turbocharging [M]. Virginia：Concepts NREC，2005.

[12] ZANGENEH M. Concepts in Turbochargingfor Improved Efficiencyand Emissions Reduction [M]. Warrendale PA：SAE International，2015.

思考与练习题

3-1 研究理论循环的目的是什么？理论循环与实际循环相比，主要做了哪些简化？

3-2 计算等容加热循环热效率达到40%和60%时的压缩比是多少？若压缩始点进气状态为标准大气状态，压缩上止点的温度和压力各是多少？

3-3 内燃机的实际循环与理论循环相比存在哪些损失？试述各种损失的形成原因。

3-4 试分析四冲程内燃机进排气门提前开启和迟后关闭的原因及影响因素。

3-5 内燃机换气过程存在哪些损失？增压和自然吸气发动机的泵气功与泵气损失各有什么特点？

3-6 试分析提高内燃机工作循环效率的方法。

3-7 内燃机采用提高转速进行强化时，如何防止充量系数的下降？

3-8 何谓压气机的特性和通用特性？

3-9 试分析增压器喘振的原因及控制方法。

3-10 试推导增压器与发动机匹配的基本方程。

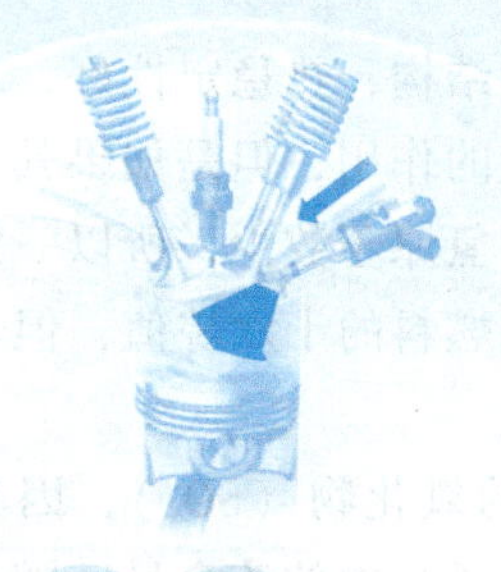

第四章 内燃机的燃料

燃料的物理和化学特性对内燃机的动力输出、燃料消耗、可靠性和寿命等都有很大的影响，内燃机技术的进步在很大程度上也依赖于所使用的燃料性能的提高。此外，通过对多种燃料的优化组合，并结合互溶、互混技术对燃料进行重新配方，从而改变燃料的成分和输运特性参数，能够促进缸内混合气的形成并进行着火控制，是发动机实现高效低污染燃烧的重要手段之一。

第一节　石油基燃料及标准

一、石油基燃料概述

通过石油炼制获得的汽油和柴油，能量密度高、价格低、不易变质、便于储运，非常适用于汽油机和柴油机，再加上比较充裕的石油资源，使得百余年来内燃机技术得到了长足的发展。到目前为止，石油基液体燃料仍然占据着内燃机燃料的主导地位。

内燃机所使用的石油基液体燃料主要是由碳、氢这两种元素组成的，此外还有少量的氧、氮、硫等元素。从化学结构上看，石油基燃料主要是由烷烃、烯烃、环烷族烃和芳香族烃等烃类组成。汽油中烃类的碳原子数一般在5~12之间，平均相对分子质量在110左右；轻柴油的碳原子数在10~22之间，平均相对分子质量在170左右。

烷烃是一种具有饱和链状分子结构的碳氢化合物，通式为C_nH_{2n+2}，有正构（直链）和异构（支链）烷烃之分，其中直链排列的正构烷烃的热稳定性差。碳原子数多且碳链长的烷烃，高温下容易断裂，发生化学反应，其自燃性能好、着火滞燃期短，适合做柴油机的燃料。带支链排列且碳链较短的异构烷烃则与之相反，其热稳定性好，自燃倾向比正构烷烃小，抗爆性强，适合做汽油机的燃料。

烯烃是一种含碳碳双键的不饱和链状烃，抗氧化安定性较差，易聚合产生胶质，影响汽油和柴油的品质。

环烷族烃的碳原子是环状排列的，属饱和烃，其辛烷值高，热稳定性和自燃温度比链状烷烃高，适合作为汽油机的燃料。

芳香族烃是含有苯环结构的烃。苯环是一种比较牢固的化学结构，热稳定性好，不易自燃及产生爆燃。汽油中的芳香烃有增加燃料辛烷值、提高抗爆性的作用，但是如果其含量过高，则易导致较高的未燃碳氢排放。由于芳香烃中碳原子数多、氢原子数少，所以一定程度上会使燃烧温度升高、NO_x 排放增加。柴油中的芳香烃能够调整燃料的十六烷值，但若其含量过高，则燃烧过程中易产生碳烟颗粒排放。

石油基燃料中往往还含有一定的硫元素，燃烧后会形成硫的氧化物（SO_x），因其对内燃机排气后处理装置中的催化剂有毒害作用，所以现在严加限制燃料中的硫含量。随着更加严格的排放法规的实施，硫含量逐步趋无。

二、石油基燃料的标准

内燃机性能的提高离不开所使用燃料理化性能指标的改进。为了改善内燃机的燃烧，降低排放，除对燃油中的硫、烯烃、芳香烃含量逐步加严的要求外，有些国家还增加了对燃油中含氧量的要求，并以标准的形式加以规范。

世界上车用燃料质量标准有美国、欧洲、日本及《世界燃油规范》四大体系，其中欧盟是全球最早开始实施清洁燃料标准的地区，并被多个国家（包括我国）和地区直接采用或借鉴。表 4-1 和表 4-2 分别为欧盟车用汽油 EN228 标准和车用柴油 EN590 标准主要指标及其变化情况。

表 4-1 欧盟车用汽油 EN228 标准主要指标的变化

标准	欧Ⅲ EN228—1999	欧Ⅳ EN228—2004	欧Ⅴ EN228—2008	欧Ⅵ EN228—2012
RON(研究法辛烷值)	≥95	≥95	≥95	≥95
MON(马达法辛烷值)	≥85	≥85	≥85	≥85
密度(20℃)/(kg/m³)	725~775	725~775	720~775	720~775
硫含量/(mg/kg)	≤150	≤50	≤10	≤10
芳烃含量(体积分数,%)	≤42	≤35	≤35	≤35
烯烃含量(体积分数,%)	≤18	≤18	≤18	≤18
苯含量(体积分数,%)	≤1.0	≤1.0	≤1.0	≤1.0
氧含量(质量分数,%)	≤2.7	≤2.7	≤2.7	≤3.7(2.7)

表 4-2 欧盟车用柴油 EN590 标准主要指标的变化

标准	欧Ⅲ EN590—1999	欧Ⅳ EN590—2005	欧Ⅴ EN590—2009	欧Ⅵ EN590—2013
十六烷值	≥51	≥51	≥51(47~49)	≥51(47~49)
十六烷指数	≥46	≥46	≥46(43~46)	≥46(43~46)
密度(20℃)/(kg/m³)	820~845	820~835	820~845(800~845)	820~845(800~840)
硫含量/(mg/kg)	≤350	≤50	≤10	≤10
稠环芳烃含量(质量分数,%)	≤11	≤11	≤8	≤8

注：括弧里的指标值适用于北极圈内或极寒条件。

从欧盟汽柴油标准的变化可以清晰地看到：

1）随着排放法规的升级，硫含量是汽柴油标准变化最大的指标，已经成为最重要的汽柴油指标之一。

2）在欧Ⅵ汽油标准中，最大氧含量（质量分数）有 2.7%和 3.7%两个版本，相应的最大乙醇添加量（体积分数）为 5.0%和 10.0%，其中前者适应于不具备使用高生物燃料含量的老旧汽车。除了对氧含量及乙醇添加量做了不同规定外，其余主要标准限值与欧Ⅴ汽油标准相比均未做较大变化。

3）为降低柴油机颗粒物的排放，欧Ⅵ柴油标准中，除寒冷地区柴油最大密度稍有降低外，其余主要指标与欧Ⅴ柴油标准相比均未做较大调整。

我国车用汽油的国家标准 GB 17930 自 1999 年发布以来，历经 2006 年、2011 年、2013 年、2016 年的四次修订，其中 2016 版国Ⅵ汽油按烯烃含量的不同指标，分ⅥA 和ⅥB 两个阶段实施。燃油标准的升级，主要体现在燃油中的硫、苯和烯烃等成分含量的优化，为轻型汽车排放标准（GB 18352）各阶段的实施奠定了基础。我国于 2003 年制定了专门的车用柴油标准（GB/T 19147—2003），历经 2009 年、2013 年和 2016 年的数次修订，最显著的特征是硫含量指标的不断降低，但在 2016 年的标准中并未分阶段实施国ⅥA 和国ⅥB。我国曾使用车用柴油（GB/T 19147）普通柴油（GB 252）和船用柴油（GB 17411）三个标准体系，其中以车用柴油的标准最为严苛，目前正在逐步实施“三油统一”。随着国Ⅵ燃油标准的实施，我国油品质量已完全能够满足内燃机和汽车排放标准的要求。

第二节　汽油的性能指标

汽油在常温下为透明液体，它是由 100 多种烃组成的混合物，由于汽油在发动机内的燃烧方式为均质预混合火焰传播方式，因此要求汽油有良好的蒸发性、抗爆性，使得其可燃混合气容易制备，燃烧过程不发生爆燃等不正常燃烧现象。汽油还要有良好的安定性，避免出现储运阶段辛烷值降低、酸度增大、胶状过多等质量变化。

一、汽油的主要性能指标

为配合环保法规的实施，需进一步降低汽油中硫、烯烃、芳烃和苯的含量，提高辛烷值，缩短馏程范围，并规定不得人为添加金属抗爆剂等。我国国ⅥB 汽油的主要性能指标见表 4-3，相对国ⅥA 汽油，包括汽油的辛烷值、馏程、蒸气压等参数在数值上没有变化，但油品中的烯烃含量由 18%降低至 15%。

表 4-3　我国国ⅥB 汽油的主要性能指标[2]

项　目		89 号	92 号	95 号	98 号
标　准		GB 17930—2016			
研究法辛烷值(RON)	≥	89	92	95	98
抗爆指数(RON+MON)/2	≥	84	87	90	93
铅含量/(g/L)	≤	0.005			
锰含量/(g/L)	≤	0.002			
馏程 10%蒸发温度/℃ 50%蒸发温度/℃ 90%蒸发温度/℃ 终馏点/℃ 残留量(体积分数,%)	≤	 70 110 190 205 2			
蒸气压/kPa 11 月 1 日至 4 月 30 日 5 月 1 日至 10 月 31 日		 45~85 40~65			
硫含量/(mg/kg)	≤	10			
铜片腐蚀(50℃,3h)/级	≤	1			
水溶性酸或碱		无			
苯含量(体积分数,%)	≤	0.8			
芳烃含量(体积分数,%)	≤	35			
烯烃含量(体积分数,%)	≤	15			
氧含量(质量分数,%)	≤	2.7			
密度(20℃)/(kg/m³)		720~775			

二、汽油性能指标的评价

1. 汽油的蒸发性评价

汽油由液体状态转化为气体状态的性能称为汽油的蒸发性。汽油的蒸发性越好，汽油就越容易汽化并与空气混合形成可燃混合气，这有利于冷车或低温条件下发动机的顺利起动和加速等工况的工作。但是汽油的蒸发性过强也是不合适的，蒸发性过强会增加汽油在储运销售过程中轻质馏分的损耗。反之，若汽油的蒸发性差，在一些工况下则难以形成足够浓度的混合气，使得燃烧不完全，排放增加。此外，一些没有充分燃烧的燃油油滴还会附着于气缸壁上，破坏润滑油膜，甚至渗入曲轴箱内，稀释润滑油，增加发动机的磨损。

通常，评价汽油蒸发性的指标有馏程与蒸气压。

（1）馏程　汽油是烃类的混合物，没有固定的沸点。所谓的馏程是指在石油产品常压蒸馏特性测定法规定的条件下，一定温度范围内可能蒸馏出来的油品数量和温度的标示。汽油馏程既可用来判定石油产品轻、重馏分含量的多少，同时也可用来表明汽油使用时蒸发性能的好坏。

汽油馏程主要包括10%蒸发温度、50%蒸发温度、90%蒸发温度与终馏点等特征温度。

10%蒸发温度表示汽油中含轻质成分的多少，它对汽油机起动的难易有决定性影响。同时也与产生气阻的倾向有密切关系。10%蒸发温度低，说明轻质成分多，汽油机的起动性能好，但产生气阻的倾向也大。

50%蒸发温度表示汽油的平均蒸发性，它与汽油机起动后的升温时间、加速性和稳定性有密切的关系。50%蒸发温度低，可使发动机加速灵敏、运转柔和。反之，50%蒸发温度过高，则汽油汽化不完全，发动机的加速性差，甚至会出现失火现象。

90%蒸发温度表示汽油中重质成分的多少，它与汽油机的油耗和磨损程度密切相关。90%蒸发温度高，表明汽油中重质组分多、发动机工作过程中易产生积炭，这不但会导致发动机的油耗增加，还会增加发动机的机械磨损和润滑油的消耗。

终馏点表示汽油中最重成分的沸点。

（2）蒸气压　在规定条件下，油品在适当的试验装置中，气液两相达到平衡时的蒸气压力称为蒸气压。我国现行的车用汽油产品蒸气压测量采用雷德法（Reid vapor pressure，RVP）。测试中将蒸气压测定仪的液体室充入冷却的油样，并与在浴中已经加热到37.8℃（100℉）的气室相连，将安装好的测定仪浸入37.8℃浴中，按一定方法步骤观测压力表读数，多次测量结果的平均值为雷德蒸气压。

雷德蒸气压一般用来评定汽油的蒸发强度。蒸气压高，则燃油易于挥发与空气形成均匀混合气，发动机工作稳定。现代汽油机虽然几乎不会出现燃油系统的气阻，但蒸气压低会影响低温条件下的油气混合，有可能造成冷起动困难。此外，蒸气压的大小还可以用来估计储运时轻质馏分的损失情况等。

2. 汽油的抗爆性评价

燃料对于发动机发生爆燃燃烧的抵抗能力称为燃料的抗爆性。汽油的抗爆性用辛烷值表示，它是通过采用ASTM-CFR点燃式连续可变压缩比单缸发动机（图4-1），在标准运转条件下，将待测燃料与已知辛烷值的标准参比燃料的爆燃倾向相比较而确定的。

汽油燃料的辛烷值评价是基于异辛烷和正庚烷两种标准燃料。

异辛烷（iso-octane，2，2，4-三甲基戊烷）：抗爆性能好，辛烷值定为100。

正庚烷（n-heptane）：抗爆性差，辛烷值定为0。

调整标准燃料中异辛烷与正庚烷的混合比例，使标准燃料产生的爆燃强度与所试燃料的爆燃强度相同，则标准燃料中异辛烷所占的体积百分数即为所试油料的辛烷值。根据试验条件的不同，汽油的辛烷值又分为研究法辛烷值和马达法辛烷值。

研究法辛烷值（Research Octane Number，RON）：室温进气，转速为600r/min条件下测得。测定条件较为温和，反映了发动机由低速过渡到中速运行时汽油的抗爆性。

马达法辛烷值（Motor Octane Number，MON）：进气加热温度为149℃，转速为900r/min条件下测得。测定条件较苛刻，反映了发动机节气门全开和高速运转时汽油的抗爆性。

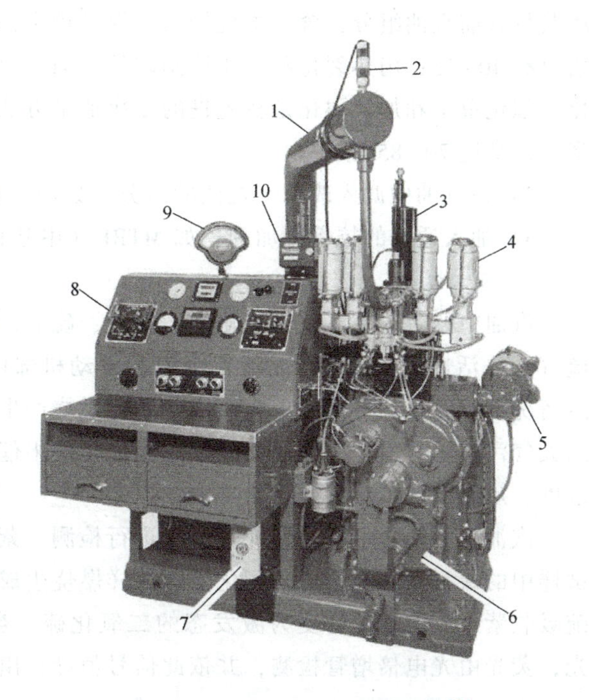

图4-1　汽油辛烷值CFR试验机[3]

1—进气管（除湿）　2—进气加热装置　3—冷凝器
4—4个碗形化油器　5—压缩比调节装置　6—曲轴箱
7—滤清器　8—爆燃计　9—模拟信号爆燃计
10—压缩比计数器

因此，同一种汽油燃料的研究法辛烷值（RON）要比马达法辛烷值（MON）高，两者之差称为汽油的敏感性，用以反映燃料抗爆性能随发动机运转工况改变（转速提高、点火提前、进气温度提高等）而降低的情况，即

$$燃料的灵敏度=RON-MON \tag{4-1}$$

马达法辛烷值与研究法辛烷值都是在标准试验条件下、在专用的单缸发动机上测定得到的，它们都不能全面反映车辆运行条件下燃料的抗爆性能，因此又提出了计算车辆实际运行条件下的抗爆性能经验关系式，即

$$抗爆指数=(RON+MON)/2 \tag{4-2}$$

显然，抗爆指数所反映的是一般运行条件下汽油的平均抗爆性能。

汽油的抗爆性与燃料的化学成分有关。一般来说，直链烷烃抗爆性最差，烯烃次之，环烷烃较好，芳香烃最好。但是，由于烯烃的热不稳定性，使得其蒸发物造成光化学污染，并且容易在发动机燃油供给系统和进气系统中形成胶质沉积物，导致燃烧后有毒排放物的增加，芳烃燃烧会加剧沉积物在燃烧室中的形成，增加HC和NO_x排放以及有毒有害尾气的排放，因此随着汽油标准的提高，对其中的烯烃和芳烃含量都是趋严调整。苯是公认的致癌物质，各国都通过严格限制汽油中的苯含量以减少人类与苯接触的机会。

目前，提高汽油辛烷值的途径主要有以下三种：

1）采用先进的炼制工艺，生产出含有高辛烷值成分多的汽油。一般而言，用常压蒸馏法获得直馏汽油组分，含正构烷烃与环烷烃较多，异构烷烃、芳香烃和烯烃含量较少，辛烷值只有40~55；用热裂化和焦化法制取的汽油，因含有较多烯烃，辛烷值达50~60；催化裂化、催化重整和加氢裂化是较先进的二次加工方法，炼出的汽油含异构烷烃和芳香烃较多，辛烷值高达70~85以上。

2）在汽油中调入改善辛烷值的组分，如加入烷基化油、异构化油及工业异辛烷等。

3）加入适当的抗爆添加剂，如MTBE（甲基叔丁基醚）等。

3. 硫含量

汽油中的硫以元素硫、硫化氢、硫醇、硫醚、二硫化物以及噻吩等多种形态存在，活性硫（或非活性硫转化为活性硫）会引起发动机部件和润滑系统的严重腐蚀，特别是在遇水的情况下，腐蚀会更为严重。汽油中的硫燃烧产生的二氧化硫和微粒随排气排出，成了重要的大气污染物。另外，硫还会降低三元催化器中催化剂的转化率，损害加热型氧传感器的灵敏度，从而增加汽车污染物的排放。

汽油中的硫含量常用紫外荧光法进行检测。紫外荧光法是将汽油试样在燃烧炉中燃烧，试样中的硫元素被氧化成二氧化硫。试样燃烧生成的气体在除去水后用紫外光照射，二氧化硫吸收紫外光的能量转变为激发态的二氧化硫。当二氧化硫由激发态返回稳定态时发射荧光，荧光由光电倍增管检测，并依此信号值计算出试样中的硫含量。

4. 氧含量

加入适量的有机含氧化合物不仅有助于提高汽油的辛烷值和氧含量，而且有利于改善汽油的燃烧性能，降低CO和烃类排放。但是，包括MTBE、乙醇在内的含氧化合物的体积热值较烃类汽油要低，难以保证汽车单位燃料的里程数，并且大量地向汽油中添加含氧有机化合物会干扰发动机的λ闭环控制，造成三元催化转化器的效率降低，并影响汽车发动机的性能。因此，欧Ⅵ与国Ⅵ标准均要求汽油中氧的质量分数在2.7%以下。

5. 金属含量

汽油中不合理的金属添加量，会使其燃烧产物大部分残留在排放系统内部，甚至沉积在气门、火花塞、燃烧室壁面、氧传感器等零件表面，最终可能会引起火花塞点火故障、催化器堵塞，甚至导致发动机零件的腐蚀与磨损等车辆损坏事故。因此，国Ⅵ标准要求汽油铅含量不高于5mg/L、锰含量不高于2mg/L，并禁止人为加入含锰、铅等添加剂。

6. 密度

汽油密度指标的设定是为了进一步确保车辆燃油经济性的相对稳定。国Ⅵb汽油20℃时的密度要求在720~775kg/m^{3}范围内。

第三节 柴油的性能指标

柴油也是100余种复杂烃类（碳原子数为10~22）组成的混合物，主要由原油蒸馏、催化裂化、热裂化、加氢裂化、石油焦化等过程生产的柴油馏分调配而成。不同的原油、不同的炼制工艺以及不同的调和配方所获得的柴油，其成分也不相同。柴油分为轻柴油（沸点为180~370℃）和重柴油（沸点为350~410℃）两大类，若无特殊说明，本书所提到的柴油均为轻柴油。

一、柴油的主要性能指标

柴油的质量对发动机的设计、燃烧和排放影响巨大。柴油是以高压方式喷入气缸，在缸内经过一系列物理和化学变化后自燃着火的，因此要求有适宜的黏度和蒸发性能，以保证柴油的雾化及其与空气的混合，柴油还要有合适的自燃温度，过高或过低的自燃温度均不利于发动机的稳定工作。我国国Ⅵ柴油的主要性能指标见表 4-4。

表 4-4 我国国Ⅵ柴油的主要性能指标[4]

项目		5 号	0 号	-10 号	-20 号	-35 号	-50 号
标准		GB 19147—2016					
氧化安定性(以总不溶物计)/(mg/100mL)	≤	2.5					
硫含量/(mg/kg)	≤	10					
酸度(以 KOH 计)/(mg/100mL)	≤	7					
10%蒸余物残炭(质量分数,%)	≤	0.3					
铜片腐蚀(50℃,3h)/级	≤	1					
校正磨痕直径(60℃)/μm	≤	460					
多环芳烃含量(质量分数,%)	≤	7					
运动黏度(20℃)/(mm^2/s)		3.0~8.0		2.5~8.0		1.8~7.0	
凝点/℃	≤	5	0	-10	-20	-35	-50
冷滤点/℃	≤	8	4	-5	-14	-29	-44
闪点(闭口)/℃	≥	60			50	45	
十六烷值	≥	51			49	47	
馏程 50%回收温度/℃ 90%回收温度/℃ 95%回收温度/℃	≤	 300 355 365					
密度(20℃)/(kg/m^3)		810~845			790~840		

二、柴油的性能指标评价

1. 自燃着火性能评价

在无外源点火的情况下，燃料能自行着火的性质称为自燃性，使其自行着火的最低温度称为自燃温度。柴油等燃料在发动机中压燃着火的自燃性用十六烷值（Cetane Number，CN）衡量。柴油的十六烷值是在试验发动机的标准操作条件下，将着火性质与已知十六烷值的标准燃料的着火性质进行比较来测定的。标准试验发动机可连续改变压缩比，如图 4-2 所示。在喷油提前角为上止点前 13°（CA）和转速为 900r/min 等标准条件下，使燃料滞燃期达到 13°±0.2°时读数，则标准燃料的十六烷值视为试验柴油的十六烷值。试验所使用的标准燃料为正十六烷和它的一种异构烷 2，2，4，4，6，8，8-七甲基壬烷，它们被称为正标准燃料。

正十六烷（n-cetane）：$C_{16}H_{34}$，十六烷值为 100。

七甲基壬烷（heptamethylnonane，HMN）：十六烷值为 15。

测试一般先完成一系列标准燃料的 CN 测定，被测燃料的 CN 可由插值的方法确定。标准燃料的十六烷值的计算式为

$$CN = 100(1-x) + 15x = 100 - 85x \tag{4-3}$$

式中，x 为 HMN 的体积分数。

若使用副标准燃料，则被测燃料的十六烷值通过与标准燃料的着火性质相比较来确定[5]，有

$$CN = CN_1 + (CN_2 - CN_1)(a - a_1)(a_2 - a_1) \tag{4-4}$$

式中，CN、CN_1 和 CN_2 分别是被测燃料、低十六烷值燃料和高十六烷值燃料的十六烷值；a、a_1 和 a_2 是被测燃料、低十六烷值燃料和高十六烷值燃料三次手轮读数的平均值。

由于受到试验机（图 4-2）试验条件的限制，其十六烷值测定范围一般在 30~65 之间。

十六烷值高的柴油的自燃温度低，缸内着火滞燃期短，有利于发动机的冷起动，适合高速柴油机使用，但过高的十六烷值的柴油在燃烧过程中容易裂解，会增加颗粒排放。柴油中的芳烃含量对十六烷值影响较大，芳烃含量高，则十六烷值低，排放性能差。因此，国Ⅵ柴油标准规定 6 种牌号的柴油十六烷值应在 47 ~ 51 之间，牌号高的适用于环境温度高的地区，其相应的十六烷值取高的值。

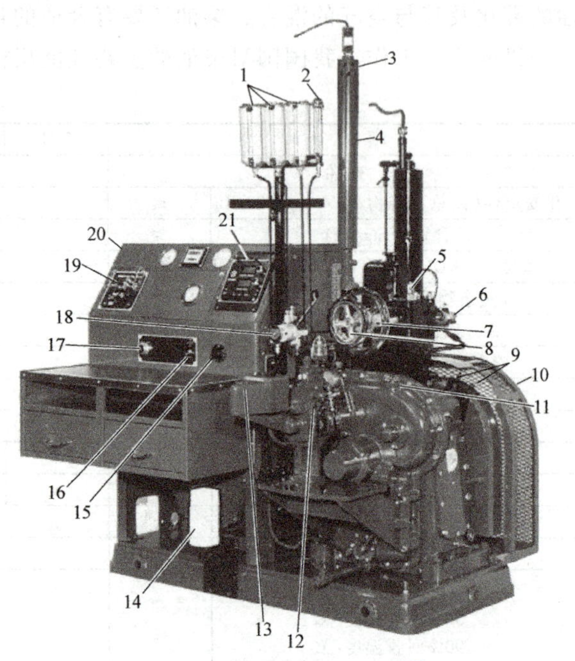

图 4-2 十六烷值试验机[5]

1—燃料罐 2—燃料流速量管 3—空气加热器 4—空气入口消声器 5—燃烧传感器 6—喷油器 7—可变压缩塞手轮 8—可变压缩塞锁紧手轮 9—飞轮传感器 10—安全防护帽 11—滤油帽 12—喷油泵 13—喷油泵安全切断螺线管 14—滤清器 15—曲轴箱油加热器控制阀 16—空气加热开关 17—发动机开关键 18—燃料切换阀 19—空气入口温度控制器 20—仪表板 21—着火滞后期表

2. 流动性评价

柴油的流动性主要是由黏度、凝点和冷滤点来评价的。

（1）黏度 黏度是柴油的重要使用性能指标之一，它与柴油燃料的雾化、燃烧和润滑性均有密切的关系。如果柴油黏度过大，则雾化不好、燃油与空气不能均匀混合，可能会导致燃烧不完全而形成积炭；如果柴油黏度过小，雾化虽好，但喷雾锥角大且贯穿距小，燃油也不能与空气充分地混合，同时黏度小意味着燃油对喷油器等部件的润滑性能变差，导致燃油系统磨损和泄漏量增大。

国Ⅵ车用柴油的黏度分为 3 个等级，运动黏度（20℃）范围分别是 3.0 ~ 8.0mm^2/s、2.5 ~ 8.0mm^2/s 和 1.8 ~ 7.0mm^2/s，其使用温度依次降低。

（2）凝点与冷滤点 我国柴油就是按凝点划分牌号的。凝点是柴油不能流动的最高温度。但是实际使用中，在柴油完全凝固前，便有蜡结晶析出，结晶达到一定尺寸，就可能造成过滤器滤网的堵塞，进而使柴油在未达到凝点前便不能使用。在规定条件下柴油不能通过滤网的最高温度，称为柴油的冷滤点。冷滤点与柴油的使用性能有良好的对应关系，各牌号柴油的实际使用温度要在冷滤点以上，具体数值见表 4-4。

3. 润滑性评价

所有的柴油喷油设施在一定程度上都把柴油作为一种润滑剂。柴油中的多环芳烃、含氧含氮的羧酸、酚、吡啶、吡咯等成分具有良好的抗磨作用，其含量影响柴油自身润滑性。含硫杂质有抑制在摩擦表面上生成高电阻保护膜的倾向，会增大摩擦表面的磨损。但因柴油中的硫大多以杂环形式存在于芳烃和多环芳烃中，柴油在脱硫的同时，也脱除了那些具有润滑性的多环芳烃和含氧含氮化合物。因此，随着柴油中硫含量的减少，燃油系统润滑不良的危险增加。

柴油的润滑性指标是使用高频往复试验机（high-frequency reciprocating rig，HFRR）来测定的。如图 4-3 所示，在给定温度（60℃）下，固定在垂直夹具中的钢球对水平安装的钢片进行加载，球与片的接触界面应完全浸在大约 2mL 的被测试油样的油槽内，钢球以设定的频率（50Hz）和行程（1.0mm）往复运动 75min，最后用专用的显微镜测量钢球上的磨斑直径 x 和 y，取平均值并经修正，获得校正磨斑直径。国标车用柴油（Ⅴ）规定 6 种牌号柴油的校正磨斑直径均应小于 460μm。

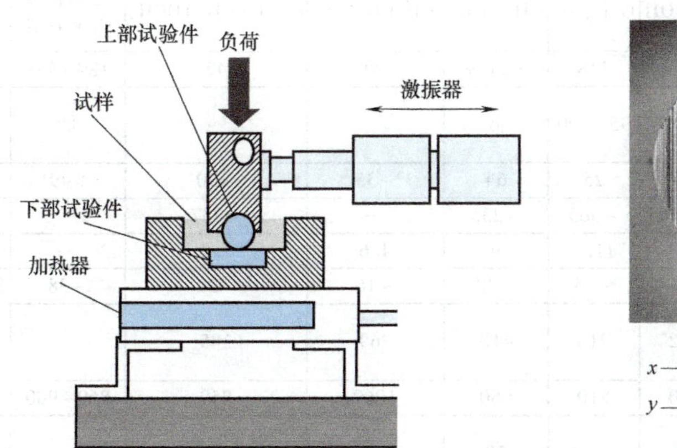

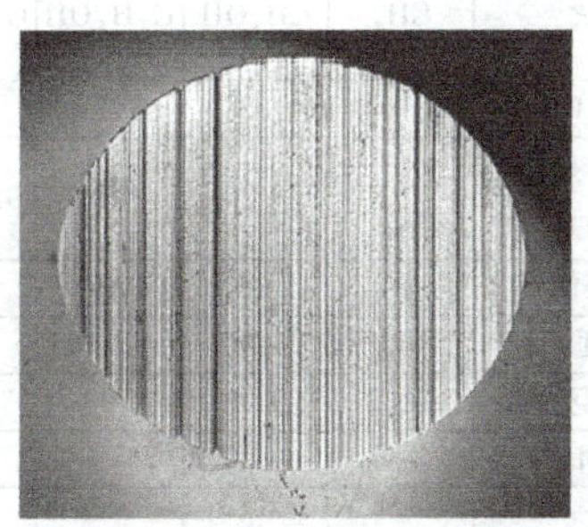

x—与运动方向垂直的磨斑直径

y—与运动方向一致的磨斑直径

图 4-3　HFRR 的工作原理与磨斑示意图

第四节　内燃机的替代燃料

为了经济长期可持续稳定地发展和环境保护，需要发展内燃机清洁替代燃料以部分取代石油基燃料（汽油和柴油）。目前可以作为内燃机替代燃料的物质很多，在选择时不仅需要考虑其资源是否丰富、稳定、可再生，与现有内燃机技术体系和基础设施是否相兼容等，还需要考虑其生产过程是否对环境友好，对内燃机的动力性和经济性有无显著影响，以及燃料成本是否能接受。

在内燃机上应用替代燃料时，需对替代燃料的主要物化特性参数进行仔细分析，并和汽油或柴油进行对比，从而对原发动机进行必要的技术改造，特别重要的燃料特性参数有[7]：

1）替代燃料的含氧量、自燃温度、辛烷值、十六烷值、与汽油或柴油的互溶性和稳定性。

2）低热值，化学计量空燃比。

3）燃料的黏度与润滑性。

4）与弹性密封材料的兼容性。

5）燃料本身及燃烧排放物的毒性。

6）燃料本身的生物降解性。

根据目前替代燃料的使用情况，总体上可以把它分成三类：醇、醚、酯类等含氧燃料[主要包括甲醇、乙醇、丁醇、二甲醚（DME）、第一代生物柴油、碳酸二甲酯（DMC）、二甲氧基甲烷（DMM）、呋喃类燃料]；合成油（由煤、天然气或生物质生产的液体碳氢燃料）；气体燃料（包括天然气、液化石油气、氢气、煤层气、沼气等）。表 4-5 给出了部分替代燃料的基本物理化学特性参数。

表 4-5　几种替代燃料的主要物化特性比较

物理化学特性	天然气	甲醇	乙醇	正丁醇	二甲醚（DME）	碳酸二甲酯（DMC）	二甲氧基甲烷（DMM）	生物柴油	天然气合成油
分子式	CH_4	CH_3OH	C_2H_5OH	C_4H_9OH	CH_3OCH_3	$CH_3CO_3CH_3$	$CH_3O(CH_2)OCH_3$	随原料与脂类有异	主要由 C、H 元素组成
沸点/℃	-162	65	78	118	-24.9	90	42	180~338	—
研究法辛烷值（RON）	~130	111	108	95~100	低	—	—	低	低
十六烷值	低	<5	<8	25	64	~35	~30	>49	>70
自燃温度/℃	~650	~465	~426	~365	~235	—	~237	—	220
化学计量空燃比	17.2	6.5	9	11.2	9	4.6	7.2	—	14.96
低热值/（MJ/kg）	~50	~20	26~29	~33	~28	~16	~22	~38	34.5~49.3
汽化热（25℃）/（kJ/kg）	—	1100	862	716	410	369	385	—	—
密度/（kg/m^3）	—	779	790	810	660	1069	859	860~900	768~785
空气中着火极限（体积分数，%）	13.9	36.9	19	—	18	—	14.9	—	—
空气中着火极限（体积分数，%）	5	7.3	4.3	—	3	—	3.3	—	—
氧含量（质量分数，%）	0	50	35	22	35	53	42	~11	0

注：各种燃料因产地不同，物化特性参数有所不同，以上数据仅供参考。

一、含氧燃料

1. 醇类燃料

常用的醇类燃料有甲醇（CH_3OH）、乙醇（C_2H_5OH）和丁醇（C_4H_9OH），常温常压下它们都是液体。通常人们把醇与汽油的混合燃料如：15%甲醇（Methanol）+85%汽油称为 M15，纯甲醇为 M100；10%乙醇（Ethanol）+90%汽油称为 E10。甲醇和乙醇燃料发动机技术已经较为成熟，丁醇燃料由于成本较高，目前尚不能推广应用。

（1）甲醇　甲醇可以由天然气、煤、生物质合成，未来还可以通过绿电绿氢合成，因而应用前景更佳。它既可以作为火花点火发动机的替代燃料，也可以作为压燃式发动机的替代燃料。它既能做 100%的替代（M100），也可以和汽油（或柴油）混合使用，实现部分替代。目前甲醇多以混合燃料形式用于火花点火发动机。

从表 4-5 中所列的甲醇的主要物理化学性质可看出，甲醇作为内燃机替代燃料的主要特性如下：

1）甲醇燃料的低热值仅为汽油的 46%左右，因此当在汽油机上燃用甲醇或甲醇汽油混合燃料时，应增加循环油量，从而使发动机在燃用甲醇燃料时有合适的空燃比。

2）甲醇燃料的汽化热为汽油的7倍（按相同热值的混合气计），从而使混合气的温降较大。甲醇燃料较大的混合气温降有利于提高发动机的充量系数和动力性，但单独使用时不利于燃料在低温下的蒸发，造成发动机冷起动困难和暖机时间长。

3）甲醇燃料的辛烷值高，在汽油机上使用时可以提高压缩比，有利于提高发动机的动力性能和经济性能。但甲醇燃料的十六烷值低，在柴油机上使用时，需要有助燃措施。

4）由于甲醇燃料的汽化热大，因此进入气缸的混合气温度低，滞燃期长，应适当增大点火提前角。

5）甲醇含氧量达50%，有利于燃料完全燃烧，降低CO和HC排放。

6）在定容燃烧弹中测出的甲醇的层流火焰传播速度为32.7cm/s，汽油为25.2cm/s，在相同条件下，甲醇的燃烧速度高于汽油，燃烧持续期缩短，有利于提高热效率。

7）甲醇的着火极限比汽油、柴油浓，使用更安全。

但甲醇燃料使用中也有如下问题需要注意。

1）甲醇对呼吸系统、皮肤、眼睛等有毒，使用时要有相应的安全措施。

2）有些塑料件和橡胶件与甲醇不能兼容，会发生溶胀，导致采用上述材料的失效；甲醇对一些有色金属也有腐蚀性。

3）甲醇沸点较低（65℃），容易在供油系统中发生高温气阻。

4）甲醇的吸水性强，在运输和贮存时除防火外，还要防湿，否则将影响甲醇的纯度。甲醇汽油混合燃料吸水后易产生分层。

5）甲醇燃烧后会产生较多的醛类等非常规排放物。

（2）乙醇　乙醇又称酒精，常温常压下是一种具有特殊香味的无色透明的易燃液体。

乙醇在发动机上的应用情况与甲醇类似，既可以作为火花点火发动机的替代燃料，也可以作为压燃式发动机的替代燃料，既可100%的替代（E100），也可以和汽油（或柴油）混合使用。目前，乙醇主要是以混合燃料方式用于火花点火发动机。

（3）丁醇　丁醇最早是法国人于1852年由发酵过程制酒精所得的杂醇油中发现的。目前工业生产丁醇的方法有羰基合成法、醇醛缩合法和发酵法，其中丁醇生物发酵法的主要产物是丙酮（Acetone）、丁醇（Butanol）和乙醇（Ethanol），其含量约为6∶3∶1，因此又简称为ABE发酵。丁醇是含有四个碳原子的饱和醇类，由于羟基所在位置和碳链的排列不同，它具有四种同分异构体（正丁醇、仲丁醇、异丁醇、叔丁醇），正丁醇是这几种异构体中产量最高的，也是目前作为车用燃料研究最多的。正丁醇在发动机上的应用情况与甲醇类似，既可以作为火花点火发动机的替代燃料，也可以作为压燃式发动机的替代燃料，既可100%的替代，也可以和汽油（或柴油）混合使用，实现部分替代。

从表4-5中所列的正丁醇的主要物理化学性质可看出，正丁醇燃料的性质与甲醇或乙醇燃料相似，其作为内燃机替代燃料的主要特性如下：

1）正丁醇的低热值大约是汽油的83%，比乙醇要高30%左右，因此相同质量的丁醇可比乙醇多输出约1/3的动力。

2）正丁醇具有与汽油相当的辛烷值。

3）正丁醇的挥发性远低于乙醇，一般不会造成燃油在空气中的泄漏；正丁醇不易溶于水，在运输过程中不会造成地下水的污染。

4）正丁醇比乙醇的腐蚀性低，能够利用现有管道运输，同时由于比其他低碳醇具有相对较高的沸点和闪点，正丁醇的安全性更高。

5）正丁醇与汽油、柴油的相溶性较好，因此不必对现有的发动机结构做出大的改动。

6）正丁醇比乙醇、甲醇的黏度高，这使得丁醇应用于柴油发动机时不会产生燃油泵内润滑不足和潜在的磨损问题。然而，将正丁醇应用于点燃式发动机时，较高的黏度将产生潜在的沉积或腐蚀等问题。

2. 醚类燃料

当前研究最多的醚类燃料是最简单的醚类化合物——二甲醚（CH_3OCH_3）。二甲醚可以由煤、天然气、生物质等多种原料生产，在常温常压下是一种无色有轻微醚香味的气体，在0.5MPa的压力下变为液体。从1990年以来，二甲醚作为一种压燃式发动机的清洁替代燃料受到广泛关注，从表4-5中所列的二甲醚的主要物理化学特性参数可以看出，二甲醚作为内燃机替代燃料的主要优点如下：

1）二甲醚的十六烷值比柴油高，自燃温度比柴油低，因此它特别适合作为柴油的替代燃料使用，它滞燃期短，有利于减少NO_x排放和降低燃烧噪声。

2）二甲醚分子结构中没有C-C键，只有C-H和C-O键，此外它含氧34.8%（质量分数），因此在任何工况下均可实现无烟燃烧。

3）二甲醚的汽化热约为柴油的1.6倍，它有利于降低气缸内燃烧的最高温度，使NO_x排放下降。

4）二甲醚的沸点低，喷入气缸后可立即汽化，因此二甲醚对喷油系统的喷射压力要求不高。

5）二甲醚发动机可以通过EGR控制NO_x排放，造成的HC和CO排放增加可以简单地由DOC进行后处理，从而满足欧Ⅵ排放要求。

此外，二甲醚不仅可单独作为柴油的替代燃料，也可以和柴油等混合使用（无需添加剂）。

二甲醚燃料在使用过程需要克服以下的一些问题：

1）二甲醚的蒸气压随温度增加而快速升高。在20℃的常温下，其饱和蒸气压约为0.5MPa。由于发动机燃油供给系统非常靠近发动机缸体，二甲醚在发动机上的工作温度可达60~70℃，在此温度下蒸气压可达到1.7~1.8MPa，因此需增加燃料供给系统的压力，避免产生气阻。

2）二甲醚的低热值为柴油的64.7%，密度又比柴油小，且密度随温度变化较大，因此为使发动机燃用二甲醚后与燃用柴油时有相当或更高的功率输出，必须重新设计燃料供给系统。

3）二甲醚是一种很强的溶剂，需要采用耐二甲醚的橡胶（如全氟醚橡胶等）或高分子材料（如聚四氟乙烯）等作为密封材料。

4）二甲醚黏度很小，润滑性差，发动机使用时应添加润滑添加剂，以免供油系统针阀、柱塞等耦件的快速磨损和卡死。

3. 生物柴油

1983 年美国科学家格雷厄姆·奎克（Graham Quick）首先通过酯交换法制备了亚麻油酸甲酯，并在发动机上成功运用。这种由可再生油脂经酯交换反应制取的脂肪酸单脂被其定义为生物柴油。图 4-4 所示为酯交换法制备生物柴油的方程式，从图中可以看出，酯交换反应是在催化剂条件下，甘油酯和各种短链醇发生醇解反应的过程。短链醇以甲醇和乙醇使用较多，其极性短链有利于反应的进行。

制取生物柴油的原料种类很多，可以是植物油、动物油脂、餐饮废弃的油脂、微生物油脂等。生物柴油是一种清洁的可再生资源，可解决 CO_2 排放问题，既可以单独使用作为发动机的燃料，也可以与柴油混合使用。目前，生物柴油主要以混合燃料方式用于压燃式发动机，如把 20% 生物柴油与 80% 柴油混合，称为 B20 燃料等。

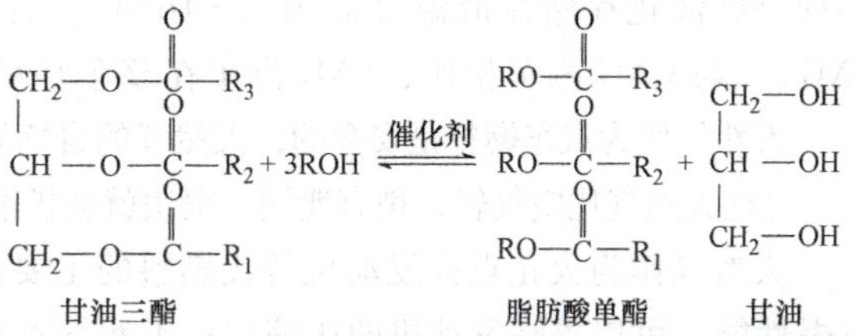

$$\begin{array}{l} CH_2-O-\overset{O}{\overset{\|}{C}}-R_3 \\ | \\ CH-O-\overset{O}{\overset{\|}{C}}-R_2 \\ | \\ CH_2-O-\overset{O}{\overset{\|}{C}}-R_1 \end{array} + 3ROH \xrightleftharpoons{\text{催化剂}} \begin{array}{l} RO-\overset{O}{\overset{\|}{C}}-R_3 \\ RO-\overset{O}{\overset{\|}{C}}-R_2 \\ RO-\overset{O}{\overset{\|}{C}}-R_1 \end{array} + \begin{array}{l} CH_2-OH \\ | \\ CH-OH \\ | \\ CH_2-OH \end{array}$$

甘油三酯　　　　脂肪酸单酯　　甘油

图 4-4 酯交换法制备生物柴油方程式

二、合成油

费托（F-T）合成反应是以两名德国化学家弗朗兹·费希尔（Franz Fischer）和汉斯·托罗普施（Hans Tropsch）名字命名的，他们最早发现合成气（$CO + H_2$）在一定的温度和压力条件下，通过金属催化剂（例如 Fe、Co）的多相催化，能够合成不同碳数的碳氢化合物液体燃料。

费托（F-T）合成反应的原料——合成气来源广泛，除了传统的天然气重整及煤气化外，还可以通过沼气重整以及近年来发展迅速的生物质气化等途径制取。根据制取原料的来源不同，合成油分为天然气合成油（Gas-to-liquid，GTL）、煤合成油（Coal-to-liquid，CTL）和生物质合成油（Biomass-to-liquid，BTL）。其中 BTL 在生产到应用的整个循环过程中，CO_2 的排放几乎为零，也被称为阳光燃料，属于可再生能源。

无论由何种原料制成，合成柴油的化学成分均以烷烃为主，可以直接作为柴油机燃料或与普通柴油掺混组成混合燃料供柴油机使用。合成柴油能降低柴油机尾气中的 PM（颗粒物）、PAHs（多环芳烃）和硫化物等的排放，延长柴油机后处理装置的寿命并提升转化效率；并且合成柴油燃烧时的滞燃期短，燃烧稳定性高，有助于发动机采用更大的排气再循环（EGR）率。

煤合成油除了上述费托合成法（也称煤间接液化法）制取外，还可以采用煤直接液化法。煤直接液化是将煤在高温高压条件下，通过催化加氢直接液化合成液态烃类燃料，并脱除硫、氮、氧等原子。但是，这种方法对煤的种类适应性较差，反应及操作条件苛刻，生产的燃油的芳烃、硫和氮等杂质含量高、十六烷值低。

三、气体燃料

内燃机在其发明之初，就采用的是气体燃料。由于单位容积气体燃料的热值低，且储运不便，很快就被石油基液体燃料取代。但是，随着气体燃料开采量的加大、远距

离输送、净化脱水、储运技术的提高，特别是内燃机排放指标要求的日益严格以及气体燃料相对于石油基燃料的价格优势，使得气体燃料在内燃机上的使用又进入了一个新的发展时期。

目前在内燃机上使用的气体燃料主要包括天然气、氢气、氨气、沼气与煤层气等。

1. 天然气

天然气的主要成分是甲烷，其在内燃机中的使用方式主要有两种，一种是直接将其压缩至高压容器中（压力为20~30MPa），称为压缩天然气（Compressed Natural Gas，CNG），另一种是经液化存储在低温容器内（-163℃左右），称为液化天然气（Liquefied Natural Gas，LNG）。与CNG汽车相比，LNG汽车在整车轻量化和续驶里程方面都具有优势。

天然气作为汽车燃料是安全的，天然气的自燃温度远高于汽油，自燃着火的可能性比汽油小得多，另外天然气比空气轻，稍有泄漏，很快就会扩散到大气中，要达到可燃浓度也比汽油难得多。

天然气作为火花点火发动机替代燃料的主要优点有：天然气的辛烷值比汽油高，具有高的抗爆性能，可以提高发动机的压缩比；天然气本身是一种清洁燃料，它与空气很容易生成均匀混合气，高负荷时NO_x、CO和HC排放减少。但国内重型天然气发动机一般采用稀燃技术，虽然满足相应的排放法规，但进一步后处理NO_x较困难，且未燃的CH_4氧化后处理也较难。

天然气在压燃式内燃机上的应用主要以柴油引燃天然气双燃料发动机为主，根据引燃油量的多少，可分为常规天然气-柴油双燃料发动机和微引燃天然气发动机。

2. 氢气

氢气是被广泛研究的零碳清洁燃料，既可以直接在内燃机中燃烧，也可以用作燃料电池燃料，被认为是最理想的未来车用能源之一。氢气作为内燃机燃料的主要特性如下：

1）氢气的辛烷值高达130，抗爆性能高于汽油，且氢气的燃烧速度远高于汽油，这些都意味着氢气内燃机的压缩比可以高于传统汽油机，从而获得更高的热效率。

2）氢气的最小点火能量低，约为汽油的8%，这意味着氢气用作内燃机燃料时更容易被点燃，且氢气层流燃烧速度高，能使缸内更快达到峰值压力和温度。但这也会导致氢气燃烧时易发生早燃和回火现象，不利于发动机的平稳高效燃烧。

3）氢气的可燃极限宽，燃烧更彻底，氢气发动机的稀燃能力强。

4）氢气的单位质量低热值高，约为汽油的3倍，同等质量的氢气与汽油燃烧，氢气可释放更多的热量。

5）氢气的燃烧产物主要是水，仅含少量NO_x，属零碳清洁燃料，环境危害小。

尽管氢气作为发动机燃料具有诸多优点，但是其也存在一些技术难题，如氢气作为发动机燃料时易出现回火、爆燃等异常燃烧现象，氢气发动机的可靠性和寿命问题，再加上氢气不是一次能源，存在制备、运输、存储等方面的难题。

3. 氨气

氨气的化学分子式为NH_3，蕴含了大量的氢，是典型的无碳氢载体。氨气也可以直接用作内燃机的燃料，其作为内燃机燃料的主要特性如下：

1）氨气的辛烷值高，抗爆性能好。

2）氨气的自燃温度与最小点火能量均较高，使得氨的运输、贮存和使用更加安全。

3）氨气在空气中可燃极限范围较窄，不利于其在稀薄条件下燃烧。

4）氨气的火焰传播速度慢，不利于发动机性能的实现，因此氨气常和能加速燃烧反应进程的燃料混合在发动机上使用。

5）氨气燃烧产物不含 CO_2 和未燃碳氢化合物，但是氨气本身含氮，使得其在发动机内燃烧时会产生较多的 NO_x 排放物。

6）氨气具有一定的腐蚀性，使用氨气作为燃料可能会腐蚀与燃料直接接触的部件，包括气缸壁、燃料输送系统等。

第五节　燃料燃烧化学

从化学反应的角度看，燃料的燃烧过程实际上就是燃料与空气中的氧进行氧化反应放出热量的过程。在已知燃料成分的前提下，通过质量守恒关系，可以建立可燃混合气与燃烧产物之间的关系，从而计算得到燃料燃烧的化学计量空燃比、燃料热值和绝热火焰温度等热力学参数。

一、化学计量空燃比

当碳氢燃料在空气中燃烧时，一定质量空气中的氧刚好使一定质量的燃料完全燃烧，将碳氢燃料中所有的碳、氢完全氧化成二氧化碳和水，则此时的空气与燃料的质量比称为该燃料燃烧的化学计量空燃比，或简称理论空燃比。如果参与燃烧过程的空气量大于燃料完全燃烧所需的理论空气量，超出的部分称为过量空气。燃料燃烧的实际空气量与理论空气量之比定义为过量空气系数。

空气是一种混合气体，按体积计：氧气占 20.95%，氮气占 78.09%，其他气体如氩气、二氧化碳等占 0.96%。为了方便计算，可以简单地认为空气中除氧气外，其余均为氮气，因此空气中氮气与氧气的物质的量的比值为 (1-0.2095)/0.2095=3.773。

燃料燃烧的化学计量空燃比可以由其燃烧化学反应求得，如甲烷（CH_4）在空气中完全燃烧的化学反应方程式为

$$CH_4+2(O_2+3.773N_2)=CO_2+2H_2O+7.546N_2$$

$$\begin{array}{ll} 16 & 275.3 \\ 1 & l_0 \end{array}$$

则

$$l_0=275.3/16=17.2$$

l_0 就是甲烷在空气中燃烧的化学计量比空燃比。

如考虑一种通用的碳氢氧化合物燃料，其平均分子组成为 $C_cH_hO_o$，根据原子数守衡的关系，可以写出该燃料完全燃烧时的化学反应方程式，即

$$C_cH_hO_o+\left(c+\frac{h}{4}-\frac{o}{2}\right)(O_2+3.773N_2)=cCO_2+\frac{h}{2}H_2O+3.773\left(c+\frac{h}{4}-\frac{o}{2}\right)N_2 \tag{4-5}$$

上述方程式定义了燃料与空气在完全燃烧时对应的物质量的关系。根据这一化学反应式，燃料燃烧的化学计量空燃比可以用下式计算，即

$$l_0=\frac{\left(c+\frac{h}{4}-\frac{o}{2}\right)\times(32+3.773\times28)}{c\times12+h\times1+o\times16}=\frac{34.41\times(4c+h-2o)}{12c+h+16o} \tag{4-6}$$

内燃机所用的汽油或柴油燃料均为各种碳氢化合物的混合物，没有统一的分子式，故难以确定燃料分子式中 C、H、O 三种元素的原子数目 c、h 及 o，但燃料中三种元素

的质量比可以通过化学分析方法得到。将它们在分子所占的质量比分别记为 g_C、g_H 和 g_O，则

$$g_C=\frac{12c}{12c+h+16o},\quad g_H=\frac{h}{12c+h+16o},\quad g_O=\frac{16o}{12c+h+16o} \tag{4-7}$$

这样，一般燃料的化学计量空燃比的计算式就可以表示为

$$l_0=34.41\left(\frac{g_C}{3}+g_H-\frac{g_O}{8}\right) \tag{4-8}$$

据统计，国产汽油中 C、H、O 三种元素的质量比为 0.855 : 0.145 : 0，柴油中 C、H、O 三种元素的质量比为 0.870 : 0.126 : 0.004。将这些数据代入式（4-8），可分别求出国产汽油和柴油的化学计量空燃比。

汽油 $l_0=34.41\times\left(\frac{0.855}{3}+0.145-0\right)=14.796$

柴油 $l_0=34.41\times\left(\frac{0.87}{3}+0.126-\frac{0.004}{8}\right)=14.297$

通常近似取汽油的理论空燃比为 14.8，柴油的为 14.3。

实际应用中，有时也采用燃空比的概念，用以反映单位质量空气燃烧的燃料量，数值上等于空燃比的倒数。与过量空气系数的定义类似，也有当量燃空比的概念，它是实际燃空比与化学计量燃空比的比，数值上等于过量空气系数 ϕ_a 的倒数。

二、燃料的热值

在标准大气状态下（101.3kPa，298.15K），每 1kg 燃料完全燃烧所放出的热量称为燃料的热值。对于含有氢元素的燃料，若燃烧生成的水以蒸汽状态存在，在这种条件下获得的热值称为燃料的低热值（lower heating value）；反之，若将水蒸气冷凝成液态的水，由于水蒸气要释放出汽化热，所测量的燃料热值就高，称之为高热值（higher heating value）。

燃料的热值在数值上等于燃烧反应的焓降 ΔH_c，即生成物的生成焓与反应物生成焓的差，但符号相反。以甲烷燃烧为例（生成焓取自表 4-6），它的低热值为

$$\begin{aligned}H_{u,l}&=-\Delta H_c=H_{reac}-H_{prod}\\&=-74.87\text{MJ/kmol}-[(-393.52)+(2)\times(-241.83)]\text{MJ/kmol}\\&=802.31\text{MJ/kmol}\\&=50.14\text{MJ/kg}\end{aligned}$$

若以液态水的生成焓代入，则可获得燃料的高热值为

$$\begin{aligned}H_{u,h}&=-\Delta H_c=H_{reac}-H_{prod}\\&=-74.87\text{MJ/kmol}-[(-393.52)+(2)\times(-285.84)]\text{MJ/kmol}\\&=890.33\text{MJ/kmol}\\&=55.65\text{MJ/kg}\end{aligned}$$

在内燃机实际工作状态下，缸内气体温度高，水蒸气的汽化热是不可能被利用的，因此一般所说的燃料热值指的是它的低热值。

一些成分未知的燃料的热值可以用量热计（Calorimeter）测量，一般气体燃料常在等压

稳态连续流动标准状态下测量燃料燃烧的热值，液体和固体燃料常用定容燃烧弹法测量。定压和定容条件下测量热值的方法不同，但结果相差不大，所以通常所说的热值是指等压条件下的热值。表 4-7 为一些燃料的化学计量空燃比和低热值。

表 4-6　几种常用物质的生成焓

物　质	状态(101.3kPa, 298.15K)	标准生成焓/(MJ/kmol)
H_2	气	0
O_2	气	0
N_2	气	0
CO	气	-110.54
CO_2	气	-393.52
H_2O	气	-241.83
H_2O	液	-285.84
CH_4	气	-74.87
CH_3OH	气	-201.17
CH_3OH	液	-238.58
C_3H_8	气	-103.85
C_8H_{18}	气	-208.45
C_8H_{18}	液	-249.35

表 4-7　一些燃料的化学计量空燃比和低热值

燃　料	化学计量空燃比/(kg/kg)	低热值/(MJ/kg)
氢气	34.4	119.8
甲烷	17.2	50.0
丙烷	15.7	46.4
丁烷	15.4	45.7
乙炔	13.2	48.2
一氧化碳	2.46	10.1
甲醇	6.5	20
二甲醚	9.0	28
汽油	14.8	44.0
柴油	14.3	42.5

三、绝热燃烧温度

燃料燃烧放出热量，同时也使燃烧产物的温度升高。如果完全燃烧是在绝热条件下进行的，那么燃烧所释放的热能就全部用于加热燃烧产物，此时燃烧产物的温度必定最高，这个温度称为绝热燃烧温度（T_{ad}）。对应某一初始状态，反应物和生成物的总焓（H_{re}、H_{pr}）保持不变，T_{ad} 可以由标准生成焓经迭代求得。仍以 CH_4-空气混合气在标准状态下等压燃烧为例，计算它们的绝热火焰温度。

计算假设：①完全燃烧，即产物中只有 CO_2、H_2O 和 N_2；②产物的焓用平均温度的比定压热容估算。

$$H_{re}=\sum_{re} n_i h_{fi}$$
$$=(1)\times(-74.87)\text{kJ}+(2)\times(0)\text{kJ}+(7.546)\times(0)\text{kJ}=-74.87\text{kJ}$$

$$H_{pr}=\sum_{pr} n_i[h_{fi}+c_{p,i}(T_{ad}-298)]$$
$$=(1)\times[-393.52+c_{p,CO_2}(T_{ad}-T_{ref})]+(2)\times[-241.83+c_{p,H_2O}(T_{ad}-T_{ref})]+(7.546)\times[0+c_{p,N_2}(T_{ad}-T_{ref})]$$

若估计绝热火焰温度为2100K，以平均温度1200K的比热容计算（CO_2：56.21kJ/kmol，H_2O：43.87kJ/kmol，N_2：33.71kJ/kmol），则

$$H_{pr}=-877.18+398.3(T_{ad}-298.15)$$

由 $H_{pr}=H_{re}$，则可求出等压绝热燃烧温度为2312.4K。

当然，通过迭代的方法可求出比较精确的值为2318K。

可燃混合气体的燃烧温度是一个非常重要的参数，对发动机的热效率及氮氧化物和颗粒物的生成与排放等有很大的影响。绝热燃烧温度与混合气的空燃比密切相关，稀混合气燃烧，T_{ad} 降低，因此稀燃可以减少发动机 NO_x 的排放。

第六节　燃料的全生命周期评价

发展内燃机燃料不仅仅涉及车辆技术的更新，还要涉及车辆维护体系、能源供应体系以及交通管理体制等众多领域，需要巨大的社会经济投入。因此，在技术选型及相关决策过程中，必须进行全面的技术、经济及环境影响分析。

生命周期评价（Life Cycle Assessment，LCA）出现于20世纪60年代末70年代初，20世纪90年代国际标准化组织（ISO）公布了适用于产品和产品生产过程的生命周期评价的一般性原则。LCA强调从产品或行为活动的“全生命周期”来整体分析和评价其对环境的影响，最终寻求改善的方法及措施。20世纪90年代，比较系统的车用燃料生命周期分析开始出现，车用燃料的生命周期评价是指对能源的开采、加工，燃料的生产、运输，车辆使用过程中燃料的消耗，直至车辆报废后的后处理全过程的环境影响评价，故将汽车燃料生命周期评价形象地称为从“井口”到“车轮”的分析（Well to Wheel，WTW）。通过应用这种方法，可以对不同燃料路线的优劣加以比较，发现薄弱环节，并采取措施加以改进，使整个系统向环境友好方向发展。

目前，LCA的研究对象包括传统车用燃料、大部分替代燃料以及燃料电池等新型动力装置，并且已出现了一些应用软件，如美国阿贡国家实验室（Argonne National Laboratory）的GREET等。

一般来说，车用燃料的生命周期可归纳为燃料上游、燃料使用（车辆运行）和车辆制造与处理三个部分，或者燃料与车辆两个循环，这两个循环通过车辆运行阶段产生联系，如图4-5所示。目前，关于车用替代燃料的生命周期研究主要集中在燃料循环，这主要是因为大多数替代燃料车方案还处于试制或小规模应用阶段，有的甚至停留在研究阶段，由于规模效应尚未体现，所以很难估算车辆的生产、运行、维护与报废回收所产生的影响。

典型的车用燃料生命周期研究，首先应该确定研究范围，主要包括功能单位和系统边界、系统的输入与输出。然后需要对清单分析的结果及对环境的潜在影响进行评价和解释。对车用燃料进行影响评价时，一般会考虑燃料的使用对资源消耗和环境的各种影响，比如不可再生资源消耗、全球变暖、臭氧层损耗、酸化、富营养化、光化学臭氧合成、水体重金属污染，以及人体健康等。最后根据生命周期评价的结果来改进系统，并分析系统的改进程度。在研究车用燃料生命周期的同时，还应该对所研究的对象开展经济性分析。

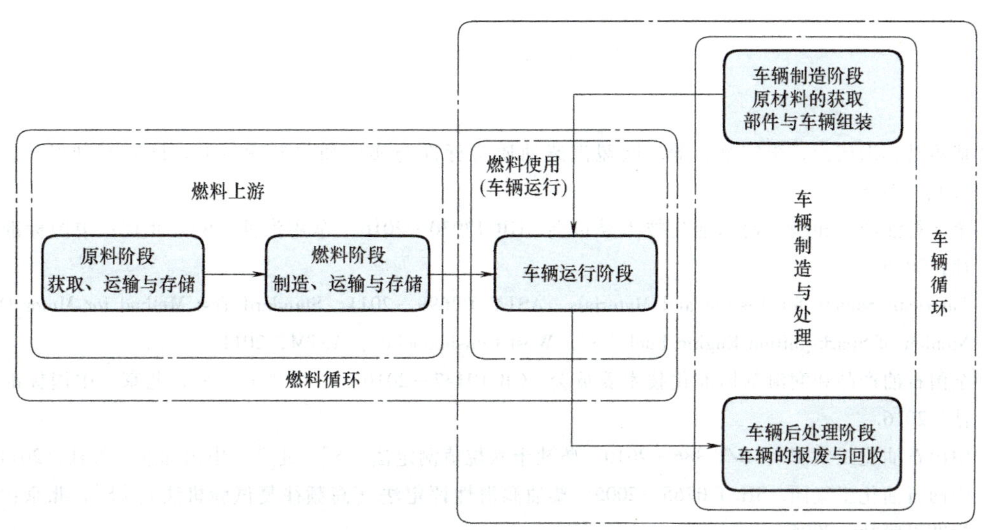

图 4-5　车用燃料生命周期阶段划分

当前，我国已开展了大量传统石油基燃料和替代燃料的全生命周期分析。已有的研究表明：传统的石油基燃料在今后一段时期内仍将是道路交通领域的主要能源；在力求车用燃料来源多样性的同时，应尽可能地实现燃料与车辆技术和传统基础设施的最大兼容；此外还需深入研究各种车用燃料 WTW 循环内的能效、排放和经济性，并以此作为评估的基本依据。图 4-6 所示为根据生命周期方法计算的我国 2020 年车用燃料全生命周期内的化石燃料消耗和温室气体排放，显然，生物燃料在能耗和温室气体排放方面具有明显优势。

已进行的燃料生命周期评价研究表明，燃料的生命周期评价结果有着很强的地域性。燃料的制备技术和车辆技术在很大程度上决定了全生命周期的相关指标。此外，燃料的不同生产规模、流程、运输方式、运输距离都对能量消耗有重要影响。因此，在评价某种燃料时，必须进行综合考虑。最后，还要再强调替代燃料的选用主要由各国、各地区的资源而定，并没有绝对意义上的好与坏。

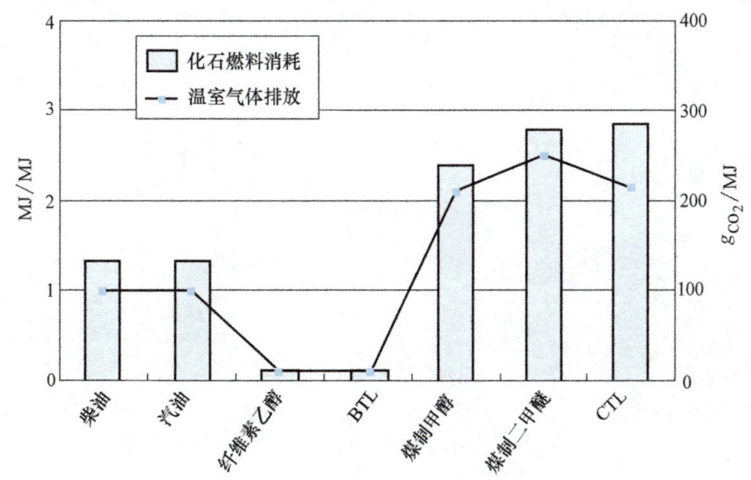

图 4-6　2020 年我国各种燃料路线的全生命周期能耗和温室气体排放预测[8]

参考文献

[1] 郑丽君，朱庆云，李雪静，等．欧盟汽柴油质量标准与实际质量状况［J］．国际石油经济，2015(5)：42-48.

[2] 全国石油产品和润滑剂标准化技术委员会．GB 17930—2016 车用汽油［S］．北京：中国标准出版社，2016.

[3] American Society for Testing and Materials. ASTM D2699—2011. Standard Test Method for Motor Octane Number of Spark-gnition Engine Fuel［S］. West Conshohocken：ASTM，2011.

[4] 全国石油产品和润滑剂标准化技术委员会．GB 19147—2016 车用柴油［S］．北京：中国标准出版社，2016.

[5] 中国石油化工集团．GB/T 386—2010 柴油十六烷值测定法［S］．北京：中国标准出版社，2011.

[6] 中国石油化工集团．SH/T 0765—2005 柴油润滑性评定法（高频往复试验机法）［S］．北京：中国标准出版社，2006.

[7] 蒋德明，黄佐华．内燃机替代燃料燃烧学［M］．西安：西安交通大学出版社，2006.

[8] OU Xunmin，YAN Xiaoyu，ZHANG Xiliang，et al. Life-cycle analysis on energy consumption and GHG emission intensities of alternative vehicle fuels in China［J］. Applied Energy，2012 (90)：218-224.

思考与练习题

4-1 试计算甲醇与汽油质量分数为10%和90%的混合燃料的化学计量空燃比。

4-2 试计算甲醇在空气中燃烧的化学计量比及化学计量比混合气的低热值。

4-3 汽油的辛烷值是如何评定的？不同评定方法的辛烷值有何意义？

4-4 柴油的十六烷值是如何评定的？它对柴油机的燃烧过程主要有何影响？

4-5 试综述内燃机替代燃料的选用原则。

4-6 什么是燃料的全生命周期评价？为什么需要对燃料进行全生命周期评价？

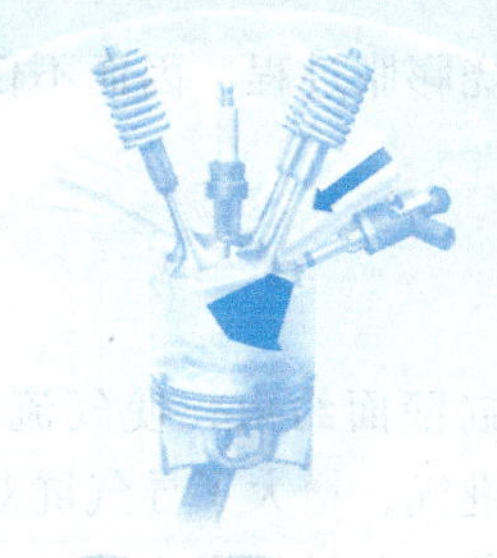

第五章

内燃机混合气的形成和燃烧

内燃机缸内气体运动对混合气的形成和燃烧过程有决定性影响，因而深刻影响着发动机的动力性、经济性、燃烧噪声和有害物的排放等所有发动机的性能参数。因此，深入了解由进气过程形成的缸内气体运动与混合气的形成过程，对于汽油机和柴油机缸内燃烧过程的组织和整机性能提高具有重要意义。

第一节 内燃机缸内的气体流动

一、涡流

（一）进气涡流

进气涡流是指在进气过程中形成的绕气缸轴线有组织的气流运动。它一般被应用于柴油机，帮助燃油喷雾混合气的制备和燃烧。稳态模拟试验表明，当单螺旋进气道进气时，具有一定动量矩的进气进入气缸后，进气旋涡不断向外扩展，但在气缸顶部并没有统一的进气涡流，而是要到大约1倍缸径处才形成一股大的不稳定的旋流，到1.5~2倍缸径处涡流才稳定下来，形成绕气缸轴线旋转的涡流运动。单螺旋进气道进气时靠近缸壁处的切向速度较高，在气缸中心处的较低，气流运动整体呈近似刚性运动。而其轴向速度分布更为不均。两进气门结构（一个螺旋在前）的涡流形成过程大致和单螺旋进气道情形相当，但在1倍缸径以前的缸内流场更加复杂。两进气门进气时在气缸周边的切向速度高，气流对中心区的流动影响较少，从而产生较大的速度梯度。两个气门的进气在间隔处互相碰撞，致使气流流向下方，使轴向速度比较均匀。因此，四气门缸盖则主要依靠切向和螺旋气道进气沿气缸壁处的强气流运动产生进气涡流。

研究表明，进气结束时，气缸内旋流速度的分布在小于某一半径时，切向速度随半径的增加而增大，超过这一半径后，切向速度随半径的增加而减小。当活塞接近上止点，大量空气被迫进入位于活塞顶燃烧室内，使凹坑内的切向速度增加，可以认为此时燃烧室凹坑内的旋流运动为刚体流动。由于存在气流间的内摩擦和气流与缸壁之间摩擦的耗损，进气涡流在压缩过程中逐渐衰减，一般情况下在压缩终了时初始动量矩损失有1/4~1/3。进气涡流的大

小主要由进气道形状和发动机转速决定。进气涡流可以持续到燃烧膨胀过程，因而不仅对燃烧而且对传热都有重要的影响。

（二）进气涡流的产生方法

1. 导气屏结构的进气门

如图 5-1a 所示，强制进气从导气屏的前面流出，再依靠气缸壁面约束，使气流旋转，形成进气涡流。图中可见，导气屏阻止了该部分气门流通面积的进气，增大了导气屏对面的气流速度，从而形成对气缸中心的动量矩。显然，改变导气屏包角 β 和导气屏安装角 α（导气屏对称中心线与气缸中心到气门中心连线 OO'的夹角），就可改变进气涡流强度。

导气屏结构调整进气涡流的方法过去曾在单缸机性能调试中使用，现已经淘汰。但一些汽油机为增加进气滚流，在气道内设置与导气屏原理类似的导气结构（见本书第八章第二节），以加强对气流的引导。

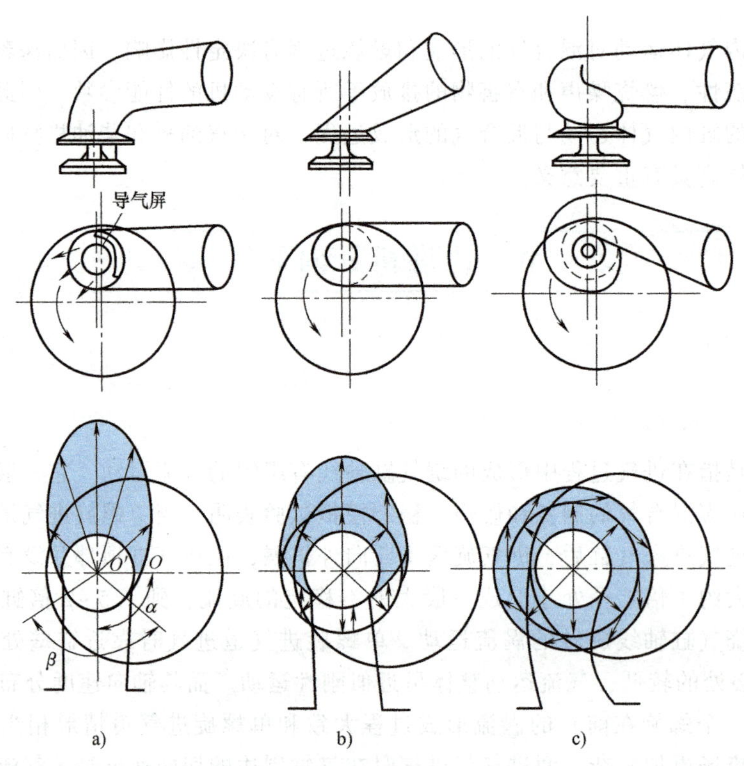

图 5-1 进气涡流的产生方法及速度分布示意图

a）导气屏 b）切向气道 c）螺旋气道

2. 切向气道

切向气道形状比较平直，在气门座前收缩，以提高气流速度并引导进气以气道方向切入气缸，从而产生进气涡流。切向气道造成气门口速度分布的不均匀，相当于在均匀速度分布的基础上，增加一个沿切向气道方向的速度（图 5-1b）。

切向气道结构简单，流动阻力小，但只能获得较低的进气涡流，因此一般用于对进气涡流要求不高的发动机中，或者与螺旋气道配合使用。

切向气道对气道出口的位置较敏感，泥芯误差对气道的质量影响较大。

3. 螺旋气道

将气门上方的进气道做成螺旋形状，使气流在此螺旋气道内具有一定的绕气门中心的动量矩，这种气道称为螺旋气道。旋转的气流进入气缸后再扩散成为绕气缸中心的进气涡流。螺旋气道气门出口处的气流速度分布相当于在均匀速度分布的基础上，增加了一个切向速度，如图 5-1c 所示。

螺旋气道的性能与气道质量的关系极为密切，从而提高了对铸造工艺的要求，例如对气道泥芯的变形、定位、气道出口和气门座圈的同心度等必须严格控制。由于在气缸盖上布置气道时，螺旋室高度不能很大，进气进入气缸时必然会含有一部分切向气流的成分，因此实际使用的螺旋气道形成进气涡流是由螺旋加切向两种成分组成的。

（三）气道的评定方法

中小型高速直喷式柴油机常利用螺旋进气道来产生适当的进气涡流，而汽油机中则利用进气道与燃烧室的配合来产生适当的滚流，以促进燃料与空气的混合，从而改善燃烧。目前，评价气道性能除发动机试验外，仍采用稳流气道试验台的方法，即通过测量气道的流量系数和涡流比（或滚流比）加以评价。如图 5-2 所示，在稳流试验台上测量进气道涡流的方法有叶片风速仪法和涡流动量矩法，测量气道流通能力一般用标准流量计。测量方法一般采用定压差法，在不同的气门升程下测量进气流量、叶片的转速或进气流的角动量矩。为使不同形状和尺寸气道的流动特性具有可比性，采用量纲一的流量系数评价不同气门升程下气道的阻力特性或流通能力，用量纲一的涡流比评价不同气门升程下气道形成涡流的能力。

下面以里卡多（Ricardo）叶片法为例，介绍气道性能评价方法。气道流量系数 C_F 定义为流过气门座的实际空气流量与理论空气流量之比，即

$$C_F = \frac{Q}{Av_0} \tag{5-1}$$

式中，Q 是试验测得的实际空气流量；A 为气门座内截面面积；v_0 是理论进气速度。

$$A = \frac{k}{4}\pi d_v^2 \tag{5-2}$$

式中，d_v 是气门座内径；k 是每缸进气门个数。

$$v_0 = \sqrt{\frac{2\Delta p}{\rho}} \tag{5-3}$$

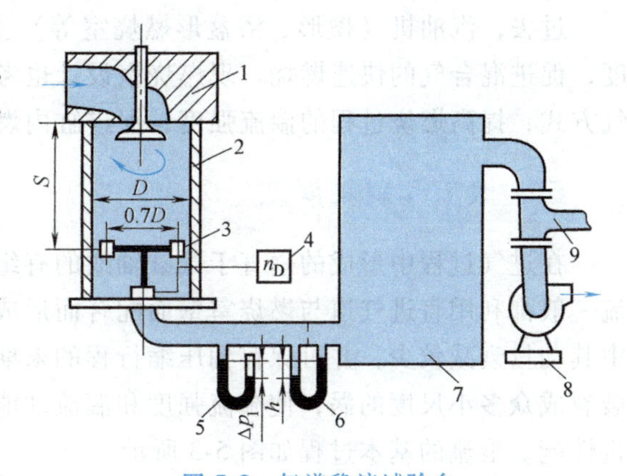

图 5-2 气道稳流试验台

1—试验气道 2—模拟气缸 3—叶片风速仪 4—计数器 5—压差计 6—孔板流量计 7—稳压箱 8—鼓风机 9—流量调节阀

式中，Δp 是进气道压力降，一般取 2.5kPa；ρ 是气门座处气体密度。

Ricardo 量纲为一的涡流数 N_R 为

$$N_R = \frac{\omega_R D}{v_0} \tag{5-4}$$

式中，ω_R 是叶片旋转角速度；D 是模拟气缸直径。

Ricardo 涡流比 Ω 为

$$\Omega=\frac{\omega_R}{\omega_e} \tag{5-5}$$

式中，ω_e 是假想发动机的旋转角速度。将实测的进气流量换算成的模拟气缸中的平均轴向流速假想成活塞的平均速度，再根据发动机的冲程即可求出相应的发动机转速 n_e（ω_e）。

为了使测量相对准确，要求模拟气道内的气流是刚性涡流，且轴向速度均匀。如前所述，这一般要在 1.5 倍缸径之后。进气涡流是在进气过程中形成的，但对内燃机性能的影响却是在燃烧阶段，而且进气射流速度随气门升程及活塞运动速度变化而变化，因此实际发动机的进气涡流是非稳态的，但稳态试验与之有一定的关联性。

二、挤流

在压缩行程后期，活塞表面的某一部分和气缸盖底面彼此靠近时所产生的径向或横向气流运动称为挤流。挤流强度主要由挤气面积和挤气间隙的大小决定。相反，当活塞下行时，燃烧室中的气体向外流到顶部空间，产生膨胀流动，称为逆挤流。

柴油机的燃烧室一般加工在活塞顶内（bowl-in-piston），在活塞的压缩行程后期，大量气体被压入燃烧室内，绕燃烧室中心线的进气涡流强度和压缩挤流强度非常高，这有利于油束的扩散与混合。而当活塞通过上止点下行后，逆挤流则帮助燃烧室内的混合气流出，进一步促进了与空气的混合和燃烧。燃烧室内涡流和挤流强度（空气运动）需要结合燃油喷射系统的能力，通过燃烧室的口径和深度及具体形状的设计，形成最佳匹配。

过去，汽油机（楔形、浴盆形燃烧室等）上也采用挤流运动来增强燃烧室内的湍流强度，促进混合气的快速燃烧。现燃烧室设计也考虑一定的挤气面积，但更多的是采用滚流进气方式，提高燃烧过程的湍流强度，促进缸内燃烧过程。

三、滚流和斜轴涡流

在进气过程中形成的垂直于气缸轴线的有组织的进气旋流，称为滚流（横轴涡流）。滚流一般都利用直进气道与燃烧室壁面配合而形成，适宜于蓬顶形燃烧室等。滚流在压缩过程中其动量衰减较少，并可保存到压缩行程的末期。当活塞接近于上止点时，大尺度的滚流将破裂成众多小尺度的涡，使湍流强度和湍流动能增加，有利于提高火焰传播速率，改善发动机性能。滚流的基本过程如图 5-3 所示。

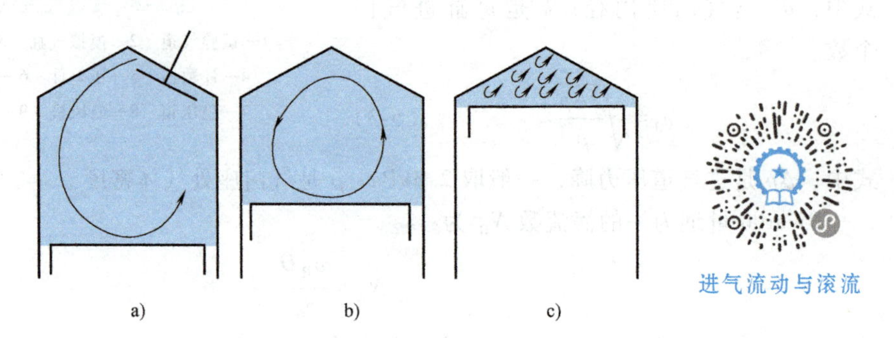

图 5-3 滚流的基本过程

a）进气过程 b）压缩过程 c）压缩终了

对于现代汽油机的进气滚流的测量有直接法和间接法两种方法，但由于并不容易确定在多大尺寸时才能形成滚流涡旋及活塞在滚流形成过程的作用，因此不同的方案测得的滚流强度的大小是有差异的[8]。

滚流和涡流的结合可形成斜轴涡流，它既有绕气缸轴线旋转的横向分量，也有绕气缸轴线垂直线旋转的纵向分量。在四气门汽油机中，在两个进气道中的一个进气道中安装旋流控制阀，通过改变旋流控制阀的开度，即可形成不同角度和强度的斜轴涡流。斜轴涡流可以充分利用进气涡流和滚流的优点，在上止点附近能形成更强的湍流运动，并可按照燃烧室的结构向火花塞处输送适宜点火的混合气，实现分层燃烧等。

四、湍流

湍流是一种是很不规则的流动状态。内燃机在进气过程中形成许多不同长度尺度和时间尺度的涡，如进气射流在燃烧室壁面的作用下形成气缸直径相当的大尺度漩涡，大尺度的漩涡破裂后形成小尺度漩涡，这些涡的大小及旋转轴的方向分布是随机的。大尺度的旋涡不断地从主流获得能量，通过漩涡间的相互作用，能量逐渐向小的漩涡传递，最终在流体黏性的作用下，随着小尺度涡的不断消失而耗散。同时，在燃烧室壁面边界作用、燃烧扰动及速度梯度等作用下，新的涡又不断产生。虽然流场中各种量随时间和空间坐标发生紊乱的变化，然而在统计定常的湍流场中，可以得到它们的准确的平均值。例如，某一方向上的当地瞬时流速 U 可以写为

$$U(t)=\overline{U}+u(t) \tag{5-6}$$

式中，$\overline{U}$ 为主流平均速度；$u(t)$ 为流速的脉动分量。

$$\overline{U}=\lim_{\tau\to\infty}\frac{1}{\tau}\int_{t_0}^{t_0+\tau}U(t)\,\mathrm{d}t \tag{5-7}$$

式中，τ 为时间；t_0 为起始时间。

而湍流强度定义为脉动速度分量的方均根值，即

$$u'=\lim_{\tau\to\infty}\left[\frac{1}{\tau}\int_{t_0}^{t_0+\tau}u^2(t)\,\mathrm{d}t\right]^{\frac{1}{2}} \tag{5-8}$$

此外，还使用一些长度尺度和时间尺度表征湍流特性，如描述湍流场中大涡特征的积分尺度和积分时间尺度，描述微小尺寸涡特征的柯尔莫戈洛夫（Kolmogorov）长度尺度和时间尺度，以及介于两者之间的泰勒（Taylor）微观长度尺度和时间尺度。

火花点火发动机中湍流促进火焰面附近已燃气体和未燃气体的交换，扩大火焰前锋表面积，从而提高火焰传播速率和燃烧速率。在柴油机中湍流可以改善燃油（如扩散燃烧阶段的预混油气、壁面附近燃油）与空气的混合，增强未燃碳氢、一氧化碳和碳烟颗粒的后氧化等。

第二节　汽油机混合气的形成

汽油是一些低沸点烃的混合物，终馏温度仅为200℃，因此无论是气道喷射还是缸内直喷，在发动机正常工作状态下，燃料均易于与空气形成均质混合气。因此，汽油机混合气的

制备是指如何在各种运转条件下实现既定的空燃比控制。

一、空燃比的控制

发动机的循环燃料供给量 m_f 由吸入气缸的新鲜空气量 m_a 和燃烧的过量空气系数 ϕ_a 决定。即

$$m_f = \frac{m_a}{14.7\phi_a} \tag{5-9}$$

1. 混合气空燃比的确定

为了获得良好的运转特性，发动机的空燃比在怠速工况时应控制在10~12，在中低负荷运行时的经济混合气的空燃比控制在16~17，而当发动机在进气门接近全开时，为保证动力性，应该提供空燃比在12~14的功率混合气。但是，为使燃用均质混合气的车用汽油机的排放达标，必须使用三效催化转化器对排气中的CO、HC和NO_x进行催化转化，需要在绝大部分工况下控制混合气的空燃比在化学计量比附近。

发动机实际的空燃比或过量空气系数 ϕ_a 是根据发动机运行的工况，按照动力性、经济性、排放性和平顺性等要求，通过台架试验标定，形成MAP图，储存在ROM中供ECU程序调用的。

2. 发动机进气量的确定

发动机喷油是在进气过程进行的，空气流量必须在喷油之前被确定，因此进气量的计算至关重要。进气量的计算可以依赖的两个参数是空气流量计测量的进气流量 m_t 和压力传感器测得的进气歧管内的压力 p_m，但在瞬态变化过程及温度的变化将严重影响缸内进气量的计算精度，需要将节气门的进气流量和发动机的进气量与进气歧管这个控制容积结合起来，才能共同完成对进气流量的预测。图5-4所示是汽油机进气歧管（manifold）的进气模型，在此控制容积内假设空气为理想气体，通过节气门（throttle）进入控制容积的空气量为 m_t，由控制容积进入气缸的空气量为 m_a，则控制容积内的空气质量 m_m 的质量守恒方程为

$$\dot{m}_m = \dot{m}_t - \dot{m}_a \tag{5-10}$$

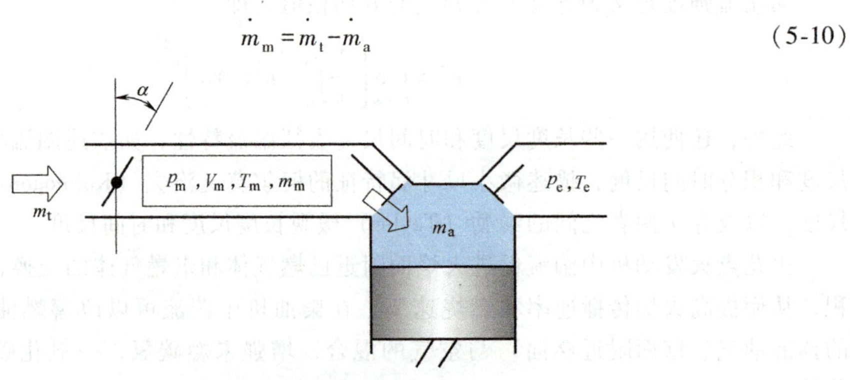

图5-4 汽油机进气歧管的进气模型

（1）通过节气门的空气流量计算 流过发动机节气门的空气量由直接法和间接法两种方法获得，所谓的直接法就是使用空气流量计直接测量发动机的进气流量，如热膜式空气流量计（Hot Film Air Flow Meter）等。所谓的间接法就是通过节气门的开度和进气歧管压力，按照理想气体一维等熵流动计算的空气流量，实用中一般采用线性化模型计算。

（2）进气歧管控制容积内的空气量计算　根据理想气体状态方程，控制容积内的质量变化可以用其中的压力变化表达，即

$$\dot{m}_{m}=\frac{\dot{p}_{m}V_{m}}{RT_{m}}=\dot{m}_{t}-\dot{m}_{a} \tag{5-11}$$

式中，进气歧管内的空气温度属缓慢变化量，可以认为 $\dot{T}_{m}=0$，$\dot{V}_{m}=0$；p_{m} 和 $\dot{p}_{m}$ 可以由进气歧管压力传感器获得。

（3）发动机的进气量计算　对于一台四冲程汽油机，缸内进气量可以由速度-密度进气量模型计算。

$$\dot{m}_{a}=\frac{n}{120}\rho_{m}iV_{s}\eta_{v}=\frac{n}{120}\frac{iV_{s}}{RT_{m}}\eta_{v}p_{m} \tag{5-12}$$

式中，n 为转速；i 为气缸数；V_{s} 为单缸排量；η_{v} 为其充量系数；ρ_{m} 为进气歧管空气密度。

经过推导，$\eta_{v}p_{m}$ 可以用一个线性关系表达，即

$$\eta_{v}p_{m}=sp_{m}-y \tag{5-13}$$

式中，s、y 近似为常数。由于转速对进气过程的影响也比较显著，所以通常需要标定出不同转速下的 s 和 y。

速度-密度进气量模型应用于气门相位不可变的自然吸气式发动机上具有足够的精度，但对于带有涡轮增压或带有 VVT 的发动机，以上方法就不再适用：①对于涡轮增压发动机，排气的背压即涡前压力不能被假定为一个常数；②气门相位对进气充量影响显著，对于连续气门可变的发动机，不可能标定出任意凸轮相位下对应的 s 和 y。

假定进气门关闭时刻的缸内压力与进气歧管内的压力相等，则发动机缸内进气量还可以由缸内废气量模型计算。此时的缸内废气由两部分组成：缸内残余废气（residual gas）和倒流废气（reverse flow gas）。倒流废气是指气门叠开期从气缸倒流到进气歧管内的废气，而且，直到排气门关闭，缸内气体的温度和压力分别等于排气歧管内的温度和压力（另有模型计算，不在此描述），则在排气门关闭时刻（φ_{EVC}），缸内气体中两种方式留存的废气总量就可以分别由状态方程和喷管模型（准稳态流动，流通面积按曲轴转角查表、积分）计算获得

$$m_{r}=m_{res}+m_{rev} \tag{5-14}$$

m_{r} 在随后的进气过程与新鲜空气混合，质量保持不变。

假设进气门的关闭时刻为 φ_{IVC}，此时的气缸工作总容积为 V_{a}，缸压为进气歧管压力 p_{m}，温度也为 T_{m}（需要修正或按照能量平衡计算），则有

$$m_{a}=\frac{ni}{120}(m_{IVC}-m_{r}) \tag{5-15}$$

（4）发动机进气量的计算模型　进气歧管空气流量控制方程（5-10）中的三个变量并不独立，如果知道其中的两个，则第三个就可通过该式求出。虽然这三个变量也还有其他不同的模型算法，但最终需要获得的是进入气缸的新鲜空气量 m_{a}，特别是在瞬态工况下能够准确预测发动机的进气量。通过上述算法或模型的组合，就可以建立多个发动机的充量模型，如基于 HFM 的模型、基于进气歧管压力的 P 模型、基于节气门开度模型等，从而实现发动机进气量的冗余控制。

早期由于 ECU 的功能较弱，大多依靠 MAP 图实施控制，不能够对瞬态过程给予很好的响应。随着电子技术的发展，基于模型的算法能够精确控制跟随发动机的瞬态过程，从而提高了空燃比控制的精度，满足了对发动机动力经济性，特别是排放特性的控制要求。

此外，在时间尺度方面，进气流动状态变化时间一般在毫秒数量级，发动机的执行器的响应在 0.1 秒级，而曲轴转速相应在秒级，所以模型也能够对发动机进气系统参数进行精确的计算。

3. 燃油喷射脉宽的确定

不同工况下的喷油量 m_f 通过控制喷油器喷油脉宽来实现。对于某一喷油器而言，其喷孔流通面积和流通特性是一定的，如图 5-5 所示，当加在喷孔前后的压差一定时，其最小和最大供油量应满足发动机的使用工况要求，且通常两者之比为 1∶10。

为了保证各缸的均匀性，喷嘴的稳态喷油量误差应该控制在 1% 以内。这样，发动机的电控单元就可根据式（5-9）和喷油器的流量特性，计算出所需要的喷射脉宽。

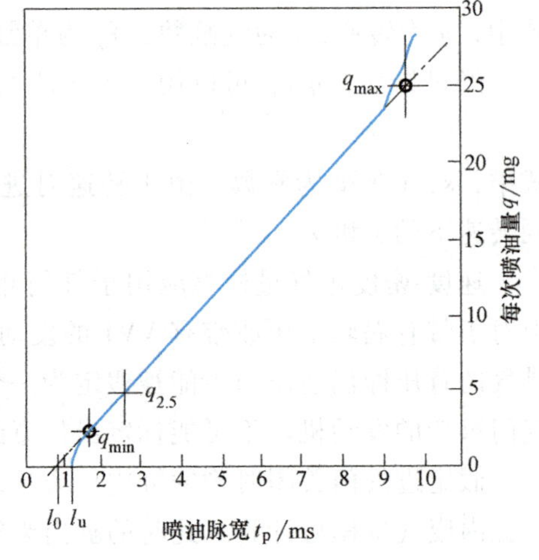

图 5-5 汽油机低压喷油器的流量特性

在加减速瞬态工况，节气门突变使进气系统存在动态的充排气现象，导致气道喷射油膜动态特性发生变化，需要单独建立壁面油膜模型，以修正喷油量。在起动模式和怠速模式下，发动机的空燃比控制策略也有所不同。喷油脉宽还需要根据环境温度、电池电压等参数进行修正。在热机状态下，喷油脉宽也需要根据氧传感器闭环控制的反馈信号依据一定的策略进行浓稀修正。

所有修正完成后，才是发动机最终的燃油喷射脉宽量。

4. 空燃比的闭环控制

除了提高发动机电控单元的控制精度，减少动态过程的空燃比偏差外，采用氧传感器对空燃比实施闭环控制也是一个提高三效催化转化效率降低排放的基本策略。

常用的窄域氧传感器有氧化锆式和氧化钛式两种。如图 5-6a 所示，氧化锆式氧传感器利用与空气导通的内侧与接触排气的外侧氧离子浓度差产生的电池电压测量混合气的浓度。在温度超过 300℃ 时，混合气稍浓时氧传感器产生约 800mV 的高电压信号，当混合气稍稀时产生约 100mV 的低电压信号，平均值约 450mV。图 5-6b 所示给出了半导体型氧化钛式氧传感器的工作原理，其在高温富氧时呈高电阻状态，贫氧时呈低电阻导通状态。通过一个 2V 的稳压电路设计，可产生同氧化锆式氧传感器相当的电压特性输出。

发动机的电控单元通过采集氧传感器的电压信号，判断混合气的空燃比，并对混合气的空燃比按既定策略进行调节。由于氧传感器存在相应滞后等现象，并不能立即反应混合气的浓稀状态，因此发动机的空燃比控制波动整体响应时间在 2s 左右，并通过自学习策略，不断修正调整幅度和步长，使混合气的空燃比更精确地控制在理论空燃比附近。

现代汽油机还利用一只下游氧传感器，实现对三效催化转换器（TWC）性能的故障诊断。

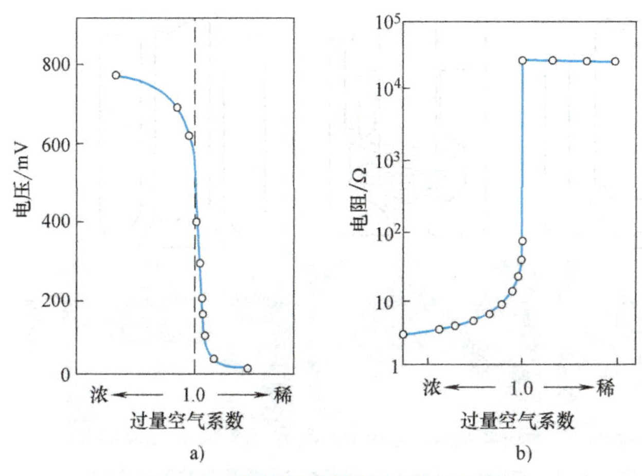

图 5-6 窄域氧传感器的工作特性

a）氧化锆式氧传感器的电压特性 b）氧化钛式氧传感器的电阻特性

二、缸内直喷汽油机混合气形成的特点

汽油机气道喷射存在喷射压力低、壁面油膜等问题，不利于发动机的瞬态过程控制。采用汽油缸内直喷就是将汽油以较高的压力（≤40MPa）直接喷入气缸，借助高压喷射雾化以及缸内空气运动形成可燃混合气，具有响应迅速、冷起动性能好等优点（参见本书第八章第二节的缸内直喷增压小型化技术）。

为了提高汽油机的压缩比和热效率，20 世纪 50 年代到 70 年代，各大汽车公司先后开发出了一些基于分层燃烧技术的缸内直喷点燃式汽油机，如 Texaco Controlled Combnustion System，Ford Programmed Combustion System 等，但随着排放法规的加严，采用进气道喷射、化学计量空燃比均质混合气配合三效催化转化器和 λ 闭环控制的电喷汽油机成为主流。20 世纪 90 年代以后，缸内直喷汽油机重新获得重视，比较著名的如日本三菱的 GDI 发动机等。缸内直喷汽油机在中低负荷利用燃油的喷射正时控制，采用分层燃烧模式，随着负荷的增加，采用分层技术往往造成混合气局部过浓，增加发动机的碳烟颗粒排放，因而转向采用均质混合气燃烧方式，喷油提前到进气行程以提高混合气的均匀性。

为实现分层燃烧，按照混合气的形成特点可以分为喷雾主导型、喷雾配合燃烧室壁面形状的壁面导流型和空气导流型三类，如图 5-7 所示。缸内直喷汽油机使用的喷油器的喷嘴结构主要有旋流喷嘴、外开式喷嘴和多孔喷嘴三种形式，其基本结构和喷雾特征如图 5-8 所示。

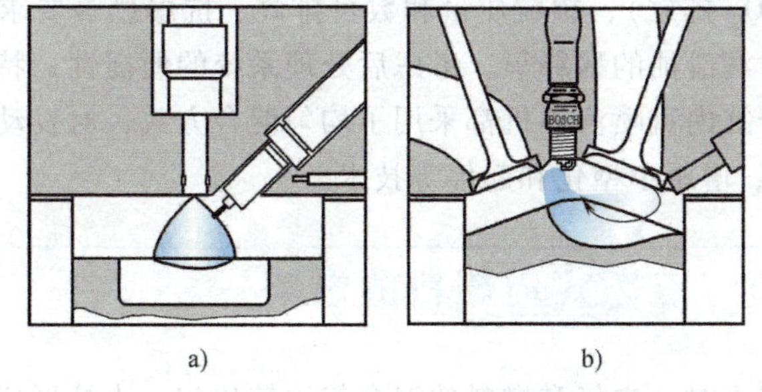

图 5-7 分层燃烧混合气形成方式

a）喷雾主导型 b）壁面导流型 c）空气导流型

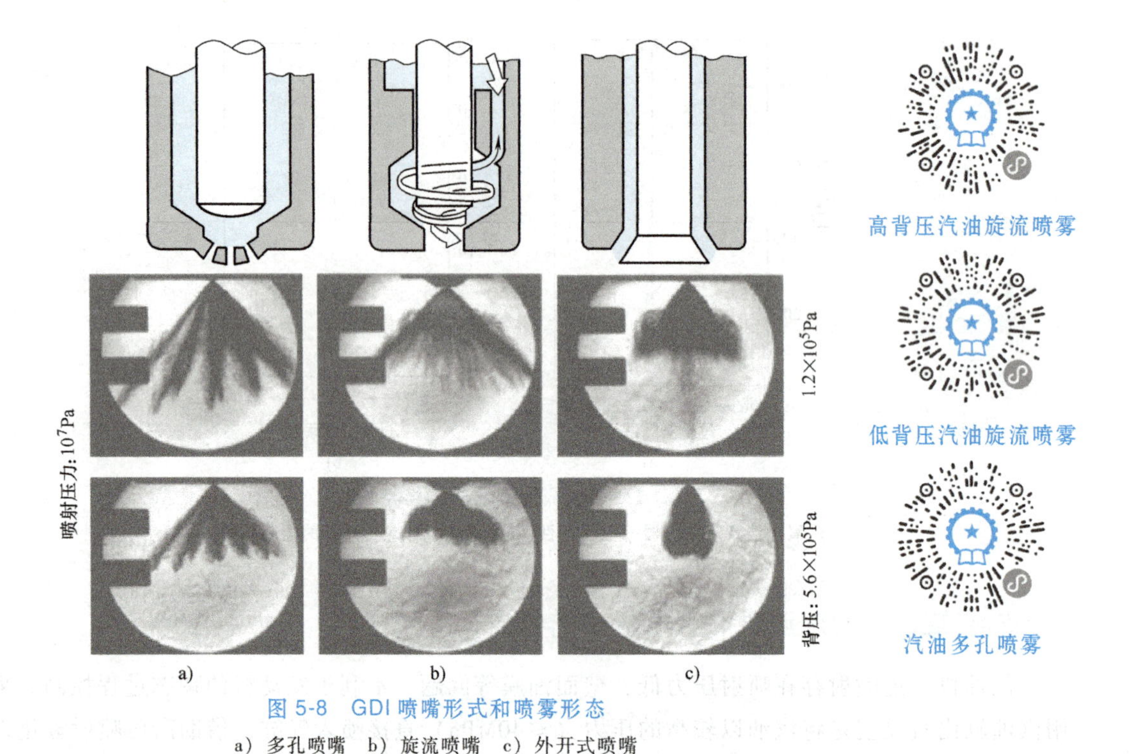

图 5-8 GDI 喷嘴形式和喷雾形态

a）多孔喷嘴 b）旋流喷嘴 c）外开式喷嘴

其中，多孔喷嘴喷雾贯穿距和雾滴直径较大，容易形成不均匀的混合气，但随着发动机的增压使缸内温度压力水平的提高，以及喷射压力的提高，多孔喷雾的混合性能已有很大改善。现在，多孔喷嘴通过喷孔直径、孔数、油束空间分布设计和喷射压力与喷射次数的控制等，可以满足发动机对混合气形成的要求，已基本取代了其他形式的喷嘴。

在喷射控制策略方面，一般在冷起动时采用压缩行程三次喷射，暖机行程采用进气和压缩行程两次喷射，并优化喷射正时（包括点火正时）和油量分配等，使发动机运转平稳，气体和颗粒排放降低。在正常热机工作状态下，还可以考虑采用成熟的气道喷射技术，可以提高发动机的效率。

GDI 发动机的缸内空气运动特别重要，需要统筹考虑滚流进气道、蓬顶或屋脊形燃烧室、活塞顶形状和油束分布对燃烧过程湍流性能和混合气形成的影响。

GDI 汽油机的开发目标一般在于满足欧Ⅵ排放法规和 CO_2 排放法规，具有较高的增压压力，需要在缸内混合气制备过程进行两次或三次灵活的喷射，在保证运转平稳性的前提下，满足发动机对有效热效率（CO_2 排放）、颗粒质量和数目排放、抗爆燃等要求，同时减少起动过程壁面油膜可能产生的对润滑油的稀释等。考虑后处理系统的便捷性，特别是避免出现颗粒排放超标等，现在大部分缸内直喷汽油机都采用了均匀混合方式，对发动机热效率的提高依靠可变气门正时（VVT）、增压小型化和起停等技术。

第三节 点燃式内燃机的燃烧

点燃式内燃机的燃烧表现在点火时，空气和燃料的混合气比较均匀，火核形成后，以火焰传播的形式向外传播，直至燃烧室壁面处熄灭。混合过程比燃烧反应要快得多或者在火焰到达之前燃料与空气已经充分混合，这种燃烧方式称为预混燃烧。因此，点燃式发动机的正常燃烧属预混燃烧。

一、均质混合气的着火界限、点火过程、火核生成与火焰传播

在点燃式内燃机中，燃料和空气的均匀混合气的燃烧是通过火花点燃的方式开始的，是强迫着火。一小部分混合气被强迫点燃形成火焰中心（火核），随之形成火焰传播，完成整个缸内燃烧过程。因此，缸内混合气的温度、压力和成分及燃料性质对形成这样一个稳定的点火和火焰传播的燃烧过程有重要的影响。

1. 着火界限

即使是均质混合气，也只有当温度达到其自燃温度时才能够热力着火。在一定的温度、压力及散热程度下，存在着一个着火浓度界限，过浓的混合气由于缺乏氧气燃烧不完全，放热量少，过稀的混合气因其热值低，放出的热量少，因而均不能着火。要使混合气正常着火燃烧，必须保证混合气浓度在稀限与浓限之间，这两个混合气浓度界限称为着火界限。

很显然，混合气点燃的着火界限与其温度、压力、是否稀释和湍流状态等有关。如果温度压力提高，则着火界限加宽；如果混合气被燃烧惰性的气体稀释，则着火界限变窄；湍流运动加强，着火界限也会相应变窄，如果太强，则可能熄灭。

绝大部分汽油机燃烧均质混合气，着火稀限主要看燃烧过程的稳定性，一般空燃比不超过 18（$\phi_a<1.3$），否则发动机运转不稳。当汽油机的混合气空燃比在 12～14（$\phi_a=0.8$～0.9）时，汽油机发出的功率最大，这样的混合气叫功率混合气。所以，浓度界限对汽油机燃烧没有意义。虽然汽油机燃烧稀混合气能够节能，但为降低排放，汽油机大部分工况下必须按照三效催化转化器的要求，使用化学计量比混合气工作。对于缸内直喷汽油机需要注意混合气的均匀性，避免出现过浓区域，增加颗粒等有害排放。对于采用排气再循环（EGR）的汽油机，要注意 EGR 的各缸分配的均匀性，避免造成对混合气的过渡稀释，使发动机的循环变动增加，影响发动机运转的平稳性。

2. 点火过程

火花点火过程十分复杂，如图 5-9 所示，根据火花放电时电压与电流的变化情况，普遍地认为整个放电过程可分为以下三个主要阶段。

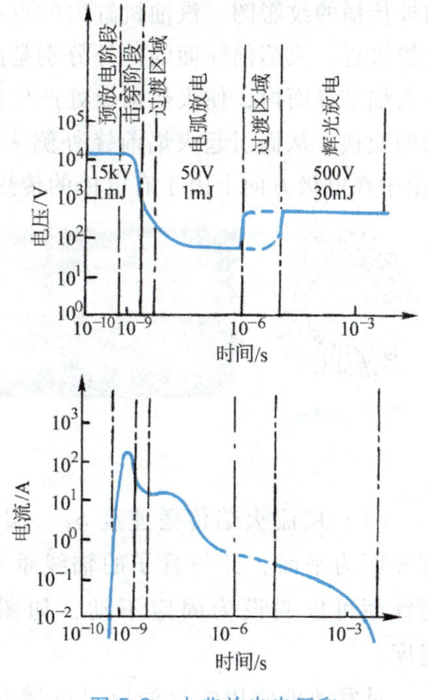

图 5-9　火花放电电压和电流随时间的变化

（1）击穿阶段　火花塞电极在很高的电压（10～15kV）的作用下击穿电极间隙内的混合气，离子流从火花塞的一个电极奔向另一个电极。这时间隙阻抗迅速下降，形成一个很窄的（大约 40 μm 直径）的圆柱状的离子化的气体通道，电能几乎可以无损失地通过等离子流。它的温度升至 60000K，压力上升到几十兆帕，从而产生一个强烈的激波向四

周传播，使等离子通道的体积迅速膨胀（约膨胀到 2mm 直径），而它的压力、温度迅速下降。这一阶段称为击穿阶段。击穿阶段通过火花塞间隙的峰值电流高达 200A，但时间很短，约 10 ns，能量约 1mJ。

（2）电弧阶段　击穿阶段的末期形成了电极间的电流通道，因此电弧放电的电压较低（50~100V），电流在 10A 数量级，持续时间 1μs，能量约 1mJ。与击穿阶段的电极间电流通道内气体完全离解或离子化相反，在电弧阶段放电带的中心部分的离解程度仍很高，但离子化程度比较低（约 1%）。在阴极和阳极上的电压降是电弧放电电压降的主要部分，电能储藏在这些电极的表层区域，由金属电极导走，这是电弧总能量的一个重要部分。此外，电弧要求有灼热的阴极，因此就造成了阴极材料的蒸发蚀损。由于击穿阶段末期等离子体体积膨胀和体外的热交换和扩散作用增强，使电弧中心区温度下降到 6000K。一般认为，在电弧阶段火焰传播开始发生。

（3）辉光放电阶段　辉光放电阶段的特征是电流低于 200mA，在阴极上有大的电压降（300~500V），持续时间 1~2ms，放电能量约 30mJ。辉光放电阶段极间气体离子化程度很低（低于 0.01%）。绝大部分的点火能量在此时放出，但能量损失比电弧阶段更大，气体的最高平衡温度下降到 3000K。

在发动机运行条件下，对静止的化学计量比混合气的点火能量只需要 0.2mJ。对于较稀或较浓混合气，以及电极处混合气有较高流速时，需要的点火能量为 3mJ。但为能使发动机在各种工况下都能可靠点火，常规点火系统供给的能量一般为 30~50mJ，其中高能点火系统能够提供超过 100mJ 的点火能量。

3. 火核生成与火焰传播

图 5-10 所示为电火花在定容燃烧弹中心点燃均质混合气后，形成火核并以准球形火焰向外传播的纹影图。汽油机缸内的点火及燃烧过程与均质混合气在定容燃烧弹中的燃烧过程比较接近，火焰前锋面的内外分别是高温燃烧产物和未燃的均质混合气，燃烧化学反应发生在火焰前锋面内，使火焰前锋处产生极大的温度梯度和组分浓度梯度，导致强烈的质量和热量的交换，从而引起火焰前锋外侧未燃混合气的化学反应，使火焰前锋面不断地向外传播（图中在电极方向上由于有电极的传热而形成椭圆形火焰前锋面的短轴）。

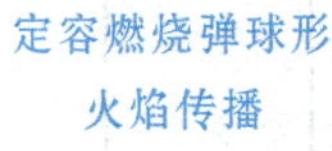
定容燃烧弹球形火焰传播

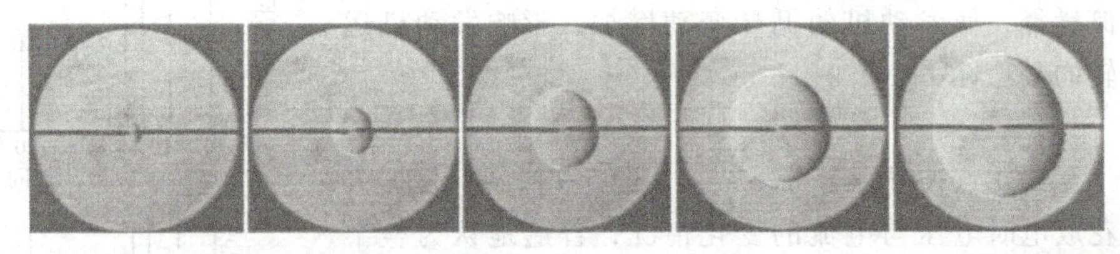
图 5-10　典型的火核发展纹影图

（1）层流火焰传播速度 S_L　假定在一绝热圆管内火焰以速度 S_L 沿管子传播，火焰前锋面为平面，并与管子的轴线垂直，若未燃混合气以 S_L 的速度在管内流动，则火焰前锋面可以假设为固定不动，如图 5-11a 所示，这个气流速度 S_L 就是层流火焰传播速度。

对发动机使用的汽油燃料可燃混合气 $S_L = 0.4 \sim 0.5\text{m/s}$，在实际计算时常采用经验关系式

$$S_L = S_{L0}\left(\frac{T_u}{298}\right)^{\alpha}\left(\frac{p}{101.3}\right)^{\beta} \tag{5-16}$$

其中

$$S_{L0}=30.5-54.9(\phi-1.21)^2$$

$$\alpha=21.8-0.8(\phi-1)$$

$$\beta=-0.16+0.22(\phi-1)$$

式中，ϕ 为当量燃空比（过量空气系数的倒数）；p 为压力（kPa）；T_u 为火焰前锋面前未燃气体温度（K）。

其他碳氢燃料的 S_{L0} 不同，具体可查阅参考文献［2］第 404 页中的内容。

（2）湍流火焰传播速度 S_T　大尺度的湍流将使火焰前锋面发生扭曲，除使其面积增大外，还可使火焰前锋分裂成许多燃烧中心，导致湍流火焰速率大大增加（图 5-11b）。小尺度的湍流也可大大增加火焰前锋中分子与新鲜混合气中分子的相互渗透，使湍流火焰燃烧速率增加（图 5-11c）。

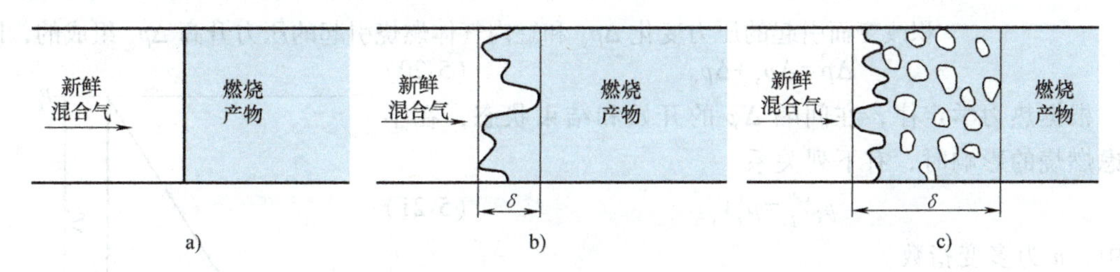

图 5-11　不同湍流作用下的火焰前锋

a）层流燃烧　b）弱湍流燃烧　c）强湍流燃烧

湍流火焰的速度计算比较复杂，在此不去涉及。点燃式内燃机在缸内湍流强度不高时，可用经验关系式计算湍流火焰传播速率，即

$$S_T=S_L(1+0.00197n) \tag{5-17}$$

式中，n 为发动机转速（r/min）；S_T 和 S_L 的单位为 m/s。

在实际发动机的燃烧过程中，火焰传播速率与湍流强度之间的关系并不一定是线性的，当湍流增加到一定强度时，火焰传播速率随湍流强度的增加而呈非线性增加趋势。如果湍流太强，则火焰传播速率有可能会随湍流强度的增加而降低。因此，在汽油机中，组织适当强度的湍流有助于提高火焰传播速率，对燃烧过程有利，但太强的湍流不仅不利于提高火焰传播速率，反而会使传播过程中的火焰猝熄。

（3）火焰前锋传播速率 S_n　如果不考虑燃烧室内混合气的宏观气流运动，只考虑因燃烧使已燃气体温度、压力升高而膨胀对火焰前锋移动速度的影响，则火焰前锋相对燃烧室壁面的绝对传播速率可用下式计算

$$S_n=S_T+S_e \tag{5-18}$$

式中，S_e 为已燃区膨胀速率，由下式给出

$$S_e=\frac{1}{A_f}\left(\omega\frac{V_b\,dV}{V\,d\varphi}-A_p v_p\right) \tag{5-19}$$

式中，A_f、A_p、v_p 分别是已燃区火焰前锋表面积、已燃区在活塞上的投影面积和活塞运动速度；V_b 为已燃区体积；V 为气缸容积；ω 为曲轴角速度；φ 为曲轴转角。

二、点燃式内燃机中的正常燃烧

（一）汽油机缸内压力与放热规律分析

示功图是分析和把握内燃机缸内燃烧过程的一个有效工具，对每个工况点采集200个左右工作循环的缸内压力并取平均值，然后进行光顺处理，可以获得一个平均的缸内燃烧压力示功图。最后根据理想气体状态方程和能量平衡，可以计算出放热规律等燃烧过程参数。

1. 燃烧过程分析

汽油机缸内燃烧火焰传播

汽油机缸内燃烧过程（扫描二维码观看相关动画）的一个特点是火焰前锋面将燃烧室空间分为已燃区和未燃区两个区域，两个区域的压力可以认为是均匀的，但温度及气体成分则完全不同，一般需要分别处理。为分析缸内燃烧过程放热规律，拉斯韦勒-威思罗（Rassweiler-Withrow）（R-W）方法是一种较为简单便捷的方法。图5-12给出了R-W方法的示意图。按照一定的曲轴转角间隔 $\Delta\varphi$ 利用数据采集系统采集气缸压力，压力升高 Δp 是由活塞运动导致气缸容积改变而引起的压力变化 Δp_v 和缸内气体燃烧引起的压力升高 Δp_c 组成的，即

$$\Delta p=\Delta p_v+\Delta p_c \tag{5-20}$$

根据热力学定律，在间隔 $\Delta\varphi$ 的开始和结束状态，在不考虑燃烧的影响时，有下列关系

$$p_iV_i^n=p_j'V_j^n \tag{5-21}$$

式中，n 为多变指数。

则由活塞运动导致的气缸容积改变而引起的压力变化 Δp_v 为

$$\Delta p_v=p_j'-p_i=p_i\left[\left(\frac{V_i}{V_j}\right)^n-1\right] \tag{5-22}$$

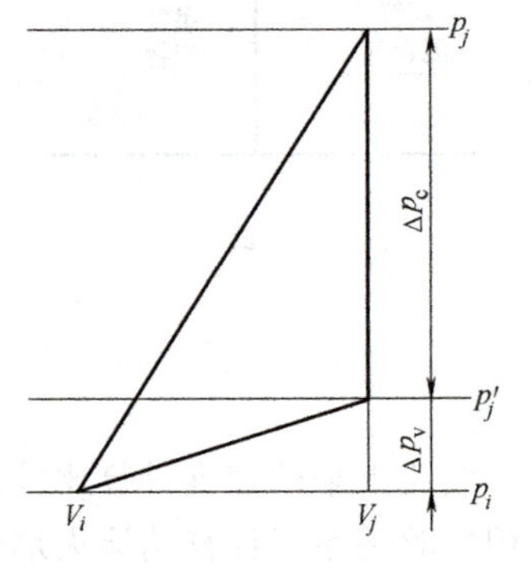

图5-12 求解已燃质量分数R-W方法示意图

假定在 $\Delta\varphi$ 曲轴间隔内由燃烧引起的压力升高 Δp_c 与这段时间内燃烧的燃料量成正比，则已燃质量分数 x_i 可以表示为

$$x_i=\frac{m_b(i)}{m_b(\text{总})}=\frac{\sum_0^i\Delta p_c}{\sum_0^N\Delta p_c} \tag{5-23}$$

式中，N 为在整个燃烧期内曲轴间隔 $\Delta\varphi$ 的总数目。

汽油机缸内燃烧过程R-W放热率分析计算结果如图5-13所示，计算中取 $n=1.3$（膨胀过程因传热较多也可以取1.33）。

R-W方法的计算精度取决于多变指数 n 的选取，计算中被忽略的漏气、传热等影响均被包括在 n 值当中，此外 n 值本身也是一个变值，但由于火花点火发动机的燃烧循环变动比较大，因此采用R-W方法来求取已燃质量分数曲线还是合适的。此外，精确的气缸工作容积也是影响计算精度的一个重要因素。

2. 燃烧特征参数

通过缸内示功图的分析，可以获取许多反映燃烧过程进展情况的参数，这些参数对阐明燃烧过程有十分重要的意义，被广泛采用的参数有：

1）缸内最高燃烧压力 p_{max} 及其对应的曲轴转角 φ_{pmax}，最高燃烧温度 T_{max} 及其对应的曲轴转角 φ_{Tmax}。

2）最大压力升高率 $(dp/d\varphi)_{max}$ 及其对应的曲轴转角，最高放热率峰值 $(dQ_B/d\varphi)_{max}$ 及其对应的曲轴转角。

3）火焰发展期和快速燃烧期。对于火花点火发动机，火焰发展期是指从火花跳火开始到累计放热率达10%的时间或曲轴转角；快速燃烧期则是指从累计放热率10%到90%的时间或曲轴转角。在实用上，往往将火焰发展期和快速燃烧期之和视为总燃烧期。

4）放热率曲线面心对应的曲轴转角 φ_c。φ_c 越小，表示燃烧越靠近上止点，燃烧的定容度和热效率高。其计算公式为

$$\varphi_c = \int_{\varphi_b}^{\varphi_e} \frac{dQ_B}{d\varphi}\varphi d\varphi \Big/ \int_{\varphi_b}^{\varphi_e} \frac{dQ_B}{d\varphi} d\varphi \tag{5-24}$$

式中，φ_b 和 φ_e 分别为燃烧的始点和终点。

为简便起见，现多用50%已燃曲轴转角（CA50）来表示燃烧过程的中心位置。

（二）汽油机缸内燃烧过程各阶段的特点

图5-13所示是采集到的一组汽油机缸压数据，采用R-W方法计算的瞬时放热率（Apparent Heat Release Rate，AHRR）和累积放热率（Cumulative Heat Release Rate，CHRR）曲线，因后者形状也称其为S曲线。依据燃烧过程对发动机性能的影响，将汽油机缸内的燃烧过程划分为0~10%的火焰发展期 $\phi_{Ⅰ}$、10%~90%的快速燃烧期 $\phi_{Ⅱ}$ 和90%以后的后燃期 $\phi_{Ⅲ}$ 三个阶段。

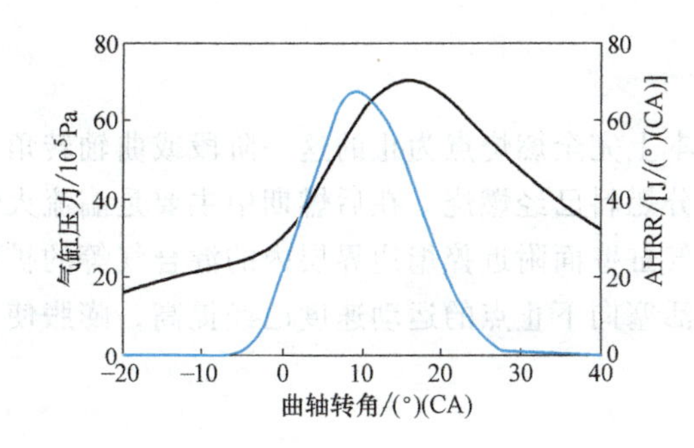

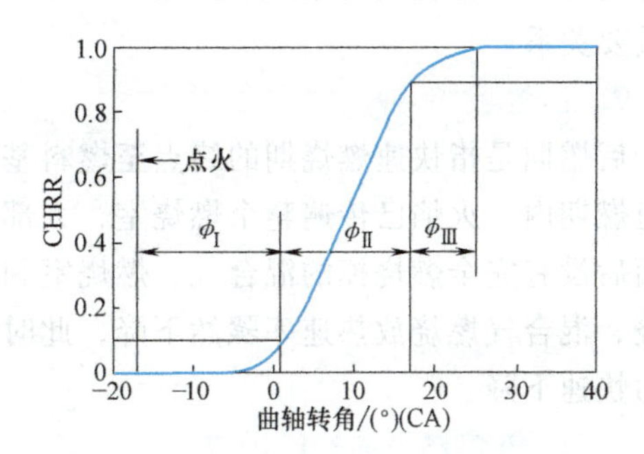

图5-13　汽油机的缸内燃烧过程

1. 火焰发展期

前面点火过程分析表明，在电弧阶段火焰传播开始发生，但此时的火焰传播并不稳定，受点火能量影响也比较大，且放热对缸内压力几乎没有影响。只有当火核增大到一定程度，燃烧了相当数量的混合气后，缸内压力才能与所谓的倒拖压力线分离，如果以此点作为火焰发展期的终点，实际上并不容易操作获得，所以将10%的混合气燃烧所对应的曲轴转角作为火焰发展期的终点。

火焰发展期的长短与燃料的物理化学性质、混合气空燃比、缸内气体的成分、压力、温度和流动状态以及点火能量等因素有关。对于火花点燃式发动机而言，火焰发展期可以由点火提前角来调整，所以火焰发展期时间长短并不重要，而且10%的混合气燃烧对缸内压力的影响也不显著，但发动机的诸多性能与火焰发展期内的火焰发展过程有关，如循环变动

等，所以火焰发展期内的火焰发展对发动机工作性能的间接影响很大。

2. 快速燃烧期

快速燃烧期是指10%到90%混合气燃烧所对应的时间或曲轴转角。从火焰传播的角度看，快速燃烧期是火焰烧遍整个燃烧室的阶段，持续时间短。这也与理论上取放热率骤然下降的时刻作为快速燃烧期的终点相一致。分析缸压曲线可见，在这一阶段内，活塞处于上止点附近，气缸工作容积小，压力升高率大。一般地说，压力升高率代表了发动机工作的粗暴程度，反映为发动机的振动和噪声水平（NVH 性能）。汽油机的平均压力升高率 $dp/d\varphi$ 一般希望在 0.2~0.4MPa/(°)（CA）之间。

最高燃烧压力 p_{max} 的到达时刻对发动机的功率、经济性有重大影响。若 p_{max} 到达过早，则混合气必然被过早点燃，从而引起压缩负功的增加，有可能使最高燃烧压力过高或发生爆燃燃烧，并增加发动机的传热损失。相反，如果 p_{max} 到达过迟，则混合气燃烧放热的膨胀比减小，做功能力变差，同时带来的还有排温的升高导致排气带走热量的增加。两种情况对发动机的动力经济性都有不利的影响。p_{max} 的曲轴转角位置可以用点火正时 φ_{ig} 来调整，为了保证汽油机工作柔和与良好的动力经济性能，一般应使 p_{max} 出现在上止点后 10°~15 °(CA) 这个范围内。

汽油机缸内最高压力和最高温度所对应的曲轴转角并不一定重合，这与燃烧过程的组织有关。如果快速燃烧期较长，或燃烧的组织设计是先急后缓，或者相反，则缸内最高压力和最高温度出现的位置就会发生变化，从而影响发动机的动力经济性等一系列性能。混合气的燃烧速度除与混合气空燃比、温度、压力、成分等有关外，还与火花塞位置和燃烧室形状等有重要关系。

3. 后燃期

后燃期是指快速燃烧期的终点至燃料基本上完全燃烧点为止的这一阶段或曲轴转角。在快速燃期内，火焰已传遍整个燃烧室，大部分燃料已经燃烧。在后燃期中主要是湍流火焰前锋面后没有完全燃烧掉的混合气、燃烧室和气缸壁面附近猝熄边界层内的混合气等的扩散与燃烧，混合气燃烧放热速率骤然下降，此时活塞向下止点的运动速度已经提高，膨胀使气缸压力快速下降。

（三）燃烧过程的影响因素

1. 点火提前角对燃烧燃烧过程的影响

保持汽油机节气门开度、转速以及混合气浓度一定，发动机的功率、燃油消耗率等随点火提前角的变化称为汽油机的点火提前特性。如图 5-14 所示，对于发动机的每一种工况，都存在一个最小的点火提前角，使发动机功率最大，燃油消耗率最低，而不发生严重的爆燃，这个点火提前角称为最佳点火提前角（minimum advance for best torque，MBT）。

影响汽油机最佳点火提前角的因素很多，如转速、过量空气系数、负荷、进气压力、冷却水温及汽油辛烷值等，它只能在试验中予以测定。已经确定，最佳点火提前角使最高燃烧压力在上止点后 10°~15 °(CA) 时达到。如果点火提前角偏离最佳值 5 °(CA)，热效率下降 1%，偏离 10 °(CA)，热效率下降 5%，偏离 20 °(CA)，热效率下降 16%。

汽油机点火提前角由电控系统调节控制，它大体上分成两类：

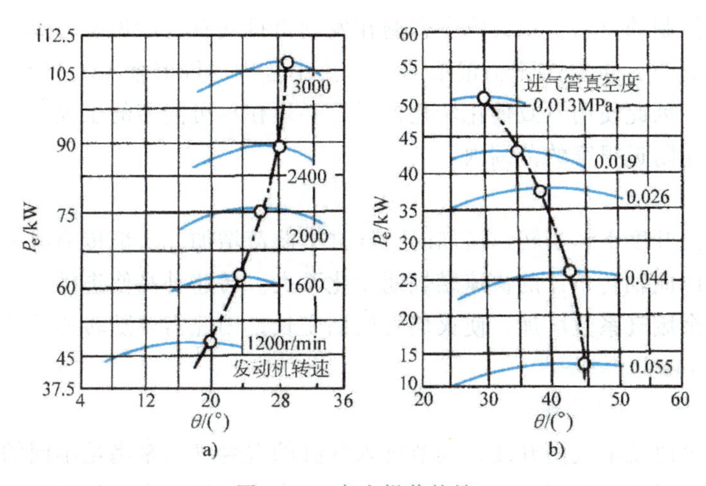

图 5-14　点火提前特性

a）节气门全开　b）n=1600r/min

（1）闭环控制　当不断增大点火提前角到一定值后，汽油机缸内会发生轻微爆燃，使发动机在该工况下可获得最佳动力性和经济性。为此，电控汽油机常利用爆燃传感器来检测爆燃强度并把点火提前角控制在接近最佳点火提前角的位置上，称为点火提前角的爆燃控制。

（2）开环控制　当发动机的负荷低于一定值时，一般不会发生爆燃。此时的 ECU 不再检测和分析爆燃传感器输入的信号，只根据有关传感器（如转速、负荷等）及 ROM 中存储的最佳点火提前角数据或脉谱来控制点火提前角的大小。如在起动过程，发动机转速较低，进气流量信号或进气歧管绝对压力信号不稳定，点火时刻一般都固定在某一个初始点火提前角，其值因发动机而异，通常根据其运行状态来标定。

2. 混合气浓度对燃烧过程的影响

在汽油机的转速、节气门开度保持一定，调节供油量，点火提前角为最佳值时，获得功率、燃油消耗率等随过量空气系数的变化特性称为汽油机在某一转速和节气门开度下的燃料调整特性。汽油机的空燃比调整特性如图 5-15 所示。

前面已指出，在 ϕ_a=0.8~0.9 时，汽油机缸内燃烧火焰发展期最短，火焰传播速率最高，此外，由于 ϕ_a<1 的混合气燃烧以后的实际物质的量的变更系数增大以及由于燃料蒸发量增多，使进气温度下降，充量系数有所增大，这时缸内最高燃烧压力、最高燃烧温度、压力升高率和功率均达到最大值，但同时由于不完全燃烧，燃油消耗率较高。在 ϕ_a=1.03~1.1 时，燃油消耗率达较佳值，这主要是因为气缸内燃料、空气和残余废气不能完全均匀混合，因而，不可能刚好在 ϕ_a=1 时获得完全燃烧，此外，混合气稍稀时，最高燃烧温度下降，使燃烧产物离解减少，有利于热效率提高。但是过稀的混合气由于燃烧速率降低，燃烧时间拉长，同样使热效率下降。

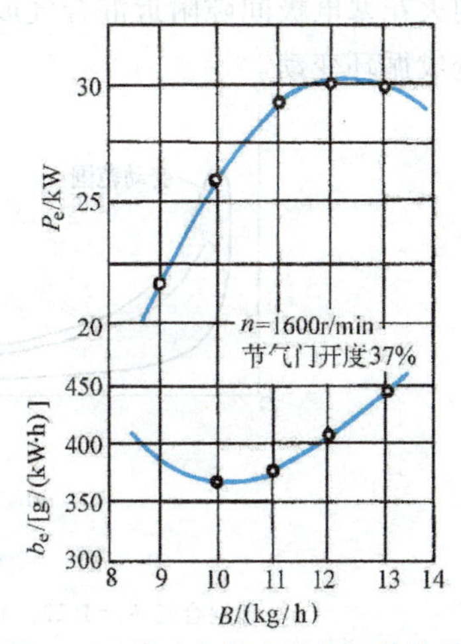

图 5-15　汽油机的空燃比调整特性

为满足排放控制的要求，现代汽车普遍在发动机排气总管后加装三效催化转化器。三效催化转化器是在化学计量空燃比稍偏浓的一个狭小范围内同时使 CO、HC 氧化和 NO_x 还原的高效净化装置。因此使用三效催化转化器时，必须在尽可能多的工况下，精确控制空燃比在化学计量空燃比附近很窄的范围内。

3. 转速对燃烧的影响

在同一节气门开度下，当转速增加时，气缸中湍流增加，火焰传播速率大体与转速成正比例增加，因而以曲轴转角计的快速燃烧期变化不大。转速升高使进排气流动阻力增加，导致缸内混合气残余废气系数增加，使火焰发展期变长，因此需要随转速的升高适当增大点火提前角（见图 5-14a）。

4. 负荷对燃烧过程的影响

汽油机是通过改变节气门开度，调节进入气缸的混合气量来满足不同的转矩需求的。当节气门关小时，充量系数下降，但留在气缸内的残余废气量不变，使残余废气系数增加，此时由于火焰传播速度下降，使得火焰发展期和燃烧持续期延长，因此，当发动机转速一定时，随着负荷的减小，最佳点火正时要提前（见图 5-14b）。

（四）工作过程的循环变动

1. 循环变动

采集点燃式发动机的缸内压力可以发现，即使是在稳定工况下运行，连续的不同循环之间及多缸机不同气缸之间的缸内压力时间历程各不相同，这一现象称为点燃式发动机的循环变动（图 5-16）。循环压力变动是点燃式发动机正常燃烧过程的一大特征，归根结底是由于缸内火焰传播燃烧过程的循环变动，可以细分为以下三方面的原因。

1）气缸内气体运动状况的循环变动。在进气过程中形成的不同尺度的湍流是不规则的，特别是在湍流火焰传播过程中，火焰前锋面的不稳定性进一步促进了缸内气体湍流运动强度的变化，使火焰向整个燃烧室发展的进程以及燃烧速率等随之发生较大变动。

2）气缸内混合气成分和量的循环变动。由于发动机高速运行，空气、燃料、EGR 和残余废气不可能在每一缸的每一循环都相同，由此造成燃烧过程的循环变动。

3）火核形成及燃烧过程的循环变动。气缸内必然存在混合气成分的不均匀，使点火时刻火花塞电极间隙附近混合气成分不同，影响早期火焰中心的形成和后期的火焰发展传播，造成循环变动。

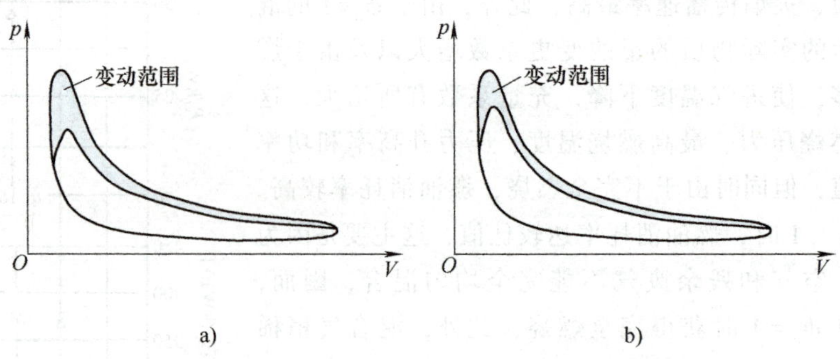

图 5-16　汽油机中的循环压力变动（n=2000r/min，ε_c=9）

a）稀混合气 ϕ_a=1.22，节气门全开，平均指示压力变动±4.5%，最高燃烧压力变动±28%

b）浓混合气 ϕ_a=0.8，节气门全开，平均指示压力变动±3.6%，最高燃烧压力变动±10%

2. 循环变动的表征参数

表征燃烧循环变动的参数大体上可以分成两类：

1）与气缸压力有关的参数，如最高燃烧压力（p_{max}）、相应于最高燃烧压力的曲轴转角（φ_{pmax}）、最大压力升高率（$dp/d\varphi$）$_{max}$、相应于最大压力升高率的曲轴转角（φ_{dpmax}）和发动机平均指示压力 p_{mi} 等。

2）与燃烧速率有关的参数，如最大燃烧速率、火焰发展曲轴转角 ϕ_{I}、快速燃烧曲轴转角 ϕ_{II} 等。

由于气缸压力参数比较容易测量，因此常用它来表征燃烧的循环变动，从压力参数出发，可以定义出度量燃烧循环变动的一个重要参数，即平均指示压力变动系数（Coefficient of cycle to cycle Variation）

$$CoV_{pmi} = \sigma_{pmi}/\bar{p}_{mi} \tag{5-25}$$

式中，σ_{pmi} 为平均指示压力的标准偏差，$\sigma_{pmi} = \sqrt{\sum_{i=1}^{N}[p_{mi(i)} - \bar{p}_{mi}]^2/N}$；$\bar{p}_{mi}$ 为平均指示压力的平均值，$\bar{p}_{mi} = \sum_{i=1}^{N} p_{mi(i)}/N$，$N$ 为循环数；CoV_{pmi} 为燃烧稳定性和评价车辆驱动性的主要参数，一般认为此值不应超过10%。

由于点燃式发动机燃烧的循环变动，每循环的气缸示功图是不同的，根据经验，对燃烧循环变动小、燃烧过程重复性好的，可取40~100个循环的缸压数据进行计算，在燃烧循环变动较大时，应取不少于200个循环的缸压数据进行计算。

3. 循环变动的控制措施

燃烧过程的循环变动对点燃式发动机的不利影响在于：

1）即使是所谓的最佳点火正时，也不保证对每循环均是最佳，因此影响发动机的动力性和经济性等性能。

2）潜在的影响发动机的压缩比和燃料辛烷值的选用。在循环变动极端情况下，如燃烧速度快的循环，有可能导致爆燃等不正常燃烧的发生，发动机因此必须选用较低的压缩比或提高使用燃料的辛烷值。相反地，对于燃烧速度慢的循环，则影响发动机的EGR率或稀燃空燃比的设计等。

3）循环变动还易导致较高的排气污染。对于燃烧快的循环，将增加 NO_x 排放，而对于燃烧慢的循环，将增加HC和CO的排放。

4）循环变动使发动机的转速和输出转矩产生波动，使车辆的驱动性能变差。

因此，为了改善点燃式发动机的性能，必须十分重视燃烧循环变动。造成燃烧循环变动的主要原因在于缸内气流速度（平均参数和湍流参数）、混合气空燃比和充量的变动，这还与发动机燃烧系统设计和运转工况有关。有研究表明，循环变动与缸内燃烧过程的火焰发展期密切相关，因此改善循环变动的措施可以有：

1）高性能火花塞、高能点火或多点点火。

2）加强进气滚流的组织，增加缸内涡流强度。

3）提高发动机转速，一定程度上增强缸内涡流强度。

4）比化学计量比略浓的混合气有助于抑制燃烧循环压力变动。

5）提高各缸充量及空燃比的均匀性，特别是废气稀释比例的控制。

6）速燃燃烧系统设计，如火花塞燃烧室中心设计、燃烧室形状优化设计、合适的挤流等技术，提高火焰的传播速率，有助于减小燃烧循环压力变动。

三、点燃式内燃机的不正常燃烧

为了提高点燃式发动机的动力经济性并降低排放，采用增压小型化和高压缩比是技术发展的趋势，但伴随而来的是易发生爆燃（Knocking）和低速早燃爆燃（Low Speed Pre-ignition Super-knocking，LSPI）等不正常燃烧现象的困扰，因此需要认识它们发生的机理，提出相应的控制措施。

（一）爆燃

1. 爆燃的产生

一定空燃比的混合气在超过某一温度后，经过一段时间的感应期后，活化分子的积累使反应速度剧烈地提高，就会发生爆燃。爆燃的火焰传播速度很快，主要是由于混合气受到冲击波的绝热压缩而致。

在某种工况条件下，汽油机的缸内燃烧就会发生爆燃。在测录的 p-φ 图上，出现图 5-17 所示的压力高频大幅波动情况，$\mathrm{d}p/\mathrm{d}\varphi$ 可以高达 65MPa/[(°)(CA)]。发动机的缸内燃烧过程可视化研究表明，爆燃的发生是一部分末端混合气（end gas）在正常传播的火焰前锋达到之前发生了自燃。自燃的火焰传播速度很高，火焰前锋形状变化急剧。快速自燃的燃烧放热导致局部温度和压力的陡升，产生冲击波，进一步促进了末端混合气的自燃。

通常，在快速燃烧期内，火焰以 30~70m/s 的湍流速度传播，随着燃烧的进行，缸内温度压力逐步升高，使处于最后燃烧位置上的末端混合气进一步受到压缩和热辐射的加热，如果具备自燃条件的末端混合气在感应期时间段内没有被传播过来的火焰烧掉，就会发生快速的自燃，出现一个或多个火焰中心，火焰从这些中心以 100~300m/s（轻微爆燃）到 800~1000m/s 或更高的速率（强烈爆燃伴随冲击波）传播，迅速将末端混合气燃尽。

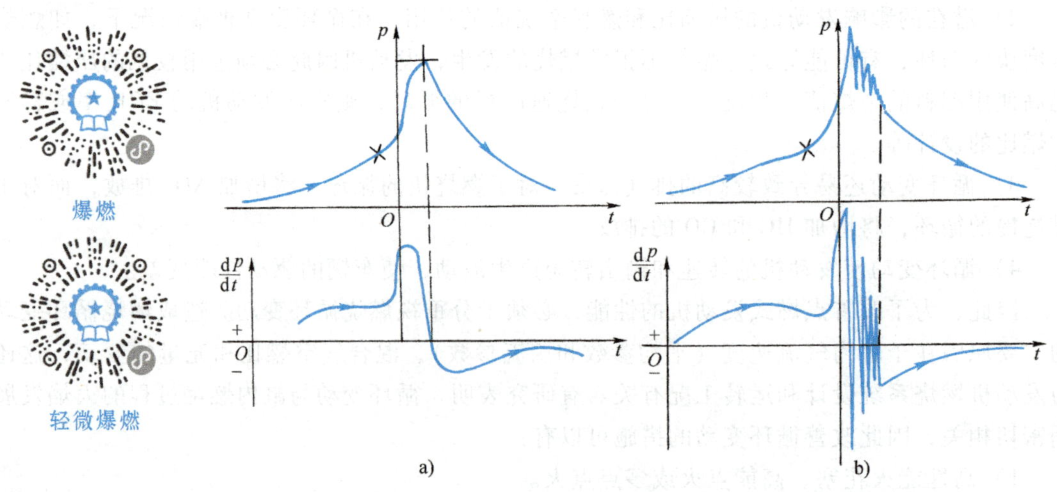

图 5-17　正常燃烧与爆燃时 p-t 图和 $\mathrm{d}p/\mathrm{d}t$ 图的比较

a）正常燃烧　b）爆燃

冲击波在燃烧室内传播、反射，导致了缸内压力的大幅波动，同时产生了如同金属敲击般的声音，故汽油机爆燃被形象地称为敲缸。

2. 爆燃的特征及判定

研究发现，爆燃发生的区域主要集中在最高压力后 50°（CA）的范围内，考虑燃烧过程的循环变动，可以认为爆燃主要发生在上止点后 60°（CA）以内。

爆燃时产生的冲击波在气缸中快速传播，碰到燃烧室壁面后反射，产生尖锐的敲击声，加剧了机体的振动。冲击波锋面前后的压差大小决定了振动的强弱，而振动频率则是由气缸的直径大小以及燃烧室的形状决定的，是压力波传播距离的函数。通过对气缸压力的频谱分析，对于现代发动机，在固定的缸径和燃烧室的情况下，压力振荡的频率是固定的，一般是 5~15kHz 之间的某个频率。

爆燃的判定是由发动机电控系统中的数字化爆燃模块来完成的。如图 5-18 所示，爆燃传感器的信号中，除了燃烧激励造成的机体振动信号外，还包含了曲轴、凸轮轴、活塞、进排气门落座等机械结构运动中的碰撞拍击所产生的背景机械振动噪声信号，特别是当发动机高速运转时，背景噪声会更强。所以，需要专用的爆燃芯片，选择正确的窗口位置和大小，对爆燃信号进行放大、带通滤波、整形等处理，然后计算振动信号幅值的平方在窗口内的积分值，并与未发生爆燃时的信号做比较，实现缸内燃烧的爆燃判断。

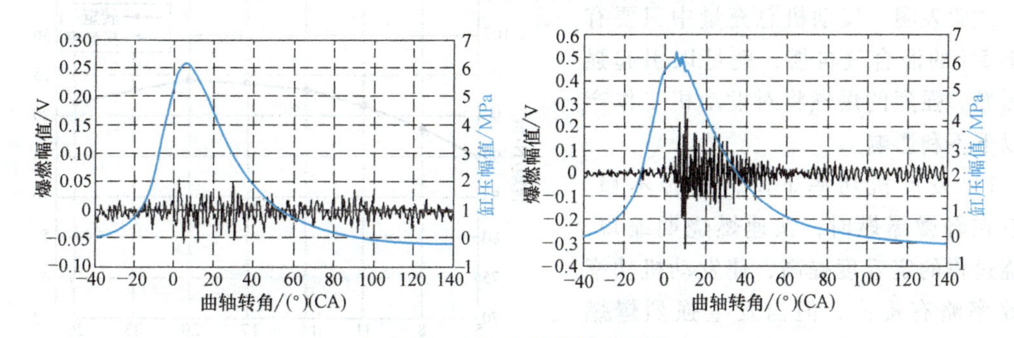

图 5-18　缸压与机体振动信号

带通后的爆燃信号能量积分公式如下

$$E=\int_{t_1}^{t_2}x^2\mathrm{d}t \tag{5-26}$$

离散化后为

$$E=\sum_{i=1}^{N}x_i^2 \tag{5-27}$$

虽然可以用这个积分值的大小来直接判定爆燃，但考虑背景噪声的干扰，一般用爆燃信号能量积分值和背景噪声的比值作为爆燃因子 r_k，判定爆燃的发生。

$$r_k=\frac{E(i)}{E_{back}} \tag{5-28}$$

式中，$E(i)$ 为当前循环振动信号积分值；E_{back} 为背景噪声的积分值。

$$E_{back}=E_{back}+\frac{1}{W}[E(i)-E_{back}] \tag{5-29}$$

式中，W 为加权系数，一般在稳定工况下选取 16，瞬态工况下取 4。同时为了防止背景噪声值在爆燃时加权平均后偏高导致判断爆燃的灵敏度变低，还需要对背景噪声值的最大值进行限定，一般取背景噪声平均值的 1.5~2 倍作为背景噪声的最大限值。

一般爆燃因子 r_k 值取 2 作为判定爆燃的阈值比较合适，当爆燃因子达到阈值时，系统认为爆燃产生。r_k 越大，表示爆燃强度越高，但爆燃强度也不是由 r_k 值的大小判定的，而是由爆燃发生率来判定的。爆燃发生率定义为发生爆燃的循环数与总循环数之比，即

$$\varphi_k = \frac{N_k}{N_{tot}} \tag{5-30}$$

式中，N_k 为发生爆燃的循环数；N_{tot} 为总循环数。

当爆燃率 φ_k 在

~1%	无爆燃
1%~5%	轻微爆燃
5%~10%	轻度爆燃
10%~	中度及以上爆燃

图 5-19 所示是一款发动机随点火提前角变化的输出转矩和爆燃率的试验结果，表明在爆燃率达到 5%时发动机的转矩最佳，随着爆燃率的增加，发动机的转矩开始下降。

3. 爆燃燃烧对发动机的危害

试验表明，发动机总充量中只要有大于 5%的混合气自燃，就足以引起强烈爆燃。强烈的爆燃将对发动机工作产生以下不利影响。

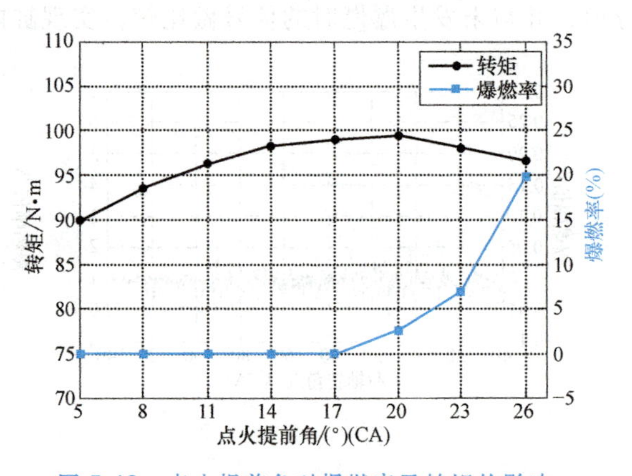

图 5-19 点火提前角对爆燃率及转矩的影响

1）发动机功率下降，运转不稳。虽然在轻微爆燃时，快速燃烧期缩短，燃烧过程的定容度提高，使发动机功率和效率略有提高，但当发生强烈爆燃时，冲击波造成的压力震荡并不对外发出功率，反而使发动机功率下降，工作变得不稳定。

2）发动机温度升高，冷却损失增加。爆燃时产生的压力波对燃烧室表面的附面层造成了破坏，使传热量激增，这样一方面使发动机零部件的温度升高，另一方面还使大量的热量从壁面流向冷却系统，造成冷却系统的负担和带走的热量增加。润滑系统的过热、部零件因温升变形过大，将导致运动件磨损加剧。

3）发动机内部零部件的损毁。爆燃燃烧使气缸盖、活塞顶面处的温度上升，局部过热会产生表面点火现象（在火焰到达以前，混合气被炽热表面强迫点火），从而进一步促进爆燃燃烧的发生和本地零部件的过热，最终导致轻合金的气缸盖、活塞发生局部金属变软、熔化或烧损，这是爆燃带来的最大危害。此外，缸内压力的急剧上升，造成曲轴连杆机构、活塞以及缸套等发动机零部件都会受到非常大的机械负荷，过于频繁的爆燃甚至会对发动机机体造成损伤。

4）发动机内部积炭和排放的增加。爆燃燃烧时的温度很高，引起燃料和燃烧产物加速离解，排气因为颗粒析出而呈现黑烟状，缸内形成积炭，破坏活塞环等。

4. 爆燃燃烧的影响因素

汽油机的爆燃就是末端混合气的自燃现象，与使用的燃料、发动机的结构和运转因素等

有关。为便于分析，可以对发动机产生爆燃的情况进行简化：在火花放电以后，火焰开始传播，同时末端混合气进行焰前反应，为自燃着火做准备，如果由火焰传播到终燃混合气所需的时间为 t_1，末端混合气自燃所需的时间为 t_2，当 $t_1<t_2$ 时，就不发生爆燃，当 $t_1>t_2$ 时，则发生爆燃。

（1）燃料的影响　燃料的抗爆性使用辛烷值评价。辛烷值高，则抗爆性能好，燃料不易发生爆燃。

为了提高汽油的辛烷值，常常在燃料中加入少量的抗爆添加剂。在汽油中添加四乙铅可以提高汽油的辛烷值，但是由于铅有毒并易使三效催化转换器中毒失效，我国从 2000 年开始停止使用含铅汽油。目前使用的无铅汽油常用含氧化合物作为抗爆添加剂，如甲基叔丁基醚（MTBE）、甲基戊基醚、叔丁醇、甲醇、乙醇等。MTBE 有一定毒性，在美国已禁止使用，亚洲和欧洲目前仍在使用。乙醇辛烷值高可作为汽油抗爆添加剂，在添加量少时不需要中高碳醇作为助溶剂。提高汽油燃料的辛烷值，目前主要依靠催化裂解、催化重整等化工工艺来实现。

汽油机的爆燃现象就是终燃混合气的自燃现象，它与柴油机的压燃着火在本质上是一致的，因此对汽油机而言是优良的燃料，对柴油机就是最差的燃料，反之亦然。

（2）运转工况的影响

1）点火提前角的影响。在上止点前 20 °(CA) 点火提前角下，发动机出现轻微爆燃，随着提前角的增大，爆燃强度增加。点火提前角的增加，使燃烧提前，燃烧及活塞的压缩作用使末端混合气的温度增加，滞燃期缩短，爆燃倾向加大。

2）转速的影响。转速增加，火焰传播速度提高，t_1 减小；转速增加，ϕ_c 下降，缸内压力下降，终燃混合气温度也较低，使 t_2 增加。综合结果为转速增加时，爆燃倾向减小。

3）负荷的影响。在转速一定而节气门关小（即负荷减小）时，残余废气系数增大，缸内压力下降，t_2 增加，爆燃倾向减小。

4）混合气浓度的影响。ϕ_a 值的改变将引起火焰传播速度、终燃混合气滞燃期的改变，$\phi_a=0.8\sim0.9$ 时，火焰传播速度最高，t_1 最小，但此时终燃混合气的滞燃期 t_2 也最小。试验表明，后者起主要作用，因而在 $\phi_a=0.8\sim0.9$ 时爆燃倾向最大，过稀的混合气有助于减小爆燃倾向。

（3）燃烧室结构因素的影响

1）气缸直径。气缸直径大，火焰传播距离长，使 t_1 大，同时由于燃烧室冷却面积与容积之比即面容比减小，使 t_2 小，因而爆燃倾向增大。

2）火花塞位置。火花塞位置影响火焰传播距离，也影响终燃混合气在气缸内所处位置，从而影响终燃混合气的温度。例如，火花塞靠近排气门最不容易引起爆燃，但火花塞离进气门过远，火花塞间隙中的废气不易清除，会影响发动机低负荷运转的稳定性。

3）气缸盖与活塞的材料。由于铝合金导热好，因而用铝合金活塞和铝合金气缸盖可抑制爆燃倾向，提高压缩比。

4）燃烧室结构。这是影响爆燃的最主要结构参数。燃烧室形状影响火焰传播距离、湍流强度、向冷却水的散热量以及终燃混合气的数量和温度。凡是能使火焰传播距离缩短、湍流强度和火焰传播速率提高的燃烧室结构均有助于减小爆燃倾向。

此外，燃烧室沉积物增加爆燃的倾向。在发动机工作过程中，燃烧室内壁产生一层沉积

物，通常称为积炭（Deposit）。沉积物是热的不良导体，温度较高，在进气、压缩过程中不断加热混合气，从而提高了终燃混合气的温度。沉积物本身占有一定的体积，因而也提高了压缩比。另一种情况是，在大负荷运行停机后急加速时，如果空燃比控制不当，混合气过浓，易产生积炭，此时若进气门突然开大，进气流速突然增加，吹起的积炭形成众多火焰中心，形成加速爆燃。加速爆燃无法通过推迟点火来控制。

5. 爆燃的控制

为了控制爆燃，在发动机设计开发阶段，就需要对燃烧室形状、火花塞的布置、气道结构及滚流性能、气缸盖的冷却等燃烧系统参数进行优化设计。压缩比和汽油燃料的辛烷值也是主要考虑因素。在发动机运行过程中，爆燃主要由电控系统实施推迟点火的方法控制。

如图 5-20 所示，当电控单元判断爆燃强度达到如 10%的轻度爆燃时，对当前工况下的点火提前角推迟 3°（CA）[通常认为推迟 3°（CA）可以很好地消除爆燃，这个角度值也可以根据爆燃强度优化]，若爆燃依然存在，就继续推迟点火提前角直到爆燃消除。为了恢复功率，当没有出现爆燃的循环次数达到一定数量后，系统就会增加点火提前角。这也是为了防止发动机点火提前角推迟过久导致发动机过热。这样，ECU 控制点火提前角，使发动机的燃烧处在爆燃边界点附近，从而提高发动机的热效率。

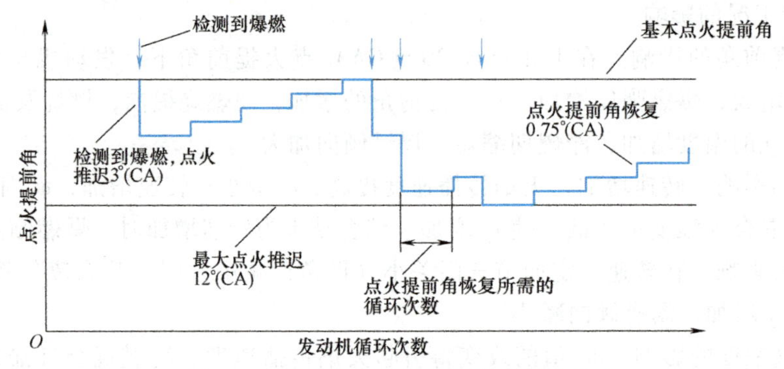

图 5-20 发动机点火提前角控制爆燃策略

提高压缩比可以提高发动机循环的效率和功率，但潜在的爆燃成为主要的障碍。前面已经指出，汽油机的爆燃在低速、节气门全开时最易发生，因此发动机许用压缩比的最大值就受低速、节气门全开工况的限制。通过推迟点火提前角的办法来保持较高的压缩比，这样虽然节气门全开时的功率和经济性有所损失，但对常用的部分负荷工况，却因压缩比 ε_c 较高使燃油消耗率 b_e 较低。此外还可发现，点火推迟后，发动机要求的燃料辛烷值下降，而功率损失并不大。

（二）低速早燃爆燃

1. 低速早燃爆燃现象

近年来汽油机向小型化发展，为提高汽油机的低速转矩，采用高增压技术，因此出现了一种新的不正常低速早燃现象。如图 5-21 所示，其爆燃强度要比末端混合气自燃形成的爆燃高，峰值压力甚至可超过 40MPa，压力震荡幅度可超过 20MPa，因此也有叫作超级爆燃。汽油机高增压后除提高压缩过程缸内的温度外，也提高了缸内混合气的能量密度，前者促进了燃料的自着火性能，后者增加了单位体积混合气自着火后的热量释放，再加上混合气的量大，因此产生了更高的压力和更大的压力震荡。

与常规末端混合气的自燃爆燃不同，低速早燃是一种偶发性和间歇性的强烈的发动机爆燃燃烧，其不同表现在：

1）早燃爆燃和正常燃烧循环之间的转换没有先兆，是随机的。

2）早燃爆燃循环压力过程也是不相同的，没有重复性。

3）早燃爆燃循环次数及间隔没有规律，通常是一次出现，则可能间隔着连续出现数次，总的概率在万分之几。

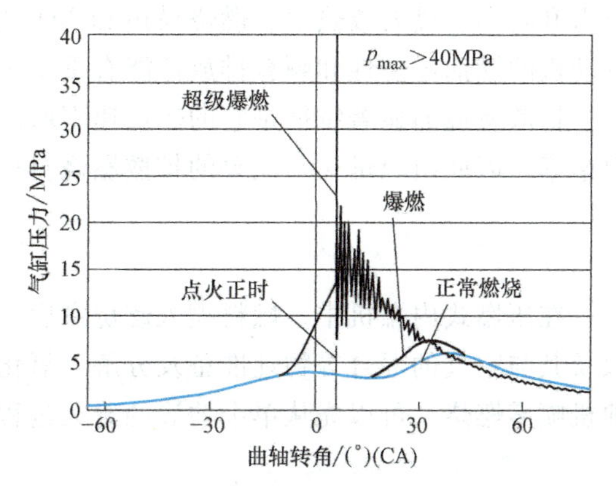

图 5-21 低速早燃超级爆燃缸内压力图

低速早燃爆燃是高功率密度汽油机中的一种强烈的敲缸现象，由于压力高且震荡剧烈，可一次性破坏发动机，因此必须克服。

2. 低速早燃爆燃产生的原因

研究发生低速早燃爆燃（LSPI）循环的缸压可以发现，燃烧在发动机点火之前已经开始，当进行到上止点后，就可能发生强烈的爆燃燃烧。因此，先是有早于火花塞的着火点是其必要条件。已有的研究表明下面四个因素可能引起发动机缸内的表面点火：①燃烧室内的炽热点；②通过油环上窜的润滑油；③燃烧室沉积物；④汽油喷雾飞溅到缸套上的燃油。而且，润滑油添加剂的成分有显著的影响。其他的一些不显著的因素包括：$\phi_a=1.1$ 偏稀的混合气发生较多的 LSPI 现象；增压度提高使 LSPI 频率增加；十六烷值（CN）影响不大等。

对于上述②和④的分析，可以认为是相同的原因，皆是润滑油在起作用。无论是通过活塞环上窜的润滑油，还是燃油洗脱的润滑油，润滑油本身或其中的钙基润滑添加剂是导致早燃的起因。降低润滑油十六烷值和其中的钙含量，或者提高润滑油中的钼或者镁含量都可降低早燃倾向。

低速早燃并不一定导致早燃爆燃，但一旦有比较早的着火点，或者着火点比较多时，就容易导致如同正常点火末端混合气自燃的爆燃。低速早燃爆燃的随机性皆是由于着火点的随机性导致的。因此，与常规爆燃不同，低速早燃不会因推迟点火提前角而消除，也不会通过加强壁面传热或采用高辛烷值汽油来避免。

第四节 压燃式内燃机的燃烧

在压燃式内燃机中，燃料是借助喷射装置通常在接近压缩终了时开始喷入气缸的，燃烧室中的高温空气被卷入油束内，加热蒸发燃油液滴颗粒，形成混合气，同时热空气使燃油裂解、氧化，在经过一段时间的积累后，燃烧反应骤然加速。在这段时间内，部分燃料蒸发并与空气混合成为可燃混合气，一旦着火迅速燃烧，这部分燃料的燃烧被称为预混燃烧。预混燃烧是在浓混合气区域发生的，大部分燃料及部分燃料燃烧的中间氧化产物要在随后的与空气的扩散混合过程中完成燃烧，由于燃料与空气的混合过程比反应速率慢，因此燃烧速率取决于混合速率，这部分燃料的燃烧叫作扩散燃烧。预混燃烧过程对缸内最高燃烧压力、最大

压力升高率、最大放热率、燃烧噪声和 NO_x 排放等参数有重要影响，而扩散燃烧过程则对发动机的燃油经济性和颗粒排放性能有重要影响。

扩散燃烧的显著特征是它的燃烧速率取决于使燃料和氧化剂达到适宜进行化学反应的扩散速率，因此组织迅速与完善的扩散燃烧对提高柴油机性能至关重要。

一、自燃着火过程

在压燃式内燃机中，燃料喷入燃烧室后，被分散成许多细小油滴，经过加热、蒸发、扩散及其与空气的混合等物理准备及分解、氧化等化学准备阶段后，即自行着火燃烧。认识柴油机喷雾燃烧，可以先从单个油滴的着火过程开始。

1. 单个油滴的着火

图 5-22 所示是一个油滴置于静止热空气中的着火情况。空气的温度为 T_0，油滴受空气加热，温度升高，表面开始蒸发，并向四周扩散，与空气混合。经历一段时间，油粒变小，在油粒外形成一层燃料与空气的混合气，接近油粒表面的混合气浓度 c 较高，由于蒸发需要吸收汽化热，所以这里的温度 T 也较低。随着离开油粒表面距离的增加，混合气的浓度降低，温度升高，试验表明，着火地点不在浓度较高的油粒表面附近，也不在远离油粒表面的稀混合气的地方，而是在离开油粒表面一定距离、混合气浓度适当而温度足够高的地方，这里的反应速度 w 较高。由此可知，着火需要具备以下两个条件：

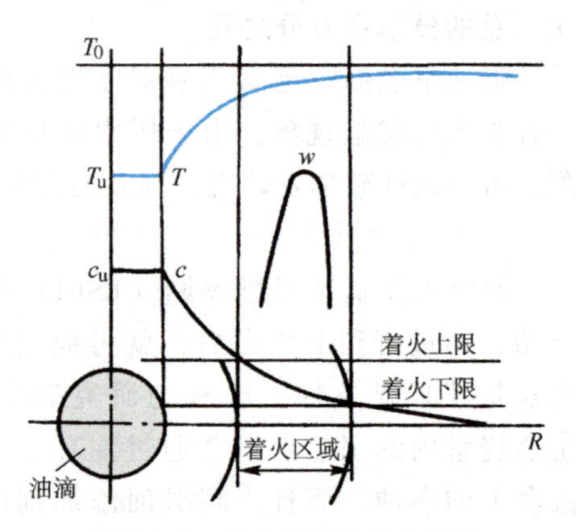

图 5-22 单个油滴的着火过程

1）形成的燃料蒸气与空气的比例要在着火界限内。混合气过浓，氧分子少，混合气过稀，则燃料分子少，这两种情况的氧化反应速率都不够，不能着火。着火界限不是一成不变的，随着温度的升高，分子运动速率增加，反应速率加快，将使着火界限扩大。

2）可燃混合气温度必须达到某一临界温度。通常把燃料不用外部点燃而能自己着火的最低温度称为着火温度或自燃温度。实验测量的燃料的自燃温度依赖于燃料自身的物理和化学特性及所采用的方法和仪器等，因此作为内燃机燃料的石油产品有专门的自燃温度测定法（GB/T 21791—2008）。实际的燃料着火温度还与压力、氧含量等因素有关。压燃式内燃机燃料的着火特性用十六烷值来定义，自燃温度与十六烷值之间有一定的相关性，如图 5-23 所示。研究表明，当十六烷值小于 50 时，自燃温度随十六烷值降低陡然上升，表明燃料的自燃性能明显变差；当十六烷值大于 50 时，随着十六烷值增加，自燃温度降低很少。因此，现在柴油燃料的十六烷值要求在 50 左右。

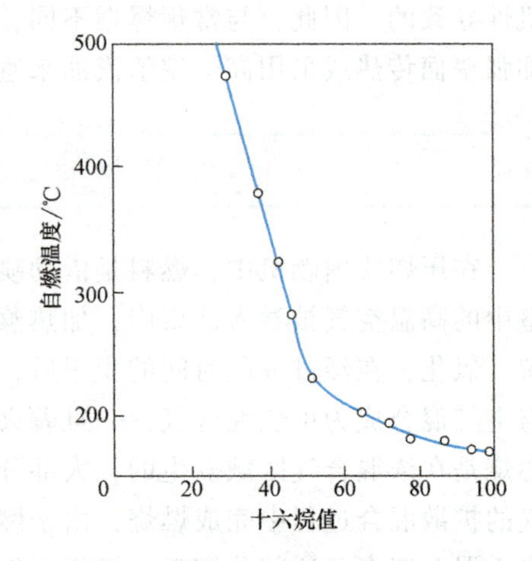

图 5-23 自燃温度与十六烷值的关系

2. 油束的油气混合与着火

柴油机的喷雾在缸内的着火过程非常复杂，因为燃料喷入气缸后，分散成大小不同的油滴颗粒群，每个油滴都要经历蒸发、混合及氧化等物理和化学准备阶段，再加上油滴与空气有相对运动，使油束着火与燃烧的宏观表现就与单个油滴的呈现出巨大的差异。

自然吸气柴油机正常工作时，燃料的喷射温度大约为60℃，而缸内的空气在压缩上止点时的状态大致为压力4.5MPa、温度700℃、密度16kg/m^3。如图5-24所示的油束燃烧概念模型，低温燃油喷入高温空气环境后（After Start of Injection，ASI），随着油束射程的增加，越来越多的热空气被卷吸进入，燃油被加热蒸发，形成一个蒸气/空气混合物的外鞘，包围在油束的前端及外围，ASI 3°（CA）时油束射程达到23mm，以后不再增加，而且这个值的变动范围不大。有限的油束射程并不是由于燃烧，而是由于热空气的卷入使燃油蒸发。此后，在液态油束的下游，逐步形成一个气态燃油与空气的良好混合区，当量比在2~4之间。这些气态产物处于油束的头部，移动速度变慢，被后续喷雾推开并重新被卷入，形成蘑菇状头部。

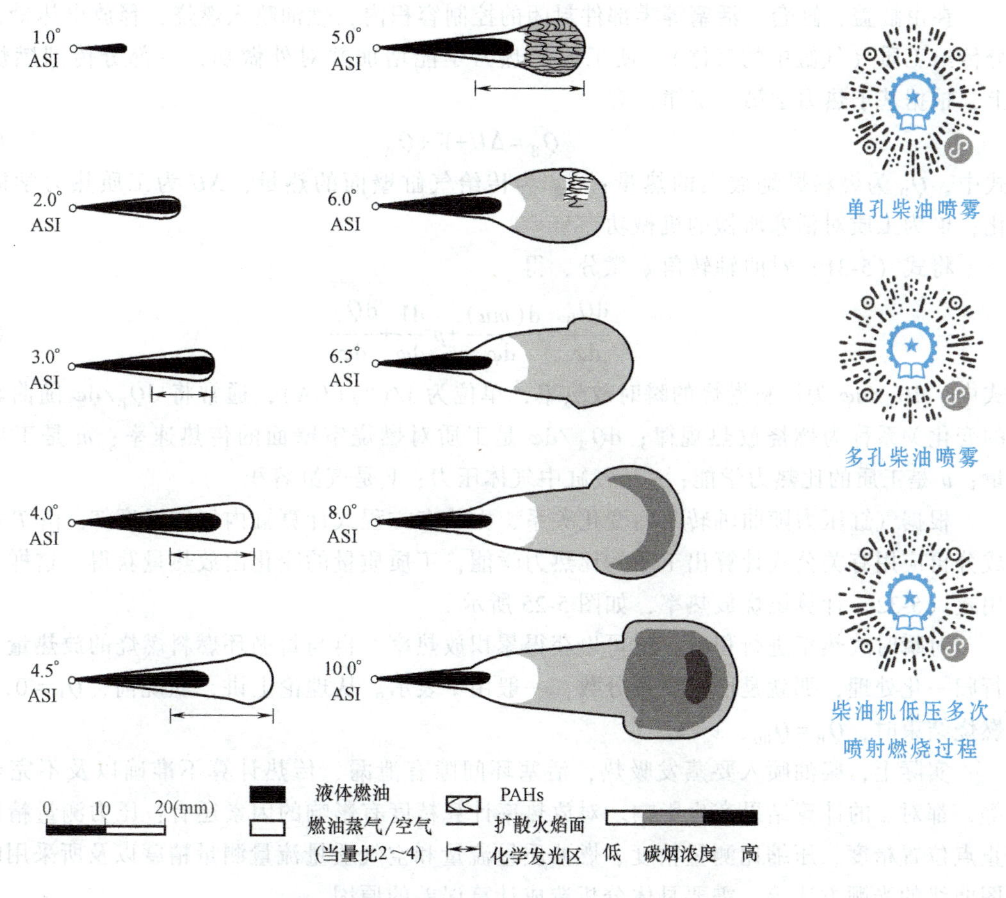

图5-24　油束蒸发与着火过程概念图[22]

在喷雾发展到ASI 3.5°（CA）时，油束的外鞘出现化学发光现象，此时随着喷射的持续，化学发光逐渐加强，并向头部转移，ASI 4.5°（CA）时化学发光就已经在整个油束头

部出现，ASI 5°（CA）时亮度增加一倍以上，ASI 5.5°（CA）过半区域出现极强的亮光（不同循环位置有变动），到 ASI 6°（CA）进一步增强。强亮光表明是烟炱发光（soot luminosity）。就化学发光区域而言，整个油束的外围几乎都是，而不是局部。

研究表明，油束头部均匀混合区内的温度初期在 750K 左右，高十六烷值的燃料开始裂解，再加上环境高温空气继续卷入，使头部区域的温度升高到大约 825K，燃料与空气的氧化反应加速，大约在 ASI 5°（CA）合 0.7ms 后，通常所说的预混燃烧开始，放热率和压力升高率激增（图 5-25），使该区域温度进一步升高到 1600～1700K。与此同时，蘑菇状头部外围边界与周围的热空气发生扩散燃烧，内部预混燃烧产生强烈的扰动，形成湍流涡，促进了蘑菇头混合气的扩散燃烧。

二、柴油机缸内燃烧过程分析

研究柴油机的燃烧过程最常用的方法是采集缸内压力，并通过进一步放热规律分析，获得燃烧过程诸多参数的变化特征。

1. 柴油机缸内燃烧的放热规律

在由缸盖、缸套、活塞等零部件封闭的控制容积内，燃油喷入燃烧，释放出热量，一部分传给工质（气缸中的气体），使工质的热力学能增加并对外做功，一部分传到燃烧室壁上，根据基于热力学第一定律，有

$$Q_B = \Delta U + W + Q_W \tag{5-31}$$

式中，Q_B 为燃料燃烧放出的热量；Q_W 为传给气缸壁面的热量；ΔU 为工质热力学能的变化；W 为工质对活塞所做的机械功。

将式（5-31）对曲轴转角 φ 微分，得

$$\frac{dQ_B}{d\varphi} = \frac{d(mu)}{d\varphi} + p\frac{dV}{d\varphi} + \frac{dQ_W}{d\varphi} \tag{5-32}$$

式中，$dQ_B/d\varphi$ 为燃料燃烧的瞬时放热率，单位为 J/(°)(CA)，通常将 $dQ_B/d\varphi$ 随曲轴转角的变化关系称为燃烧放热规律；$dQ_W/d\varphi$ 是工质对燃烧室壁面的传热速率；m 是工质的质量；u 是工质的比热力学能；p 是气缸中气体压力；V 是气缸容积。

根据气缸压力随曲轴转角的变化关系，由状态方程式计算缸内气体温度 T，由 T 和工质成分再应用有关公式计算出工质的比热力学能，工质质量的变化由放热量获得，这样就可应用式（5-32）计算燃烧放热率，如图 5-25 所示。

对瞬时放热率进行积分，就可以获得累积放热率。再与每循环燃料燃烧的放热量 Q_{B0} 进行归一化处理，那就是已燃质量分数，一般用 x 表示。从理论上讲，燃烧前，$Q_B=0$，$x=0$；燃烧结束时，$Q_B=Q_{B0}$，$x=1$。

实际上，柴油喷入要蒸发吸热，活塞环间隙有泄漏、传热计算不准确以及不完全燃烧等，都对 x 的计算结果产生影响。对放热率计算精度有影响的因素还有：压力测量精度、上止点位置精度、压缩比测量精度、燃油质量流量和空气质量流量测量精度以及所采用的示功图曲线的光顺方法等，需要具体分析造成计算误差的原因。

2. 柴油机缸内燃烧过程分析

柴油机的燃烧过程分析，不同的目的有不同的研究方法，如高速摄影研究缸内的气体流动和燃烧过程、气体采样分析研究燃烧产物的时空分布特性等，最简便、应用最广的方法还

是依据采集到的缸压示功图，分析燃烧放热过程，通过已有的经验，把握工作过程的优劣。

典型的示功图如图 5-25 所示，图中虚线为气缸压力曲线，实线为由压力示功图计算出的瞬时放热率曲线，点画线为针阀升程曲线（未给出坐标值）。针阀在上止点前 11.5°（CA）打开，喷油持续期大约 10°（CA）。缸内气体状态设计为上止点（TDC）时 992K 和 16.6 kg/m³。依据计算的放热率曲线的特征，柴油机缸内燃烧过程可划分为滞燃期、预混燃烧期和扩散燃烧期三个阶段。柴油机高压喷射燃烧过程可扫描下方二维码观看。

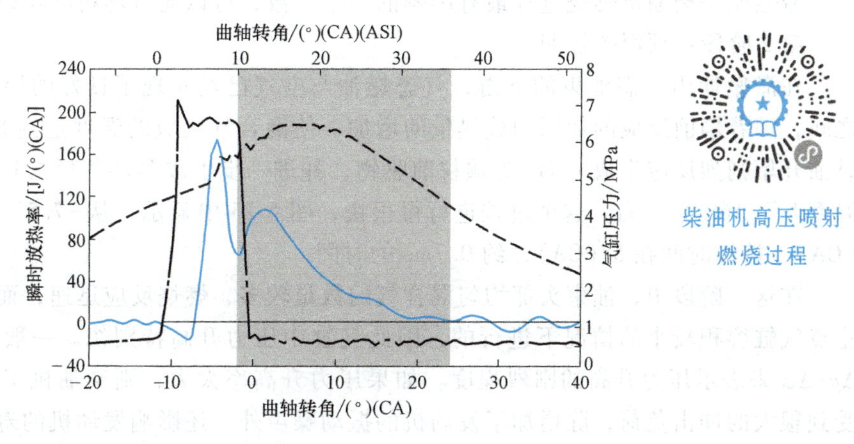

图 5-25　柴油机燃烧过程分析图[22]

第 1 阶段：滞燃期

从针阀升起喷油开始到通过缸压计算到显性放热为止的这一段时间或曲轴转角称为滞燃期。温度大约为 60℃ 的燃油喷入气缸，此时气缸中空气温度在 700℃ 以上，远高于燃料在当时压力下的自燃温度，稍微滞后几十微秒或几度曲轴转角就发生燃烧化学反应，但初期放热量较少，不能引起缸压的明显变化。只有当反应较为剧烈，大量放热引起缸压的变化（缸内气体压力曲线开始与压缩曲线分离），才能计算到显性放热。滞燃期的长短取决于喷雾后的缸内物理和化学过程，其中最重要的是缸内温度水平，简单分析如下。

（1）物理变化过程　如前所述，燃油喷入高温缸压的燃烧室内，油束破碎成粒径不等的油滴颗粒，高温空气卷入其中，油滴受到加热蒸发，与空气形成混合气。除空气温度外，燃料的喷射雾化性能对混合气的形成过程有重要的影响。喷雾锥角大，表示油束有更多的空气卷入，同时也表示雾化的油滴颗粒直径较小，能够加强油滴与空气的传热传质过程，促进油气的混合。但研究表明，孔式喷油器的油束的锥角变化不大，所以需要小孔多孔喷射。发动机在正常工作状态下，燃烧室内的油束射程是一定的，特别是油束液核破碎段的长度。油束的射程与喷孔直径与气体环境温度和密度有关，有限的油束射程主要是由于热空气的卷入使油滴蒸发。

缸内温度水平决定了燃料雾化油滴颗粒的受热蒸发速度，温度高则燃料蒸发速度快，从而缩短燃料燃烧前的物理准备时间。

（2）化学变化过程　燃料接触到高温空气后，就会发生诸如燃料裂解、部分氧化等化学反应，因此，燃料的燃烧其实在滞燃期内就已经开始了。燃料的燃烧化学反应发光研究表明，如图 5-24 所示，在喷雾 3.5°（CA）时，油束周围的油气混合区就已经出现化学发光现

象，表明燃烧化学反应的开始。但此阶段参与燃烧化学反应的混合气少，燃烧放热量不足以引起缸压的明显变化。当喷雾后 5°（CA）时，强的亮光出现，表明化学反应加速，预混燃烧开始，这与计算的放热规律相吻合。

滞燃期以 τ_i(ms) 或 φ_i[(°)(CA)] 表示，可以在示功图上确定。在柴油机中，一般 τ_i=0.7~3ms，或 φ_i=(4.2~18)n/1000[(°)(CA)](n 的单位为 r/min)。除燃料的性质外，滞燃期主要受环境温度的影响，其他因素也是通过温度的影响来体现的。

滞燃期是柴油机燃烧过程最有影响的一个参数，可以通过燃料的喷射正时加以控制。

第 2 阶段：预混燃烧期

在滞燃期内液态油束的下游，气态燃油与空气已经实现了良好的混合，当量比在 2~4 之间，随着焰前反应的加剧和放热量的增加，使混合气区域的温度达到 800K 以上，区内的燃油开始剧烈反应生成 C_2H_2 等颗粒前驱物，并进一步生成多环芳烃（PAHs）和碳烟颗粒，温度升至 1600K 左右。这个过程进行得很快，图 5-25 中显示，从−7.5°(CA) 开始到−2.5°(CA)，持续时间在 5°(CA)，约 0.7ms 的时间。

在这一阶段中，油束头部均匀混合气的数量较多，燃烧反应迅速，而且是在活塞接近上止点气缸容积较小的情况下进行的，因此气缸中压力升高特别快。一般用平均压力升高率 $\Delta p/\Delta\varphi$ 来表示压力升高的剧烈程度。如果压力升高率太大，则柴油机工作粗暴，运动零件受到很大的冲击负荷，除增加了发动机的振动噪声外，还影响发动机的寿命。为了保证柴油机运转的平稳性，平均压力升高率不宜超过 0.6MPa/[(°)(CA)]。

第 3 阶段：扩散燃烧期（图 5-25 中灰色区域）

预混燃烧是在油束头部浓混合气区域内部进行的，研究表明，它的外围与空气接触，同时发生着有一个清晰的界面的扩散燃烧反应，即接近化学计量比混合气燃烧只在一层非常薄的区域进行，反应温度高达 2700K，但初期参与燃烧的燃料（主要是颗粒及其前驱物）很少。随着喷雾的发展，特别是在头部内部的预混燃烧加剧及其与燃烧室壁面的相互作用，形成了形状复杂的头部湍流涡，促进了混合与扩散燃烧的进行。

柴油机的预混燃烧是在浓混合气区进行的，产生的大量碳烟颗粒等要在湍流扩散燃烧过程中消耗，因此扩散燃烧才是柴油机燃烧组织的关键。采用燃烧室形状的优化、组织逆挤流和多次喷射等，可以加速扩散燃烧进程。使燃料尽量在上止点附近燃烧，一般燃烧持续时间不应超过 40°（CA），最高压力出现在 10°（CA）左右，以满足经济运转的要求。

3. 燃烧过程的设计

随着柴油机电控技术的普及，对其缸内燃烧过程的精确控制逐步成为现实。不同工况发动机缸内的温度压力水平不同，具体的放热率曲线形状也可以根据发动机的运转工况设计，以优化对动力性、经济性和排放特性的要求。如图 5-26 所示，通过喷油规律（喷射压力、正时、次数）的控制，在低速低负荷工况，希望燃烧放热集中，中等转速，依据负荷和缸压许可水

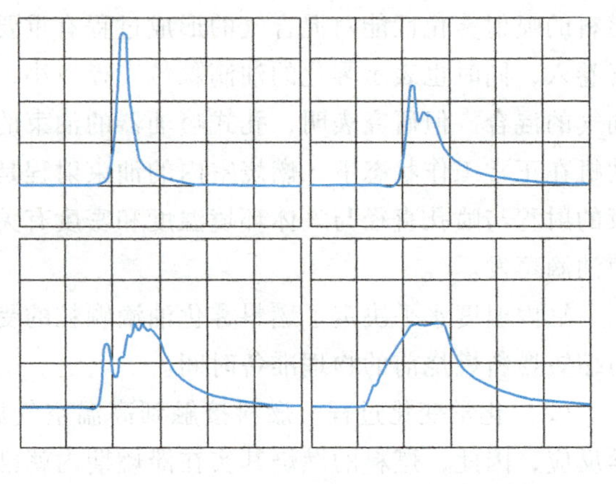

图 5-26 不同放热率示意图

平，规划预混燃烧与扩散燃烧量的比例；而在高速高负荷工况下，由于增压度高，缸内压力已经处于较高水平，则希望预混燃烧量少，扩散燃烧迅速。此外，还可以实现诸如 PCCI、HCCI 等燃烧新模式，为发动机的性能改进增加了手段。

三、柴油机的冷起动性能

冷起动的难易也是柴油机的一个重要性能指标，对大多数使用者来说，甚至可能是最重要的性能指标。对一般柴油机而言，不加特殊的冷起动措施（例如加装电热塞、起动液、进气空气预热等），大致均可在-5℃的环境下顺利起动，但在更低的环境温度下，冷起动将遇到困难。这是由于在低温环境下：

1）进气温度低，使气缸内压缩始点温度下降。

2）燃烧室壁面温度低，向气缸壁传热增大。

3）润滑油黏度增加，运动副摩擦大，蓄电池性能下降，起动转速降低。

4）起动转速低而引起漏气量增加。

从而使压缩终点缸内气体的温度和压力下降。同时，起动时燃料的喷射压力低，雾化差，影响了可燃混合气的形成及数量。要使柴油机顺利起动，必须满足前述液滴自燃着火的条件，即

1）压缩温度必须足够高。

2）形成足够量的可燃混合气。

在不同压力的空气中，柴油的自燃温度 t_{AI} 大致为

空气压力/MPa	0.3	0.9	1.5	3.0
t_{AI}/℃	400	262	210	200

在起动时随着转速的不同，气缸内压力 p_c 在 1.5~2.5MPa 之间变化，缸内压缩终了温度如果能够达到 200~210℃，柴油就可以发生自燃着火，但试验表明，柴油机缸内最低着火温度要达到 340℃以上。

要顺利起动，缸内还必须稳定地形成一定量的可燃混合气。在低温起动时，燃料雾化情况变差，温度低，蒸发形成的混合气量少。喷射的柴油易在燃烧室壁面上形成油膜，增加了混合气形成的难度。通常需要增加循环供油量，从而使燃料蒸发的数量增加，改善起动性能。

需要特别说明的是，现代柴油机为了排放达标，需要结合环境温度，对诸如电瓶电压、轨压等冷起动控制策略进行优化，缩短冷起动过渡过程。实际上，往往在 10℃以下，就需要进行进气加热，采取多次喷射及正时优化等措施，以降低整个冷起动过程的排放，并提高冷起动性能。

参考文献

[1]　周龙保，刘忠长，高宗英．内燃机学［M］．3 版．北京：机械工业出版社，2013.

[2]　HEYWOOD J B．Internal Combustion Engine Fundamentals［M］．New York：McGraw Hill，1988.

[3]　蒋德明．内燃机燃烧与排放学［M］．西安：西安交通大学出版社，2001.

[4]　蒋德明．高等内燃机原理［M］．西安：西安交通大学出版社，2002.

[5] 杨嘉林. 车用汽油发动机燃烧系统的开发 [M]. 北京：机械工业出版社，2009.
[6] AOYAGI Y，YOKOTA H，SUGIHARA H，et al. Swirl Formation Process in Four Valve Di Diesel Engines [C/OL]. Technical Paper SAE 945011. http：//www. sae. com.
[7] 夏兴兰，陈大陆，王胜利. 内燃机气道性能的评价方法 [J]. 现代车用动力，2007，126 (2)：7-12.
[8] 张海蓉，张伟，王天友. 滚流测试装置对汽油机进气道稳流试验的影响 [J]. 车用发动机，2015，217 (4)：83-87.
[9] HENDRICKS E，CHEVALIER A，et al. Modeling of the Intake Manifold Filling Dynamics [C/OL]. SAE 960037. http：//www. sae. com.
[10] HENDRICKS E，SORENSON S. Mean Value Modeling of Spark Ignition Engine [C/OL]. 1990，SAE 900616. http：//www. sae. com.
[11] 陆际清，刘铮，庄人隽. 汽车发电机燃料供给与调节 [M]. 北京：清华大学出版社，2002.
[12] Preussner C，Döring C，Fehler S，et al. GDI：Interaction Between Mixture Preparation，Combustion System and Injector Performance [C/OL]. 1998，SAE 980498. http：//www. sae. com.
[13] Hoffmann G，Befrui B，Berndorfer A，et al. Fuel System Pressure Increase for Enhanced Performance of GDI Multi-Hole Injection Systems [C/OL]. 2014 SAE 2014-01-1209. http：//www. sae. com.
[14] 岑可法，姚强，骆仲泱. 高等燃烧学 [M]. 杭州：浙江大学出版社，2002.
[15] 姜立永，冯建权，等. 汽油机的循环变动及其影响因素 [J]. 内燃机学报，1991 (4)：294-298.
[16] 赵鹏. 可变滚流直喷汽油机缸内气流运动及其循环变动的研究 [D]. 天津大学，2013.
[17] 伍晨波. 汽油机数字爆震检测及爆震控制策略研究 [D]. 西安交通大学，2013.
[18] ZEHADH A，et al. Foundamental Approach to Investigate Pre-ignition in Boosted SI Engines [C/OL]. 2011，SAE 2011-01-0343. http：//www. sae. com.
[19] MORIKAWA K，MORIYOSHI Y，et al. Investigation of Lubricating Oil Properties Effect on Low Speed Pre-ignition [C/OL]. 2015，SAE 2015-01-1870. http：//www. sae. com.
[20] 陈波水，严正泽. 柴油自燃点与十六烷值对应关系的研究 [J]. 石油炼制与化工，1990 (5)：50-53.
[21] FLYNN P，DURRETT R，HUNTER G，et al. Diesel Combustion：An Integrated View Combining Laser Diagnostics，Chemical Kinetics，And Empirical Validation [C/OL]. 1999，SAE 1999-01-0509. http：//www. sae. com.
[22] JHON E D. A Conceptual Model of DI Diesel Engine Combustion Based on Laser Sheet Imaging [C/OL]. 1997，SAE 970873. http：//www. sae. com.
[23] 刘忠长，郭亮，苏岩，等. 柴油机起动油量控制策略优化对燃烧的改善 [J]. 燃烧科学与技术，2009，15 (6)：491-496.

思考与练习题

5-1 试述评定螺旋进气道的方法及评价指标。

5-2 分析内燃机缸内空气运动形式及其组织方法。

5-3 何谓滚流？它对汽油机燃烧过程有何影响？

5-4 说明汽油机燃烧过程各阶段及主要特点。

5-5 试述汽油机燃烧过程火焰发展期的定义，影响因素有哪些？

5-6 分析空气运动对汽油机燃烧过程的影响。

5-7 分析过量空气系数和点火提前角对汽油机燃烧过程的影响。

5-8 何谓汽油机燃烧循环变动？燃烧循环变动对汽油机性能有何影响？如何减少燃烧循环变动？

5-9 提高汽油机压缩比对提高其性能有何意义？如何保证在汽油机上使用较高的压缩比？

5-10 爆燃的机理是什么？如何避免发动机出现爆燃？

5-11 何谓汽油机的早燃爆燃？防止措施有哪些？

5-12 试分析柴油机喷雾混合气形成和燃烧的过程。

5-13 分析柴油机燃烧过程的三个阶段及特点。

5-14 试述柴油机燃烧过程滞燃期的定义。影响柴油机滞燃期的影响因素有哪些？

5-15 汽油机和柴油机放热率曲线如何求出？放热率曲线在内燃机研究中的作用是什么？

5-16 影响柴油机冷起动性能的主要因素有哪些？

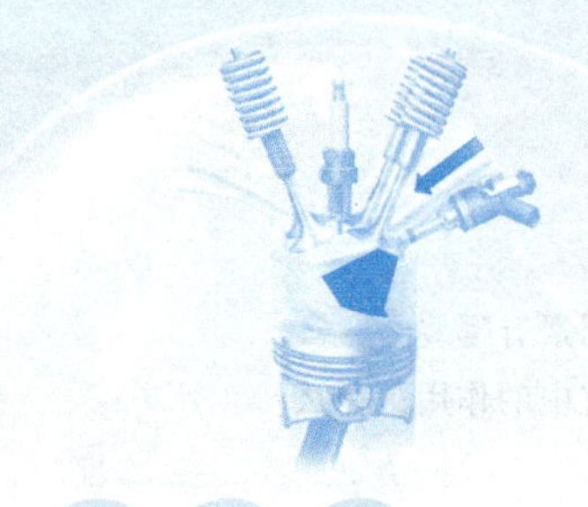

第六章

内燃机污染物的生成与控制

第一节 概　　述

内燃机使用碳氢混合物燃料，如果不考虑其中的其他微量元素，其完全燃烧时将只产生二氧化碳（CO_2）和水蒸气（H_2O）。水在地球上大量存在，内燃机排出的水分不会对地球水循环构成重大影响。CO_2 在过去并不认为是一种污染物，但因含碳化石燃料的大量使用，使地球的碳循环失衡，大气中的 CO_2 体积分数已从工业时代开始时的 2.8×10^{-4} 增加到现在的 3.85×10^{-4} 左右，加剧了“温室效应”，引起全人类的关注。

实际上，燃料在内燃机中不可能完全燃烧。内燃机一般转速很高，燃料燃烧过程占有的时间极短，燃料与空气不可能完全均匀混合，燃料的氧化反应不可能完全彻底，所以排气中会出现不完全燃烧产物，例如一氧化碳（CO）和未完全燃烧甚至完全未燃烧的碳氢化合物（HC）等。对点燃式内燃机来说，即使在化学计量比混合气状态下工作，仍然会有约 0.5% 的 CO 排放。为了提高全负荷转矩，不得不用过量空气系数 $\phi_a<1$ 的浓混合气，导致 CO 排放增加。内燃机冷起动时燃料蒸发不好，很大一部分燃料未经燃烧就排出，导致 HC 排放剧增。在压燃式内燃机中，可燃混合气是在燃烧前和燃烧中的极短时间内形成的，混合不均匀程度比点燃式内燃机更严重。缺氧的燃料在高温高压环境下会发生裂解、脱氢，最后生成碳烟粒子。这些碳烟粒子在降温过程中会吸附各种未燃烧或不完全燃烧的重质 HC 和其他凝聚相物质，构成了颗粒物（PM）排放。两种着火方式内燃机的最高燃烧温度均可达到 2000℃ 以上，能够使空气中的氮在高温下氧化生成各种氮的氧化物（统称为氮氧化物，NO_x）。内燃机排放的氮氧化物绝大部分是一氧化氮（NO），少量是二氧化氮（NO_2）。内燃机尾气中的烯烃类碳氢化合物和二氧化氮被排放到大气中后，在强烈的阳光紫外线照射下发生光化学反应，形成臭氧、醛类等光化学烟雾（photo-chemical smog）。此外，内燃机排放出的有害物在空气中会与其他成分发生作用，如吸湿增长与化学增长，从而形成二次颗粒物。

内燃机排气中的 CO、CO_2、NO_x、HC 和 PM 等排放物对大气环境和人类健康已经产生了很大的影响，因此很多国家都出台了排放法规加以控制。以下几节主要阐述 CO、HC、NO_x 和 PM 的排放机理、影响因素及其控制方法等。

第二节　污染物的生成机理和影响因素

一、一氧化碳

CO 是含碳燃料在燃烧过程中生成的主要中间产物。如果反应气的氧浓度、温度足够高，化学反应的时间足够长，CO 就会氧化成为 CO_2。相应地，如果这三个条件不具备，就会造成 CO 排放。

1. 汽油机的 CO 排放

汽油机 CO 排放的主要影响因素是可燃混合气的过量空气系数 ϕ_a。图 6-1 表示不同 H/C 比的燃料在点燃式发动机中燃烧后，排气中的 CO 体积分数 φ_{CO} 随空燃比 A/F 或过量空气系数 ϕ_a 的变化关系。图 6-1a 表示 φ_{CO} 与 A/F 的关系，对于不同燃料，由于其 H/C 比不同而互不重合。但如果把 A/F 换成 ϕ_a，则不同燃料的 φ_{CO} 将相当精确地落在同一条曲线上（图 6-1b）。可见，在浓混合气中（ϕ_a<1），φ_{CO} 随 ϕ_a 的减小不断增加，这是因为缺氧引起燃料燃烧不完全所致。粗略估计 ϕ_a 每减小 0.1，φ_{CO} 约增加 0.03。在稀混合气中（ϕ_a>1），φ_{CO} 始终很小，只有在 ϕ_a=1.0~1.1 时，φ_{CO} 随 ϕ_a 才有较复杂的变化。

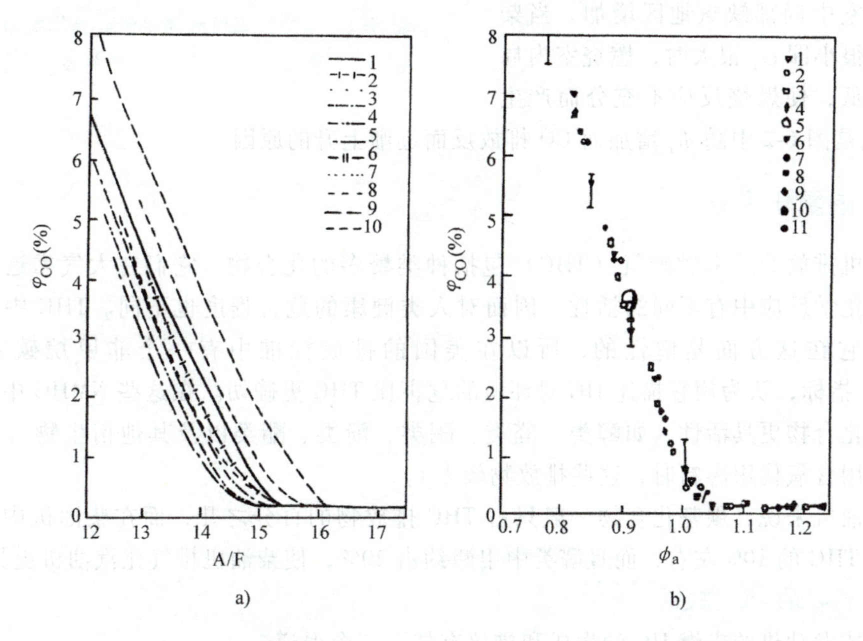

图 6-1　点燃式内燃机用不同 H/C 比燃料时的 CO 排放量与空燃比 A/F 及过量空气系数 ϕ_a 的关系

在绝大部分稳态工况下，由于三效催化转化器（TWC）的需要，点燃式发动机运行一般控制 ϕ_a=1.0±0.03，CO 排放随后被 TWC 氧化。在多缸发动机中，各缸间空燃比的变动是 CO 排放量增加的一个原因。

点燃机怠速运转时，缸内残余废气很多，为保证燃烧稳定，需要加浓混合气，因而 CO 排放稍高。这是常规的均匀混合气点燃式内燃机总的 CO 排放量大的一个主要原因，尤其是

车用发动机测试循环，怠速运转所占时间比例很大。

为了提高点燃式内燃机全负荷功率输出，一般都把全负荷运转时混合气加浓到 $\phi_a=0.8\sim0.9$，导致 CO 排放量剧增。全负荷不加浓或少加浓混合气，是降低 CO 排放的实用措施之一，但要以牺牲动力性为代价。

发动机加、减速时，由于空气和燃油的响应不同，导致混合气偏浓，出现 CO 排放增加。

通用点燃式小型单缸机，为保证运转稳定性，往往使用浓混合气工作，它们的 CO 排放要比多缸机高得多。

2. 柴油机的 CO 排放

压燃式发动机的特征是燃料与空气混合不均匀，虽然其平均表观的总过量空气系数在大多数工况下都在 1.5 以上，但仍有一定的 CO 排放，如图 6-2 所示，但要比点燃式内燃机 TWC 前的排放低得多。当柴油机负荷很大接近冒烟界限（$\phi_a<1.5$）时，CO 排放增加很快，这是因为燃烧室中局部缺氧地区增加。当柴油机负荷很小即 ϕ_a 很大时，燃烧室内局部温度过低，使燃烧反应不充分而产生 CO，这就是图 6-2 中随 ϕ_a 增加而 CO 排放反而逐渐上升的原因。

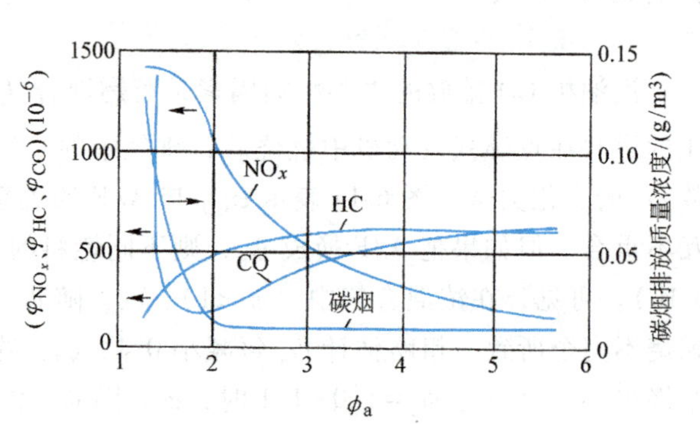

图 6-2 典型的车用柴油机污染物排放量与总过量空气系数 ϕ_a 的关系

二、碳氢化合物

内燃机排放的总未燃碳氢（THC）包括种类繁多的化合物，它们在大气靠近地面的对流层的光化学反应中有不同的活性，因而对人类健康的危害程度也不同。THC 中有一部分是甲烷，它在这方面是惰性的，所以在美国的排放标准中有一个非甲烷碳氢化合物（NMHC）指标，认为用它描述 HC 对环境的危害比 THC 更确切。在这些 NMHC 中，有一些含氧有机化合物更具活性，如醇类、醛类、酮类、酚类、酯类以及其他衍生物（尤其是当内燃机使用含氧代用燃料时，这些排放物较多）。

对汽油机来说，羰基化合物一般只占 THC 排放物的百分之几，而在柴油机中，仅醛类就可能占 THC 的 10%左右，而且醛类中甲醛约占 20%，使柴油机排气比汽油机更具刺激性。

1. 汽油机的 HC 排放

点燃式发动机的未燃 HC 的生成和排放有如下三个渠道：

（1）排气　在缸内工作过程中生成并随排气排出，称为 HC 的排气排放物，主要是在燃烧过程中没有燃烧或未完全燃烧的燃料或润滑油。

二冲程汽油机需要用汽油空气混合气对气缸扫气，部分混合气从扫气口流入气缸后直接进入排气口，导致排气中 HC 排放比四冲程汽油机的高。

（2）曲轴箱通风　从燃烧室通过活塞与气缸之间的间隙漏入曲轴箱的窜气（blowby），含有大量 HC。曲轴箱窜气如果直接排入大气也构成 HC 排放物，称为曲轴箱排放物。

现在车用汽油机均通过曲轴箱强制通风系统（Positive Crankcase Ventilation，PCV），把曲轴箱排放物吸入进气管，进入气缸内燃烧。

（3）蒸发　从汽油机和其他轻质液体燃料点燃式内燃机的燃油系统蒸发进入大气的那部分 HC 排放称为蒸发排放物。发动机的燃油箱、喷油器、燃油管接头等处以及停车后进气管中的油膜易产生燃油蒸气，形成蒸发排放。

汽油配售、储存和加油系统若无特殊防止蒸发措施，也会产生大量蒸发排放物。

从内燃机燃烧学的角度，人们重点关注排气 HC 排放机理及控制措施和方法。研究汽油机的 HC 排放特性可知，混合气过浓，燃油不能完全燃烧，产生 HC 排放，但即使在汽油与空气形成均匀稀混合气（$\phi_a \geqslant 1$）条件下燃烧时，理论上似乎不应产生未燃 HC，但在实际汽油机的排气中，不管 ϕ_a 多大，都会排放未燃 HC。一般在混合气略稀（$\phi_a = 1.1 \sim 1.2$）时，未燃 HC 体积分数 φ_{HC} 最小。随着 ϕ_a 的减小，φ_{HC} 迅速增加。当混合气过稀（$\phi_a >1.2$）时，由于燃烧恶化，HC 排放不断增加。当 ϕ_a 大到某一限值，气缸内出现概率越来越大的缺火循环（大容积猝熄和失火），由于燃料未经燃烧排出，HC 排放急剧增加，这时的 ϕ_a 对应燃烧稀限。一般均燃汽油机的稀限 $\phi_a = 1.5 \sim 1.6$。均匀混合气点燃式发动机排气中未燃 HC 的生成机理主要涉及下列多方面因素。

（1）壁面淬熄　发动机的燃烧室表面温度比火焰低得多。壁面对火焰的迅速冷却（称为冷激效应）使火焰中产生的活性自由基失活，燃烧链反应中断，结果使火焰不能一直传播到燃烧室壁表面，而在表面上留下一薄层未燃或不完全燃烧的可燃混合气，称为淬熄层。发动机正常运转时，淬熄层厚度在 0.05~0.4mm 之间变动，在小负荷时或温度较低时较厚。但在正常运转工况下，淬熄层中的 HC 在火焰前锋面掠过后，大部分会扩散到已燃气体主流中，在缸内基本被氧化，只有极少一部分成为未燃 HC 排放。但在冷起动、暖机和怠速等工况下，因壁面温度低，形成的淬熄层较厚，同时已燃气体温度较低及用较浓的混合气使 HC 的后期氧化作用减弱，因此壁面淬熄是此类工况下 HC 排放的重要来源。

（2）狭隙效应　发动机燃烧室中有各种很窄的缝隙，例如活塞、活塞环与气缸壁包围的顶岸间隙、火花塞螺纹间隙、气缸垫间隙、进排气门与气门座圈之间的密封带狭缝等。在压缩过程气缸内压力升高时，可燃混合气挤入各缝隙中。在燃烧过程火焰未到达期间，缸内压力继续升高，又有未燃气进一步挤入各缝隙。因为缝隙具有很大的面容比，表面温度低，挤入的气体很快被冷却，在火焰前锋面扫到各缝隙所在地时，由于淬熄作用使火焰不能在缝隙中传播。当火焰在缝隙口被淬熄后，火焰面后的已燃气也会继续挤入缝隙。随着缸内压力的变化，当缝隙中的压力高于气缸压力时，陷入缝隙中气体逐渐流回气缸，但此时气缸内的温度已下降，氧的浓度也很低，回流缸内的可燃气再氧化的比例不大，大部分排出气缸成为 HC 排放。

（3）润滑油膜的吸附和解吸　在进气期间，覆盖在气缸壁面和活塞顶面上的润滑油膜吸附燃油中的碳氢化合物蒸气。这种溶解吸收过程在压缩和燃烧过程期间在较高压力下继续进行。当火焰传播过后，缸内已燃气体中的 HC 浓度几乎降到零，油膜吸附的轻质 HC 即向已燃气解吸，并继续到膨胀和排气过程。一部分解吸的燃油蒸气与高温的燃烧产物混合而被氧化，其余部分与温度较低的燃气混合，不被氧化而成为 HC 排放源。这种 HC 排放与燃油在润滑油中的溶解度成正比。气体燃料不溶于润滑油，因而没有这种排放。润滑油温度提高，也使燃油在其中的溶解度下降，从而降低润滑油在 HC 排放中的分担率。

研究表明，HC 排放量有随润滑油消耗量增加而增加的趋势，所以降低润滑油消耗有助于降低 HC 排放量。使用合成润滑油可以减少润滑油的消耗量，而且汽油在合成润滑油中的溶解度也较低，有助于减少 HC 的排放。

（4）燃烧室中沉积物 发动机运行后会在燃烧室壁面、活塞顶、进排气门上形成沉积物，例如燃用含铅或其他金属添加剂的汽油时形成的金属氧化物沉积物或用过浓混合气时形成的碳质沉积物等。沉积物会增加未燃 HC 的排放量，但其作用机理相当复杂。它们可能像润滑油膜那样对可燃混合气中的 HC 起吸附和解吸作用，但其多孔结构和固液多相性质可能使机理进一步复杂化。

在上述因素以外，一些工况下的大容积猝熄也是产生未燃 HC 排放的一个来源，如在发动机冷起动和暖机工况，因发动机温度低，燃油雾化差，蒸发缓慢，油气混合不好，导致燃烧变慢或不稳定，火焰易熄灭，或者发动机怠速或小负荷运转时，转速低、残余废气量大，或者混合气过稀，都会使燃烧品质恶化。在加速和减速等瞬态工况，发动机一旦失调，容易发生火焰的大容积猝熄，造成 HC 排放的增加。

在正常着火燃烧循环，错过主燃烧过程的 HC 还可能在膨胀过程和排气过程中被后氧化。如果有氧（如 $\phi_a>1$），且在 600℃ 下滞留 50ms 以上，即可完成气相 HC 的氧化反应。为促进 CO 和 HC 的后氧化，应该降低排气系统的热损失，如增大排气管流通面积、对壁面进行隔热处理等。这也是甲醇燃料发动机降低未燃醇醛排放的有效措施。

2. 柴油机的 HC 排放

柴油的挥发性不强，因此没有必要专门考虑它的蒸发 HC 排放。

柴油机通过活塞环的漏气一般为空气，所以理论上也没有曲轴箱排放物。但由于润滑油雾滴油气分离不彻底，依然会造成一定的 HC 或颗粒排放。目前，随着排放法规的加严，国Ⅳ以上柴油机的曲轴箱通风也需要封闭运行，但不必使用曲轴箱强制通风等进行控制，因为这不会对柴油机的空燃比造成影响。

因此，柴油机的 HC 排放主要在燃烧过程产生。对于柴油机来说，由于它是短促喷油后自燃，燃油喷注与周围空气形成的混合气很不均匀。在喷注区域，混合气过浓，但在后续的扩散混合过程中会逐渐稀化，先后进入正常燃烧范围，不至于引起高的 HC 排放。但在喷注的外围，来不及着火就已形成的过稀混合气，其中的燃料可能始终不能完全燃烧，成为未燃 HC 的排放源。这是造成柴油机怠速或小负荷运转时的 HC 排放大于高负荷工况的原因（见图 6-2）。喷嘴头部的压力室容积（图 7-5）对柴油机 HC 排放有很大影响，应尽量减小压力室容积。

现代柴油机的喷油系统力求把燃油均匀分布在燃烧室空间中，但燃油喷注与燃烧室壁面的碰撞不可能完全避免。在正常运转时，由于燃烧室壁面温度较高，燃油油膜能及时蒸发，由此引起的 HC 排放并不严重，但在冷起动时，会导致严重的 HC 排放，如排气呈白烟、蓝烟状等，需要采取专门的控制措施。

三、氮氧化物

汽油和轻柴油本身含氮很少，不足以产生显著的燃料 NO_x 排放。由于 NO 的生成反应比燃料燃烧反应慢，所以虽然火焰前锋的温度很高，但也只有很小一部分产生于此，大部分是在焰后高温区生成，属泽利多维奇机理（Zeldovitch Mechanism）或热氮机理（Thermal NO）。

1. Thermal NO

空气中的氮和氧在高温下生成 NO 的化学反应为

$$\begin{cases} O_2 \Leftrightarrow 2O \\ O_2+N \Leftrightarrow NO+O \\ N_2+O \Leftrightarrow NO+N \end{cases} \tag{6-1}$$

在非常浓的混合气中还有反应（扩展的反应）

$$N+OH \Leftrightarrow NO+H \tag{6-2}$$

以上合称为扩展的泽利多维奇机理（Extended Zeldovitch Mechanism）。因此，如果已燃区温度高、有氧和高温区存在时间长，发动机就能够产生大量的 NO 排放。

NO 的生成速度随温度呈指数函数变化关系。当温度低于 1800K 时，NO 生成速率极低；到 2000K 就达到很高的速率。大致可认为温度每提高 100K，NO 的生成速率几乎翻一番。氧浓度提高也使 NO 生成量增加。如果反应物在高温环境停留时间不足，则 NO 达不到平衡浓度，使 NO 排放减少。虽然在浓混合气燃烧条件下，NO 可以由扩展机理增加，但并不能抵消 O_2 浓度降低的影响，所以汽油机浓混合气工况的 NO_x 排放低。

火焰中生成的 NO 可以通过下列反应

$$NO+HO_2 \rightarrow NO_2+OH \tag{6-3}$$

迅速转变为 NO_2，但 NO_2 又会通过反应

$$NO_2+O \rightarrow NO+O_2 \tag{6-4}$$

重新变为 NO，除非已生成的 NO_2 通过与较冷的气体混合而被冻结。

化学平衡计算表明，在一般火焰温度下，已燃气中 NO_2 浓度与 NO 相比可忽略不计。在点燃式内燃机中，当 $\phi_a=1.15$ 时，NO_2 含量与 NO 含量的比值不超过 2%。点燃机长期怠速运转产生相对较多的 NO_2。柴油机在大多数工况下，这个比值在 0.1 以下，但在小负荷下此比值最高可达 0.3 左右。相对低温是 NO_2 排放比例增加的原因。

2. 汽油机的 NO_x 排放

（1）过量空气系数的影响　点燃式内燃机的过量空气系数 ϕ_a 既影响燃烧温度，又影响燃烧产物中氧的浓度，所以对 NO_x 的排放影响很大。参见图 6-13，发动机缸内已燃气体的温度在对应 $\phi_a \approx 0.9$ 的略浓混合气下达到最高，然而这时已燃气中氧浓度低，抑制了 NO 的生成。当 ϕ_a 从 0.9 开始增大时，氧分压增大的效果抵消温度下降的效果而有余，NO 排放浓度增加。NO 排放量的峰值出现在对应 $\phi_a>1.0$ 的略稀混合气工况。如果 ϕ_a 进一步增大，温度下降的效果占优势，导致 NO_x 生成量减少。因此，稀薄燃烧是降低点燃式内燃机 NO_x 排放的一个重要手段，其效果也体现在图 6-3 中。

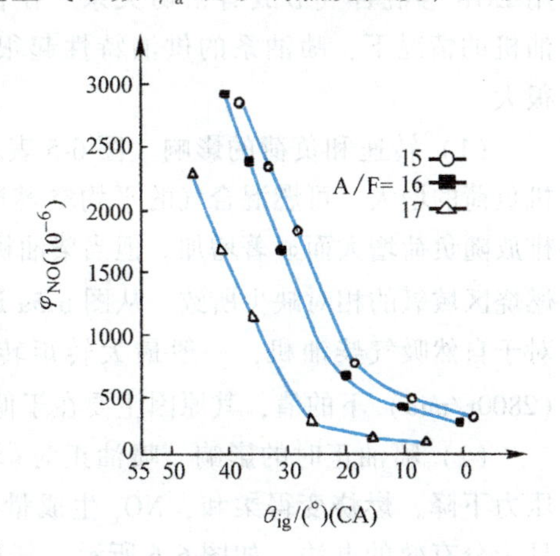

图 6-3　排气中 NO 体积分数随点火提前角的变化

（转速 $n=1600$r/min，充量系数 $\phi_c=0.5$，各曲线左端点对应 MBT）

（2）点火正时的影响　点火正时显著影响点燃式内燃机的 NO_x 排放量。推迟点火使最高燃烧温度降低，NO_x 的生成减少。图 6-3 表示在不同空燃比 A/F 下，NO 的体积分数 φ_{NO} 随点火提前角 θ_{ig} 的变

化趋势。随着点火正时从各曲线左端 MBT 开始向上止点方向推迟，φ_{NO} 不断下降，但当 φ_{NO} 绝对值很小时，下降速率趋缓。试验表明，在车用汽油机常用转速和负荷情况下，θ_{ig} 每减小 1°（CA），可以削减 NO_x 排放量 2%~3%。但过度推迟点火使发动机燃烧滞后，排气温度升高，有损发动机的燃油经济性和动力性。

（3）混合气成分的影响　点燃式内燃机燃烧室中的混合气由空气、燃油蒸气和已燃气组成，其中的已燃气是前一工作循环的残余废气，或采用排气再循环（Exhaust Gas Recirculation，EGR）时从排气管回流到进气管而进入气缸的废气。混合气中废气分数增加时，氧浓度和燃烧温度下降，因而使 NO_x 排放下降。残余废气分数主要取决于发动机的结构、转速和负荷：减小发动机负荷和提高转速均使残余气体分数增大；压缩比较高的发动机，残气分数较小。EGR 可使气缸内工作混合气中燃气分数大大增加，已成为降低点燃式内燃机 NO_x 排放有效手段，如图 6-4 所示。

此外，点燃式内燃机的最高燃烧温度与负荷有强烈顺变关系，所以大负荷时 NO_x 排放多，一方面是由于残余废气系数减小，另一方面还在于传热损失相对较少，使缸内燃烧温度升高。在接近全负荷时一般都会加浓混合气（对应 ϕ_a 下降），导致 φ_{NO_x} 下降，如图 6-4 所示，但具体的加浓策略因机而异。

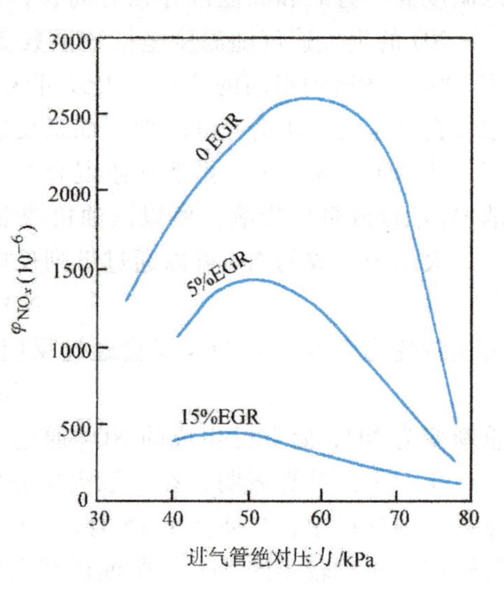

图 6-4　汽油机的负荷和 EGR 率对 NO_x 排放的影响（n=1600r/min）

3. 柴油机的 NO_x 排放

柴油机缸内燃烧的平均温度虽然比汽油机的低，但在燃料燃烧的局部区域的温度并不低，所以柴油机和汽油机有相当的 NO_x 排放浓度。NO_x 排放与发动机的负荷、转速、喷油正时及是否选用 EGR 等混合气形成有密切关系。在自然吸气柴油机的情况下，喷油系的供油特性起很大作用。对增压柴油机来说，增压器供气特性影响很大。

（1）转速和负荷的影响　图 6-5 表示柴油机的 NO_x 排放与负荷和转速的关系。随着发动机负荷的增大，可燃混合气的平均空燃比 A/F 减小，使最高燃烧温度升高，所以柴油机 NO_x 排放随负荷增大而显著增加。但当柴油机负荷超过某一限度时，φ_{NO_x} 反而开始下降，这是由于燃烧区域氧的相对缺少所致。从图 6-5a 还可看出，柴油机的转速对 NO_x 排放的影响比负荷小。对于自然吸气柴油机，一般最大转矩转速（如图中的 1800r/min）下的 φ_{NO_x} 大于标定转速（2800r/min）下的值，其原因主要在于低转速下 NO_x 生成有较长的的时间。

（2）喷油正时的影响　喷油正时影响柴油机的燃烧过程，推迟喷油使最高燃烧温度和压力下降，燃烧变得柔和，NO_x 生成量减少。推迟喷油是降低柴油机 NO_x 排放最简单易行且十分有效的办法，如图 6-6 所示，某车用柴油机喷油正时 θ_{inj} 从上止点前 8°(CA) 推迟到上止点后 4°(CA) 时，其性能和排放的变化趋势。可见，喷油推迟 2°(CA) 就能使 NO_x 排放下降约 20%，但同时导致油耗 b_e 上升 5%左右。与此同时，CO、HC 排放略有上升，排气温度和烟度也上升。这就是所谓的柴油机性能参数的一种权衡（trade-off）关系。所以，在

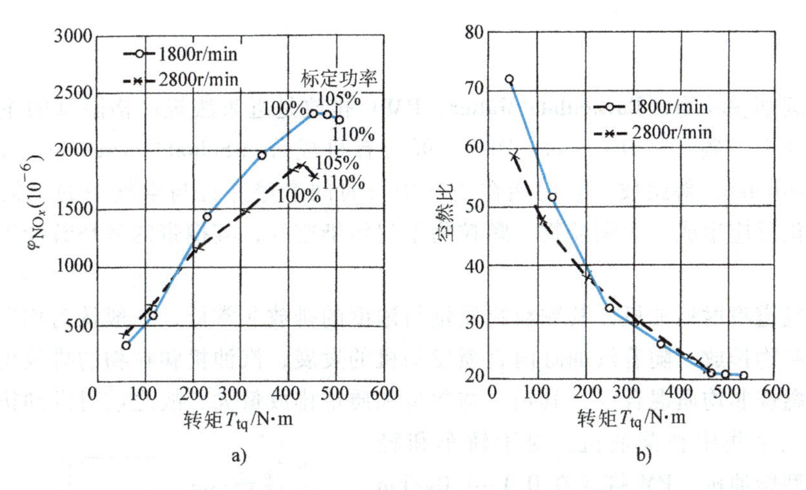

图 6-5 柴油机两种转速不同负荷下的 NO_x 排放和对应的空燃比 A/F

(自然吸气直喷柴油机，6×102mm×118mm，$\varepsilon_c=16.5$)

利用推迟喷油降低 NO_x 排放时，必须同时优化燃烧过程，以加速燃烧，并使燃烧更完全，避免 NO_x 排放的减少带来其他性能参数的恶化。

(3) 排气再循环（EGR）的影响 柴油机的残余废气系数较低，对燃烧过程影响不大。为了降低柴油机 NO_x 排放，柴油排气再循环是最重要手段，其对柴油机 NO_x 排放的影响如图 6-7 所示。可见，氧浓度的降低是主要因素，燃烧温度也有重要的贡献。

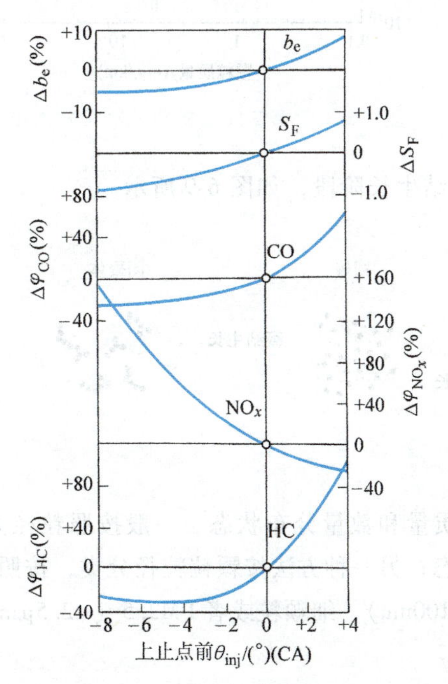

图 6-6 某车用柴油机燃油消耗率 b_e、排气烟度 S_F 及气体 CO、HC、NO_x 的排放随喷油正时 θ_{inj} 的变化趋势

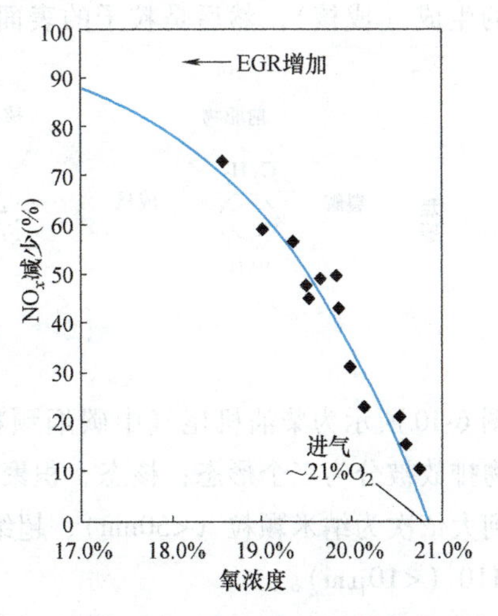

图 6-7 EGR 对柴油机 NO_x 排放的影响

四、颗粒物

发动机碳烟颗粒物（Particulate Matter，PM）排放是近来法规严格限制的主要有害排放物之一，主要由干碳烟（Dry Soot，DS）、可溶有机成分（Soluable Organic Fraction，SOF）和硫酸盐（sulfates）等组成。它们能在空气中长时间悬浮并且与空气中的污染气体组分发生光化学氧化反应生成二次颗粒物。颗粒物不仅污染空气，其携带的多环芳烃等还危害人们的身体健康。

对于进气道喷射汽油机，其颗粒物质量与浓度的排放非常低，一般认为均质混合气内燃机不产生颗粒物排放，随着汽油缸内直喷发动机的发展，汽油机颗粒物的排放也得到关注。

柴油机燃烧非均质混合气，其颗粒物数量和质量排放量大，故之前对发动机颗粒物生成机理的研究大多集中在柴油机。对于轿车和轻型车用的轻型柴油机，PM 排放在 0.1~1.0g/km 的数量级；对于重型车用柴油机，PM 排放在 0.1~1.0g/(kW·h) 的数量级。随着近年来柴油机的燃油、燃烧与后处理技术的不断进步，柴油机的 PM 质量和数量排放量得到了有效控制。

乘用车不同发动机的颗粒物质量与数目在新欧洲标准行驶循环（NEDC）测试下的排放水平如图 6-8 所示。

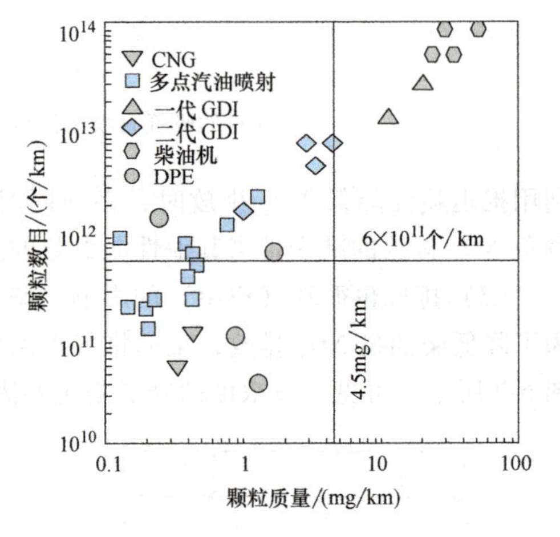

图 6-8 乘用车发动机颗粒物排放水平

1. 柴油机的颗粒物排放特性

柴油机碳烟颗粒的形成普遍地认为是基于燃料热解，多环芳烃（PAHs）的生长导致碳烟核心的生成（成核），然后是粒子的表面生长和凝结生长阶段，如图 6-9 所示。

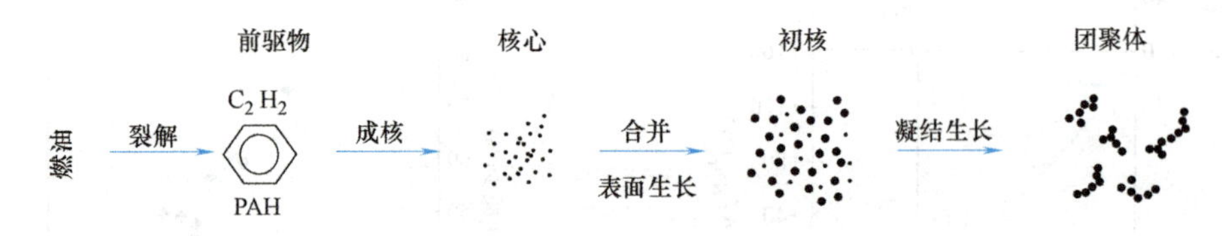

图 6-9 碳烟的生成过程示意图

图 6-10 所示为柴油机尾气中碳烟颗粒的典型质量和数量分布状态。一般按照粒径大小，颗粒物排放被分为三个形态：核态、积聚态和粗糙态；另一种方法按颗粒粒径分类，按照粒径从小到大依次为纳米颗粒（<50nm）、超细颗粒（<100nm）、细颗粒或者 PM2.5（<2.5μm）以及 PM10（<10μm）。

（1）核态（Nuclei Mode）颗粒 粒径范围为 1~50nm，常见粒径为 3~30nm，属于纳米级微粒，是需要重点控制的排放颗粒种类，其质量占颗粒总质量的 0.1%~10%，但数量却占到了颗粒总数量的 90%，核态粒子的形成原因十分复杂，普遍认为核态粒子是由缸内燃烧过程形成的未完全燃烧的碳核、发动机排气在稀释冷却过程中形成的挥发性碳氢化合物以及燃料中含硫化合物和部分金属化合物成核组成的。

（2）积聚态（Accumulation Mode）颗粒 粒径在50~1000nm之间，其中50~100nm之间的颗粒属于超细颗粒，积聚态颗粒的质量占颗粒总质量的80%以上，但其数量却占不到颗粒总数量的10%，一般认为积聚态颗粒是由燃料或润滑油不完全氧化形成的碳烟粒子经过碰撞聚集作用，表面吸附凝结的烃类等挥发性物质形成的链状或团絮状聚集物。

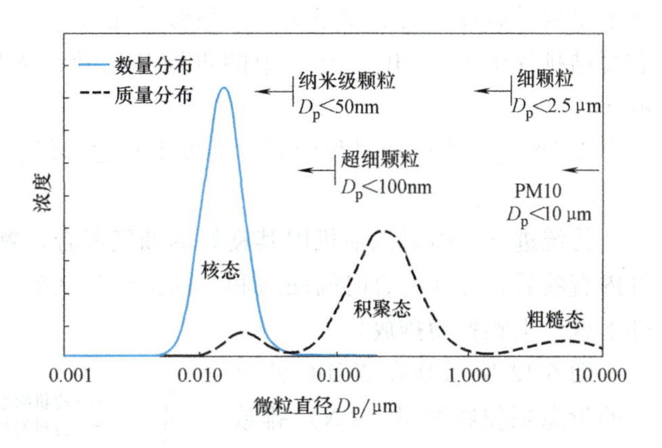

图6-10 柴油机排气微粒的典型质量和数量粒径分布

（3）粗糙态（Coarse Mode，也称粗态）颗粒 粒径在1000nm以上，这部分的颗粒属于细颗粒，粗态颗粒的质量占颗粒总质量的5%~20%，但其数量极少。粗态颗粒一般不是缸内燃烧过程中的直接产物，而是被缸内排气流带出的燃烧室内的积炭以及燃油喷雾质量恶化或异常喷射造成的较大碳烟颗粒。虽然粗态颗粒的直径和质量很大，但其数量很少，所以粗态颗粒对发动机尾气中的颗粒数浓度、颗粒体积浓度和颗粒质量浓度的影响都很小。

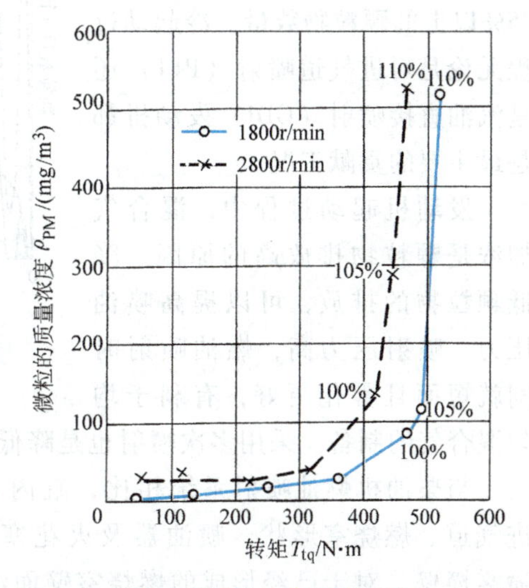

图6-11 柴油机颗粒物排放质量浓度ρ_{PM}与负荷的关系（试验用柴油机同图6-5）

图6-11所示为柴油机颗粒物排放质量浓度ρ_{PM}与负荷的关系。在中小负荷范围内ρ_{PM}随负荷增加缓慢上升。由于这时混合气的空燃比很大（图6-5b），生成干碳烟（DS）的可能性不大。但当柴油机接近全负荷时（对应空燃比A/F=20~25，即ϕ_a=1.3~1.7时），PM排放急剧增加，接近冒烟界限。这时虽然表观（平均）ϕ_a仍大于1，但实际上由于燃烧室内油气混合不均匀，局部地区难免有ϕ_a<0.6的情况出现，导致DS大量生成。从图6-11中还可看出，提高柴油机转速使PM排放增加。

DS生成的重要条件是燃料处于高温缺氧状态（参见图8-20），柴油机的DS在极浓的混合气中生成（一般在ϕ_a<0.6的条件下），且在1600~2200K温度范围最大，因此改善柴油机的油气混合均匀性，使燃烧室内任一点ϕ_a均大于0.6，这是降低DS排放的最重要措施。增压可大大增加柴油机的充气量，提高燃烧的空燃比，因而能显著降低柴油机的PM排放。增加喷油器的喷孔数（相应缩小孔径），提高喷油压力，改善燃油雾化，能促进燃油与空气的混合，改善油气混合的宏观和微观均匀性，从而减少DS的生成。此外，为了减少由于润滑油造成的PM排放，要在保证发动机工作可靠性的前提下尽可能降低润滑油消耗。

柴油机PM的组成取决于运转工况，尤其是排气温度。当排气温超过500℃时，PM基

本上是碳质微球（含有少量氢和其他微量元素）的聚集体干碳烟，当排温较低时，DS 吸附和凝结排气中未燃 HC（燃油中的重馏分以及窜入燃烧室中的润滑油等），构成颗粒物中的 SOF。

在 DS 的整个生成过程中同时会发生氧化，但它要求的最低温度为 700~800℃。

2. 汽油机的颗粒物排放特性

传统进气道喷射汽油机因其良好的油气混合，颗粒排放物较少。同柴油机一样，汽油机缸内直喷后，存在混合时间缩短和燃油碰壁等现象，使燃油与空气混合不均，在高温缺氧条件下就产生颗粒物排放。

图 6-12 所示是在 NEDC 测试下的瞬态颗粒物数量（PN）排放特性，可见在第一个测试循环最初的 150s 内，贡献了这个测试的 75%以上的颗粒物数量。冷起动过程无论是对进气道喷射（PFI）还是汽油直接喷射（GDI）发动机都是最主要的贡献工况。

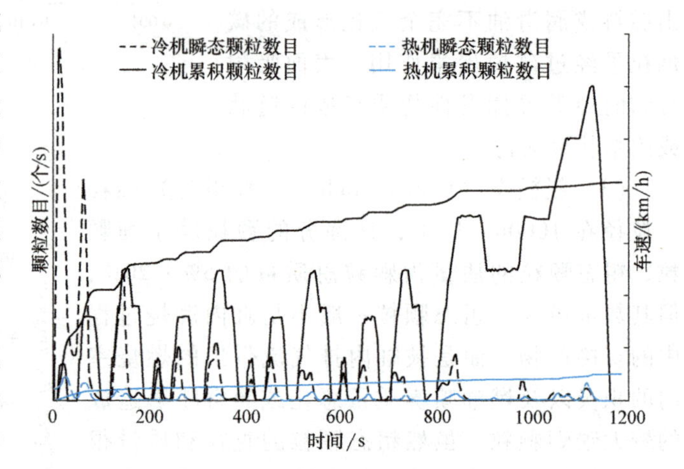

图 6-12 NEDC 下 GDI 发动机的颗粒物数量排放特性

发动机起动过程中，混合气加浓是颗粒物排放高的原因。降低颗粒物的排放，可以提高喷油压力。喷射压力高，燃油喷射时间就短而且雾化更好，有利于均匀混合气的制备。采用多次喷射也是降低颗粒物排放的主要手段。

与柴油机燃油喷射系统相比，缸内直喷汽油机的汽油喷射压力较低，因而更加依赖进气道、燃烧室形状、喷油器及火花塞布置等的优化匹配，尽量避免局部混合气过浓、喷雾撞壁，对于已经形成的燃烧室壁面油膜也要快速蒸发，从而减少颗粒物生成与排放。较早和较晚的喷油时刻均会导致颗粒物排放的增加，这也与油膜的形成和油气混合的均匀程度有关。燃烧相位影响缸内燃气温度，因而影响颗粒物的后氧化，对颗粒物排放产生显著的影响。

燃油的挥发性好坏，影响均质混合气的形成，从而影响发动机的 PM/PN 排放，特别是对冷起动过程影响最大。

汽油中的硫以及金属添加剂等也是颗粒物的贡献者，因此对汽油中的硫含量、金属添加剂及润滑油添加剂等都需要进行严格要求。

第三节 内燃机的排放控制

一、点燃式内燃机的排放控制

（一）曲轴箱排放物的控制

点燃式内燃机运转时，燃烧室中的可燃混合气和已燃气体，在压缩→燃烧→膨胀过程中，或多或少会通过活塞组与气缸之间的间隙漏入曲轴箱空间内，称为窜气（Blowby Gas）。一般在技术状态正常的情况下，窜气量为发动机总排气量的0.5%~1.0%。发动机的窜气流量一般随发动机负荷的加大而增加，即进气管真空度越小，缸内压力就越高，相应的窜气量也越大。

为了防止曲轴箱排放物的危害，世界各国的车用汽油机从20世纪60年代起先后采用曲轴箱强制通风（PCV）系统，把曲轴箱排放物吸入进气管，进而在气缸内烧掉。PCV系统已成为点燃式内燃机必须采用的系统，PCV阀理想的流量特性应与发动机的窜气成正比且有一定余量，以保证发动机老化、窜气量增大后PCV系统仍能很好地工作。

（二）蒸发排放物的控制

汽油机的燃油系统由燃油箱、燃油管、燃油泵、燃油滤清器、化油器或汽油喷射部件等组成，它产生的蒸发排放物占车用汽油机总HC排放量的20%左右。

汽油机的蒸发排放来源于运转损失、热烤损失、昼夜损失和加油损失等。运转损失是指发动机正常运转时从燃油系统逃逸出的燃油蒸气。热烤损失是指发动机停机后1h以内残余热量使燃油温度升高而造成的蒸发损失；化油器的热烤损失特别大。昼夜损失是指昼夜温度变化造成的燃油系统的燃油蒸发损失；燃油箱因温度变化造成的呼吸（换气）现象，使油箱内的燃油蒸气流出箱外，构成昼夜损失的主要部分。加油损失是指汽车在加油过程中所造成的燃油蒸发损失，包括加油时油箱中燃油蒸气的溢出、加油时燃油滴的飞溅和燃油的泄漏（飞溅和泄漏的燃油最后也将变成蒸气）；加油损失数量很大，它不仅涉及汽车和发动机的设计，还涉及燃油营销分配系统的管理和技术设施。

为了控制车用汽油机的HC蒸发排放，国外从20世纪70年代起就开始研制并采用燃油蒸发排放控制装置。目前常用活性炭罐式蒸发排放控制系统来控制蒸发排放。当发动机不运转时，来自化油器或燃油喷射装置、燃油箱的燃油蒸气进入活性炭罐中，被活性炭吸附。当发动机重新运转时，利用进气管真空度将新鲜空气（称为清除空气）吸入炭罐，使吸附在活性炭上的燃油分子解吸，与空气一起进入发动机燃烧室烧掉。

（三）冷起动暖机和怠速排放控制

1. 冷起动暖机过程排放控制

汽油机冷起动时，由于进气流速低、温度低，燃油雾化差、蒸发慢，很难与空气形成均匀的混合气。因此，不得不在冷起动时显著增加燃油供给量，形成表观很浓的混合气。过浓混合气燃烧时排放大量CO，较重质的燃油组分大量以未燃HC形式排出。所以，汽油机冷起动时CO和HC排放量显著高于正常运转工况。一般地，冷起动阶段三种污染物HC和CO排放量占整个联邦测试程序FTP-75测试循环的80%左右，NO_x约为50%，所以冷起动阶段的排放控制尤为重要。

为了改善冷起动排放，一方面要尽量减少发动机本身的排放，另一方面要加速催化器的起燃。点燃式发动机在冷起动后相当长一段时间内，由于冷却液和润滑油温度未达到正常水平，进气和燃烧系统表面温度不够高，混合气形成不够均匀，燃烧不很完全，所以HC和CO排放始终很高。为此，要尽量缩短这段暖机时间，而关键是要使可燃混合气尽快达到正常温度。例如，采用点火推迟、提高转速、进气自动加热等方法，有助于改善暖机和寒冷天气运转时的混合气形成，缩短冷起动瞬态过程运转时间，从而降低冷起动瞬态过程的HC和CO排放。

对于GDI汽油机冷起动过程的颗粒物排放问题，通过多次喷射控制，可以获得较好的效果。

此外，发动机的润滑系统和冷却系统的设计要保证发动机起动后尽快达到正常的运转温度。例如，机油冷却器应有自动控制温度的装置，既保证夏天高速大负荷运转时机油能得到足够的冷却，又保证暖机期间使机油很快热起来。冷却系统除了用百叶窗、节温器等对冷却强度进行常规调控外，还广泛应用温控离合风扇或温控电动变速风扇，改善冷却系统对温度的适应性，以减少发动机在暖机和冬天小负荷运转时污染物的排放。

2. 怠速排放控制

怠速工况一般定义为发动机不输出动力以最低转速稳定运转的工况。怠速工况是在发动机正常热机状态下的一种运行方式，否则就是前述的暖机工况。车用内燃机在实际使用中怠速工况占比很大，因为当车辆在城市道路内等交通繁忙地区行驶时，遇阻停车的频率很高。

发动机怠速运转要有满意的燃油经济性、良好的驱动舒适性和合格的排放性。为使怠速省油，一般把怠速转速调到最低，因为怠速燃油消耗量随转速提高而增大，但CO和HC排放均随怠速转速的提高而下降，故现代高速车用汽油机的怠速转速多在800r/min左右，较高的怠速也有利于改善发动机的怠速稳定性和车辆的起步加速。此外，现代车用发动机怠速时仍要驱动空调压缩机、转向液压泵等额外附件，也要求较高的怠速转速。

电控汽油喷射式发动机的汽油雾化好、蒸发快，多点喷射各缸空燃比均匀性好，空燃比控制稳定，点火正时控制精确与点火能量提高等，所有这些因素使电喷汽油机可以在热怠速时使用ϕ_a接近1的混合气，从而有效控制其CO和HC排放。虽然如此，由于排放浓度高和怠速使用权重大，怠速运转工况逐渐被起停（stop-start）模式所取代。

最后还要指出，怠速排放测量方便，怠速排放良好是它在有负荷运转工况下排放良好的必要条件，所以尽管怠速排放性能不能完全代表整机全工况排放情况，但目前怠速排放检测仍是对在用车进行年度检验的方便而有效的手段。

（四）低排放燃烧系统

不论是从改善动力性、经济性出发，还是从降低排放出发，对点燃式内燃机燃烧系统的要求都是一致的，就是应尽可能使燃烧系统紧凑。另外，从比排放量指标看，凡是提高发动机比功率而不相应增加排放量的措施，就是低排放措施。

1. 低排放燃烧室

无论是PFI还是GDI汽油机，现均采用紧凑型燃烧室。为了改善燃烧室形状的紧凑性，应采用较大的行程缸径比S/D。在发动机活塞平均速度受可靠性和耐久性限制的前提下，过去曾经广泛采用$S/D<1$的短行程结构，使相同排量的发动机可以以较高的转速运转，以得到较高的比功率指标。现代汽油机大多采用$S/D=1.0\sim1.1$的行程缸径比，甚至是$S/D=1.1\sim1.2$的长行程结构，采用每缸2进2排的4气门结构配气系统，配合VVT和增压，使换气过程得到改善，功率得到保障。4气门结构配气系统还可以把火花塞布置在气缸中央或接近中央位置，缩短火焰传播距离，加速燃烧过程，这样可降低爆燃倾向，提高压缩比，提高发动机的动力经济性。

在燃烧室结构形状方面，帐篷形燃烧室有利于布置滚流进气道，增强进气滚流。进气滚流在压缩行程后期破碎成湍流，增加湍流强度，稳定火焰传播，提高燃烧速度，有利于压缩比的提高和EGR的采用。特别是对GDI发动机，还要求活塞顶面燃烧室形状与进气和燃油喷雾运动的匹配，要求缸内宏观流场结构稳定，火花塞点火区域和时刻有低的宏观平均速度、合适的湍流强度和混合气空燃比，同时控制油束湿壁，减少颗粒物的生成与 HC 和 CO 的排放。

2. 低排放燃油供给系统

目前广泛应用的进气道多点顺序低压喷射的供给系统，配合闭环 ϕ_a 电控和三效催化转化器，在正常运转工况下性能良好，排放能满足法规要求，但仍存在一些需要进一步克服的缺点，如部分负荷运转时进气节流损失大，影响燃料经济性，并增加了排放；冷起动和暖机期间油气混合不良，造成高的 CO 和 HC 排放等。为了减小进气道喷射汽油机在冷起动和暖机以及全负荷加浓阶段的排放，需要对这些阶段开环控制的 ϕ_a 进行精确的标定，在保证顺利起动、稳定暖机、动力强劲的前提下，不要过量供给燃油。

将汽油直接喷入气缸内的 GDI 燃油系统，可以解决进气道低压喷射发动机面临的冷起动和暖机过程的过量供油、壁面油膜动态响应差和及混合气短路等问题，从而减少排放。采用 GDI 燃油系统后，还可以更加方便地采用提高压缩比、可变压缩比、混合气分层等技术，进一步提高发动机的动力经济性，同时降低排放。

为减少 GDI 发动机的颗粒物排放，燃油系统压力从 8MPa 提高到 20MPa，乃至 40MPa，每循环的燃油可以分三次喷射完成，喷射正时得到优化，可以保障混合气的制备质量，减少油束湿壁。

3. 低排放点火系统

点火正时和点火能量对点燃式内燃机的燃烧过程有重要作用，从而影响发动机的性能和排放，为此要求点火可靠、正时优化。

点火可靠性主要取决于点火能量和火花塞的工作可靠性。点火能量太小或火花塞漏电等故障将导致燃烧过程偏离正常状态，为恢复发动机的转矩输出，整机势必做出必要的调整，从而增加燃料的消耗和排放。如果失火，则危害更大。失火不仅会造成 HC 排放增加，而且会影响到三效催化器的正常工作，因此需要车载诊断系统（OBD）加以检测报告。

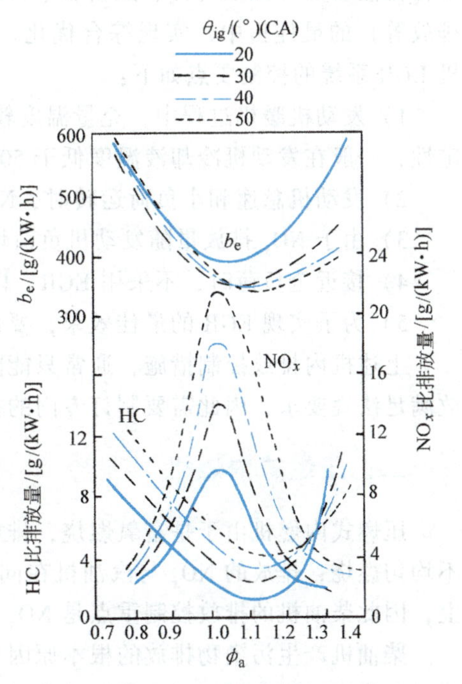

图 6-13 车用汽油机部分负荷工况 θ_{ig} 对 NO_x、HC 排放和 b_e 的影响

点火正时对点燃式内燃机的 b_e、NO_x 和 HC 排放影响如图 6-13 所示，其中 NO_x 的排放受 θ_{ig} 影响很大，点火提前使最高燃烧温度升高，NO_x 排放大幅增加（也可见图 6-3）；推迟点火使 HC 排放下降，这是因为燃烧过程推后，使膨胀行程后期和排气行程缸内温度提高，促进了未燃 HC 后氧化。无论是燃油消耗率还是 HC 排放，发动机均对应 $\phi_a \approx 1.1$ 取得最佳，而 NO_x 高排放出现在 ϕ_a 稍大于 1.0 的情况下，这均是由燃烧温度和氧浓度共同作用的结果。另外，推迟点火提高排气温度也是在暖机阶段加速催化剂起燃的有效手段。

电控点火系统通过对一次电路闭合期的控制来保证最大可能的点火能量。当点火电源蓄电池电压

偏低时，电控系统自动延长一次电路闭合期；当发动机的转速提高时，以曲轴转角计的闭合角自动加大。现代电控点火系统的二次电压已高达30~40kV，火花塞火花间隙已达1.0~1.5mm，火花点火能量超过100mJ，以保证可靠点火。

发动机点火正时的优化需要考虑多种因素，要在满足起动暖机、NO_x排放、动力性等条件下提高经济性。电控点火系统还需要接收根据机体振动检测获得的爆燃传感器信号，对点火正时进行闭环反馈控制，使发动机在大负荷下不会出现爆燃。

4. 排气再循环技术

采用排气再循环能有效地降低内燃机的NO_x排放。图6-4和图6-14均表示EGR率对点燃式内燃机中等负荷下NO_x排放的影响。一般10%的EGR率就可使NO_x排放下降50%~70%，其原因在于EGR使工作混合气的氧浓度降低，同时燃气的总热容和比热容均增加，最高燃烧温度下降。

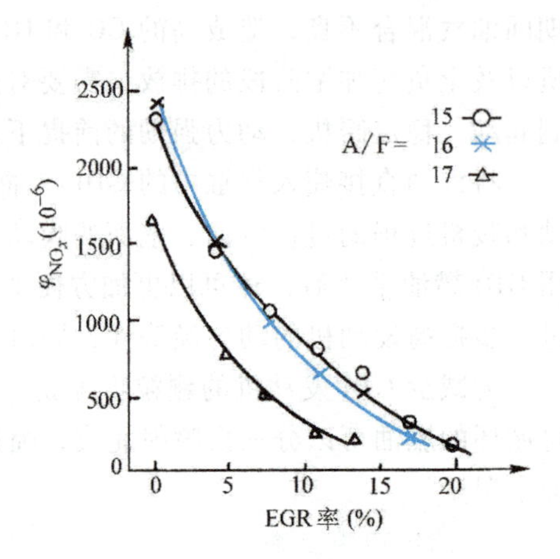

图6-14　点燃式内燃机的NO_x排放随EGR率的变化

（充量系数0.5，转速1600r/min，点火正时MBT）

中小负荷运转时用少量EGR能改善燃烧，但EGR率过大会使燃烧不稳定，缸内压力循环变动率增大，甚至缺火，使HC排放增加。发动机高负荷运转时追求动力性，因此不采用EGR控制NO_x排放，以免动力性受损。

由此可见，应用EGR控制点燃机NO_x排放的技术关键是适当控制EGR率，使之在各种工况下得到多种性能参数（如动力性、经济性、HC、CO、NO_x排放等）的最佳折中，实现综合优化。点燃式内燃机EGR系统的控制要点如下：

1）发动机暖机过程中，充量温度较低，NO_x排放不高，为防止排气回流破坏燃烧的稳定性，一般在发动机冷却液温度低于50℃时不进行EGR。

2）发动机怠速和小负荷运转时，NO_x排放也不高，一般也不进行EGR。

3）由于NO_x排放量随发动机负荷增大而显著增加，EGR率应随负荷增大而相应增加。

4）接近全负荷时，不采用EGR，以保证发动机的动力性能。

5）为了实现EGR的最佳效果，要保证各缸的EGR率一致。

上述机内排放控制措施，通常只能降低发动机的排放水平，但不一定能够使发动机的排放满足法规要求，因此需要制订专门的排放控制策略和必要的排气后处理系统。

二、压燃式内燃机

压燃式内燃机由于是富氧燃烧，排放的CO和HC相对汽油机来说要少得多，但由于是不均匀燃烧，排放的NO_x与汽油机在同一数量级，而颗粒物的排放要比汽油机多几十倍以上，因此柴油机的排放控制重点是NO_x和PM。

柴油机产生污染物排放的根本原因在于燃油与空气混合的不均匀。改善柴油机的混合气形成和燃烧过程，可以减少碳烟颗粒的生成与排放，但这往往会引起NO_x排放增加。柴油机运转时的平均过量空气系数ϕ_a较大，即使在全负荷时一般也都在1.3以上，在通常负荷下一般在 2.0 以上，由于油束卷吸热空气在头部形成 ϕ_a<0.6 的局部严重缺氧区，使 DS 大量生成，同时油束外围存在 ϕ_a=1.0~1.2 的扩散燃烧高 NO_x 生成区。所以，柴油机低排放设计要围绕改善燃油与空气混合这一中心任务来降低 DS 和 NO_x 排放，同时要设法降低 HC 排放，它的重质成分构成 PM 中的 SOF。

下面从进气系统、燃油系统和燃烧系统等方面讨论降低常规柴油机排放的控制方法。

（一）增压

增压不仅是提高柴油机功率密度的重要手段，而且还是排放控制的必然选择。现在，在低速化和不断加严的排放法规要求下，几乎所有的车用柴油机都采用增压加中冷的技术方案，而且增压度越来越高。

增压技术是控制柴油机排放的入门技术。自然吸气柴油机不能提供足够大的 ϕ_a，PM 与 NO_x 之间的矛盾难以解决。增压后柴油机的进气量加大，平均 ϕ_a 大，因此 NO_x 和 PM 排放下降。

采用增压中冷来降低柴油机的进气温度，不仅可以提高空气密度，进一步强化功率密度，而且同时降低了最高燃烧温度，使柴油机的热负荷降低，并减少了 NO_x 的生成与排放。现代车用柴油机大多采用空-空中冷器，即把中冷器放在散热器之前，用温度最低的环境空气来冷却增压空气。在这种情况下，增压空气温度可从 120~150℃降低到 40~60℃，从而可以大幅度改进柴油机性能和排放。

为改善增压柴油机的低速性能，涡轮增压器大多带排气旁通阀，在高速高负荷工况时通过增压空气的压力控制一个废气门（Wastegate）的开度，使发动机的部分排气绕过涡轮直接进入排气管，避免增压器超速等问题。满足国Ⅳ及以上排放标准的车用柴油机，尤其是转速范围宽、要求动态响应好的轿车用柴油机，很多应用可变流通截面涡轮增压器（Variable Nozzle Turbocharger，VNT）或两级增压系统。

（二）低排放燃油喷射系统

为了降低柴油机的排放，燃油喷射系统的改进是关键。低排放燃油喷射系统应满足下列要求：

1）应优化全工况运行范围内的喷油正时和喷油规律，通过多次喷射等手段，以适应不同工况低排放的要求。

2）具有足够高的喷射压力，燃油喷雾粒度足够细且尽可能的均匀，保证燃油及时蒸发，并与空气均匀混合。

3）喷雾宏观形状与燃烧室的形状及气流运动相匹配，保证燃烧室内空气的充分利用。

1. 喷油正时的控制

喷油正时对柴油机的性能和排放有显著的影响（图 6-6），推迟喷油是降低柴油机 NO_x 的最有效的而且最简单易行的办法。在常用的喷油提前角 θ_{inj} 范围内，θ_{inj} 每推迟 2°(CA)，NO_x 的排放量可减少 20%左右。但是，推迟喷油是否可行还必须考虑 PM 排放和燃油经济性恶化的程度，需对多种参数进行最佳的折中。

2. 喷油规律的优化

分析柴油机缸内 NO_x 与 PM 排放的生成特点，希望不同工况下均有合适的预混燃烧量，提高缸内温度压力水平至优化状态，既要抑制 NO_x 的大量生成和降低燃烧噪声，又要为快速地扩散燃烧提供良好的条件，以避免 PM 的大量生成和发动机热效率的恶化。

目前广泛采用电控高压共轨喷油系统，能够灵活而又精确地实现由预喷射、主喷射和后喷射等组成的复杂喷油模式。由预喷射和主喷射组成的二次喷射模式，可以使柴油机的燃烧噪声、NO_x 排放、燃油消耗率得到更好的综合优化。为进一步降低 PM 排放，还可采用三段喷射方案，即在燃烧的后期又进行一次后喷射，促进混合，加速燃烧室内碳烟 PM 的后氧化。随着柴油机排气后处理系统（颗粒物捕集器、SCR 催化转化器等）的应用，有时要求喷油系统能在膨胀行程的后期进行可控制的过后喷射，实现排气温度管理以满足后处理器的需要。

多次喷射技术增加了每缸每循环的喷油次数，所以在同样的转速条件下，喷油间隔时间减小，电磁阀的响应迟滞和针阀的动作延迟势必对喷油率和喷油正时产生重要的影响。近几年来，除电磁阀式喷油器的研究取得了显著的进展外，压电晶体式喷油器的研究和应用也显著改善了电磁阀式喷油器的响应迟滞及其对喷油正时的影响。

3. 提高燃油喷射压力

提高喷油压力是提高喷射速率的发展方向，喷射压力的提高减小了油束雾滴粒径（SMD），能够促进混合与快速燃烧。CR 系统的最大优点是其喷油压力可以自由控制，在低转速小负荷下也可保证在 100MPa 以上，为燃烧过程优化提供了方便有效的手段。

（三）低排放燃烧系统

1. 低排放燃烧室

虽然非直喷式燃烧室在 PM、NO_x 和 HC 排放方面优于直喷式燃烧室，但燃油经济性差，使得非直喷式燃烧室在燃用轻柴油的发动机中基本被淘汰。

直喷式燃烧室的设计首先取决于压缩比 ε_c。一般 ε_c 根据确保柴油机冷起动可靠的要求选择。低排放柴油机一般要适当提高 ε_c，这样可降低 HC 和 CO 的排放。设计直喷式燃烧室时，要尽可能增大燃烧室容积对气缸工作容积的有效容积比，以提高缸内空气利用率，降低 DS 和 PM 排放。现已确认，长行程、低转速的柴油机的燃料经济性和排放性比短行程、高转速的好，为了弥补长行程柴油机动力性的不足，可以采用提高增压度的方法加以解决。现代车用高速柴油机的行程缸径比 S/D 已增大到 1.2~1.3，而传统的数值是 1.0~1.2。

在燃烧室的结构形状方面，原则上应该加强缸内气体湍流运动及其持续时间，以促进燃烧，改善发动机的动力经济性和降低排放。虽然对柴油机燃烧室形状还没有明确的评价标准，但有趋同设计的态势。如图 6-15 所示，通过对喷雾与缸内气体流动的数值模拟，燃烧室形状要求配合喷油器的油束分布，使燃油能够更好地同缸内空气进行混合，提高空气利用率，促进燃油燃烧，以达到降低油耗和减少颗粒物排放的目的。

此外，为提高有效容积比，要尽可能缩小活塞顶面到气缸盖底面之间的余隙。为此，要提高机体、活塞、连杆和曲轴等主要零件与此余隙相关的尺寸的加工精度，减小气缸衬垫压紧厚度的公差。

2. 燃烧室气流组织

适当的缸内气流运动有利于燃烧室中燃油喷雾与空气的混合，使燃烧更迅速更完全。当喷油压力不够高因而喷雾不够细时，一般要求较强的涡流运动来支持油气混合。现代低排放柴油机的发展趋势是采用孔径较小、孔数较多的喷油器和压力较高的喷油系统，

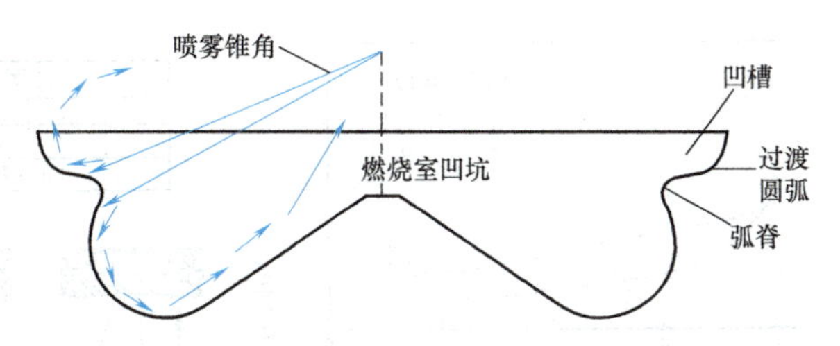

图 6-15 燃烧室的结构特点及其与油束匹配关系

因而进气涡流要求减弱。小缸径柴油机燃烧室直径很小，喷孔直径再小，仍有相当大的一部分燃油喷到燃烧室壁上，需要较强的气流运动来加速室壁上燃油油膜的蒸发，促进可燃混合气的及时形成，涡流比相对要大些。大缸径柴油机形成油膜的可能性较小，故不需要强烈的气流运动。

小缸径高速柴油机的工作转速范围很大，在进气涡流比基本恒定的情况下，如果在高转速下气流速度正好，则在低转速下就显得不足，导致燃烧恶化。如果在低转速下气流速度合适，则在高转速下就会过强，同样不利于燃烧，同时又造成进气损失过大，充量系数下降过大。因此，传统的做法是针对中等转速匹配合适的涡流比，容忍在低转速和高转速下的某些损失。

每缸只有一个进气门的柴油机上，要改变由进气道形状决定的进气涡流比是很困难的。四气门柴油机除了扩大进排气门总流通面积，从而减少换气损失，提高充量系数之外，还使变涡流的实现变得容易。这时可通过关闭或部分关闭两个进气道中的一个来大幅度调节气缸内的涡流强度。高转速时两个进气道都开放，由于两股进气流的干扰作用造成较低的涡流比，这正是所希望的。低转速时关闭一个进气道使涡流比大大提高，改善燃烧，虽然这时充量系数降低，但对柴油机低速运转不是大问题。在最新型的车用四气门柴油机中，开始采用在一个进气道中开度连续可调的调节阀。这样就可通过电控器使进气涡流强度在全工况范围内得到优化。

对于重型车用柴油机，为了达到高性能、低油耗、低排放的目标，开始采用低涡流甚至无涡流的设计。这时进气阻力减小，充量系数提高，不存在涡流对转速的敏感性问题。当然与此同时，要增加喷油器的喷孔数，相应减小孔径，提高喷油压力，增大燃烧室口径，以改善燃油宏观分布的均匀性和微观细度，减少油雾的着壁量。图 6-16 所示为一台重型车用柴油机实现低油耗和低排放的技术措施。由图 6-16 可以看出，燃烧室形状由缩口深坑形变为敞口浅平形，喷孔数由 5 增加到 7 再到 8，喷油器端最高喷油压力由 135MPa 提高到 150MPa 再到 180MPa，进气涡流相对下降 50%再到基本无涡流时，燃油消耗率平均下降 10%左右。

3. 排气再循环

相对于汽油机，柴油机更适合采用排气再循环（EGR）降低 NO_x 排放。对于轻型车或轿车用柴油机来说，常用的为中小负荷工况，这时 ϕ_a 很大，可以用较大的 EGR 率，所以用 EGR 降低 NO_x 排放的效果较显著（因为排放法规规定的测试工况也以中小负荷为主）。对于重型车用柴油机来说，平均使用负荷较高，而大负荷工况 ϕ_a 较小，不可能用很大的 EGR 率。

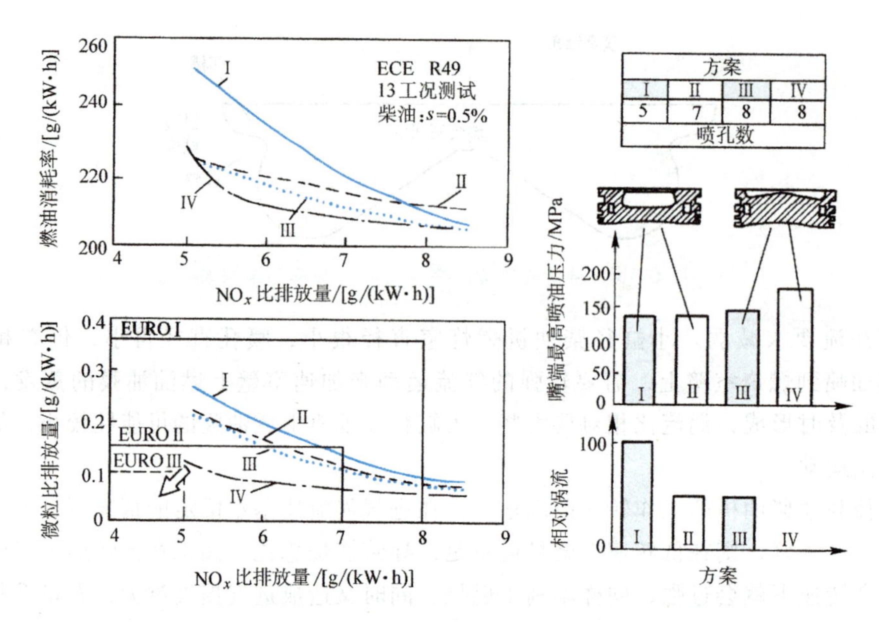

图 6-16 重型车用柴油机各种燃烧系统燃料经济性和排放性的比较

（6缸，排量 10L，每缸 4 气门，增压中冷）

方案Ⅰ：缩口深坑燃烧室，5 孔喷油器 $p_{inj,max}=135$MPa，有进气涡流

方案Ⅱ：缩口深坑燃烧室，7 孔喷油器 $p_{inj,max}=135$MPa，进气涡流减半

方案Ⅲ：敞口浅平燃烧室，8 孔喷油器 $p_{inj,max}=150$MPa，进气涡流减半

方案Ⅳ：敞口浅平燃烧室，8 孔喷油器 $p_{inj,max}=180$MPa，零涡流

由于柴油机排气含氧量远高于汽油机，而 CO_2 含量较低，所以柴油机需要用较大的 EGR 率来降低 NO_x，最大 EGR 率 $\phi_{EGR}=0.4\sim0.5$。大负荷下用 EGR 会降低本已不大的 ϕ_a，使 PM 排放上升。在较高的转速下用 EGR 也会造成类似的问题。所以，最佳的 ϕ_{EGR} 脉谱，要全面考虑 NO_x 和 PM 排放并通过标定试验确定。

在增压柴油机中，再循环排气一般不引向增压器进口以免污染增压器叶轮，而是引入增压器后的有压力的进气管中（如果有中冷器，则在中冷器后引入，以免污染中冷器）。因此，为保证足够的排气进入进气，要求涡轮进口的排气压力要高于压气机后的发动机进气压力，即采用所谓的高压 EGR 系统。发动机的排气温度很高，为了能更有效地降低 NO_x 排放，降低进气温度和发动机的热负荷，保持发动机的功率密度，需要增加 EGR 冷却器。为了布置的方便和系统的高效，甚至采用两级 EGR 冷却。EGR 率的控制一般还要结合电控 EGR 流量控制阀。

这样，EGR 系统的流动阻力增加，为保证足够的压差，可采用可变喷嘴涡轮增压器，通过调节 VNT 涡轮喷嘴的流通面积，改变排气背压，从而实现不同的 EGR 率的压差控制。

为了提高控制的精度，可以对 EGR 系统各执行器进行反馈控制。

第四节 内燃机的排气后处理

通过改进内燃机本身的设计和优化燃烧来降低污染物排放有一定的限度。例如，汽油机燃烧均匀混合气时，即使不缺氧（$\phi_a \geq 1.0$），也总是有一定浓度的CO排出，而由多种因素造成的HC排放很难在机内消除。NO_x 排放则是燃烧越好，产生越多，要想通过燃烧过程的改进减少 NO_x 的生成遇到了原则上的困难。对于柴油机来说，不均匀油气混合气的压缩自燃方式很难从根本上显著减少PM的生成，而降低其 NO_x 排放的措施往往与降低PM排放以及减少燃油消耗相矛盾。

随着对内燃机排放的要求不断提高，能兼顾动力性和经济性的排气后处理技术得到发展，并减少了内燃机向大气环境的最终排放。现在得到广泛应用的技术主要包括：汽油机用的三效催化转化器（Three Way Catalytic Converter，TWC），颗粒物过滤器（Diesel Particulate Filter，DPF），NO_x 排放的选择性催化还原器（Selective Catalytic Reduction，SCR）后处理和柴油机氧化催化反应器（Diesel Oxidation Catalyst，DOC）等。

一、汽油机排气的三效催化转化

（一）催化反应机理

催化剂是一种能增加化学反应速率而本身的质量和组成在化学反应前后保持不变的物质。催化剂可使热力学允许的反应在适当的化学条件下具有较低的活化能，从而加速反应的速度和程度。点燃式内燃机的排气成分，与热力学平衡成分有很大不同，因此，可以利用催化反应加速排气中各成分之间可能进行的化学反应，使其接近平衡组成，显著减小污染物浓度。

三效催化转化器中的反应机理简述如下：

当排气中有自由氧时，催化剂促进CO的总量氧化反应

$$2CO+O_2 \rightarrow 2CO_2 \tag{6-5}$$

HC和NO对CO的氧化有抑制作用。部分CO可通过水煤气反应（Water gas shift）

$$CO+H_2O \rightarrow CO_2+H_2 \tag{6-6}$$

而消除，而铂（Pt）可促进此反应。H_2 很容易氧化成水，即

$$2H_2+O_2 \rightarrow 2H_2O \tag{6-7}$$

当排气中有多余的氧时，催化剂能促进HC的总量氧化反应

$$2C_cH_h+(2c+0.5h)O_2 \rightarrow 2cCO_2+hH_2O \tag{6-8}$$

NO和CO对HC的氧化反应起抑制作用。

虽然在不很高的温度下，NO分子在热力学上是不稳定的，但它很难直接分解成 O_2 和 N_2。存在催化剂时，较高的温度和具备化学还原剂是NO得以还原的必要条件。伴随NO存在于排气中的CO、HC和 H_2 可以成为这样的还原剂，其中 H_2 可能来自上述水煤气反应或水蒸气重整反应（Steam Reforming）

$$C_cH_h+cH_2O \rightarrow cCO+(c+0.5h)H_2 \tag{6-9}$$

而导致NO消失的总量反应如下

$$\begin{cases} 2NO+2CO \rightarrow 2CO_2+N_2 \\ 2NO+2H_2 \rightarrow 2H_2O+N_2 \\ (2c+0.5h)NO+C_cH_h \rightarrow (c+0.25h)N_2+0.5hH_2O+cCO_2 \end{cases} \tag{6-10}$$

为了氧化还原剂CO、HC和 H_2，在由NO离解产生的氧与排气中存在的分子氧之间会发生竞争。如果分子氧的分压明显高于NO的分压，NO消失的速率会显著下降。这就是用三效

催化剂不能完全消除供给过量空气的发动机（稀燃汽油机和柴油机）排气中 NO 的原因。

反之，当发动机用浓混合气运转时，排气中会出现大量还原剂，从 NO 离解产生的原子态氮可以进行更加彻底的还原生成氨

$$NO+2.5H_2 \rightarrow NH_3+H_2O$$
$$2NO+5CO+3H_2O \rightarrow 2NH_3+5CO_2 \tag{6-11}$$

这种生成氨的反应是不希望的，应通过催化剂的合理选择加以避免。

（二）催化转化器的构造

因为催化活性主要由表面原子产生，为了最大限度地发挥催化剂的效果，它们必须高度分散在载体表面上，所以载体必须具有多孔性及足够大的微观表面积。现在常用带有很多细小方形孔道的蜂窝块作为载体（图 6-17）。它一般用堇青石陶瓷制造，其化学组成为 $2Al_2O_3 \cdot 2MgO \cdot 5SiO_2$，经挤压、烧结成多孔性蜂窝状柱体。堇青石陶瓷热膨胀系数很低，有优异的抗热冲击能力，其最高使用温度为 1100℃左右。为增大蜂窝载体的几何表面积，并降低其热容量和气流阻力，随着制造工艺的改进，单位正面面积的孔道数，即孔道密度（一般用每平方英寸的孔道数 cpsi 表示）不断增加。典型的孔道密度 cpsi = 400（相当于 62 孔/cm^2），现已有 cpsi = 600 甚至更高的载体问世。与此相应，孔间壁厚已从开始时的 0.3mm 缩小到 0.1mm。

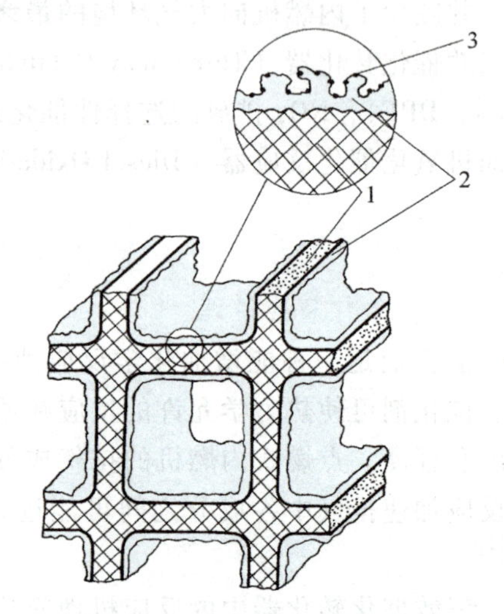

图 6-17　车用催化剂的典型结构

1—堇青石陶瓷蜂窝载体　2—γ-Al_2O_3 活性涂层　3—催化活性物质

堇青石陶瓷虽有多孔性，但其微观比表面积很小（BET㊀ 比表面积≈$0.2m^2/g$），不足以保证催化活性物质充分分散，所以载体在浸渍催化剂之前必须在通道壁面上敷上活性涂层（Washcoat）。它是比表面积很大（100~200m^2/g）的 γ-Al_2O_3 层，用挂浆法涂敷，烧结后厚度在 20~50μm 之间。

汽油机用三效催化剂目前都是用贵金属作为基本成分，一般为不同比例的铂（Pt）、钯（Pd）、铑（Rh）。贵金属催化剂具有很高的催化活性，起燃温度较低，在高温下抗烧结，对燃油中硫的毒化作用有较好的耐力。典型的贵金属用量为每 1L 载体 1~3g。

除了堇青石陶瓷骨架上的多孔氧化铝载体和贵金属活性颗粒，三效催化剂中可能添加多种添加剂或助催化剂，如稀土金属镧（La）、铈（Ce）和锆（Zr）等。它们的主要作用是吸附和储存氧，防止载体活性涂层中的氧化铝烧结，促进水煤气反应和水蒸气重整反应，提高催化活性等。

蜂窝载体也可用不锈钢薄板制成，由轧成正弦曲线形或梯形的波纹形钢板与平钢板交替叠起，卷曲后与外壳整体铜焊而成。由于钢板厚度可以薄到 0.05mm 左右，在外部尺寸相同的情况下，金属载体提供的气流通道面积较大，从而降低排气阻力。金属载体热容较小，可

㊀ BET 指按 Brunauer、Emmett 和 Teller 三人提出的多分子层吸附理论，这里指按此理论用液氮吸附法测定的比表面积。

缩短冷态起燃时间。此外，它有较高的机械强度，特别是抗振性大大优于陶瓷。但金属载体工艺复杂，价格昂贵，目前主要用于摩托车和少量车用发动机的前置小催化器。

（三）催化转化器的工作特性

催化器的性能指标主要有转化效率、流动阻力和使用寿命等。催化器对某污染物的转化效率由进出口浓度的相对下降表征，它取决于污染物的本性、催化剂的活性、工作温度、空间速度及流速在催化空间中分布的均匀性等因素，可用催化器的空燃比特性、起燃特性、空速特性、流动特性等表征。催化器对排气的阻力由流动特性表征，而其使用寿命除了涉及热力-力学性能之外，主要与催化剂的劣化特性有关。

1. 空燃比特性

催化剂转化效率与发动机可燃混合气的空燃比 A/F 或过量空气系数 ϕ_a 有关，转化效率随 A/F 或 ϕ_a 的变化称为催化器的空燃比特性。三效催化器的典型空燃比特性如图 6-18 所示。对于稀混合气，CO 和 HC 的转化效率 η_{CO}、η_{HC} 一直很高，但 NO_x 的转化效率 η_{NO_x} 将随 ϕ_a 的加大而迅速下降。对于浓混合气，η_{NO_x} 一直很高，但 η_{CO} 和 η_{HC} 将随 ϕ_a 的减小而迅速下降。三效催化剂能同时净化 CO、HC、NO_x 三种污染物达 80% 以上的 ϕ_a 窗口很小，宽度只有 0.01~0.02 左右，且并不相对 $\phi_a=1.00$ 对称，而是偏向稍浓的一侧。为了与三效催化剂相配，现代汽油机均采用由排气氧传感器反馈控制 ϕ_a 的电控汽油喷射系统，使实际 ϕ_a 始终围绕 $\phi_a=1.00$ 高频小幅波动。

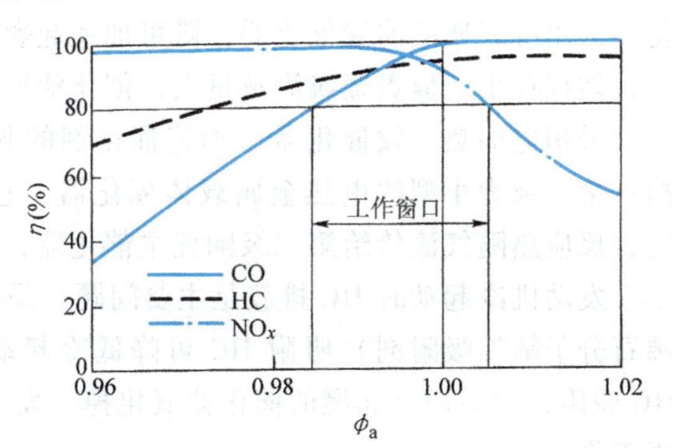

图 6-18　过量空气系数对三效催化转化器转化效率的影响

2. 起燃特性

催化剂转化效率与温度有密切关系，催化剂只有达到一定温度以上才开始工作，称为起燃（Light-off）。催化剂的起燃特性常用起燃温度评价，而整个催化系统的起燃特性用起燃时间评价。

转化效率 $\eta=0.50$ 所对应的排气入口温度称为起燃温度（t_{50}）。图 6-19 所示为一种典型贵金属三效催化剂的起燃特性。显然，t_{50} 越低，催化器在冷起动时越能迅速起燃。因此，t_{50} 是催化剂活性的重要指标，可在化学实验室或发动机台架上针对催化剂小样或整个催化器试验测定。由图 6-19 可知，一般三效催化剂的 $t_{50}=250\sim300$℃，且对 CO 较低，NO_x 较高。

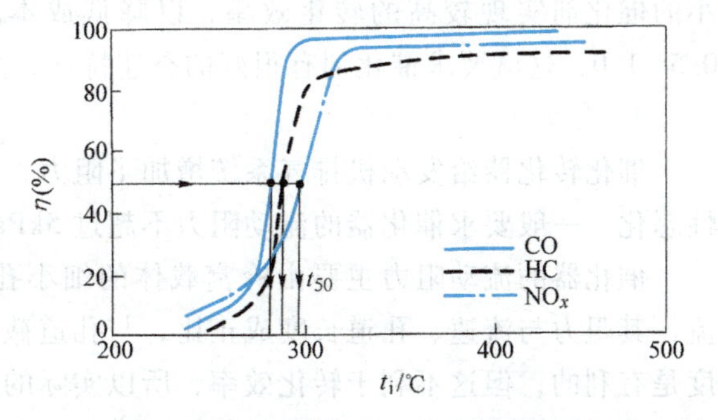

图 6-19　三效催化剂的起燃温度特性

起燃时间特性描述整个催化系统的起燃时间历程，将达到 0.50 转化效率所需要的时间称为起燃时间 τ_{50}。起燃温度 t_{50} 和起燃时间 τ_{50} 评价的目标虽然一致，但内容并不完全相同。t_{50} 主要取决于催化剂配方（当然还与被催化物种及空速等有关），它评价的是催化剂的低温活性；而 τ_{50} 除与配方有关外，还取决于排气流量与温度、催化系统热容量、绝热程度及流动传热传质过程等，影响因素更复杂，但实用性更好。

排放试验表明，按 GB 18352.5—2013《轻型汽车污染物排放限值及测量方法（中国第五阶段）》，在市区测试循环试验时，头 120s 内排放了总循环（为时 820s）中 90%的 CO、80%的 HC 和 60%的 NO_x。出现这样大的初始排放量主要有两个原因：一是催化剂对它们的转化效率不够高，二是发动机起动时用浓混合气，CO 和 HC 的催化氧化不能有效进行。因此，降低带催化器的车用汽油机的冷起动排放，是目前降低汽油机排放的重要课题。

为使催化剂快速起燃，可把催化器从一般的底板下位置尽量前移，甚至直接装在排气歧管出口。但这种近机催化器受热冲击严重，发动机大负荷运行时温度很高，催化剂易受热老化。采用可旁通的前置催化器，既可加速起燃，又可保证寿命。前置催化器只在冷起动时工作，体积较小，但贵金属涂敷量大，催化活性高，它产生的反应热能很快加热主催化器。

采用电加热三效催化器可加速催化剂的起燃，但耗电量大。为减少耗电可采用两级结构：第一级为小型的电热金属载体催化器，它热容量小，可迅速加热到高温，激活催化反应，反应热随气流传给第二级陶瓷主催化器，加快它的起燃。

发动机冷起动时 HC 排放是主要问题。采用由转换阀控制的 HC 吸附器（内充活性炭或沸石分子筛等吸附剂）吸附 HC 可降低冷起动时的 HC 排放高峰。温度提高后，已吸附的 HC 脱附，由后面已起燃的催化器氧化掉。发动机正常运转时，通过转换阀使 HC 吸附器不再工作。

一般在发动机起动时采用较浓的混合气，即使催化剂已起燃也不能有效清除 HC 和 CO。为此，可用位于催化器前的后燃器，用二次空气泵喷射空气，用电点火器点火，使排气中剩余燃料发生后燃，导致催化剂很快起燃并有足够的氧产生催化氧化作用。若再适当补充供给燃料，则后燃器的工作将更加可靠，起动排放将得到更有效的控制，但前提是后燃器不产生二次污染。

3. 空速特性

催化剂的空速（Space Velocity，SV）定义为单位催化剂体积的被催化气体体积流量，其单位为 s^{-1} 或 h^{-1}，具体视流量单位中所用的时间单位而定。SV 的大小实际上表示反应气体在催化剂中的停留时间 t_r。SV 越高，t_r 越短，会使转化效率降低。实际上都希望用体积较小的催化剂实现较高的转化效率，以降低成本。一般的催化剂体积与发动机排量之比为 0.5~1.0，这就要求催化剂有很好的空速特性，至少在 $SV=30s^{-1}$ 内保持高的转化效率。

4. 流动特性

催化转化器给发动机排气系统增加了阻力，加大排气背压，导致发动机的动力性与经济性恶化。一般要求催化器的流动阻力不超过 5kPa。

催化器的流动阻力主要由蜂窝载体的细小孔道引起。排气在催化剂孔道内的流动是层流，其阻力与流速、孔道长度成正比，与孔道截面积成反比。从降低阻力角度，减小孔道密度是有利的，但这不利于转化效率，所以实际的发展趋势正相反。兼顾效率和阻力的最佳途径是减小孔道之间的壁厚。目前，蜂窝陶瓷制造工艺上可能的最小壁厚为 0.1mm 左右。在这方面金属载体有优势。

缩短孔道长度有利于减小阻力；增大载体横截面积减小流速，也可减小阻力。所以，为保持一定空速，在催化剂体积不变的条件下，用短而粗的催化剂可使阻力大大减小。但实际安装条件往往限制催化器的横向尺寸。此外，横向尺寸过大易造成横截面上流速分布不均匀。

催化器横截面上流速分布不均匀，不仅会使流动阻力增加，还会引起催化剂转化效率下降和劣化加速。因为一般都是中心区域流速高，外围区域流速低，造成中心温度过高，催化剂容易劣化，缩短使用寿命，而外围温度又过低，催化剂得不到充分利用，使总体效率降低。此外，载体径向温度梯度增大，产生较大的热应力，造成载体热损坏的可能性增大。

一般车用三效催化器的催化剂的直径（或当量直径）在 100~150mm 之间，直径与长度近似保持 1∶1 的关系。

5. 耐久特性

催化剂经长期使用后将发生劣化或失活。目前一般要求车用催化剂在使用了 8 万~16 万 km 后效率下降不大于 20%。要使催化剂具有长的使用寿命是严峻的技术挑战。

在正常使用条件下，催化剂的失活主要是由热力因素和化学因素造成的，机械损坏不会很严重。当排气温度超过 850℃时，催化活性成分贵金属、作为催化助剂的稀土氧化物等会先后发生烧结，生成较大颗粒的晶体，表面积缩小，导致活性下降。如果发动机点火系不良造成持续失火，大量 HC 进入催化器发生强烈的氧化反应，会使催化剂温度大幅度上升，引起严重的热失活。

存在于燃油中的铅、硫等元素以及润滑油中的磷、铅、锌等元素会使催化剂中毒失活。催化剂表面可能被积累在表面上的沉积物所覆盖，造成催化剂表面上的扩散用微孔堵塞而失效。

二、柴油机的排气后处理

柴油机的排气成分复杂，需要后处理的污染物既有气体成分，也有固体颗粒成分，因此比汽油机的尾气后处理要麻烦得多。柴油机的尾气后处理要靠柴油机缸内工作过程的完善，使污染物的排放浓度尽可能的低，然后才能在一套完整的排气后处理系统的帮助下，使尾气排放达标。满足欧Ⅵ排放标准的典型后处理系统如图 6-20 所示，后处理系统还要与发动机的进气、EGR、共轨燃油喷射策略等相互配合，才能达到发动机高的经济性和低的排放目标。

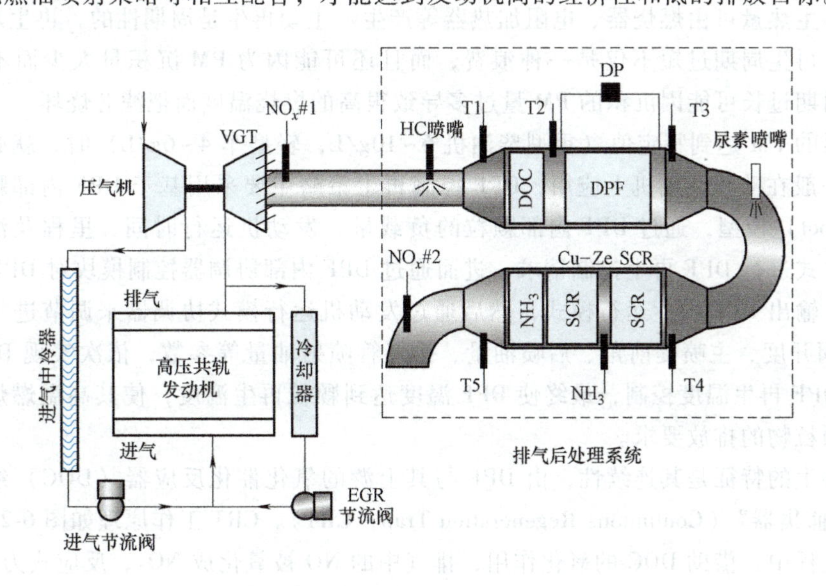

图 6-20　柴油机排气后处理系统示意图

（一）DOC 催化氧化器

柴油机的排气也可以用 DOC 进行处理，使 CO 和 HC 排放降低，同时也可使 PM 中的部分 SOF 氧化，得到 PM 排放降低的效果。此外，DOC 可有效净化醛类和多环芳烃，减轻柴油机排气臭味。但是，如果柴油含有较多的硫，则氧化催化剂会生成较多的硫酸盐，有时反而使 PM 排放增加。所以，配氧化催化器的柴油机应该用低硫柴油。

现在，DOC 主要是与 DPF 或 SCR 系统联合使用，共同组成排气后处理系统。

（二）颗粒物捕集器

柴油机颗粒物捕集器（Diesel Paticulate Filter，DPF）是以壁流式蜂窝陶瓷块为滤芯的颗粒物过滤器。这种滤芯外形与前述蜂窝陶瓷催化剂载体相似，但每相邻的两个孔道，一个在进口处被堵住，另一个在出口处被堵住，排气从一个孔道流入后，必须穿过陶瓷的多孔性壁面从相邻孔道流出，结果排气中的 PM 就被沉积在各流入孔道的壁面上。一般滤芯的 cpsi＝100，孔道截面为 2mm×2mm，壁厚为 0.4mm 左右。DPF 的蜂窝陶瓷滤芯体积为柴油机排量的 1～2 倍，其直径在 150～200mm 之间，长度不超过 150mm。大排量柴油机可用数个滤芯并联工作。现代 DPF 的 PM 过滤效率平均可达 0.9 左右。

在 DPF 工作时沉积的 PM 会逐渐增加排气阻力，恶化柴油机的性能。因此，必须及时清除以恢复到原先的低阻力状态，这个过程称为 DPF 的再生。由于柴油机排气 PM 绝大部分为可燃物，故定期将它烧掉是最简单可行的再生办法。试验表明，柴油机 PM 在含氧 5% 以上的气氛中，在 650℃ 温度下也要 2min 以上的时间才能完全氧化。车用柴油机大多在中小负荷运行，排气温度一般不超过 400℃。所以，要在柴油车实际行驶下自动实现 DPF 的再生是不可能的，或者不经济。

再生技术可分为热再生和催化再生两类。热再生就是由外界提供热量，提高滤芯的温度，使沉积在滤芯中的 PM 燃烧，恢复滤芯的洁净状态，也叫作主动再生。催化再生是利用催化剂作用，降低 PM 的着火温度，提高其氧化速率，使 DPF 在柴油机实际使用条件下有足够的再生效率，通常又叫作被动再生。

主动再生热量可由燃烧器、电阻加热器等产生。主动再生是周期性的，再生周期的确定非常重要。再生周期过短不仅是一种浪费，而且还可能因为 PM 沉积量太少而不能再生彻底。再生周期过长可能因沉积的 PM 量过多导致很高的燃烧温度而把滤芯烧坏。一般当 DPF 载体中积累的 PM 达到特定值（重型柴油机 6～10g/L，轻型车 4～6g/L）时，就必须进行再生。DPF 一般在欧Ⅵ柴油机上应用，DPF 控制再生策略主要采用基于 DPF 内部颗粒负载建立油烟（Soot）模型，通过 DPF 内部颗粒的负载量、发动机运行时间、里程及油耗量、手动开关等方式进行 DPF 再生控制请求，进而通过 DPF 内部协调器控制模块对 DPF 再生请求进行仲裁，输出 DPF 再生运行模式，然后通过发动机运行模式协调器来调节进气节流阀开度、EGR 阀开度、主喷提前角、后喷油量、排气管喷射油量等参数，依次实现 DOC 上游温度控制和 DPF 再生温度控制，最终使 DPF 温度达到颗粒再生温度，使其高温燃烧掉，从而达到降低颗粒物的排放要求。

催化再生的特征是其连续性，由 DPF 与其上游的氧化催化反应器（DOC）组成所谓的“连续再生捕集器”（Continuous Regeneration Trap，CRT）。CRT 工作原理如图 6-21 所示，在排气流动过程中，借助 DOC 的氧化作用，排气中的 NO 被氧化成 NO_2，反应式为

$$2NO+O_2 \rightarrow 2NO_2 \tag{6-12}$$

这种新生的NO_2具有很强的氧化活性，能使后面DPF中的PM在250℃以上的温度下发生氧化反应，反应式为

$$2NO_2+C \rightarrow 2NO+CO_2 \tag{6-13}$$

CRT系统要求采用无硫柴油，以免催化剂失活。当排气温度超过400℃时，NO_2的生成受阻，使系统再生失效。由于汽车发动机排气成分在各工况下发生变化，CRT系统中NO与PM很难保持量的平衡，还会有PM在DPF中的沉积，到一定程度时，必须进行强制再生。一般靠喷油系统的后喷提高排气中的HC含量，DOC将HC氧化来提高排气温度，当温度超过600℃时使DPF再生，再生过程需8~10min才能清除DPF中所积累的PM。再生过程中要监测DPF中的温度，不得超过1100℃。CRT系统已应用在汽车产品中，但柴油机原始排气中的PM排放量不可以过高，一个强制再生周期达500km以上才可以应用CRT或DPF，否则问题较多。

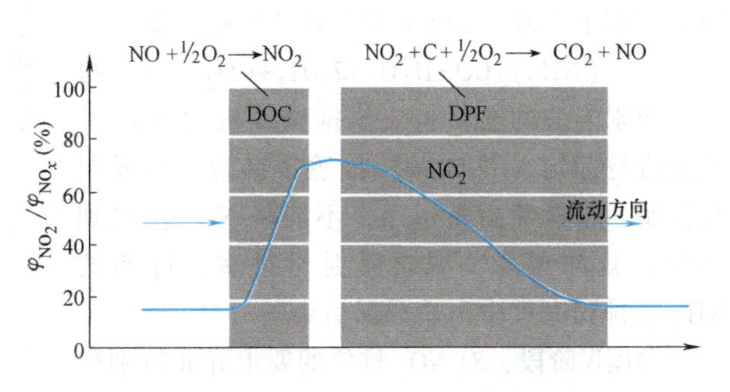

图6-21 DOC辅助DPF被动再生过程示意图

（三）NO_x催化还原

以氨为还原剂的选择性催化还原（Selective Catalytic Reduction，SCR）系统已开始成功地用于柴油机NO_x的排放控制。其催化剂一般用V_2O_5/TiO_2、Ag/Al_2O_3以及含Cu、Pt、Co或Fe的人造沸石（Zeolite）等，其总量反应式有

$$\begin{cases} 4NO+4NH_3+O_2 \rightarrow 4N_2+6H_2O \\ 6NO+4NH_3 \rightarrow 5N_2+6H_2O \\ 2NO_2+4NH_3+O_2 \rightarrow 3N_2+6H_2O \\ 6NO_2+8NH_3 \rightarrow 7N_2+12H_2O \end{cases} \tag{6-14}$$

SCR催化器的工作效率取决于气体的温度，在250~500℃的温度范围内，氮氧化物的转化效率可达90%以上，但是在此温度窗口之外，转换效率很低。排气中$\varphi_{NO}/\varphi_{NO_2}$的比例影响SCR的温度窗口和催化转化效率，如图6-22所示。当温度过低时，上述NO_x还原反应不能有效进行；温度过高，不但会造成催化剂过热损伤，而且还会使还原剂NH_3直接氧化损耗和新的NO_x生成，即

$$\begin{cases} 4NH_3+7O_2 \rightarrow 4NO_2+6H_2O \\ 4NH_3+5O_2 \rightarrow 4NO+6H_2O \\ 4NH_3+3O_2 \rightarrow 2N_2+6H_2O \end{cases} \tag{6-15}$$

特别是可能生成强温室气体N_2O，即

$$2NH_3+2O_2 \rightarrow N_2O+3H_2O \tag{6-16}$$

因此，开发SCR催化器时必须注意减少N_2O的生成。排气中的NO_2浓度需要借助DOC的帮助，如图6-20所示。

柴油机SCR系统由尿素储存罐、尿素喷射及剂量控制系统和催化器组成。SCR系统使

用的尿素为专用原料和超纯水配制的32.5%尿素溶液［美国称为Diesel Exhaust Fluid（DEF），欧盟称为AdBlue］作为还原剂氨源，尿素的水溶液在高于200℃温度下即分解产生氨，即

$$(NH_2)_2CO+H_2O \rightarrow 2NH_3+CO_2 \quad (6\text{-}17)$$

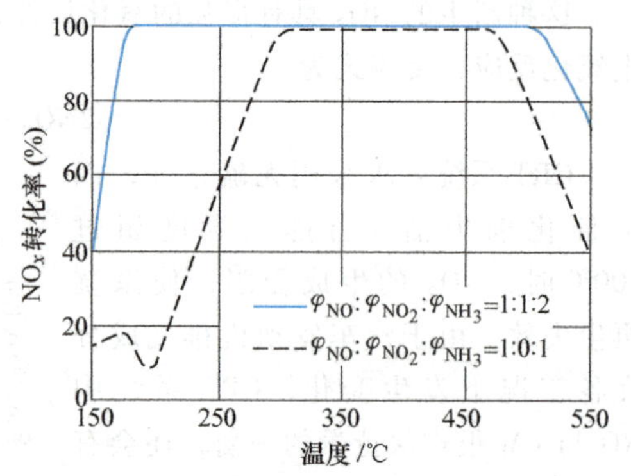

图6-22 φ_{NO_2}的比例对V_2O_5/TiO_2催化剂转化NO_x的影响

尿素溶液的喷射量要依据柴油机的NO_x排放量进行标定，并与NO_x传感器结合，形成闭环控制。尿素喷射量过小，不能将NO_x转化到排放法规的要求。尿素喷射量过多，过剩的NH_3会排到大气中，造成新污染。

在国Ⅳ阶段，对NO_x排放的要求并非特别严格，图6-20中排气后处理系统中的DOC和氨氧化段可以不要（氨氧化段的作用是催化转化过剩的NH_3为N_2和H_2O，避免NH_3的逸出）。

使用SCR技术降低NO_x，也要求柴油含硫量尽可能少，因为硫会生成硫酸铵或硫酸氢铵，沉积在催化剂表面上使其失活。

第五节　排放法规简介

内燃机污染物的排放涉及公众的身体健康和环境保护等长远利益，但往往与内燃机本身的动力性、经济性以及制造商的生产成本等短期目标和局部利益有一定矛盾，因此内燃机的排放控制工作始终是在各国政府和国际组织制定的一系列排放法规的指导和管制下开展的。

20世纪50年代后各国经济迅速发展，汽车产量和保有量迅猛攀升，车用内燃机排放物的危害逐渐被发现和确认。美国、日本和欧洲等从20世纪60年代开始先后颁布了不同版本和阶段的排放法规。先是限制内燃机的CO和HC排放，后来扩大到NO_x；先管制量大面广的车用汽油机，后覆盖车用柴油机，再包括其他内燃机；先控制气体排放物，后把烟度和PM排放也包括进来；先是管制汽油机的怠速排放和柴油机的自由加速烟度，后扩大到实际使用工况下的排放。同时逐步规定和完善法定的排放测试方法，并随着技术的进步，不断加严排放限值。

目前，随着经济全球化的进展，各国排放法规中对内燃机排放测试装置、取样方法、分析仪器大都取得了一致，但测试规范（测试时车辆的行驶工况或内燃机的运转工况的组合方案）和排放限值仍有较大差异。

我国从20世纪80年代开始着手汽车和内燃机的排放控制工作，先后颁布了有关车用汽油机怠速污染物、车用柴油机全负荷烟度和自由加速烟度、轻型汽车排气污染物、车用汽油机排气污染物、汽车曲轴箱污染物、汽油车燃油蒸发污染物、车用压燃式发动机排气污染物、压燃式发动机排气可见污染物等一系列法规，规定并不断修订排放限值及测试方法，从无到有逐步建立起我国的汽车及内燃机的排放法规体系。

一、排放测试规范及限值

内燃机及以内燃机为主要动力源的车辆排放测试应该在尽可能接近实际使用条件下进

行，使测试结果与实际使用的排放水平相符，为此不同国家地区针对被测对象的工作特征，逐步建立起了一些具有代表性的测试程序，包括测试条件、测试循环等。

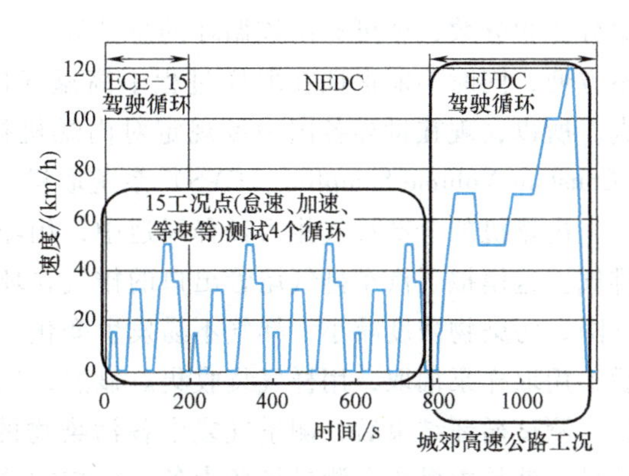

图 6-23 NEDC 测试循环

以轻型汽车国Ⅳ、国Ⅴ排放测试循环NEDC为例，如图 6-23 所示，循环一部由四个市区循环单元组成，每个单元有效行驶时间和理论行驶距离为 195s、1.013km，合起来是 780s 和 4.052km。循环二部是一个郊区循环，有效行驶时间为 400s，理论行驶距离为 6.955km。国Ⅵ排放测试循环则修订为国际通用轻型车测试循环 WLTC（Worldwide Harmonized Light Vehicles Test Cycle），更加注重乘用车和轻型车行驶工况瞬态变化对排放的影响。对应 WLTC 的第一类和第二类车辆国Ⅵ排放限值见表 6-1。

表 6-1 国Ⅵ排放限值

排放标准	车辆类别		测试质量(TM)	CO	HC	NMHC	NO_x	N_2O	PM	PN
			kg	mg/km						个/km
国ⅥA	第一类车		全部	700	100	68	60	20	4.5	6×10^{11}
	第二类车	Ⅰ	TM≤1305	700	100	68	60	20	4.5	6×10^{11}
		Ⅱ	1305<TM≤1760	880	130	90	75	25	4.5	6×10^{11}
		Ⅲ	1760<TM	1000	160	108	82	30	4.5	6×10^{11}
国ⅥB	第一类车		全部	500	50	35	35	20	3.0	6×10^{11}
	第二类车	Ⅰ	TM≤1305	500	50	35	35	20	3.0	6×10^{11}
		Ⅱ	1305<TM≤1760	630	65	45	45	25	3.0	6×10^{11}
		Ⅲ	1760<TM	740	80	55	50	30	3.0	6×10^{11}

重型车用发动机一般为柴油机，国Ⅳ、国Ⅴ排放标准采用的是 ESC（European Stationary Cycle）配合 ELR（European Load Response）、ETC（European Transient Cycle）测试循环，国Ⅵ采用的是 WHTC（World Harmonized Transient Cycle）和 WHSC（World Harmonized Stationary Cycle）测试循环。非道路用柴油机也有相应的瞬态测试循环 NRTC（Nonroad Transient Cycle）。

中国汽车技术中心也牵头制定了中国排放、油耗（能耗）测试循环（GB/T 19233），为不同类型的车辆设计了多种测试循环。排放标准与测试循环涉及内容较多，可以参照具体法规学习掌握。

二、取样系统

一般排气成分分析仪都是测量该成分在排气中的体积分数，然后根据内燃机的排气总流量算出该成分的总排放量。这在内燃机以稳定工况运转时比较容易实现。当内燃机变工况运转时，理论上可先测出成分体积分数和排气流量随时间的变化，然后把它们对时间积分计算总量。实际上，由于排气管压力随工况变化复杂，再加上取样系统和测量仪器动态响应不同，以及在气流输送过程中各工况的气样部分混合，使测得的体积分数曲线不能再现发动机排放的真实时间历程，于是各国排放法规都推荐采用测量排放平均值的方法来确定排放总量。例如，把一个规定测试循环中的所有排气都收集到气袋里，然后测量气袋的总体积和各

组分体积分数，就可算出该循环的总排放量。但这种方法需要用很大的气袋来收集排气，很不方便，同时不能保证在取样过程中高温气样不发生物理和化学变化，导致测量结果的失真。所以，现在世界各国一致规定对内燃机排气先用干净空气进行稀释，然后用定容取样（Constant Volume Sampling，CVS）系统取样。

内燃机的全部排气排入稀释风道中，用经过净化的空气稀释，形成恒定体积流量的稀释排气。这模拟了汽车排气尾管出口的排气在环境大气中的稀释扩散情况。排气经稀释后温度下降，污染物浓度减小，样气不易发生变化。排气污染物在稀释通道中与稀释空气充分混合后，用取样泵抽取，用样气袋收集。显然，气袋中污染物的体积分数与稀释排气中相等。于是，测试循环结束后，测量气袋中各污染物的体积分数，乘以 CVS 系统中流过的稀释排气总量，就是内燃机在测试循环中各污染物的总排放量。

CVS 系统中稀释排气的总流量常用容积泵（Positive Displacement Pump，PDP）或临界文丘里管（Critical Flow Venturi，CFV）确定。PDP 每转的抽气体积是一定的，所以只要用累积转数计记录泵的转数，就可测得稀释排气的总体积。CFV 利用临界流动状态下喉口气流速度等于当地声速保持体积流量恒定，不但精度高，而且结构比 PDP 简单，因而应用更广泛。

用稳定工况法测量重型柴油机的废气排放时，也可以采用直接取样法。因为未经稀释的排气其污染物的浓度较高，故能保证有较高的测量精度。但是测量柴油机 PM 排放质量时，还是要用稀释取样系统，使样气温度不高于法规规定的52℃，以免 PM 中的 SOF 挥发。

三、污染物的测量

1. 气体污染物的检测

内燃机排放的气体污染物一般浓度很低，多种成分混杂，可能互相干扰，而且有时浓度变化很快，因此对检测技术提出了很高的要求：对所测成分应有高度的选择性，不受伴生成分的影响；应有足够的灵敏度，可分辨 $10^{-6}\sim10^{-5}$ 的数量级；结果有良好的重复性和稳定性；有可能进行在线连续分析。

现在，世界各国的排放法规已把法规限定的排放物的测量技术标准化。排放法规规定，内燃机排气中的 CO 和 CO_2 用不分光红外线吸收型分析仪（Nondispersive Infrared Analyzer，NDIR）测量，NO_x 用化学发光分析仪（Chemiluminescent Detector or Analyzer，CLD 或 CLA）或加热型 CLD（Heated CLD，HCLD）测量，HC 用氢火焰离子化分析仪（Flame Ionization Detector，FID）或加热型氢火焰离子化分析仪（Heated FID，HFID）测量。当需要从总碳氢（THC）中分出甲烷（CH_4）和非甲烷碳氢化合物（NMHC）时，一般用气相色谱仪（Gas Chromatograph，GC）进行分离。此外，进行内燃机排气分析时常要测量排气中氧的浓度，常用仪器为顺磁分析仪（Paramagnetic Analyzer，PMA）。

上述这些分析仪器从输入气体成分到输出信号是一个复杂的流程，涉及很多非线性的物理化学过程，要找出输出与输入之间的简单关系几乎是不可能的。但是，只要测量系统足够灵敏，工作稳定，有很好的重复性，就可通过经常标定的办法保证测量的精确度。一般用纯氮作为调零气调整仪器的零点，用具有已知精确浓度的被测成分的几种量距气调整仪器的若干读数，得出标定曲线或修正数据，最后利用标定曲线或修正数据给出可靠的测量值。

2. 颗粒物的测量与分析

内燃机的排气颗粒物是指从温度低于 52℃ 的稀释排气中采集的沉积在用聚四氟乙烯处

理过的玻璃纤维滤纸上的所有物质。所以，用符合要求的取样系统把 PM 收集在取样滤纸上，精确测定滤纸在收集 PM 前后的质量差，就可得到 PM 排放的质量。

内燃机排气颗粒物的粒径分析范围在 23～1000nm 之间，测量方法主要有电迁移率粒子分析仪（Scanning Mobility particles Sizer，SMPS）、激光凝聚颗粒物计数（Condensation Particle Counter，CPC）等。样气在进入计数器前要通过挥发性颗粒去除器（Volatile Particle Remover，VPR）除去挥发性颗粒，其上游安装粒径预分级器等。测量系统要求有必要的计数精度和响应速度等。

PM 中 SOF 的化学成分对 PM 形成机理、氧化过程、后处理技术研究以及环境效应评估都有重要意义。从 PM 中分离 SOF 的方法有热重分析法、真空挥发和溶剂萃取法等，分离出来的 SOF 可以通过 GC 或色质联机（GC-MS）进行进一步分析，以阐明其组成成分和相对比例，推断其来源，拟定降低 SOF 的措施。

第六节 OBD 简介

为对汽车废气排放水平和故障进行实时监测，从 20 世纪 80 年代起，世界各大汽车制造企业开始在汽车上配备在线诊断（On-Board Diagnostics，OBD）系统。其基本功能有：①点亮组合仪表的警示灯（Malfunction Indicator Lamp，MIL），告诉驾驶员存在问题；②在计算机中设定一个相应的故障代码；③将代码储存在计算机内存中，便于被技术人员获取用于诊断和维修。

第一代在线诊断系统（OBD-Ⅰ）没有自检功能，仅覆盖了发动机排放系统相关的传感器和执行机构故障信息，没有包含催化转化器效率诊断、失火探测等的监控，而且也没有规定统一的故障码。

第二代 OBD-Ⅱ由美国汽车工程师协会（SAE）制定了一套标准规范，能够监测影响整车排放性能，包括所有传感器、执行机构，以及催化转化器、燃油供给系统和发动机失火的监测，保证车辆在其整个使用寿命期间尾气排放尽可能满足标准要求。但 OBD-Ⅱ只监测汽车排放，并不采取控制行动。

第三代 OBD-Ⅲ则使汽车的检测、维护和管理合为一体，不仅能对车辆排放问题向驾驶者发出警告，而且还能向有关部门通报故障车辆的信息，传递故障解决指令，甚至对违规者进行禁行惩罚。

OBD 系统的监测范畴取决于法规要求，但它并不是一个独立的硬件系统，而是集成在发动机控制中的一个诊断系统。例如，三效催化转化器效率检测是通过对催化器前后的 A/F 波动信号的比较实现的，而发动机的失火检测则是基于对发动机的转速波动等。不同发动机管理系统的 OBD 功能和诊断策略可能有所不同，但都是基于有关信号使用一种算法计算而来的。

参考文献

［1］ 周龙保，刘忠长，高宗英. 内燃机学［M］. 3 版. 北京：机械工业出版社，2013.

［2］ HEYWOOD J B. Internal Combustion Engine Fundamental［M］. New York：McGraw-Hill，1988.

［3］ DEGOBERT P. Automobiles and Pollution［M］. Warrendale：SAE International，1995.

［4］ 刘巽俊. 内燃机的排放与控制［M］. 北京：机械工业出版社，2003.

[5] 李勤. 现代内燃机排气污染物的测量与控制［M］. 北京：机械工业出版社，1998.
[6] 王建昕，傅立新，黎维彬. 汽车排气污染治理及催化转化器［M］. 北京：机械工业出版社，2000.
[7] 李兴虎. 汽车排气污染与控制［M］. 北京：机械工业出版社，1999.
[8] 蒋德明. 内燃机燃烧与排放学［M］. 西安：西安交通大学出版社，2001.
[9] 刘巽俊，等. 降低重型车用柴油机废气排放的技术措施［J］. 汽车技术，1995（12）：1-5.
[10] SABATHIL D，KOENIGSTEIN A，SCHAFFNER P，et al. The Influence of DISI Engine Operating Parameters on Particle Number Emissions［C/OL］. 2011，SAE 2011-01-0143. http：//www. sae. com.
[11] WHITAKER P. Measures to Reduce Particulate Emissions from Gasoline DI engines［C/OL］. 2011，SAE 2011-01-1219. http：//www. sae. com.
[12] 樊嘉天，居钰生，董效彬，等. 高效自然吸气汽油机关键技术研究［J］. 现代车用动力，2015（2）：1-8.
[13] GOTO T，ISOBE R，YAMAKAWA M，et al. The New Mazda Gasoline Engine Sky active-G［J］. ATZ Auto technology，2011，11（4）：40-47.
[14] SHINAGAWA T，KUDO M，MATSUBARA W，et al. The New Toyota 1. 2-Liter ESTEC Turbocharged Direct Injection Gasoline Engine［C/OL］. 2015，SAE 2015-01-1268. http：//www. sae. com.
[15] DONALD W Stanton. Systematic Development of Highly Efficient and Clean Englnes to Meet Future Commercial Vehicle Greenhouse Gas Regulations［C/OL］. 2013，SAE 2013-01-2421. http：//www. sae. com.
[16] 葛旸，王凤滨，尹超，等. 基于法规的柴油发动机颗粒物数量排放测试研究［J］. 汽车工程，2015，37（12）：1378-1382.
[17] 潘锁柱，裴毅强，宋崇林，等. 汽油机颗粒物数量排放及粒径的分布特性［J］. 燃烧科学与技术，2012，18（2）：161-166.

思考与练习题

6-1 从对环境的污染来看，相对其他类型热力发动机（例如燃气轮机和蒸气动力系统）来说，为什么往复活塞式内燃机存在特殊的问题？

6-2 内燃机 CO、HC 和 NO_x 排放物对环境和人体的危害作用是什么？

6-3 柴油机排放的颗粒物有什么危害性？

6-4 点燃式与压燃式内燃机之间在 CO、HC 和 NO_x 生成机理方面有何异同？

6-5 EGR 降低内燃机 NO_x 排放的原因何在？

6-6 针对 NO_x 排放优化点火和喷油正时时，要对燃烧系统进行怎样的调整和改进？

6-7 如何缓解柴油机颗粒物与 NO_x 排放之间的矛盾关系？

6-8 请分析 S/D 对汽油机和柴油机排放的影响。

6-9 如何降低汽油机在冷起动和暖机时期的排放？

6-10 汽油机燃烧室紧凑性对降低排放有什么意义？

6-11 为降低柴油机的排放，燃油喷射系统应如何改进？

6-12 增压对柴油机排放有什么影响？

6-13 增压柴油机的 EGR 系统对经济性有什么影响？如何改善？

6-14 合理应用三效催化转化器的前提是什么？请分析催化器对汽油机怠速排放的效果。

6-15 如何改善带催化器的汽油机的冷起动和暖机时期的排放情况？

6-16 柴油机排气后处理系统的技术关键是什么？

6-17 简述柴油机颗粒物捕集器的典型再生方式。

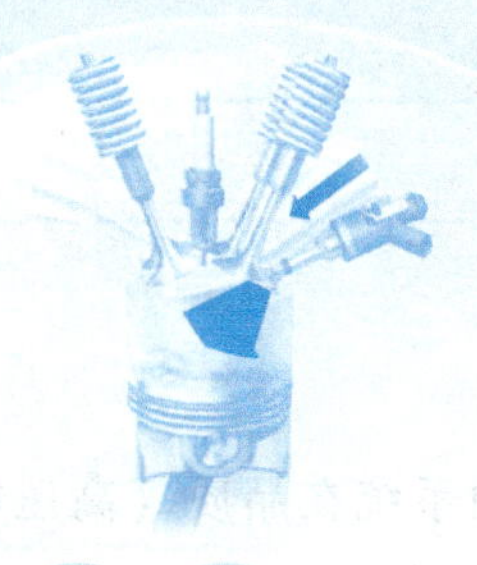

第七章

内燃机的燃料供给与调节

第一节　概　　述

燃料供给与调节系统是内燃机制造精度要求最高、机电结合最紧密的关键系统之一。内燃机燃料供给与调节系统的主要功能是：及时、准确地将适量的燃料送入气缸，实现燃料与空气的良好混合，达到高效、清洁燃烧的要求。电控燃油系统不仅需要精确地控制燃油的喷射过程，而且还要辅助控制整机排气后处理等装置的效率。它对内燃机的动力性、经济性、排放与噪声以及可靠性、耐久性等都具有十分重要的影响。

依据内燃机应用的燃料与着火方式的不同，可分为压燃式和点燃式内燃机的燃料供给与调节系统。

压燃式内燃机以柴油机为代表，由于柴油的挥发性差，自燃温度低。因此，柴油只能通过机械式或电控式燃油供给与调节系统，以高压方式直接喷入气缸，形成混合气，通过压燃的方式实现燃烧。调节柴油机的负荷就是改变喷入气缸的燃油量，也就是改变缸内空燃比，这种调节方式称为质调节。

点燃式内燃机以汽油机为代表，由于汽油较易蒸发，在常温或略高于常温下就有一部分转变为汽油蒸气，通过气流运动可以控制混合气的形成速度。因此，汽油机可采用气缸外部或内部喷射形成混合气，并通过改变节气门的开度，调节进入气缸的混合气量，这种方式称为量调节。

天然气、液化石油气、生物制气与氢氨等气体燃料也已广泛应用于内燃机，由于这些燃料在常温常压下以气体状态存在，依靠气体分子的扩散作用可以很好地与空气混合，其燃料供给系统大多数采用混合器装置或气道喷射装置，在进气道内形成混合气；氢气采用缸内直接喷射的方式，在气缸内部形成混合气。

第二节　柴油机燃油系统

一、柴油机燃油系统的基本要求

为获得柴油机良好的动力性、经济性与排放指标，要求燃油系统在品质（高压喷雾与喷油规律）、数量（油量精确控制）、时间（喷油始点与持续期）等方面与整机实现良好的匹配。理想的柴油机燃油系统应具有以下基本特征：

1）能产生足够高的燃油喷射压力，以保证燃油良好的雾化。具有合适的油束贯穿度、喷雾锥角和较小的油滴直径，保证燃油与空气的混合均匀。

2）精确及时的控制每循环的喷入气缸的燃油量，使各缸的喷油量相同。

3）具有最佳的喷油时刻、喷油速率和持续期等理想的喷油规律。

4）结构紧凑，成本低，便于在柴油机上布置和安装。

5）具有状态识别和运转保护功能，保证柴油机安全、可靠地工作。

柴油机燃油系统主要可分为机械式和电控式。机械式燃油系统目前仍然可用于单缸非道路柴油机，但随着更加严格的排放法规实施，其应用范围越来越小。电控燃油系统通过控制柴油的喷射规律，不仅可以优化缸内燃烧过程，实现高效燃烧与低排放，而且还可以进一步协同控制柴油机的排气后处理等装置，满足柴油机排放法规的要求。

二、机械式燃油系统

柴油机的机械式燃油系统由低压、高压油路和调节系统组成。由低压油路提供的清洁燃油通过高压油泵加压，经高压油管输送至喷油器，完成一次喷油过程。机械式燃油系统的特点：喷油泵为往复式柱塞泵，由凸轮来驱动，喷油泵的每次供油伴随着一次喷油过程。按喷油泵结构以及高压油管连接长度的不同可以分为直列泵系统、分配泵系统、单体泵系统和泵喷嘴系统。由于系统的高压部分的液力刚度不同，可实现的喷油压力也不尽相同。机械式泵-管-嘴喷油系统无法根据柴油机转速、负荷等参数对柴油机的动力、经济性能指标和排放指标进行灵活调节与控制，这种燃油系统还存在低速低负荷时喷油压力低和供油不稳定等问题，应用范围逐步缩小。下面仅以直列泵系统为例，对机械式燃油供给系统做一简单介绍。

（一）直列泵的工作原理

在直列泵系统中，多缸柴油机各缸供油单元安装在同一个油泵壳体中，喷油泵与喷油器之间通过一个较长的高压油管连接，使喷油泵在柴油机上的布置比较灵活，但系统的高压容积较大，燃油的可压缩性导致了整个燃油系统高压部分液力刚度降低，造成了喷射压力低、喷油规律控制困难等问题。

直列式喷油泵横剖面结构如图 7-1 所示，柱塞由凸轮经滚轮、挺柱推动及在弹簧力的作用下，在柱塞套中上下往复运动。柱塞的顶面和柱塞圆周面上的螺旋槽（或斜槽）面为控制面，通过对进/回油口开闭，实现燃油喷射的控制。直列喷油泵的工作原理如

图 7-2 所示，工作过程主要有进油、高压燃油的产生、供油、停油以及供油量调节等过程。

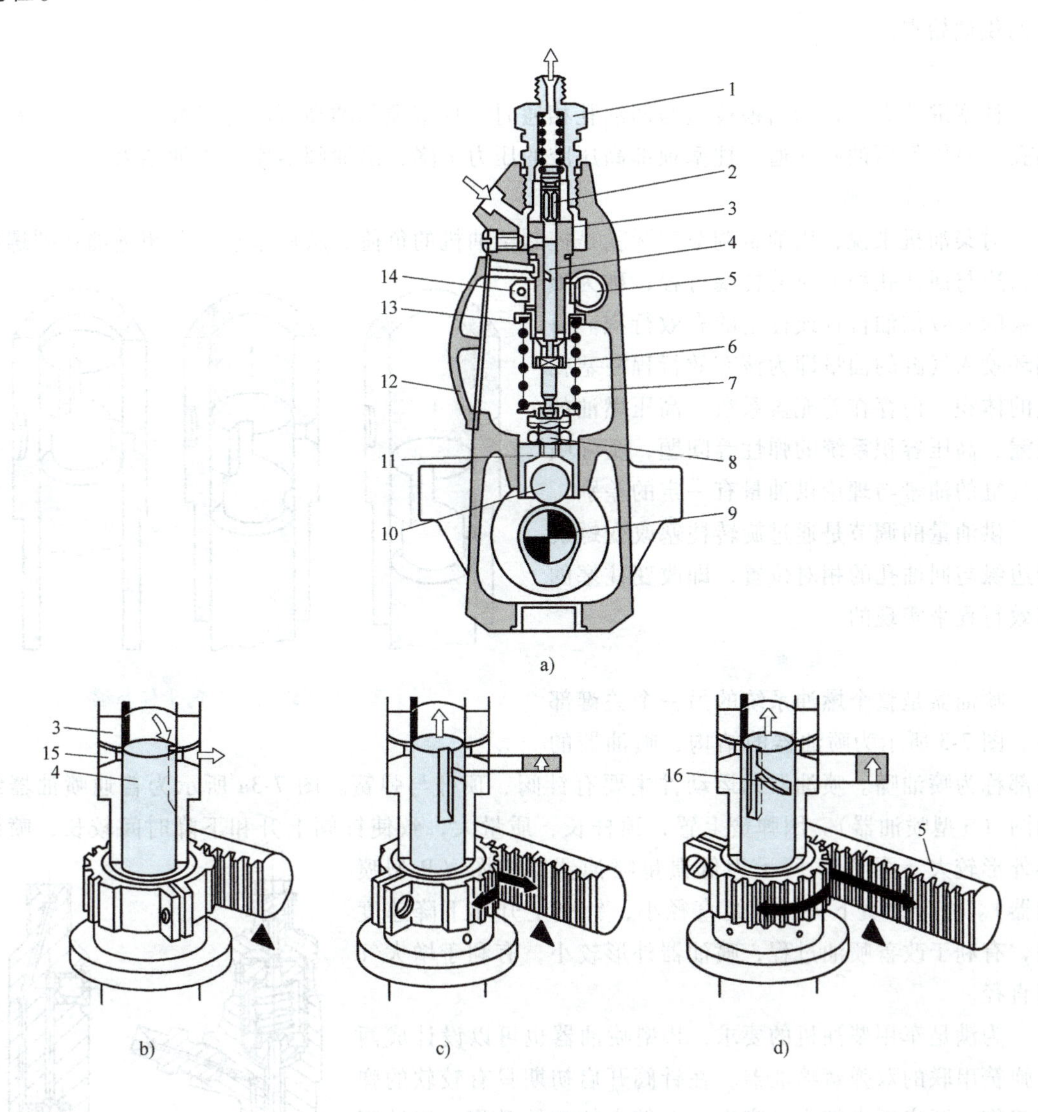

图 7-1　直列泵的横剖面结构

1—出油阀紧帽　2—出油阀　3—柱塞套　4—柱塞　5—油量调节齿杆　6—柱塞控制臂　7—柱塞回位弹簧　8—调节螺栓　9—凸轮轴　10—滚轮　11—挺柱　12—侧盖　13—控制套筒　14—齿圈　15—进、回油孔　16—螺旋槽

1. 进油过程

柱塞在复位弹簧的作用下，随凸轮下行，进/回油孔打开后，燃油进入柱塞上部空腔，直至柱塞上行，将进/回油孔关闭。

2. 高压燃油的产生与供油

上行的柱塞将进/回油孔关闭，在柱塞上部形成密闭空间，随柱塞的运动对柱塞腔内的燃油进行加压，形成高压燃油。

当柱塞腔内的燃油压力大于出油阀弹簧预紧力及高压油管残余压力的合力时，出油阀向上抬起，开始向高压油管供油。出油阀开启时对应的曲轴转角距上止点的角度，定义为喷油泵的供油始点。

3. 停油

柱塞继续上行，当斜槽棱边与回油孔相通时，柱塞顶部的高压腔通过柱塞上的油槽和回油孔与泵体低压油腔相通，柱塞顶部高压腔的压力下降，出油阀落座，供油结束。

4. 供油量调节

对柴油机来说，供油量调节实际就是控制柴油机的负荷。从柱塞顶面关闭进油孔到螺旋槽斜边与回油孔相通时的柱塞行程，称为喷油泵的有效供油行程或柱塞的有效行程。每循环喷入气缸的油量即为该有效行程柱塞扫过的体积，但存在着充盈系数、高压燃油的泄漏、高压容积系统的弹性等问题，实际喷入气缸的油量与理论供油量有一定的差别。

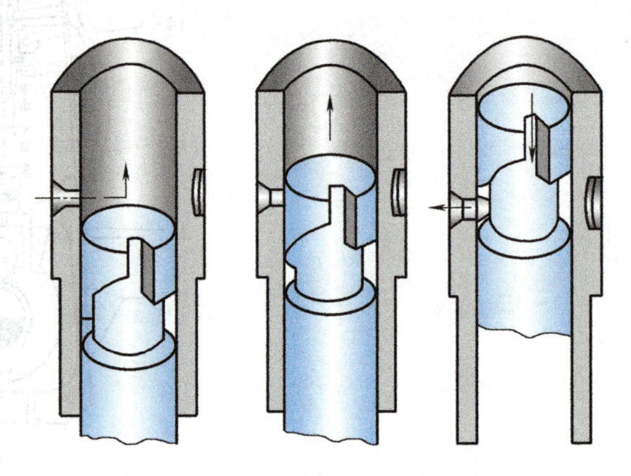

图 7-2 直列式喷油泵的工作原理

供油量的调节是通过旋转柱塞改变螺旋槽边缘与回油孔的相对位置，即改变柱塞的有效行程来实现的。

（二）机械式喷油器

喷油器是整个燃油系统的另一个关键部件。图 7-3 所示为喷油器的结构，喷油器的头部称为喷油嘴。喷油器的运动件主要有针阀、顶杆与弹簧。图 7-3a 所示为普通喷油器结构图（S 型喷油器）。因弹簧上置，顶杆长，质量大，致使针阀上升和下降时间较长，喷油器外形较大。图 7-3b 所示为低惯量喷油器结构图（P 型喷油器）。由于弹簧下置，针阀直径小，针阀上升和下降速度快，有利于改善喷油过程，喷油器外形较小，有利于增大气门直径。

为满足车用柴油机的要求，P 型喷油器也可以设计成两个弹簧串联的双弹簧喷油器。在针阀开启初期只有较软的弹簧工作，开启压力较小，产生一个较小的初始升程。当针阀上升至一定高度时，两个弹簧共同工作，开启压力增加为正常值，可以降低初始喷油率，实现预喷射。这种喷油器的优点是能够产生靴形喷射（Boot Injection），改善柴油机低速与怠速的稳定性，降低噪声与 NO_x 排放。

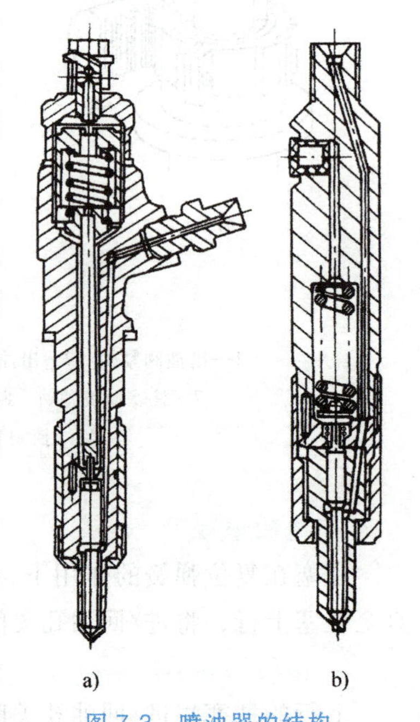

图 7-3 喷油器的结构
a）普通喷油器 b）低惯量喷油器

图 7-4a 所示为用于直喷式柴油机的孔式喷油器，图 7-4b 所示为用于分隔式燃烧室的轴针式喷油器。喷油嘴装入喷油器后，针阀就被弹簧压紧在针阀体的密封锥面上，当高压油管来的燃油在盛油槽中产生的压力高于针阀弹簧预先调定的开启压力使针阀升起后，燃油才能经喷孔喷出。

分隔式燃烧室柴油机喷油压力较低，采用单孔的轴针式喷嘴，孔径一般为 0.8～1.2mm，但针阀前端的轴针伸入孔内，燃油经轴针与喷孔之间形成的环形截面通道喷入燃烧室。

直喷式柴油机的喷油压力高，采用多孔喷油器，燃油经过喷油嘴的多个小孔喷入气缸。对于有进气涡流的中小功率柴油机，喷孔数为 4～6 个，对于缸径较大的柴油机，喷孔数多达 7～12 个。喷孔直径在 0.10～0.25mm 之间。

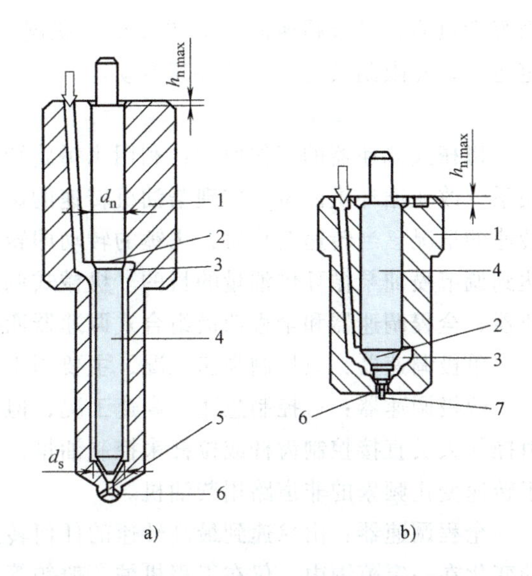

图 7-4　针阀式喷油器偶件

a）孔式喷油器针阀偶件　b）轴针式喷油器针阀偶件
1—针阀体　2—承压面　3—盛油槽　4—针阀
5—压力室　6—喷孔　7—轴针

孔式喷油嘴内部的针阀尖端与针阀体之间一般有一个柱形或锥形空间，叫作压力室（图 7-4a 中的 5）。喷油结束后，压力室中蓄有的少量燃油仍会因膨胀而进入燃烧室，增加了柴油机的 HC 与颗粒排放。为了减小压力室容积，可以采用小压力室（容积小于 $1mm^3$）和无压力室（Valve Closed Orifice，VCO）喷油嘴。图 7-5 所示为不同压力室容积的喷油嘴结构及其对 HC 排放量的影响。

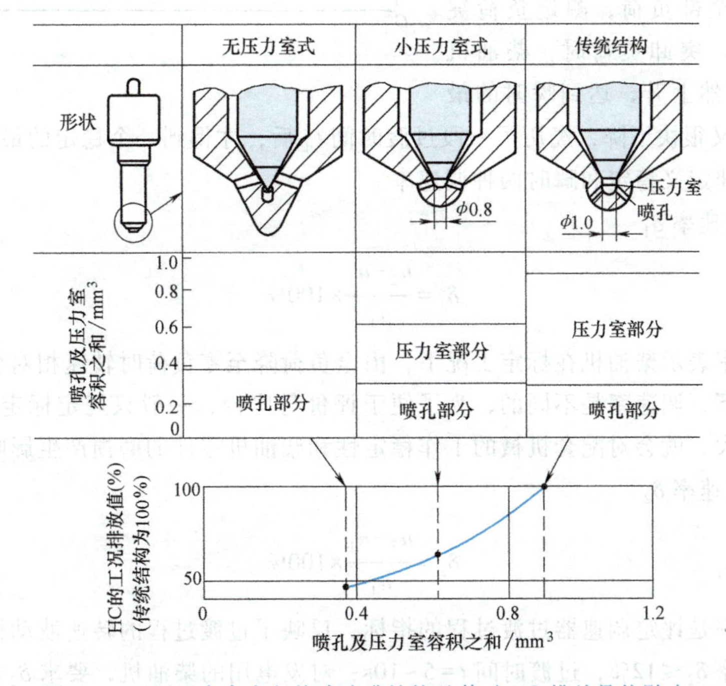

图 7-5　不同压力室容积的喷油嘴结构及其对 HC 排放量的影响

（三）调速器

柴油机调速器的基本功能是限制柴油机的最高转速，即保证柴油机在高速工况下，不致

因突卸负荷，导致超速而产生“飞车”状况。调速器也要保证柴油机在低速与怠速时的稳定运行，并限制其他工况的转速波动。

1. 机械式调速器

机械式调速器的工作原理：利用飞锤旋转产生的离心力与调速器弹簧回位力之间的平衡关系，改变循环供油量，实现柴油机转速的调整。飞锤旋转产生的离心力直接反映了柴油机转速的情况，当转速变化时，飞锤的转动即转变为滑套及其相连接的喷油泵齿杆的移动，以达到调节喷油泵循环供油量的目的。机械式调速器按其功能可以分为：单极调速器、两极调速器、全程调速器和全程两极组合式调速器四类。

单极调速器：只控制高速工况，主要用于恒定转速的柴油机，如发电机组。

两极调速器：可控制怠速和高速工况，但在宽阔的中间转速范围内调速器不起作用，而由操作人员直接控制齿杆或拉杆来控制油量，这样可以减小操作力，缩短反应时间，主要用于转速变化频繁的非道路用柴油机。

全程调速器：由怠速到最高转速的任何转速都能自动调节供油量的大小，从而保持转速的变化在一定范围内，仅在工程机械、船舶等方面得到应用。

2. 调速器的评价指标

（1）调速率　调速率是评价调速器性能的重要指标。采用柴油机突变负荷的试验方法进行测定。如图 7-6 所示，试验时，柴油机在标定工况下运转，然后突卸全部负荷，测定负荷突变前后的转速。突卸负荷时，柴油机的转速 n_1 会突然上升，达到瞬时的最大值 n_3，接着又很快下降，经历了一段过渡时间 t_n 后，才得到一个稳定的最高空转转速 n_2。对应这两个转速定义稳定和瞬时两种调速率。

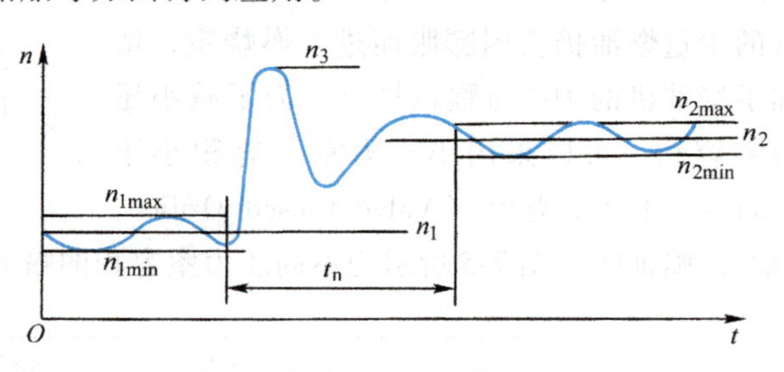

图 7-6　调速器在柴油机突卸负荷时的转速变化过程

1）稳定调速率 δ_1

$$\delta_1=\frac{n_2-n_1}{n_1}\times100\% \tag{7-1}$$

稳定调速率表示柴油机在标定工况下，由全负荷降至零负荷时转速相对变化。全程调速器在不同转速下，调速率是不同的，为了便于评价与比较，一般只规定标定工况的调速率。稳定调速率过大，就会对配套机械的工作稳定性和柴油机零件的磨损产生影响。

2）瞬时调速率 δ_2

$$\delta_2=\frac{n_3-n_1}{n_1}\times100\% \tag{7-2}$$

瞬时调速率是评定调速器过渡过程的指标，反映了过渡过程的转速波动情况。一般情况下，瞬时调速率 $\delta_2\leqslant12\%$，过渡时间 $t=5\sim10$s；对发电用的柴油机，要求 $\delta_2\leqslant10\%$（部分应用场景甚至要求 $\delta_2\leqslant5\%$），$t=3\sim5$s。

（2）转速波动率 Ψ　转速波动率是指内燃机在稳定运转时转速变化的程度，即在负荷不变的运转条件下，在一定时间内测得最大转速 n_{max}（或最小转速 n_{min}）与该时间内的平均

转速 n_m 之差除以平均转速，取绝对值的百分数计算，即

$$\Psi=\left|\frac{n_{max}(\text{或}\ n_{min})-n_m}{n_m}\right|\times100\% \tag{7-3}$$

标定功率时的转速波动率 $\Psi\leqslant1\%$。

（3）不灵敏度　调速器工作时，调速系统中有摩擦存在，需要有一定的力来克服摩擦，才能移动油量调节机构。不论柴油机转速增加或减少，调速器都不会立即做出改变循环供油量的反应，因为机构中的摩擦力阻止着调速器滑套的运动。例如，在柴油机转速 $n=2000\text{r/min}$ 时，调速器可能对转速 $n'=1990\text{r/min}$ 到 $n''=2008\text{r/min}$ 范围内的变动都不起反应，这样两个起作用的极限转速之差与柴油机平均转速之比就称为调速器的不灵敏度，即

$$\varepsilon=\frac{n''-n'}{n}\times100\% \tag{7-4}$$

三、电控燃油系统

随着对柴油机排放要求的不断提高和电子控制技术的发展，先后出现了电控单体泵、电控分配泵、电控泵喷嘴和电控共轨燃油系统等多种形式的电控燃油系统，满足了不同阶段的排放要求。其中电控高压共轨燃油系统显示了燃油喷射压力高和控制精确的优势，得到了广泛的应用。

柴油机电控高压共轨燃油系统（Common Rail System，CRS）如图 7-7 所示，高压泵将燃油加压后送往高压油轨，油轨与各缸喷油器之间以高压油管相连，电控单元（ECU）根

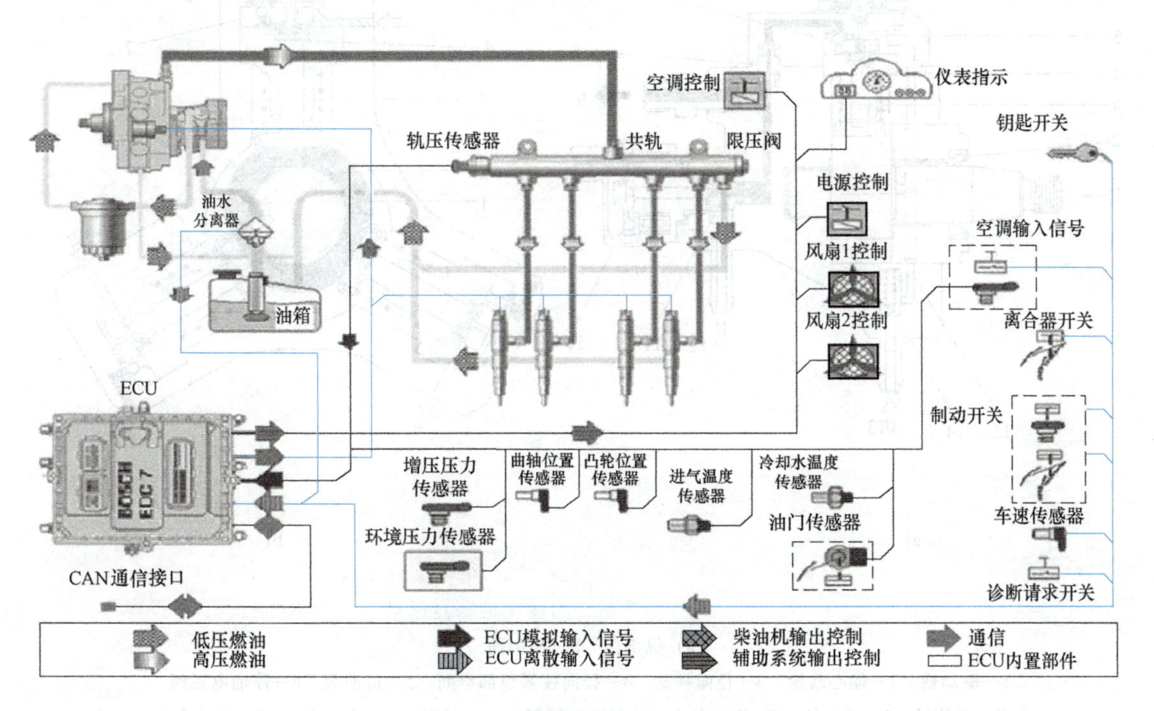

图 7-7　柴油机共轨燃油系统（CRS）

据各种传感器（温度、压力、进气流量、曲轴和凸轮轴转角位置与转速等）提供的有关柴油机运转工况的信息以及驾驶人员的操作意向（加速踏板位置）进行逻辑分析，发出控制喷油过程的相关指令。

与机械式燃油系统相比，共轨燃油系统的高压燃油由高压泵产生，控制与调节喷油过程由电控喷油器实现，两者相互独立。整个系统可对喷油量、喷油正时、喷油压力进行控制与调节。喷油压力不受柴油机转速和负荷的影响，在各种工况下保持最佳值，可以获得更好的控制柔性和更高的控制精度。在电控高压共轨系统中，除了传感器和电控单元（ECU）外，高压燃油供给系统中的关键部件为高压泵、高压油轨和喷油器。

（一）高压供油泵

高压供油泵的功能：柴油机工作时，向燃油共轨腔内提供足够的高压燃油。图7-8所示是一种带有三个径向压油柱塞泵的高压供油泵。工作时，低压燃油通过进油阀流入油泵柱塞顶部，通过凸轮的旋转，推动三个周向呈120°均布的柱塞依次向外运动，产生一定的油压，柱塞顶部的高压燃油经过高压泵进入高压燃油轨，完成高压供油。

共轨系统中，高压泵通常安装在柴油机机体侧面，由齿轮、链条或齿形带传动。高压油泵的供油无需像机械式燃油系统的油泵那样与喷油过程保持同步，可以连续向高压油轨供油。因此，共轨高压泵的驱动转矩峰值较低，消耗的功率较小。

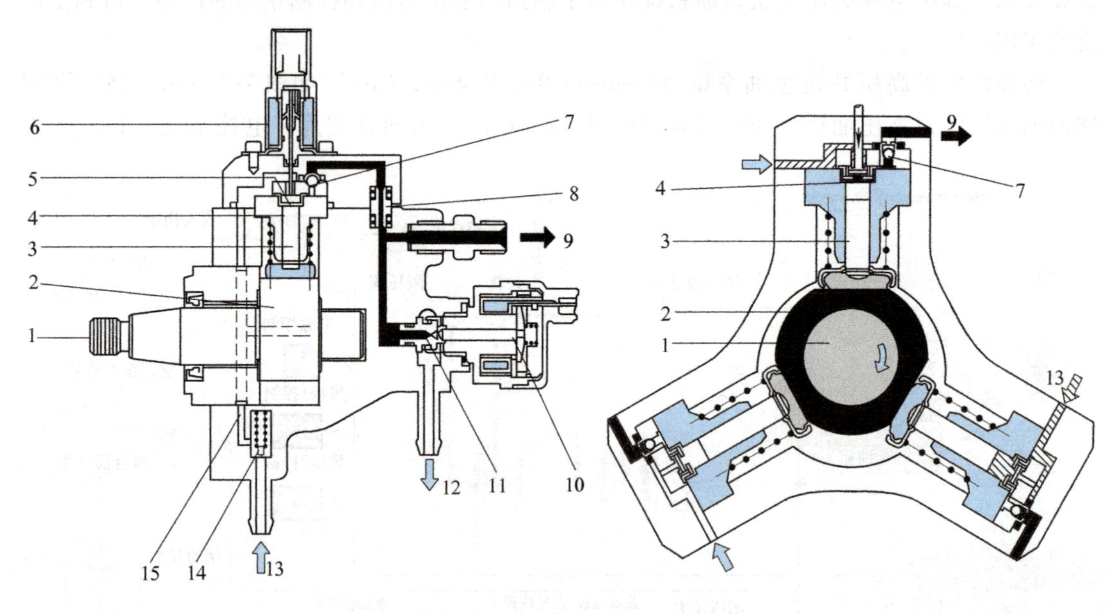

图 7-8 电控共轨系统的径向柱塞高压泵

a）纵剖面 b）横剖面

1—驱动轴 2—偏心凸轮 3—径向柱塞 4—径向柱塞顶部空间 5—进油阀 6—停油电磁阀 7—出油阀 8—密封件 9—高压泵出口 10—调压阀 11—球阀 12—回油路 13—进油孔 14—带节流孔的安全阀 15—通往进油阀的低压油道

（二）高压油轨

高压油轨实质上是个蓄压器。其主要功能是贮存高压燃油，保持油压稳定并通过油管将高压燃油分配给各缸的电控喷油器。高压油轨为一管状厚壁容器，其尺寸和腔内容积应考虑燃油的可压缩性和循环喷油量等因素，以保证喷油和供油时，油轨内的燃油压力波动尽可能小，同时也要保证柴油机起动时，油轨内的压力能迅速建立。在高压油轨上还安装有轨压调节阀，用于调节燃油压力。

（三）电控喷油器

如图 7-9 所示，电控喷油器主要由电磁阀、球阀、控制柱塞、针阀等零件组成。喷油器的工作状态可以分为待喷状态、喷油状态和停油状态。

1. 待喷状态

图 7-9a 所示为待喷状态。电磁阀在 ECU 的指令下断电，球阀 5 在弹簧的作用下关闭回油节流孔 6。进入喷油器的高压燃油分成两路，分别流往针阀的高压油道 10 和柱塞上腔 8。由于控制柱塞的顶面面积大于针阀的承压面积，控制柱塞向下的压紧力要大于针阀的升起力，再加上针阀弹簧的作用，使针阀保持关闭，喷油器处于待喷状态。

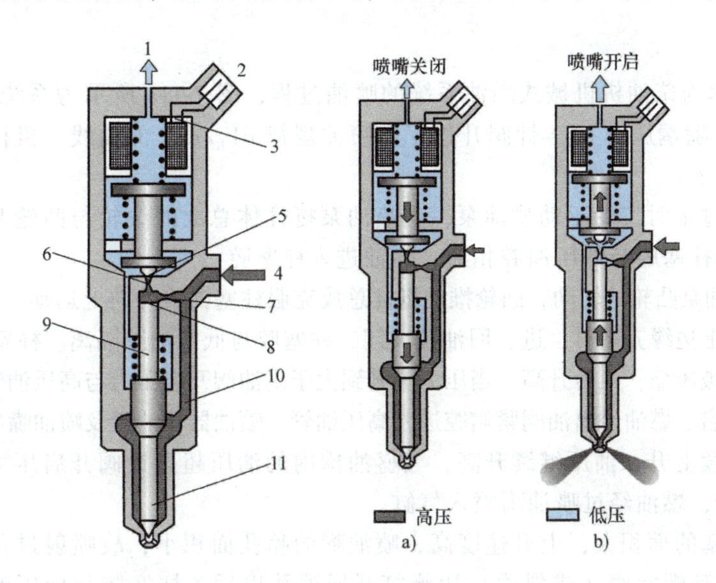

图 7-9 电控喷油器

a）喷油嘴针阀关闭（待喷状态） b）喷油嘴针阀开启（喷油状态）

1—回油 2—电缆接口 3—电磁阀 4—高压进油孔 5—球阀 6—回油节流孔 7—进油节流孔 8—柱塞上腔 9—控制柱塞 10—高压油道 11—针阀

2. 喷油状态

图 7-9b 所示为喷油状态。电磁阀通电，衔铁在电磁力的作用下被吸至上方，球阀 5 将回油节流孔 6 打开，柱塞上腔 8 内的高压油经节流孔 6 和回油道流回油箱。因为回流节流孔 6 的孔径大于进油节流孔 7 的孔径，故球阀打开后，柱塞上腔 8 的压力迅速下降，降低了对针阀的压紧力，当压紧力与针阀弹簧的合力小于高压油对针阀承压面的作用力（喷油器的开启力）时，针阀开启，实现高压喷油。

3. 停油状态

电磁阀断电，失去对衔铁的吸力，球阀5在电磁阀弹簧作用下关闭回油节流孔，柱塞上腔8内的油压升高推动针阀落座，电控喷油器回到停油待喷状态。

随着喷油压力的进一步提高，为克服高速电磁阀的质量和惯性对频响特性的限制。目前已有用压电晶体取代电磁阀的喷油器。它利用压电晶体通电后，能够迅速产生变形的原理，直接或通过液压伺服机构使针阀开启，提高了电控喷油器的响应，加快了针阀启闭的速度，使喷油器的结构更为紧凑，可实现喷油过程的及时、精确与灵活的控制。图7-10所示为电控压电式喷油器的结构简图。

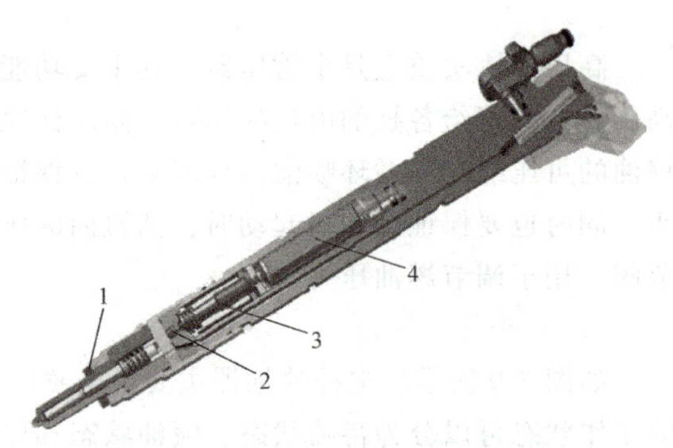

图7-10　电控压电式喷油器的结构简图

1—喷油嘴　2—针阀　3—柱塞　4—压电晶体

四、喷油过程

（一）机械式燃油系统喷油过程

图7-11所示为柴油机机械式燃油系统的喷油过程，图7-11a所示为系统简图，图7-11b为泵端压力p_p、嘴端压力p_N、针阀升程h和喷油规律$dV_b/d\varphi_c$的曲线。机械式燃油系统的喷油过程概述如下：

1）曲轴通过正时齿轮驱动喷油泵，当喷油泵挺柱体总成的滚轮与凸轮基圆接触时，柱塞处于下止点，柱塞腔与低压油腔相通，燃油进入柱塞腔。

2）随着喷油泵凸轮的转动，凸轮推动挺柱总成克服柱塞弹簧力向上运动。当柱塞顶面上升到与进、回油孔上边缘齐平时，进、回油孔关闭，柱塞腔与低压油腔隔离。柱塞继续向上运动，柱塞内腔的燃油被压缩，压力升高，当压力上升到大于出油阀开启压力与高压油管内的残压p_0之和时，出油阀开启。燃油经出油阀紧帽腔进入高压油管、喷油器体油道及喷油嘴盛油槽内。

3）柱塞继续上升，油压继续升高，当盛油槽内的油压超过针阀开启压力p_{vop}时，针阀打开，喷油开始，燃油经过喷油嘴喷入气缸。

4）由于柱塞的面积大，上升速度高，喷油嘴的喷孔面积小，故喷射过程中压力继续升高。当柱塞上升到螺旋槽（或斜槽）边缘打开回油孔以后，柱塞腔与低压油腔相通，燃油进入低压油腔，柱塞腔油压迅速下降。

5）出油阀在弹簧力和两端油压差的综合作用下开始下行。在出油阀落座过程中，由于减压容积的作用，使高压油路中燃油压力迅速下降，当喷油嘴盛油槽内的燃油压力小于针阀关闭压力时，针阀落座，喷油停止。高压油路内保持残余压力p_0。

6）由于燃油的可压缩性以及压力波的传播特性，压力波需经多次来回反射逐渐衰减至残余压力p_0；若出油阀减压容积较大，则压力波衰减很快。

（二）电控共轨燃油系统喷油过程

电控共轨燃油系统喷油过程由ECU发出指令，通过喷油器的电磁阀控制喷油始点、喷油终点、喷射次数和喷油压力等。喷油压力由装在高压燃油轨的调压阀控制，喷油量取决于喷油压力、喷油持续期和喷孔的流通特性。ECU根据各种传感器的反馈信息，可以判断柴油机的运行工况，依据内存的脉谱图，对电控共轨系统的喷油量、喷射次数及喷油正时和喷油压力做出及时、有效的调整。

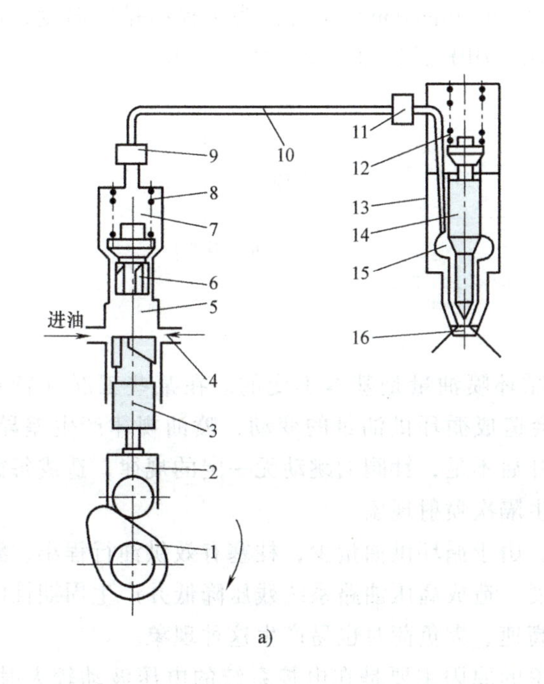

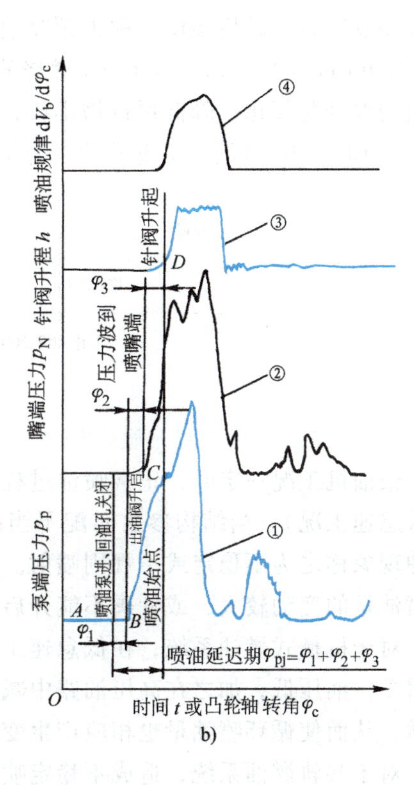

图 7-11 柴油机机械式燃油系统的喷油过程

a）喷油系统简图 b）喷油过程

1—凸轮 2—挺柱体 3—柱塞 4—进、回油孔 5—柱塞腔 6—出油阀 7—出油阀紧帽腔 8—出油阀弹簧 9、11—压力传感器 10—高压油管 12—针阀弹簧 13—喷油器总成 14—针阀 15—盛油槽 16—喷孔

①—泵端压力 ②—嘴端压力 ③—针阀升程 ④—喷油规律

图 7-12 所示为电控喷油过程的电流、针阀升程、控制阀升程、喷油速率的变化曲线。由图可见，在共轨系统中，燃油的可压缩性导致实际喷油压力存在一定波动，可通过油轨优化设计和 ECU 的控制策略进行补偿。喷油过程中，针阀开启关闭时间由电流脉冲控制，响应速度快，喷油速率波形接近于梯形，开始阶段喷油速率上升快，停油干脆。

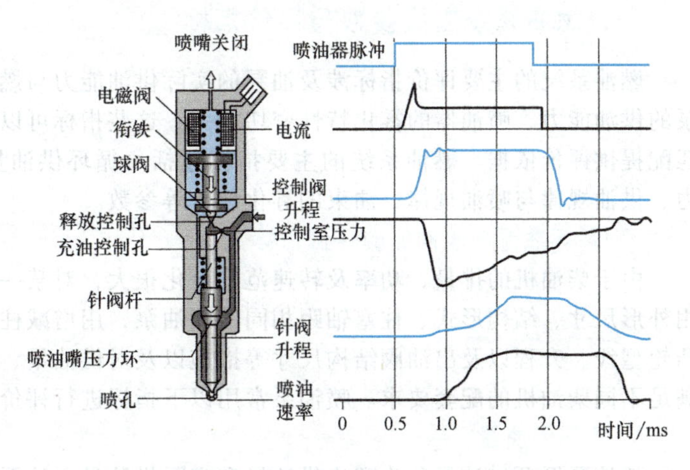

图 7-12 电控系统喷油过程的示意图

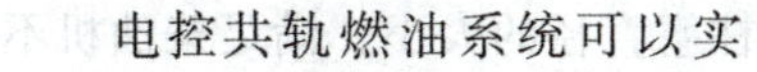

电控共轨燃油系统可以实现多达 5~6 次喷射，如图 7-13 所示。为了有效降低柴油机的燃烧噪声与 NO_x 排放，在每循环主喷射之前，先喷入少量油量，能够缩短滞燃期与提高缸内的局部湍流，可有效降低燃烧

最大爆发压力、燃烧温度，称为预喷射（Pre-Injection）或先导喷射（Pilot Injection）。早喷（Early Injection）可以实现PCCI燃烧的目的，后喷（Post Injection）可以促进主喷尾部喷射燃油的混合与氧化，降低颗粒物排放，晚喷（Late Injection）主要是为了提高排气温度，可以减少CO、HC排放，更重要的是为了使SCR、DPF后处理装置的高效工作。

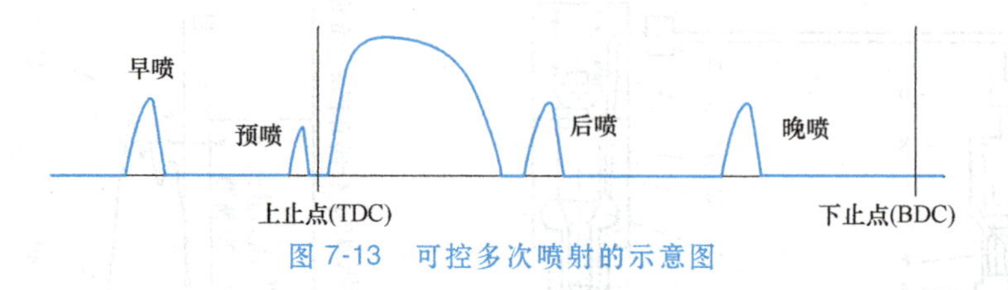

图7-13 可控多次喷射的示意图

（三）柴油机的不稳定喷射现象

柴油机工况一定时，正常喷油过程中每循环喷油量是基本不变的。在某些工况（特别是低怠速工况），当结构参数匹配不当时，会造成循环供油量的变动，喷油规律产生差异，这种现象称之为不稳定或不规则喷射。针阀开启不足，针阀的跳动无一定的规律，造成每循环喷油量的变动较大，或针阀不能开启，产生隔次喷射现象。

对于机械式燃油系统，在低怠速工况时，由于循环供油量少，柱塞有效供油行程小，漏油增多，油压低，加之在高压油路中减压过度，造成高压油路系统残压降低并产生周期性的波动，从而使循环喷油量也相应产生变化。高速、大负荷时也易产生这种现象。

对于共轨燃油系统，造成不稳定喷射现象的原因主要是在电控系统的电压波动较大时，易对喷油脉宽信号产生干扰，影响喷油器执行机构，形成喷油压力的波动，影响针阀的落座和密封，产生不稳定喷射现象。

第三节 燃油系统参数对柴油机性能的影响

一、燃油系统主要参数与评价指标

燃油系统的主要评价指标涉及油泵的实际供油能力与燃油系统零部件的加工精度，与油泵的供油能力、喷油器的雾化特性密切相关，这些指标可以为燃油系统与柴油机燃烧系统的匹配提供评价依据。燃油系统的主要指标包括每循环供油量、喷油速率、喷油器的开启压力、供油规律与喷油规律、油束的雾化评价等参数。

（一）喷油泵与喷油器的评价指标

由于柴油机的排量、功率及转速范围变化很大，对某一功率与转速范围的柴油机，可采用外形尺寸、结构形式、柱塞轴距相同的喷油泵，用增减柱塞数、更换不同柱塞直径、改变凸轮型线、升程以及出油阀结构尺寸等措施以及对供油量、转速等参数进行调整的方法，来满足不同柴油机的配套要求。喷油泵常用以下指标进行评价。

1. 循环供油量

喷油泵循环供油量分为理论供油量和实际供油量。油泵理论循环供油量是由柱塞有效行程与柱塞截面积计算得到的供油量。装配时，可以通过改变柱塞直径的大小，满足柴油机不同理论循环供油量的要求。考虑燃油的可压缩性、油管的弹性膨胀以及供油过程中出油阀早开、晚关的节流作用与柱塞泄漏等因素，理论供油量与实际供油量存在一定差别。

2. 平均供油速率

平均供油速率是指喷油泵在供油持续期内每 1°（CA）的平均供油量。提高平均供油速率的有效途径：增加柱塞直径、提高柱塞平均速度。

3. 柱塞有效供油行程

柱塞有效供油行程是指以柱塞关闭进油孔开始压缩燃油到柱塞斜槽与回油孔相通时柱塞运行的行程。柱塞有效供油行程 h_e 可按以下方法计算：根据柴油机额定工况点燃油消耗率和功率算出柴油机所需的每循环喷油量 V_p（mm^3/循环）

$$V_p=\frac{b_e P_e \tau}{120 n \rho_f i}\times 10^3 \tag{7-5}$$

式中，P_e 为柴油机额定功率（kW）；b_e 为额定功率点燃油消耗率［g/(kW · h)］；n 为柴油机转速（r/min）；i 为柴油机气缸数；ρ_f 为燃油密度（g/cm^3）；τ 为柴油机的行程数。

有效行程 h_e 的计算式为

$$h_e=\frac{4V_p}{\pi d_p^2 \eta_f} \tag{7-6}$$

式中，d_p 为柱塞直径；η_f 为喷油泵的供油系数，其值主要与进回油孔的节流作用有关，一般 $\eta_f=1.00\sim1.25$，当节流作用较大时，取大值。

柱塞直径与供油速率之间的关系是：柱塞直径增大，供油速率增大，在相同供油量情况下，有效行程减小，供油和喷油持续期缩短，从而缩短柴油机的燃烧期，改善性能。但加大柱塞直径后初期喷油量大，柴油机运转粗暴。

4. 喷油器的开启压力

喷油器针阀由调压弹簧紧压在针阀体座面上，压紧力 F 由弹簧预紧力和刚度决定，燃油压力作用于针阀在盛油槽内的承压锥面上，当油压达到开启压力 p_{vop} 时，针阀开启。喷油器针阀开启压力的计算公式为

$$p_{vop}=\frac{4F}{\pi(d_n^2-d_s^2)} \tag{7-7}$$

式中，d_n 为针阀直径；d_s 为针阀座面密封直径。

当喷油接近结束时，盛油槽内油压下降，针阀又在弹簧压紧力的作用下下行，针阀落座并停止喷油，此时的油压称为喷油器的关闭压力 p_s，有

$$p_s=\frac{4F}{\pi d_n^2} \tag{7-8}$$

对比式（7-7）和式（7-8）可见，p_{vop} 大于 p_s。关闭压力越接近开启压力，喷雾质量越好，断油也更干脆。

喷油器开启压力 p_{vop} 与喷油峰值压力 p_{jmax} 不同，不应混淆。但它们之间有一定的内在联系，一般说来，p_{vop} 越大，p_{jmax} 也越高。

5. 喷孔面积与流通特性

喷油嘴喷孔面积大小与针阀升程、喷油嘴的结构形式有关。孔式喷油器的最大喷孔截面取决于喷孔的数目和直径，而轴针式喷油器最大喷孔截面取决于针阀最大升程和喷油嘴形状。喷孔流通面积与针阀升程的关系称为喷油器的流通特性。图 7-14 所示为不同喷油器的流通特性，图中的折线为根据喷油嘴的几何尺寸计算的几何流通特性（A-h），曲线为实验给出的流通特性（μA-h），两者的比值是喷油器的流量系数 μ，它与密封锥面结构、喷孔加

工质量等有关。在满足喷油嘴流通截面的前提下，应尽可能减少针阀升程。

喷孔流通截面的大小取决于喷油压力、供油速率和柴油机结构形式。喷孔面积过大，会导致喷油压力与喷油速率降低，喷油持续期缩短，喷油雾化质量变差；但喷孔面积过小，则喷油压力过高且易产生不正常喷射。

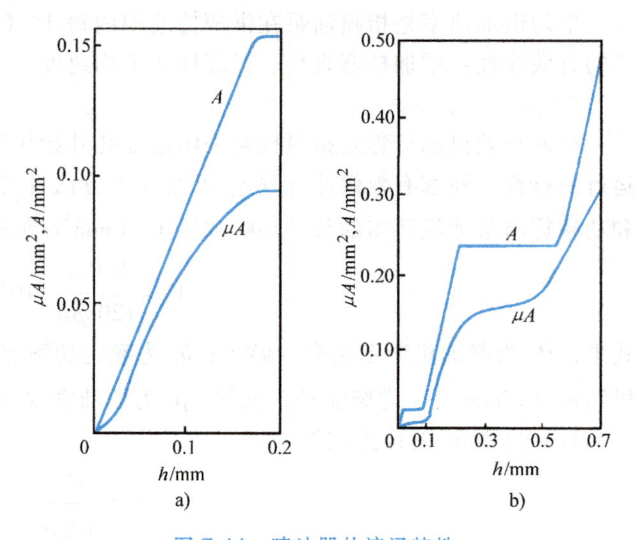

图 7-14 喷油器的流通特性

a）孔式喷油器 b）轴针式喷油器

（二）供油规律与喷油规律

供油规律是指单位曲轴转角或单位时间内喷油泵供入高压油路中的燃油量，即供油率 $\mathrm{d}V_p/\mathrm{d}\varphi$ {mm^3/[(°)(CA)]} 随曲轴转角 φ 或 $\mathrm{d}V_p/\mathrm{d}t$ (mm^3/s) 随时间 t 的变化关系。它完全是由柱塞的直径和凸轮型线的运动特性决定的，即

$$\frac{\mathrm{d}V_p}{\mathrm{d}\varphi}=f(\varphi)=A_p w_p \tag{7-9a}$$

或

$$\frac{\mathrm{d}V_p}{\mathrm{d}t}=f(t)=A_p w_p \tag{7-9b}$$

式中，A_p 为柱塞面积（mm^2）；w_p 为几何供油行程段的柱塞速度，在式（7-9a）中 w_p 的单位按曲轴转角计，即 mm/［（°）（CA）］，在式（7-9b）中 w_p 的单位为 mm/s。

喷油规律是指在喷油过程中，单位曲轴转角或单位时间内从喷油器喷入气缸的燃油量，即喷油率 $\mathrm{d}V_b/\mathrm{d}\varphi$ {mm^3/［（°）（CA）］} 随曲轴转角 φ 或 $\mathrm{d}V_b/\mathrm{d}t$ (mm^3/s) 随时间 t 的变化关系，即

$$\frac{\mathrm{d}V_b}{\mathrm{d}\varphi}=f(\varphi) \tag{7-10a}$$

或

$$\frac{\mathrm{d}V_b}{\mathrm{d}t}=f(t) \tag{7-10b}$$

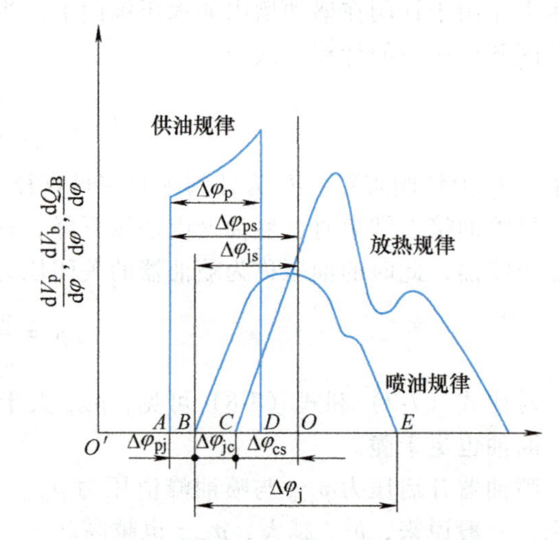

图 7-15 供油规律、喷油规律与放热规律随曲轴转角φ的变化关系

A—供油始点（φ_{ps}） B—喷油始点（φ_{js}） C—燃烧始点（φ_{cs}） D—供油终点（φ_{pe}） E—喷油终点（φ_{je}） O—上止点 $\Delta\varphi_{ps}$—供油提前角 $\Delta\varphi_p$—供油持续角 $\Delta\varphi_{js}$—喷油提前角 $\Delta\varphi_{pj}$—喷油延迟角 $\Delta\varphi_j$—喷油持续角 $\Delta\varphi_{cs}$—着火提前角 $\Delta\varphi_{jc}$—着火延迟角

图 7-15 所示为供油规律、喷油规律与放热规律随曲轴转角 φ 的变化关系。喷油规律表达式虽与供油规律相似，但由于燃油系统中高压容积的存在和燃油可压缩性，在形状与相位上均有明显差异。由于高压油管的压力波从泵端传到嘴端需要一定的时间，所以喷油始点 B（φ_{js}）要迟于供油始点 A（φ_{ps}），即存在一个喷油延迟角 $\Delta\varphi_{pj}$。喷油的持续时间大于供油持续时

间，即 $\Delta\varphi_j>\Delta\varphi_p$，喷油规律曲线的峰值也就相应小于供油规律的峰值。

供油提前角 $\Delta\varphi_{ps}$ 与喷油提前角 $\Delta\varphi_{js}$ 之间的差值是喷油延迟角 $\Delta\varphi_{pj}$，三者的关系为

$$\Delta\varphi_{ps}=\Delta\varphi_{js}+\Delta\varphi_{pj} \tag{7-11}$$

采用电控共轨燃油系统后，就不存在机械式燃油系统的供油与喷油之间的差异了。

（三）雾化特性评价指标

1. 索特平均直径

雾化质量一般是指喷散的细度和喷散的均匀度，喷散得越细，越均匀，说明雾化质量越好。由于燃油的喷雾中的油滴大小不同，表示油粒平均直径的方法很多，通常采用索特平均直径（Sauter Mean Dianmeter，SMD）表示。SMD 的物理意义是全部油滴的体积与总面积之比，其定义为

$$\mathrm{SMD}=\frac{\sum_{1}^{k}N_i d_i^{\,3}}{\sum_{1}^{k}N_i d_i^{\,2}} \tag{7-12}$$

式中，N_i 为直径为 d_i 的被测量的油滴数量；k 为直径分档数。

英国里卡多（Ricardo）公司根据主要影响因素（喷孔直径和影响喷孔内燃油流速的压差 Δp），在假定燃油温度为 573K 的条件下，给出了工程上应用的简化公式，即

$$\mathrm{SMD}=207.6d_c^{0.418}(\Delta p)^{-0.351} \tag{7-13}$$

式中，d_c 的单位为 mm，Δp 单位为 bar，求出的 SMD 单位为 μm。由此可见，喷油压力越高，喷孔越小，则 SMD 也越小。

将油滴的直径定义为横坐标，将某一直径油滴约占全部油滴的百分比定义为纵坐标，某一直径油滴约占全部油滴的百分比随油滴直径的变化关系称为雾化特性曲线，如图 7-16 所示。

2. 油束射程

图 7-17a 所示为油束简图。油束射程（Spray Penetration）是指油束的前锋至喷孔出口处的距离 L。在实际柴油机中，由于油束形成时伴随着复杂的燃油雾化、蒸发与燃烧过程，油束射程随时间不断变化。和栗雄太郎（Wakuri）根据动量原理提出了油束射程 L 的计算经验公式

$$L=2.9(d_c t)^{0.5}\left(\frac{\Delta p}{\rho_a}\right)^{0.25} \tag{7-14}$$

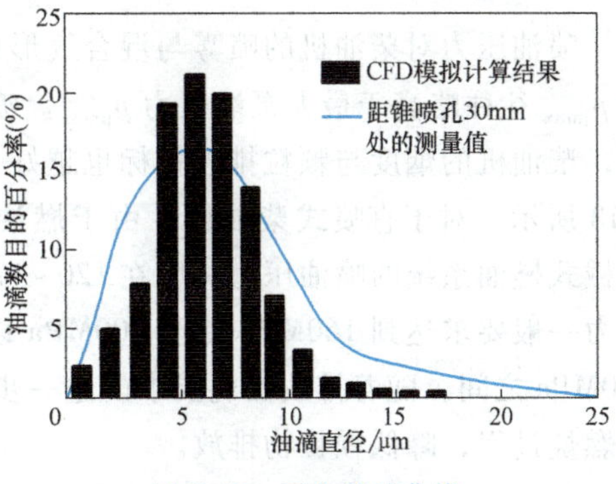

图 7-16　雾化特性曲线

式中，L 为油束射程（m）；t 为贯穿时间（s）；d_c 为喷孔直径（m）；Δp 为喷孔处压力差（Pa）；ρ_a 为缸内空气的密度（m^3/kg）。

因简化条件、试验依据与实际情况不一样，计算结果有一定的差别。对于缸径较小的直喷式柴油机还应考虑燃油碰壁时撞击、反向和反弹等现象。

3. 喷雾锥角

喷雾锥角定义为喷雾贯穿距离二分之一处外轮廓线切线的夹角，图 7-17 中用 β 表示，

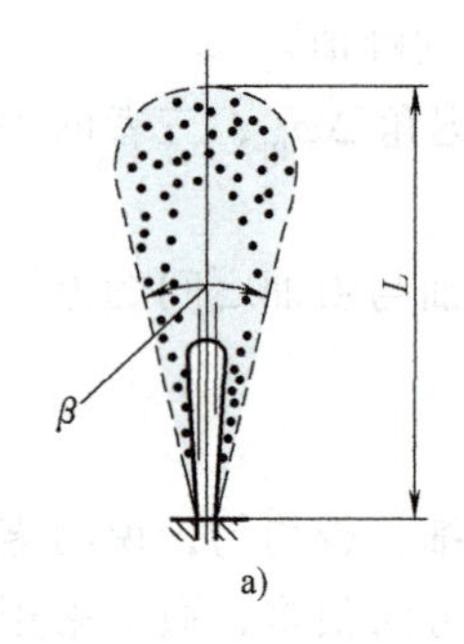

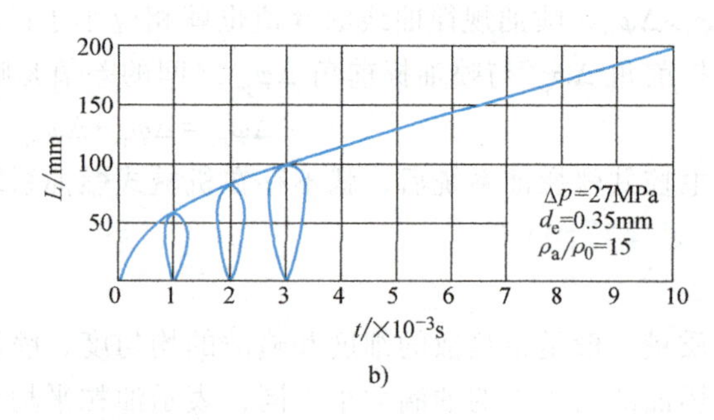

图 7-17 油束及其射程随时间的变化关系

a）油束简图 b）油束射程随时间变化关系

在油束的前进过程中，β不断发生变化。喷雾锥角说明油束的紧密程度，β大表示油束比较松散，油束射程短，β小表示油束精密，油束射程较长。它对燃油在燃烧室内的分布具有重要的参考价值。喷雾锥角的大小主要受喷油压力与喷孔尺寸的影响，作为初步估算，也有很多经验公式，广安博之（Hiroyasu）和新井雅隆（Arai）根据定容燃烧弹试验和量纲分析提出的公式为

$$\beta=0.05\left(\frac{\Delta p d_c^2}{\rho_a v_a^2}\right)^{0.25} \tag{7-15}$$

式中，v_a 为缸内空气的运动黏度（m^2/s）；其余 Δp、d_c、ρ_a 的意义与单位与式（7-14）相同。

二、喷油特性对柴油机性能的影响

喷油特性指喷油压力、喷油正时、喷油量随喷油泵转速的变化规律。喷油特性对柴油机燃烧过程与整机动力性、排放性能有着十分重要影响。

1. 喷油压力

喷油压力对柴油机的喷雾与混合气形成以及燃烧过程有着直接的影响。一般最大喷油压力 p_{jmax} 往往略高于最大泵端压力 p_{pmax}。喷油压力越高，燃油喷雾粒度越细，喷油速率也越高，柴油机的烟度与颗粒排放指标也越好，各种燃油供给系统所能达到的喷油压力范围如图7-18所示。对于直喷式柴油机，由于燃油雾化与混合气形成能量主要是由高压喷油提供，机械式燃油系统的喷油压力一般在120~170MPa之间，但满足车用国Ⅵ标准的燃油系统喷油压力一般要求达到160MPa乃至200MPa以上。电控高压燃油系统的喷油压力一般在160~200MPa之间，随着排放法规要求的进一步严格，不断提高喷油压力可以进一步改善柴油机的燃烧过程，降低颗粒物排放。

2. 喷油提前角与喷油持续期

为了获得高的热效率，要求主要燃烧过程尽可能在上止点附近完成，为此燃油应在上止点前喷入，通常喷油始点用喷油提前角表示。一般来说，喷油过早，气缸压力上升快，上升大，柴油机工作粗暴。喷油过晚，燃烧滞后，热效率下降，排烟增加。喷油持续期过大，后燃增加，柴油机性能恶化。

喷油提前角的确定原则：

1）从动力性和经济性考虑，负荷增加，喷油量增大，喷油持续期加长，喷油提前角应

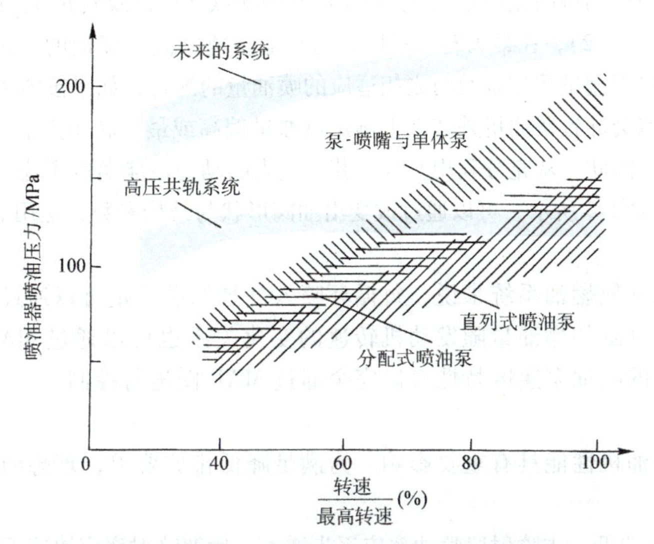

图 7-18 各种燃油供给系统所能达到的喷油压力范围

增大，这样才能保证燃料在上止点附近燃烧及时；转速增大，最佳喷油提前角也应增大，这是因为着火延迟角加大，为保证燃烧及时，喷油要相应提前一些。

2）增压柴油机的缸内压缩温度和压力较高，滞燃期短，故喷油提前角也应小一些。

3）从减少有害排放考虑，若需降低 NO_x，喷油提前角要小一些，即需推迟喷油。

4）从燃烧噪声考虑，降低 $dp/d\phi$ 和 p_{max} 也应取较小的喷油提前角。

电控柴油机的喷油提前角由电控系统根据柴油机性能、排放等控制要求，依据控制策略确定。

喷油开始至喷油结束之间的时间，称为喷油持续期（可根据针阀升程或喷油规律曲线确定），若用曲轴转角来计量，则称为喷油持续角（$\Delta\varphi_j$，图 7-15），$\Delta\varphi_j$ 过大，会导致后燃增加，柴油机性能恶化。

3. 喷油泵的速度特性及校正

针对机械式喷油泵来说，喷油泵在油量调节齿杆位置不变时，每循环喷油量 V_b 随油泵转速 n_p（或柴油机转速 n）变化的特性 $V_b=f(n_p)$ 称为喷油泵的速度特性。齿杆在标定工况油量位置时的这一特性又叫作喷油泵的速度外特性。

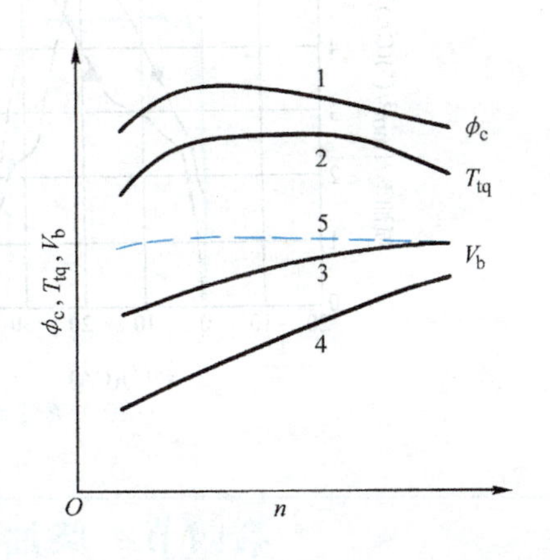

图 7-19 常用柴油机直列泵的速度特性

1—柴油机充量系数 2—柴油机转矩曲线 3—喷油泵速度特性（外特性） 4—喷油泵速度特性（部分负荷特性） 5—对喷油泵外特性期望的校正值

图 7-19 中的实线 3 和 4 分别为常见的柱塞泵的速度外特性和部分负荷速度特性曲线。由图可见，两者的油量均随转速升高而加大，但外特性速度特性的 V_b 先上升而后趋于平坦，而部分负荷速度特性的 V_b 则随转速持续上升。产生这一现象的原因是柱塞套进、回油孔节流作用和柱塞偶件间隙泄漏的综合影响。柱塞往复运动时，存在燃油泄漏现象，转速高时每循环经历时间短，泄漏量少，致使供油量增多。

喷油泵速度特性曲线随转速的变化规律不符合柴油

机工作的要求。因为柴油机的充量系数 ϕ_c（图 7-19 中实线 1）以及转矩 T_{tq} 或平均有效压力 p_{me} 的曲线（图 7-19 中实线 2），在最大转矩点以后均是随转速升高而降低的。而柴油机的转矩与平均有效压力主要取决于充量系数以及与之相适应的喷油量的配合，如果按图 7-19 中所示的喷油泵速度特性工作，必然会导致柴油机外特性上额定点油量偏高或最大转矩点油量偏低，致使柴油机转矩贮备系数降低。因此，从充分利用空气，获得更大的动力性能角度考虑，较理想的供油外特性应如图 7-19 中的虚线 5 所示。可以通过改变出油阀形状与结构参数，运用节流原理改变喷油泵的速度特性。

针对电控高压共轨燃油系统来说，每循环喷入气缸的燃油量可以通过 MAP 图进行控制；同样，每循环喷入气缸的燃油量随发动机转速的变化关系也可以通过 MAP 图进行调节。可见，电控高压共轨的喷油泵速度特性可以完全通过 MAP 图进行控制。

4. 喷油规律

喷油规律对柴油机性能具有重要影响。为满足降低排放要求，理想的喷油规律形状应该具有以下的特点：

1）初期喷油率要低，主喷射段喷油率应逐步增大，后期喷射率应快速下降（停油干脆）。

2）随负荷增加，喷油规律形状丰满度应逐步提高（适应负荷变化的要求）。

3）沿外特性工作时，喷油规律形状应由靴形（或三角形）向矩形组合逐步过渡。

4）为满足降低排放和后处理器的再生要求，电控高压共轨燃油系统必须实现多次预喷和后喷。

图 7-20 所示即为一个具体实例，由图可见，从降低氮氧化物的角度来看，开始阶段喷油较少的“靴”形喷油规律较有利，矩形喷油规律比较差，而三角形喷油规律居中。

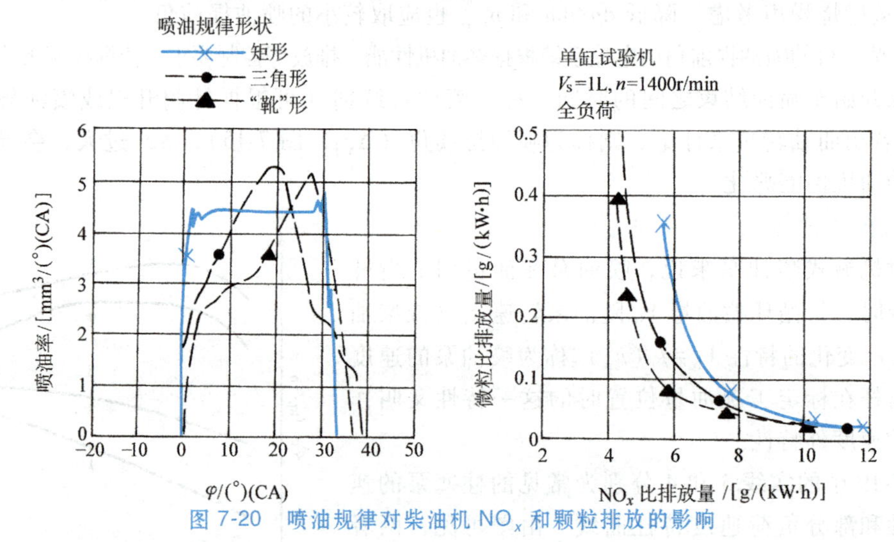

图 7-20 喷油规律对柴油机 NO_x 和颗粒排放的影响

第四节 柴油机燃油电控系统及控制策略

随着柴油机节能、排放与噪声法规要求的进一步提高，除了提高喷油压力以外，还必须在喷油量、喷油正时、喷油压力和喷油规律控制方面进行优化，以保证柴油机与其燃料供给和调节系统之间在各工况下实现精确的匹配。机械式燃油喷射系统已无法满足这些要求，柴油机电控燃油系统得到了广泛的应用。

一、柴油机电控系统

采用电控喷射系统，可以对喷油量、喷油正时、喷油次数以及喷油规律进行精确控制和优化。电控系统除满足常规稳态性能调控外，还可以对润滑、冷却等系统以及 SCR、DPF 等后处理装置进行控制，满足降低柴油机燃油消耗和有害排放物的要求。电控系统还可以对柴油机的过渡过程进行控制，对柴油机的故障进行自动监测与处理。电控系统已成为整机（整车）管理系统智能化控制的关键部件。

柴油机电控系统一般由传感器（Transducer/sensor）、电控单元（ECU）与执行器（Actuators）三部分组成，其框图如图 7-21 所示。传感器测量柴油机和整车的各种信号（转速、空气流量等），这些信号主要是模拟、数字或脉冲信号，这些信号经过滤波、整形及放大处理，传输给 ECU，通过 ECU 的运算和处理，给执行器（如喷油器等）发出指令。

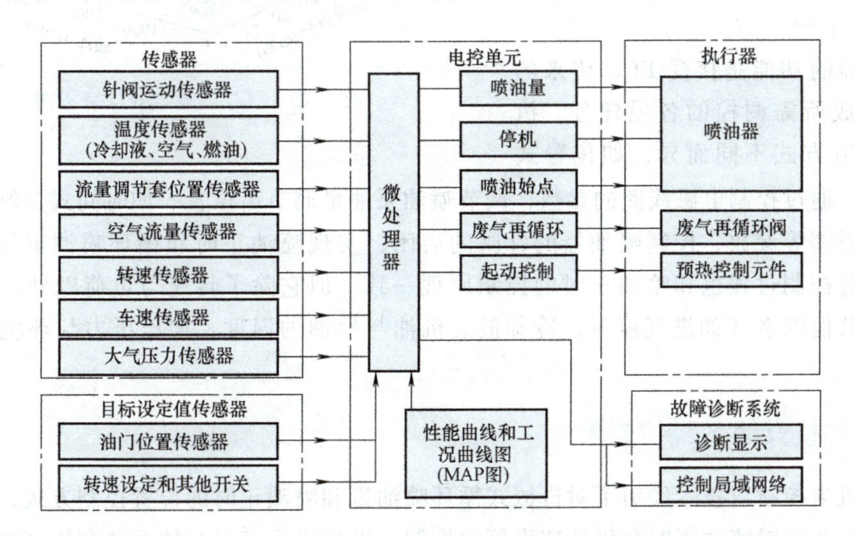

图 7-21　柴油机燃油供给与调节系统电子控制框图

1. 传感器

传感器是柴油机电控系统的重要组成部分，是电控单元精确控制发动机运行的基础，它将发动机运行状态的物理量与化学量转换为电信号，传送给电控单元。从功能上可将电控系统的传感器分为以下几种：

1）车辆及发动机运行工况参数传感器，主要包括发动机转速传感器、油门踏板位置传感器、凸轮转角传感器等。

2）运行参数修正传感器，如冷却水温度、燃油温度、进气温度、进气压力、蓄电池电压等传感器，用以修正喷油量、喷油正时及共轨压力。

3）执行器反馈信号传感器，如共轨压力传感器、氮氧化物浓度传感器等。

2. 电控单元

电控单元是柴油机电控系统的核心部分。它的硬件部分包括微处理器、各种存储器、输入输出接口（I/O）以及上述各部分之间传递信息的数据、地址和控制总线等。ECU 软件是各种控制算法、柴油机性能调节曲线、图表等。其作用是接受和处理传感器的所有信息，按软件程序进行运算，然后给执行器发出控制指令。

在产品开发实际应用中，通过大量标定试验，获得喷油参数与综合目标控制值之间的关系曲线，储存在ECU中，如喷油正时、喷油量随转速和负荷变化的三维曲面图，这种图形称为脉谱图（MAP）。图7-22所示为柴油机喷油正时脉谱图。

如果整车的各种装置（如传动系、制动系等）均分别有各自的ECU，则电控燃油供给系统的ECU还具有相互数据传输、交换以及根据其他系统信息修正本系统执行指令等功能。整机或整车的所有控制任务统由一个ECU来实现，这就构成为整机或整车统一电子控制与管理系统。

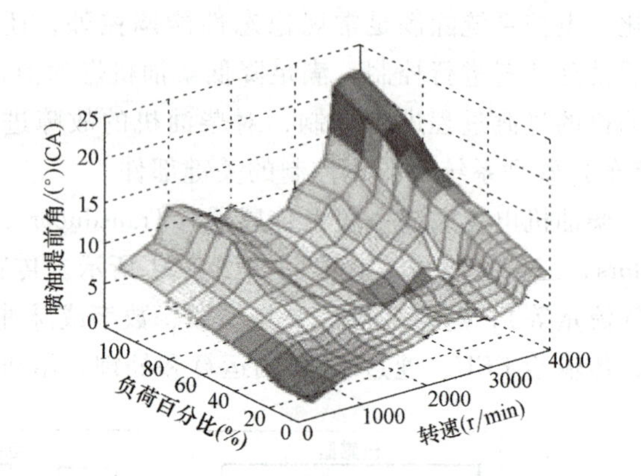

图7-22 柴油机喷油正时脉谱图

3. 执行器

执行器的功能是接受ECU传来的指令并完成所需调控的各项任务。执行器视调节方式不同而异，如位置式控制方式，通过控制电磁线圈的参数，调节喷油泵油量调节齿位置。如时间式控制方式，通过调节电磁阀等参数，控制喷油器的针阀的启闭，实现喷油正时和循环喷油量控制。EGR率、SCR等控制过程也和喷油正时的控制原理一致。但它除了转速与负荷以外，还与柴油机一系列其他因素（如进气流量，冷却液、机油与燃油的温度，增压压力与环境大气压力等）有关。

二、共轨燃油系统控制策略

柴油机电控喷射技术经历了对机械式循环喷油量和喷油正时的位置控制方式，即通过电控执行机构实现对喷油正时和供油速率等的控制，发展成为基于共轨系统利用高速电磁阀实现对喷油压力、喷油正时、喷油量和次数等的柔性综合控制的时间控制方式。

实现高压共轨柴油机电控系统对喷油量、喷油正时、喷射压力以及喷油规律的全工况灵活柔性控制，除了取决于系统硬件外，还取决于ECU系统的控制策略。

（一）电控系统控制逻辑

柴油机电控系统控制策略从逻辑上可以划分为状态识别模块、驱动模块、油量和压力等参数控制模块，如图7-23所示。

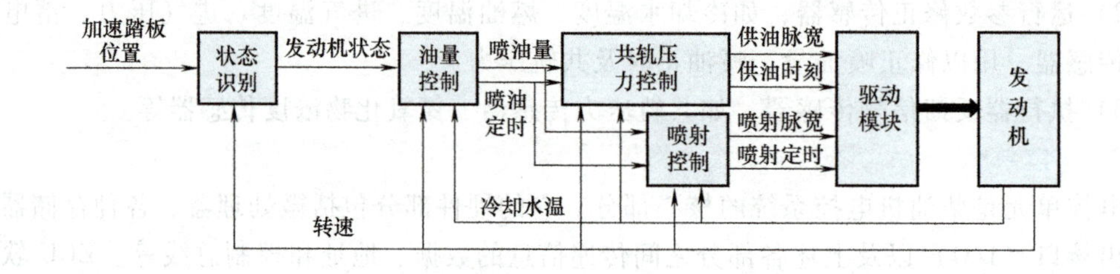

图7-23 控制逻辑

（二）工况控制策略

高压共轨系统的控制策略是通过对喷油正时、喷油次数和喷油量等参数的控制实现的。ECU依据传感器的信号，根据控制目标值，通过查MAP图确定喷油正时、喷油次数和喷油量的基本值（基本油量），结合修正参数，如冷却水温等，对基本值进行修正得到修正值（修正油量），确定喷油脉宽（喷射脉冲持续时间），输出至喷油器电磁阀，实现喷油规律的柔性控制。图7-24所示为喷油正时、喷油次数、喷油量调节控制示意图。

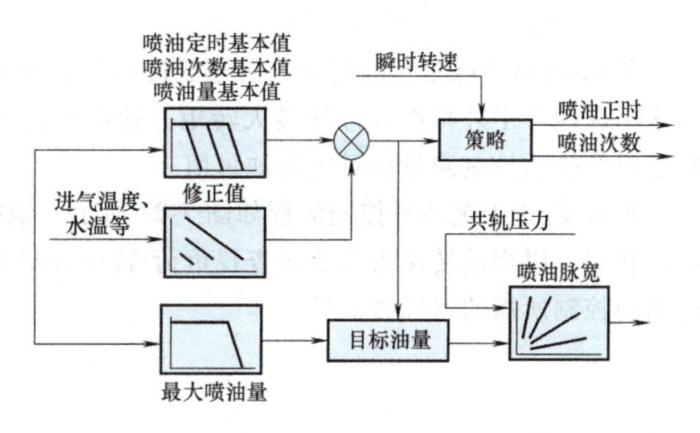

图7-24　喷油正时、喷油次数、喷油量调节控制示意图

柴油机的调速特性曲线是高压共轨柴油机油量基本值的确定依据。依据不同工况对喷油的控制要求，可分为起动工况油量控制、怠速工况油量控制、全负荷工况油量控制、部分负荷工况油量控制和限速工况油量控制。调速特性曲线的基本形式如图7-25所示，图中曲线上的1、2、3、4、5曲线段，分别对应上述5个工况。调速特性曲线在ECU中以MAP图形式存储，X、Y、Z轴分别为油门位置、柴油机转速和基本油量。

1. 起动工况油量控制

柴油机起动时，特别是低温起动，气缸壁与燃烧室的温度较低，混合气与气缸壁间的传热增大。由于起动转速很低，漏气量增加，导致压缩终点的温度与压力均较低。另外，低温时燃油黏性增大，燃油的蒸发与雾化较差，影响了混合气的形成。起动时，需对共轨压力和喷油量进行控制。

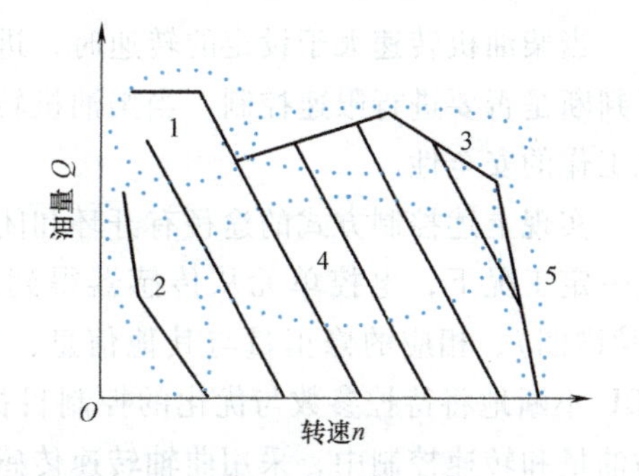

图7-25　柴油机调速特性曲线的基本形式

起动时采用开环控制方式，迅速建立起足够高的喷射压力。达到目标压力值后，采用闭环控制方式。起动工况的油量控制主要考虑转速和冷却水温的影响。起动油量指基本油量与加浓修正油量之和。

2. 怠速工况油量控制

柴油机起动后，达到最低怠速转速且油门踏板位置低于某一设定值时，转入怠速控制过程。低温时目标怠速高，随着水温升高目标怠速逐渐降低，以加速暖机过程。图7-26所示

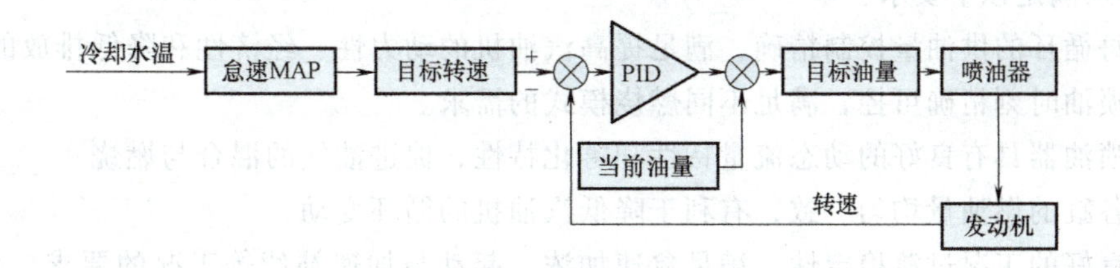

图7-26　怠速工况油量控制流程

为怠速工况油量控制流程。根据冷却水温查找怠速MAP，确定目标值，通过比较柴油机转速和设定的目标怠速，确定下一循环的怠速油量。

3. 负荷-转速工况油量控制

负荷-转速工况是指除起动、怠速工况以外的不同负荷、不同转速下的运转工况。负荷-转速工况包含了外特性运行的最大转矩，速度特性运行的最低油耗、标定功率、各种负荷-转速以及排放控制测量点对应的油量值。

负荷-转速工况油量控制流程如图7-27所示。依据油门位置和柴油机转速判断柴油机的运转状态。以当前转速为自变量查找负荷-转速油量MAP或以线性插值的方式控制油量，获得当前控制所需的目标喷油量。

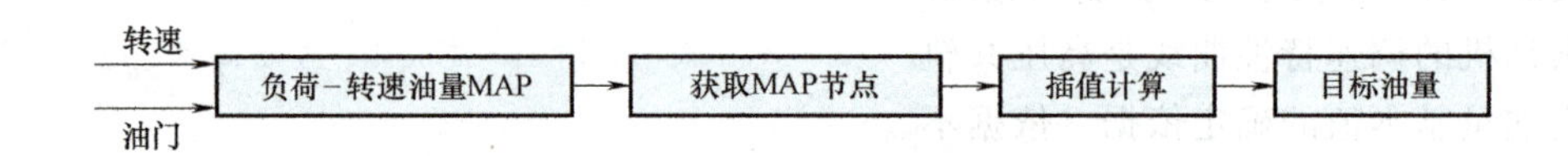

图7-27 负荷-转速工况油量控制流程

4. 限速工况油量控制

当柴油机转速大于设定的转速时，进行限速控制，防止“飞车”。在每一个控制循环都要判断是否要进行限速控制，当柴油机转速达到限速转速时，要进行断油控制，以保证柴油机工作的安全性。

实现上述控制方式的途径有开环和闭环两种。开环控制为单一方向的流程，即当柴油机在一定工况下，电控单元从传感器得到该工况的各种信息并找出适合于该工况的目标值(脉谱图)、相应的修正量与其他信息，发出相应的控制指令。电控单元采用闭环控制时，ECU不断地将待控参数与优化的控制目标值进行比较，调节输出指令直至最优。例如，在喷油量和转速控制中，采用曲轴转速传感器。闭环控制的精度要高于开环控制，在实际电控柴油机上，往往是闭环与开环两种控制方式并存。

第五节 电控汽油喷射系统

电控汽油喷射系统由可分为进气道喷射和缸内直接喷射两种类型。近年来，缸内直接喷射方式已经得到越来越广泛的应用。汽油燃油系统要满足汽油机的高效清洁燃烧和低排放的目标，必须满足以下要求：

1）每循环的供油量控制精确，满足提高汽油机的动力性、经济性和降低排放的要求。

2）喷油时刻精确可控，满足不同燃烧模式的需求。

3）喷油器具有良好的动态流量特性和雾化特性，促进油气的混合与燃烧。

4）各缸的燃油量均匀一致，有利于降低汽油机的循环变动。

5）良好的工况过渡稳定性，满足怠速加浓、起动与加速补偿等工况的要求，保证汽油机过渡工况运转稳定。

一、电控汽油喷射方式

汽油喷射方式按喷油器安装位置与工作原理的不同又可分为进气道多点喷射、进气总管喷射（中央单点喷射）和缸内直接喷射三种，如图 7-28 所示。

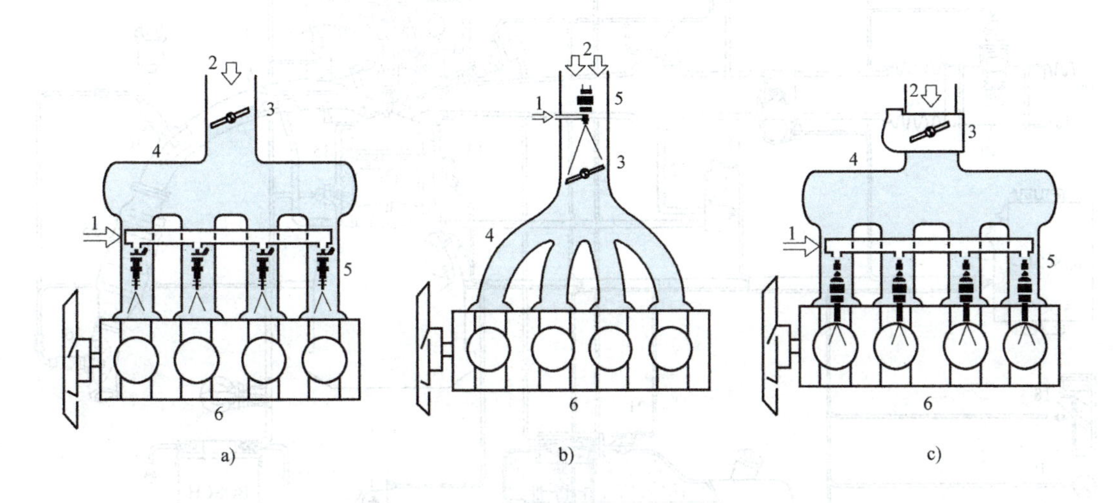

图 7-28 汽油机喷射方式的分类

a）进气道多点喷射 b）进气总管或中央单点喷射 c）缸内直接喷射

1—燃油 2—空气 3—节气门 4—进气道 5—喷油器 6—汽油机

1. 气道喷射

进气总管喷射（中央单点喷射）系统应用较早，由于进入各气缸的燃油量均匀性难以保证，目前已被淘汰。进气道多点喷射系统（Port Fuel Injection，PFI）经历了各缸同时喷射或分组喷射到顺序喷射（Sequential Fuel Injection，SFI）的发展阶段以及从单独控制喷油到综合控制喷油与点火方式的过渡，目前已达到比较完善的程度。图 7-29 所示为典型的汽油机电控多点进气道顺序喷射系统。电控单元根据汽油机的工况要求，对照储存在它内部的脉谱（MAP）图计算出各缸的喷射正时与脉宽，将相应的喷油脉冲分别送到各缸的喷油器。每循环向各缸喷油一次，喷油的顺序与发火次序相同。多点气道喷射对喷油压力要求不高（0.25~0.4MPa），大部分工况通过闭环控制方式对空燃比进行精确控制，按照某种规律使 ϕ_a 在 1 附近波动，实现 TWC 的高效催化转化。

2. 缸内直接喷射

为了进一步降低汽油机的燃油消耗，提高升功率，汽油机缸内直喷系统（Gasoline Direct Injection，GDI）得到了发展。汽油缸内直喷是指将汽油直接喷入燃烧室内进行燃烧的技术。如图 7-30 所示，通过高喷射压力将汽油直接喷射到气缸内，汽油喷射压力为 20~40MPa，油滴的 SMD 一般小于 25μm，结合气缸的气流运动等方式实现了汽油机的均质、稀薄和分层燃烧。液体燃油在气缸内的蒸发过程，可以降低混合气温度，提高充量系数，并降低了爆燃产生的倾向。缸内直喷系统具有良好的瞬态响应特性，能够准确控制燃油喷射和

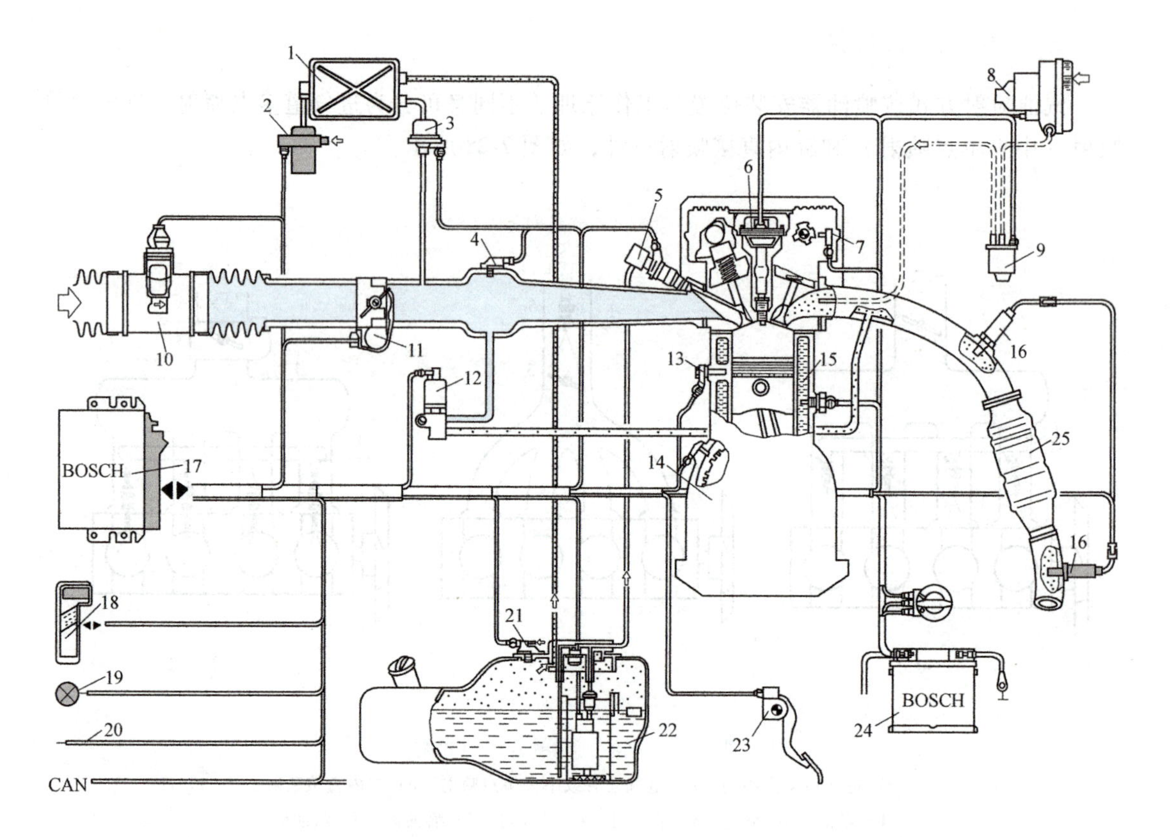

图 7-29 典型的汽油机电控多点进气道顺序喷射系统

1—活性炭罐 2—截流阀 3—炭罐吹洗阀 4—进气压力传感器 5—燃油轨、喷油器 6—点火线圈-火花塞 7—转角传感器 8—辅助空气泵 9—二次空气阀 10—空气质量流量计 11—电控节气门 12—EGR 阀 13—爆燃传感器 14—转速传感器 15—发动机水温传感器 16—氧传感器 17—电控单元 18—诊断接口 19—诊断指示灯 20—车辆制动接口 21—油箱压力传感器 22—油箱与电动燃油泵 23—加速踏板位置传感器 24—蓄电池 25—三效催化转化器 CAN—控制局域网络

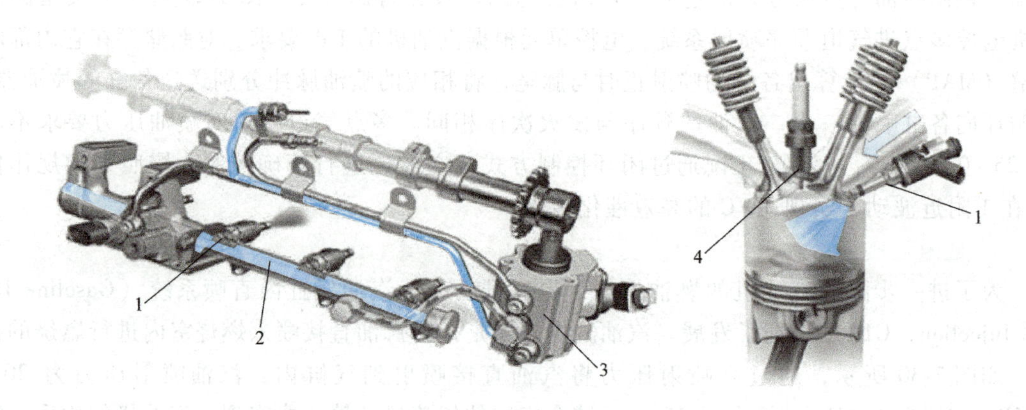

图 7-30 汽油缸内直接喷射系统

1—喷油器 2—高压蓄压管 3—高压燃油泵 4—火花塞

混合气形成，实现不同模式的燃烧，可提高汽油机的动力性，降低燃油消耗。

二、电控汽油喷射系统的组成

电控汽油喷射系统包括电控系统、汽油泵、喷油器和进气量调节装置等零部件。

（一）电控系统

电控系统包括传感器（Sensor）、电控单元（ECU）与执行器（Actuator）三个部分，如图 7-31 所示。

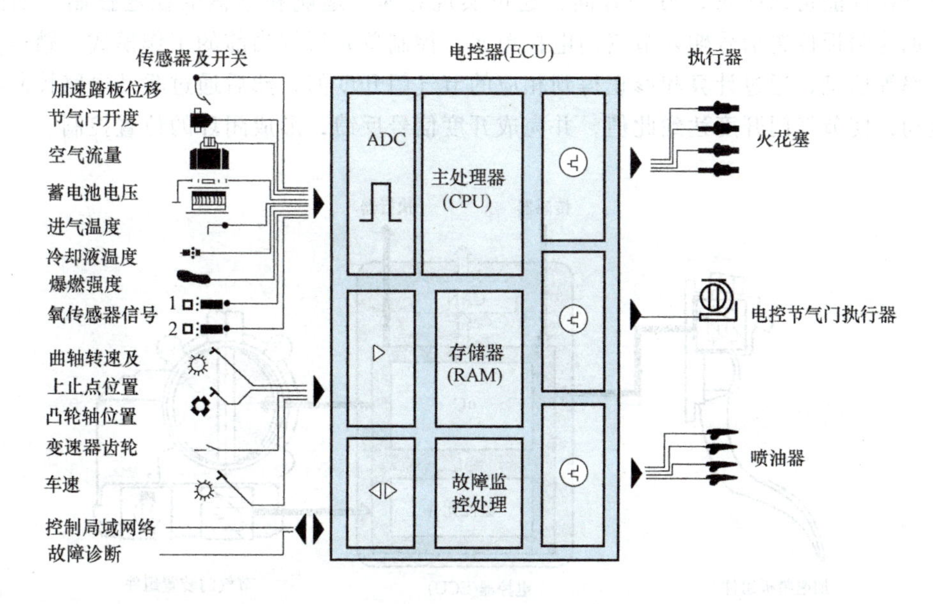

图 7-31 汽油机电控喷射系统的组成示意图

传感器大体上可以分为三类：第一类是工作介质或环境压力与温度传感器、曲轴和凸轮轴转速与位置传感器以及热膜式空气流量计等；第二类是节气门位置传感器和爆燃传感器；第三类是氧传感器（λ 传感器）。图 7-31 中左方所示为各种传感器与开关，它们可以将驾驶员的意图、汽油机的工况与环境信息传输给图中部所示的电控单元。电控单元根据来自各个传感器的输入信号，结合存储的各种标定数据和 MAP 图进行分析运算，向图右方所示的执行器发出控制指令，执行器产生相应的动作，完成控制并进行反馈。

（二）汽油泵

汽油泵为电动汽油泵，其主要功能是将汽油从油箱中泵出，经过燃油滤清器，送至油轨。早期的油轨上装有压力调节阀，以保持油轨中的压力稳定，并将多余的燃油送回油箱。现在一般使用无回油油轨，燃油的压力调节在汽油泵总成中完成。PFI 汽油机的汽油喷射压力一般控制在 0.25~0.4MPa 范围内。GDI 汽油机的汽油喷射压力一般控制在 20MPa（后续可能为 40MPa）左右，高压汽油泵由顶置凸轮轴上的凸轮驱动。

（三）喷油器

喷油器是汽油机最关键的一种执行器。喷油器接受电控单元的喷油脉冲指令信号，将适量的燃油在一定压力下及时喷射在进气道或气缸内，形成可燃混合气。

PFI 汽油机的喷油器可以分为轴针式和孔式两种。在多点喷射系统中，两气门发动机一

般使用油束锥角较小的轴针式喷油器或单孔喷油器，四气门发动机则采用两孔及以上的喷油器。喷油器按照线圈的阻值大小可分为低电阻（0.6～3Ω）喷油器和高电阻（12～17Ω）喷油器，相应的驱动电路也分为电流驱动和电压驱动两类。GDI汽油机按照混合气形成方式的不同，使用不同的喷油器，如旋流和多孔喷油器等。

（四）进气量调节装置

现在车用汽油机常采用电控节气门及控制系统（Electronic Throttle Control System，ETCS)，使节气门开度得到精确控制，不但可以提高燃油经济性，减少排放，且系统响应迅速，使操控性能得以改善；另一方面，还可实现怠速、巡航和车辆的稳定控制。如图7-32所示，加速踏板位置信号输入节气门电控单元，控制单元根据当前的工作模式、踏板移动量和变化率等信息，通过计算和修正得到相应的节气门开度值，然后通过驱动电路控制步进电动机运动，使节气门开度达到此值，并完成开度信号反馈，形成闭环的位置控制。

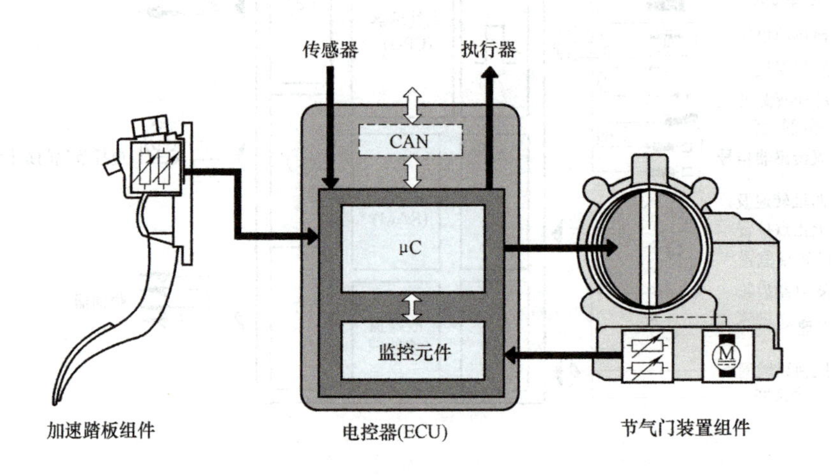

图7-32 电控节气门结构简图

除了以上喷油（器）与进气量调节执行器以外，还有点火、排气再循环（EGR)、增压、燃油蒸发净化系统（活性炭罐）等多种控制的执行器与各种开关（空调）等，此处不再一一赘述。

三、电控系统控制方式

汽油机电控系统的控制模式可以分为开环和闭环控制方式。

开环控制为单一方向的流程（图7-33a），即当发动机在一定工况下，电控单元从传感器得到该工况的各种信息并从内存中找出适合于该工况的目标值（MAP）、相应的修正量与其他信息，制定控制指令送给相应的执行器，输出与输入之间不存在反馈，执行器的结果不对控制产生影响。

闭环控制方式在开环控制的基础上，增加执行器的反馈功能，作为控制的输入，并对输出进行校正。如图7-33b所示，电控单元不断地将待控参数与优化的控制目标值进行比较，调节输出指令使两者差别达到最小。闭环控制系统中一定要有相应的反馈信号。例如，控制空燃比的氧传感器，控制点火正时的爆燃传感器等。

尽管闭环控制的精度要高于开环控制，但并不是所有工况均可以采用闭环控制。在冷机起动与暖机等过渡工况，要求 ϕ_a<1 且随温度而变，由于氧传感器尚未达到所需的温度而不起作用或不能正确起作用，只能采用开环控制。因此在实际电控发动机上，往往是闭环与开环两种控制方式并存，有时还因工况的变化，必须从一种控制方式（如闭环）转到另一种控制方式（如开环）上去，才能保证发动机安全可靠地工作。

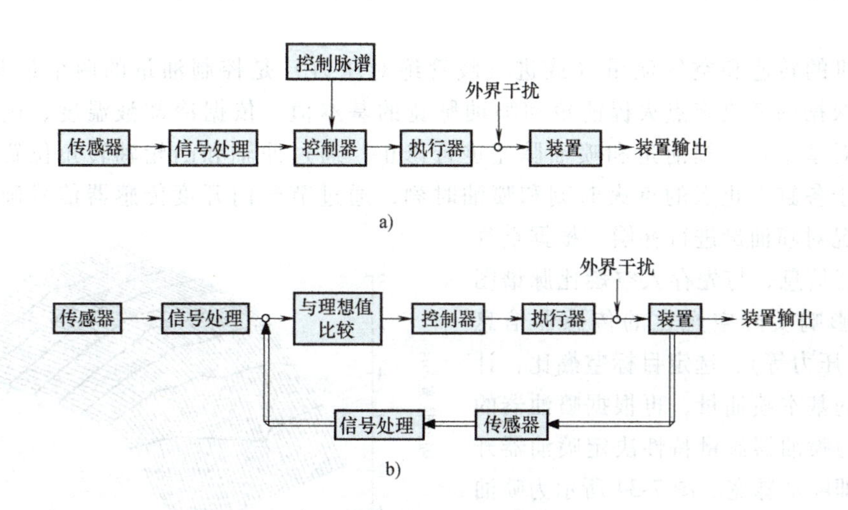

图 7-33 开环与闭环控制系统的方框图

a）开环控制 b）闭环控制

四、油量确定

喷油量的确定除考虑汽油机工况要求外，还应考虑进气温度、海拔高度（大气压力）以及其他因素影响。通常将总喷油量分成基本喷油量、修正油量和附加油量三个部分。

（1）基本喷油量 Q 基本喷油量是根据汽油机每个工作循环的进气量，按化学计量比计算出的喷油量，其计算公式为

$$Q=\frac{A}{n}K_1$$

式中，A 为进气量（kg/h）；n 为汽油机转速（r/min）；K_1 为比例常数。

（2）修正油量 Q_1 修正油量是根据进气温度、大气压力等实际运转条件，对基本喷油量进行的修正值，修正油量的大小用修正系数 C_1 表示，即

$$C_1=1\pm\frac{Q_1}{Q}$$

式中，Q 为基本喷油量；Q_1 为修正油量，它除了考虑进气温度与海拔高度等影响进气量的因素以外，还要考虑蓄电池电压下降对喷油量的影响，这是因为电源电压降低时，会影响喷油器电磁阀的提升力，推迟了喷油器的开启，缩短了有效喷油时间。

（3）附加油量 ΔQ 附加油量是在上述一些特定工况下（如起动、暖机、加速等），为加浓混合气而增加的喷油量。加浓的程度可用增量比或增量因子 μ 来表示

$$\mu=1+\frac{\Delta Q}{Q}$$

有关这些系数的曲线或 MAP 图储存在 ECU 中。

五、气道喷射控制模式

气道喷射系统主要依据对空燃比的精确控制，通过闭环控制的方式，使得 $\phi_a=1$ 附近，保证三效催化转换器对 CO、HC 的氧化作用和 NO_x 的还原作用，实现汽油机的高效、清洁燃烧。

汽油机的转速和空气流量（或进气歧管绝对压力）是控制油量的两个最基本参数。控制单元根据两者决定点火提前角和喷油脉宽的基本值。依据冷却液温度、进气温度等运行参数对基本点火提前角和喷油脉宽进行修正。通过曲轴和凸轮轴转角位置信号用来确定相对于各缸上止点的点火时刻和喷油时刻，通过节气门开度传感器信号确定发动机的运行工况对喷油量进行补偿。根据空气流量传感器信息，与先存入空燃比脉谱图以及其余影响实际空燃比的传感器信息（如温度、压力等），选定目标空燃比，计算出所需的基本喷油量，再根据喷油器的喷油压力与喷油器流量特性决定喷油器开启时间，即喷油脉宽。图 7-34 所示为喷油脉宽 MAP 图。

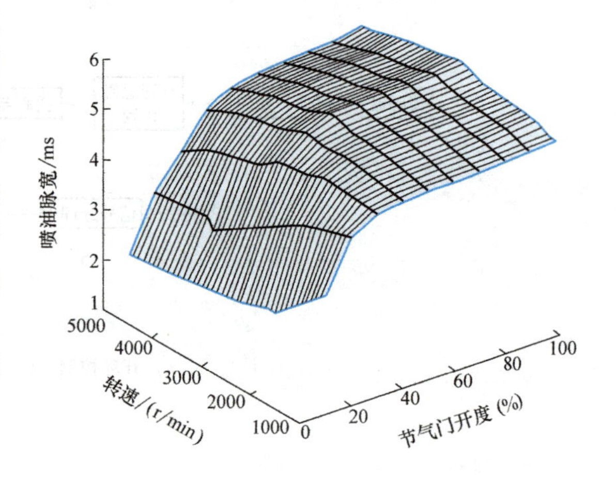

图 7-34 喷油脉宽 MAP 图

气道喷射电控系统还要对以下各种工况进行开环控制：

1. 起动与暖机过程

起动时，由于转速低，转速的波动也很大，由于空气流量计所测得的进气量信号有很大的误差，因此这时电控单元不以空气流量计的信号作为喷油量的计算依据，而是按预先给定的起动程序来进行喷油控制。冷机起动结束后，冷却水温一般不高，燃油与空气混合较差，在暖机过程中必须增加喷油量。

2. 加速过程

汽油机加速时，节气门突然加大开度，进气管内压力骤然增加，燃油汽化程度降低，会使一部分燃油来不及汽化而沉积在进气道壁面上，导致实际有效空燃比增加（混合气变稀），为此需要增加喷油量，实现稳定加速。

3. 大负荷与满负荷工况

汽油机在高速大负荷区工作，继续使用化学计量比混合气，有可能使排温过高，损坏 TWC，一般采用开环加浓控制策略，具体视发动机而定。

4. 断油控制

断油控制分为超速断油和减速断油控制。超速断油控制是指汽油机转速超过允许的最高转速时，由 ECU 控制自动中断喷油，以防止发动机超速运转。减速断油控制是指汽车在高速行驶中驾驶人员突然松开加速踏板减速时，汽油机仍在汽车惯性的带动下高速旋转。由于节气门已关闭，进入气缸的混合气数量很少，若继续喷油，则会造成燃烧不完全与废气中有害排放物增多的不良现象。这时中断燃油喷射，直到发动机转速下降到设定的低转速时再恢复喷油。断油控制更适合于 GDI 汽油机。

六、缸内直喷燃油系统控制模式

根据工况、转矩、喷油时刻、喷油压力等要求，GDI 燃油喷射系统控制模式主要有：工况控制、转矩控制、喷油正时控制、怠速控制、起动控制等模式。通过与燃烧室形状、缸内气流运动的合理匹配，灵活控制喷油正时和燃油喷射量，改变空燃比，满足形成均质充量的要求，每循环喷油量由基本 MAP 图和修正 MAP 图决定。

1. 工况模式控制

为达到输出功率和转矩的要求，GDI 燃油系统一般采用单次喷射和二次喷射两种喷油策略。大负荷或全负荷工况时，要求发动机的动力性较高，采取均质预混燃烧模式。在进气行程提前喷油，有利于燃油在整个燃烧室内均匀扩散，燃油与空气充分混合，形成均质混合气。二次喷射能够实现随发动机工况变化，适时调整喷油正时和喷油量，可以形成接近于理论空燃比的分层稀薄混合气。部分负荷工况时，要求有良好的燃油经济性，采用压缩行程喷油，实现分层燃烧。喷油时刻依据燃烧室顶部形状以及气流运动，在稀薄混合气条件下，完成燃烧过程。低负荷时常采用质调节，可以有效减少汽油机的泵气损失，大幅度降低燃油消耗。

2. 转矩模式控制

GDI 汽油机的转矩根据节气门开度来确定，转矩模式控制通过调节负荷的大小实现。当汽油机转矩和转速对应于低工况区时，节气门开度保持最大，进气量基本不变，通过控制空燃比调节每循环的喷油量，实现对转矩的控制。发动机调节方式与柴油机调节方式相同，即“质调节”，此时转矩几乎不受进气量和点火正时的影响。当发动机转矩和转速对应于高工况区时，进入气缸的空气量由节气门的开度调节，通过改变喷油量来控制发动机的转矩，发动机采用“量调节”方式。

3. 喷油正时模式控制

GDI 汽油机的工况不同，对喷雾的要求也不尽相同。当发动机处于低转速工况时，倾向于燃油经济性。此时，采用“质调节”和分层充量的燃烧模式，一般在压缩行程的后期进行喷油。要求燃油尽可能集中分布在活塞顶部凹坑内，能够在短时间内形成雾化质量好的可燃混合气。

当发动机处于高速工况时，倾向于动力性控制，采用“量调节”模式，采取均质预混燃烧方式，一般在进气行程早期进行喷油，要求油束具有较大的贯穿距，油束在气缸内的分布范围扩大，应尽可能避免油束沾湿活塞顶部和气缸壁面，燃油和空气有足够的空间和时间进行混合，形成均质充量。

4. 起动工况控制

GDI 汽油机起动时，采用开环控制，每循环油量由基本 MAP 图决定，考虑环境状态，并通过进气温度、冷却液温度、蓄电池电压等因素对喷油量进行调整。起动工况是快速、短暂的过程。分层燃烧模式可以实现起动过程的快速着火并稳定燃烧。

5. 怠速工况控制

怠速工况的控制根据冷却液温度的不同分为暖机开环控制和怠速闭环控制。

暖机是指 GDI 汽油机从起动后开始运行到冷却液温度被加热到一定温度值的过程。其

目的是为了使润滑油温度升高，润滑效果达到发动机的正常需求。暖机控制策略主要采用空燃比开环控制，采用均质燃烧模式，以产生较高的燃烧温度，有利于缸内高温气体与冷却液的热量快速交换，从而使发动机冷却液温度快速升高。

怠速闭环控制的目的是为了保证 GDI 汽油机怠速稳定。闭环时，主要依据汽油机内部摩擦力和水泵、发电机等零部件的摩擦力随着温度的升高而减小的情况，对每循环油量进行调整，减少汽油机的转速波动。

第六节　气体燃料供给系统

一、气体燃料的使用方法

内燃机常用的气体燃料为天然气（LNG/CNG）、液化石油气（LPG）及氢气等，具体的使用方法有以下几种。

1. 进气管混合、火花点火

气体燃料在进气管内与空气混合在一起进入气缸，当活塞接近压缩上止点时用电火花点火。气体燃料进入进气管的方式，既可以利用混合器的喉管真空度吸入，也可以用气体喷射器喷入。

预混点燃式气体燃料发动机的功率调节方式为量调节，混合气的空燃比由减压器和混合器的调整来决定，也可以采用电控的方式进行调节。

2. 进气管混合、柴油引燃

气体燃料在进气管内与空气混合一起进入气缸，在压缩行程末期向缸内喷入少量柴油，靠柴油自燃着火来点燃缸内气体燃料与空气的混合气。

由柴油引燃的双燃料发动机通常需要保持一定的引燃柴油量，需要通过改变混合气中气体燃料的浓度进行功率调节。

3. 缸内喷射、火花点火

在进气门关闭后的压缩行程向气缸内喷射气体燃料，与缸内空气形成可燃混合气，并在活塞接近上止点时用电火花点火。

这种方式相对于进气管混合、火花点火方式的优点是燃料经济性较好，由于气体燃料不占进气容积，因而增大了充量系数和功率，避免了进、排气门叠开期间气体燃料的流失，因此对二冲程内燃机特别有利。

4. 缸内喷射、柴油引燃

气体燃料和柴油均通过缸内喷射方式供给，这种方法与缸内喷射、火花点火的方式相似。一般对柴油机进行改造，安装气体燃料喷射器，目前已有柴油-天然气复合喷射器。

二、供气系统的基本要求和分类

1. 供气系统的基本要求

1）点燃式气体燃料发动机，当负荷变化时，只允许过量空气系数 ϕ_a 在较小范围内变化。ϕ_a 过大，易造成燃烧不稳定；ϕ_a 过小，则会引起爆燃。对中、小负荷工况，为保证内燃机的经济性，LNG/CNG 的 ϕ_a 一般为 1.3~1.45，LPG 的 ϕ_a 为 1.1~1.25；对大负荷及加速工况，为使内燃机发出最大功率，LNG/CNG 的 ϕ_a 一般为 0.95~1.1，LPG 的 ϕ_a 为 0.9~1.05；对柴油引燃的气体燃料-发动机，气体燃料的 ϕ_a 一般为 1.4~1.9。

2）不同的供气系统、不同的气体燃料，对配气相位（主要是气门叠开角）、点火提前角、点火能量、火花塞结构及位置等均有不同的要求。

3）供气系统应使气体燃料与空气的混合均匀，燃料量调节可靠，防爆安全。

4）供气系统结构简单、操作维护方便。

2. 供气系统的分类

目前用于气体燃料发动机的供气系统有三种。

1）文丘里管（Venturi）式气体燃料供给系统，发动机的起动、怠速、加速及功率控制等功能均在减压器上实现。

2）比例调节器式气体燃料供给系统，采用膜片式混合器来调节空燃比，减压器结构简单，混合器体积较大。

3）电控喷射式气体燃料供给系统，由电控单元及各种传感器对发动机各工况的数据进行采集、处理，实现对气体燃料控制阀的自动调节，系统控制精度高，工况适应性好。

三、电控喷射式气体燃料供给系统

随着排放法规的加严，电控气体燃料喷射系统得到了迅速发展。

图 7-35 所示为电控喷射式气体燃料供给系统图，LNG/CNG 经过减压减至适合发动机工

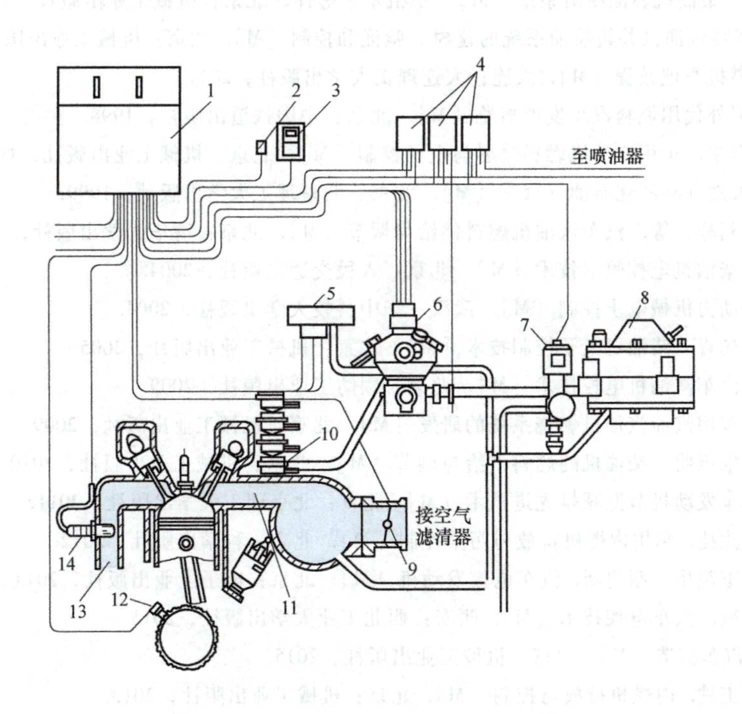

图 7-35 电控喷射式气体燃料供给系统图

1—电控单元 2—检测接口 3—开关（仪表板） 4—继电器 5—压力传感器 6—气体燃料分配器 7—电磁阀 8—蒸发减压器 9—节气门位置传感器 10—气体燃料喷射器 11—进气歧管 12—转速传感器 13—排气歧管 14—氧传感器

作的压力，气体燃料喷射器依照ECU的指令定时、定量地将气体燃料喷入各缸进气歧管中，与空气混合后进入气缸。电控系统的组成和控制模式与汽油喷射系统相类似。

对于柴油引燃双燃料发动机来说，柴油燃油供给系统保持不变，在此基础上增加气体燃料供给系统。这样，柴油引燃双燃料发动机的燃料供给系统包括柴油供给系统、气体燃料供给系统、控制系统三个部分。

柴油机原有的控制系统和增加的气体控制系统，通过CAN总线等方式进行通信，实现双燃料发动机燃料供给系统的调控。

双燃料电控系统依据发动机的转速、负荷以及各种传感器信号对发动机的运行工况进行识别，在基本MAP图的基础上，考虑环境状态、冷却液温度等参数，通过控制策略对柴油引燃双燃料发动机的引燃油量、喷油正时、气体燃料量、气体燃料喷射时刻等参数进行控制，实现柴油、气体燃料以及双燃料工作模式切换，达到高效清洁燃烧、低污染物排放的要求。

参考文献

[1] 周龙保，刘忠长，高宗英. 内燃机学 [M]. 3版. 北京：机械工业出版社，2013.

[2] METTIG H. 高速内燃机设计 [M]. 高宗英，等译. 北京：机械工业出版社，1981.

[3] 邓东密，邓杰. 柴油机喷射系统 [M]. 北京：机械工业出版社，1996.

[4] R N Brady. 柴油机燃油喷射系统 [M]. 华祖基，等译. 北京：机械工业出版社，1991.

[5] 费恩格. 直喷汽油机共轨喷油系统的建模、验证和控制 [M]. 北京：机械工业出版社，2015.

[6] 许锋. 内燃机原理教程 [M]. 大连：大连理工大学出版社，2011.

[7] 邹祖烨. 国外代用燃料汽车发展概览 [M]. 北京：中国铁道出版社，1998.

[8] 卓斌，刘启华. 车用汽油机燃料喷射与电子控制 [M]. 北京：机械工业出版社，1999.

[9] 孙济美. 天然气和液化石油气汽车 [M]. 北京：北京理工大学出版社，1999.

[10] 陆际清，刘峥，等. 汽车汽油机燃料供给与调节 [M]. 北京：清华大学出版社，2002.

[11] 徐家龙. 柴油机电控喷油技术 [M]. 北京：人民交通出版社，2004.

[12] 张宗杰. 动力机械电子控制 [M]. 武汉：华中科技大学出版社，2004.

[13] 王尚勇，杨青. 柴油机电子控制技术 [M]. 北京：机械工业出版社，2005.

[14] 吕彩琴. 汽车汽油机电控技术 [M]. 北京：国防工业出版社，2009.

[15] 杨嘉林. 车用汽油汽油机燃烧系统的研发 [M]. 北京：机械工业出版社，2009.

[16] 高宗英，朱剑明. 柴油机的燃料供给与调节 [M]. 北京：机械工业出版社，2010.

[17] 李骏. 汽车发动机节能减排先进技术 [M]. 北京：北京理工大学出版社，2011.

[18] 黄锦成，沈捷. 车用内燃机排放与污染控制 [M]. 北京：科学出版社，2012.

[19] 胡雪芳，王晓乐，谢建新. 汽车电控发动机 [M]. 北京：电子工业出版社，2014.

[20] 吴刚，吴敏. 汽车电控技术 [M]. 西安：西北工业大学出版社，2015.

[21] 白鸿辉. 汽车构造 [M]. 北京：机械工业出版社，2015.

[22] 张翠平，王铁. 内燃机排放与控制 [M]. 北京：机械工业出版社，2013.

[23] 王忠，袁银南，杨军锋，等. 基于模糊控制的LPG/柴油双燃料电控喷射系统 [J]. 农业机械学报，2005，36（3）：27-30.

[24] GAO Zongying, SUN Ping, MEI Deqing. Fuel Injection System to Meet Future Requirements for Diesel Engines [C]. Pohang：ICAE，2003.

[25] BAUER H. Diesel Engine Management [M]. Warrendale PA: SAE International, 1999.

[26] BAUER H. Gesoline-Engine Management [M]. Warrendale PA: SAE International, 1999.

[27] KLAUS M. Diesel Handbuch [M]. Berlin: Springer-Verlag, 2002.

[28] MERKER G P, et al. Combustion and development [M]. Berlin: Springer-Verlag, 2012 .

思考与练习题

7-1 对压燃式内燃机燃料供给与调节系统的基本要求是什么?

7-2 简述压燃式内燃机燃料供给与调节系统的结构特点，分析应用现状与发展前景。

7-3 简述机械式泵管嘴和电控高压共轨系统燃油喷射过程，分析各自的特点和区别。

7-4 简述几何供油规律和喷油规律的关系，并解释两者之间的区别与联系。

7-5 评价喷雾特性的指标有哪些? 分析各种指标与柴油机燃烧过程之间的关系。

7-6 提高喷油系统的喷油压力与哪些因素有关? 简述它们的变化关系及限制因素。

7-7 说明稳态调速率与瞬态调速率的不同，分别给出它们的测试方法。

7-8 简要说明柴油机的电控系统组成和各种工况的控制策略与方法。

7-9 简述电控汽油喷射系统的组成与各部分的主要功用。

7-10 试对汽油机多点喷射系统与单点喷射系统进行比较，分析应用前景。

7-11 简要分析汽油机缸内直接喷射技术的主要特点。简要分析各种燃烧模式的区别。

7-12 燃油系统的匹配原则是什么? 什么叫脉谱 (MAP) 图? 试述在电控燃料供给系统中脉谱图的作用。

7-13 试对电控策略中开环与闭环控制的特点及应用范围进行分析比较。

7-14 简述气体燃料汽油机燃料供给系统的基本组成。

7-15 试对柴油机、汽油机与气体燃料汽油机的喷射系统特点以及负荷调节方式进行比较。

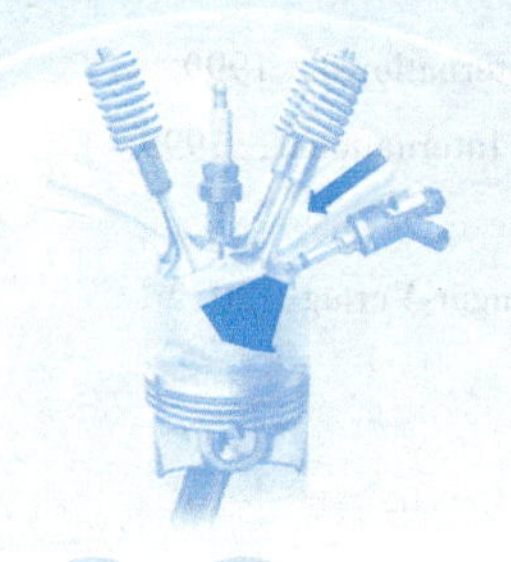

第八章

内燃机的节能减排

全世界范围内的交通能源预计在未来的 30~50 年内持续增长，而燃料的价格却将不断上涨。随着节能减排、减少温室气体排放的呼声不断高涨，提高发动机的燃油效率重新成为发动机技术的关键。欧盟确立了 2020 年欧盟境内销售的乘用车新车二氧化碳排放量要降低到 95g/km 的目标，我国的目标是 105g/km，大约相当于一辆中级车百公里油耗 4.5L 汽油或 4.0 L 柴油。因此，在保证动力性和满足排放法规的基础上，如何进一步改善传统内燃机的燃油经济性成为内燃机行业发展的重中之重。

需要说明的是，内燃机的节能减排不是汽车节能减排的全部，而只是其中的一个方面。要达到不断严格的排放标准，甚至 CO_2 排放法规的要求，还需要整车方面系统的优化方案，如整车轻量化、减少发动机怠速运转的起停控制、减少低速低负荷运转时间而采用混合动力驱动系统和更为先进的具有能量回收和辅助加速的起停系统及高速滑行功能等的整车混合动力和控制系统。由于这些技术不属内燃机工作过程的范畴，故本书不做介绍。

第一节　内燃机的热平衡

燃料在内燃机的气缸内燃烧所产生的热量一部分转化为曲轴对外输出的有效功，一部分随排气排出，其余的通过传热的方式，经过燃烧室壁面由冷却介质散失到缸外。此外，内燃机中往复运动和旋转运动件之间的机械摩擦造成的有效功损失，最后也转化为热量，通过一定的介质传递到机外散失。进排气的流动过程同样伴随着热量传递，如排气流经排气道时将部分热量传递给冷却介质等。这些散失的热量也可以被利用，例如，排气涡轮增压内燃机把一部分排气能量转化为有用功，用以提高进气压力或者输出有用功，采用有机朗肯循环把废热能量转化为有用功等。内燃机中的热功转化与传递过程非常复杂，彼此既相互独立又相互联系。按照有效功和各种能量损失的比例关系来研究燃料总热量的利用情况称为内燃机的热平衡。研究内燃机的热平衡可以掌握燃料热量分配关系，有利于分析提高内燃机的热效率以及开展余热利用等，对内燃机的节能减排具有重要的意义。

内燃机热平衡中主要的热量传递关系如图 8-1 所示。燃料燃烧产生的热量，一部分转化为指示功 P_i，一部分随排气排出的排气项 $\dot{Q}_{ex}$，燃气热量的一部分、发动机的机械损失

(P_m)中的大部分和小部分的排气热量最终也传递给冷却系统，构成发动机的冷却损失项 $\dot{Q}_{cool}$。排气在流动过程的动能损失 $\dot{E}_{ex}$、辐射传热 $\dot{Q}_{ex,r}$、燃料不完全燃烧损失及其他一些未计入上述各项的损失统称为杂项损失 $\dot{Q}_{misc}$。

某一工况下燃料热能的分配关系可由热力学第一定律进行描述，即

$$\dot{Q}_f = P_e + \dot{Q}_{cool} + \dot{Q}_{ex} + \dot{Q}_{misc} \tag{8-1}$$

式中，$\dot{Q}_f = \dot{m}_f H_u$ 是该工况下单位时间内燃料燃烧所释放的总热量；等式右端项分别是有效功率 P_e、单位时间冷却介质带走的热量（以下简称冷却项）$\dot{Q}_{cool}$、单位时间排气带走的热量（以下简称排气项）$\dot{Q}_{ex}$ 和杂项损失 $\dot{Q}_{misc}$ 四大类。式（8-1）也可以表达成上述各项占燃料总热量的百分比，即

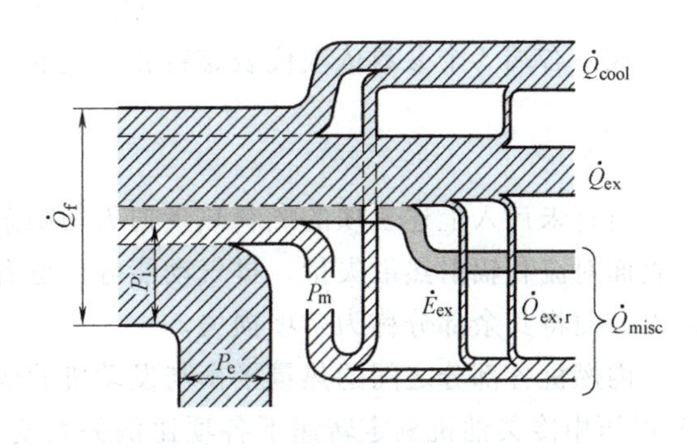

图 8-1 内燃机的热流图

$$\eta_{et} + \eta_{cool} + \eta_{ex} + \eta_{misc} = 1 \tag{8-2}$$

以下对燃料热量分配的四大项进行简要的分析。

一、有效功率 P_e

有效功率是通过发动机曲轴输出的，在不同转速和负荷工况下，发动机的有效功率可以在 0~P_{emax} 之间变化。同一 P_e 工况下，η_{et} 越大越好，这样其他的热损失就越小，则就有更多的燃料燃烧释放的热量转化为有用功。

二、冷却项 $\dot{Q}_{cool}$

冷却项专指由发动机的冷却介质带走的那部分热量。内燃机缸内高温工质和与其接触的缸盖、缸套和活塞表面之间进行热量传递，再通过与它们接触的冷却介质实现热量的传导，避免受热零件温度（温差）过高造成破坏。如水冷机冷却水通过换热器带走的热量即为内燃机的冷却项，这部分热量包括了诸如活塞缸套之间摩擦热源等所生产的部分热量，但并不包括机器外表面与空气之间的对流换热量，虽然该部分热量的一部分是由冷却水传递的。如果使用水冷式机油冷却器，则机油冷却带走的那部分热量也属该冷却项。水冷的增压中冷器的换热也归此项。

如果用平均的进出口冷却水温度来计算冷却项的散热量，则

$$\dot{Q}_{cool} = \dot{m} c_p (T_2 - T_1) \tag{8-3}$$

式中右端项 4 个参数分别表示冷却水的流量、比热容、出口水温和进口水温。

对于一台自带冷却风扇和散热器的水冷发动机，发动机的冷却水循环量及冷却空气流量与转速在一定范围内成正比关系，发动机的转速一定，则冷却水和空气的流量一定。小负荷时冷却传热量相对增加，冷却项占燃料燃烧释放总热量的比例增大。所以现代内燃机一般使用温控风扇，只有当水温达到一定高度时风扇才工作，从而减少散热损失。散热器的能力是一定的，随着发动机负荷的增加，冷却项逐渐趋于一个最大值，其在热流平衡中所占的比例不断减小，如图 8-2 所示。

三、排气项 $\dot{Q}_{ex}$

发动机热平衡中的排气项表示由排气带走的热量，用排气的焓来计算，即

$$\dot{Q}_{ex}=(\dot{m}_f+\dot{m}_a)h_e \tag{8-4}$$

式中右端3个参数依次代表燃料和空气的质量流量以及发动机排气的比焓。

四、杂项损失 $\dot{Q}_{misc}$

所有未计入上述三项的燃料热量损失均归杂项损失，包括燃料不完全燃烧损失、发动机外表面对流和辐射热散失量、排气动能等。也有一些文献资料将燃料的不完全燃烧损失单独列出，而将其余部分称为杂项损失。

内燃机各部分之间的热量平衡与发动机的运转工况具有密切的关系，图8-2表示了一台6L增压中冷柴油机额定转速下各项比例关系变化的负荷特性，图上未标注的空白部分为热平衡中的杂项所占比例。可见，在发动机低负荷工况，通过冷却水的传热比例是非常高的，随着负荷的增加，η_{cool} 逐渐减小，η_{et} 和 η_{ex} 则逐渐增大，杂项比例 η_{misc} 与具体的发动机有关。

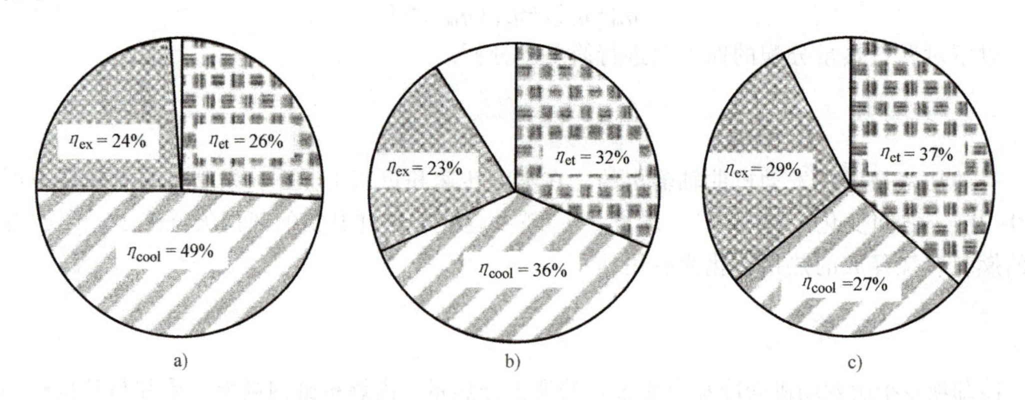

图8-2 增压中冷柴油机热平衡图

a）20%负荷工况 b）50%负荷工况 c）100%负荷工况

细分发动机各部分的能量分担，对开展余热回收利用、提高发动机的热效率指出了努力的方向。图8-3所示为一款满足美国2013排放法规和温室气体排放法规的发动机的能量平

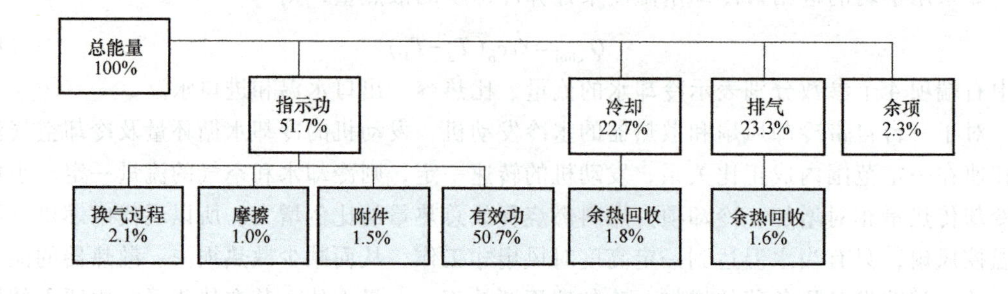

图8-3 康明斯超级柴油机的热平衡

衡情况，通过发动机强化，提高了发动机的工作循环效率，然后通过有机朗肯循环将余热回收利用，能够使发动机的综合有效热效率超过 50%。其中 EGR 中冷可以获得较高的收益，而排气热量的利用需要在排气后处理器之后，此时发动机的排气温度已经降低，可用能（㶲）减少，冷却水的温度低，只有 90℃左右，㶲也很低。

汽油机由于压缩比比较低，它的有效热效率一般比柴油机的低。常见的车用汽油机和柴油机的热量平衡各项大致的比例见表 8-1。

表 8-1 汽车发动机的热量平衡（额定点）

项目	η_{et}	η_{cool}	η_{ex}	η_{misc}
汽油机（%）	25~30	17~26	34~45	5~15
柴油机（%）	34~42	16~35	22~35	3~8

内燃机的最高热效率并不发生在额定工况点，一般是发生在中等转速较高负荷工况区域。内燃机的有效热效率与其工况密切相关，负荷越低，效率越差，而发动机并不经常在高负荷工况下工作，因此，提高中低负荷工况下的效率是节能重点。

第二节 汽油机的节能技术

汽油机需要燃烧均质混合气，功率控制采用进气量调节，在中低负荷工况因进气节流而产生较大的泵气损失，再加上发动机的压缩比低，因此经济性较差。为提升经济性和降低排放，除 VVT 技术外，采用提高压缩比、缸内直喷及小型化已经成为一种发展趋势。为了克服汽油机的早燃和后燃爆燃等问题，还需要采用诸如控制混合气温度、排气再循环等技术方案。下面以马自达的提高压缩比技术、美国西南研究院的 EGR 技术和增压小型化汽油机技术为例，就相关节能减排技术做一简单介绍。

一、提高压缩比技术

气道喷射发动机的压缩比在 9.0~10.5 之间，按照汽油机的理论循环效率公式分析可以计算，压缩比若是从 9 提高到 14，则理论循环效率可由 58.5%提高到 65.2%，增加 6.7 个百分点，相对提高 11.5%。马自达的 SKYACTIV-G 发动机的压缩比就已经达到 14，NEDC（新欧洲标准行驶循环）下燃油经济性提高 15%，取得了显著的效果。为克服因压缩比提高而引起的爆燃问题，需要控制混合气的温度，并提高燃烧速度以缩短对末端混合气的加热时间等，从而有效抑制爆燃的产生。

1. 燃烧系统的优化

在燃烧室设计方面，采用蓬顶形缸盖燃烧室，配合多孔喷油器和有凹坑设计的活塞，构成紧凑型和有利于湍流混合和燃烧的燃烧室结构形状，火花塞置于燃烧室中央，缩短火焰传播距离，减少末端混合气的受热时间，具有抑制爆燃的作用。采用图 8-4 所示类似导气屏结构的滚流进气道形状，配合可变气门升程控制，加强进气的滚流引导，增加了发动机的进气滚流，使在进气过程形成的滚流等宏观平均速度相关联的动能，在压缩过程合适地转化为湍流动能，在点火时刻火花塞电极间隙附近及随后的火焰传播过程中，具有高的湍流强度和低的平均速度的流场。但增加进气滚流不应牺牲发动机的充量系数，而且还要以增加燃烧阶段湍流强度为目标。

2. 内部残余废气量的控制

为降低终末端混合气的温度，主要的措施是减少高温残余废气的量。研究表明，当压缩比为 10.0，残留气体温度为 750℃，新鲜充量的温度为 25℃时，如果有 10%的气体残留，压缩前气缸内的温度会上升约 70℃，压缩行程上止点温度会上升约 160℃，从而对爆燃产生很大的影响。当把压缩上止点温度控制在 577℃以下，就可以有效避免爆燃的产生。如图 8-5 所示，发动机压缩比从 11 提升至 14，为避免爆燃，气缸内残留气体必须控制在 4%以下。马自达的 SKYACTIV-G 发动机采用 4-2-1 型排气歧管配合可变的配气正时，增大气门重叠角，加强扫气效果，同时又避免其他气缸排气压力波的影响，从而实现了对发动机缸内残余废气量的控制目标。

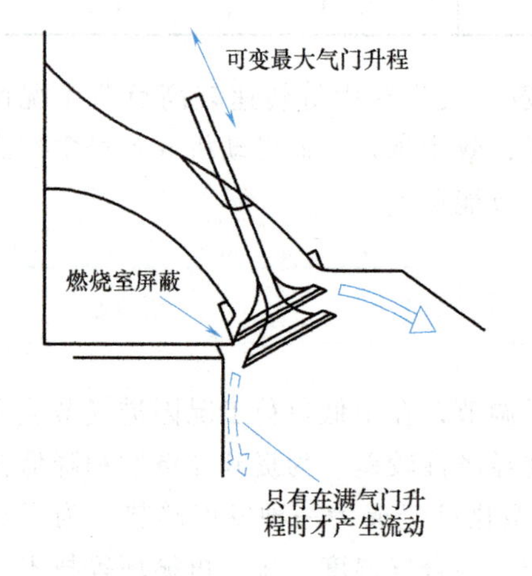

图 8-4 进气滚流导流结构示意图

压缩上止点温度/K
1000
950
900
850
800
750
700
650
600
压缩比14
压缩比11
0
2
4
6
8
10
残留气体量比例(%)

图 8-5 残余废气比例对混合气温度的影响

3. 提高压缩比对动力经济性的影响

马自达的 2.0L SKYACTIV-G 发动机的性能参数见表 8-2，发动机的压缩比为 14（国内为 13）；采用了屋脊形的缸盖配凹顶活塞燃烧室设计，能够加强进气滚流和挤流，促进燃烧；采用双可变气门正时控制系统实现米勒循环，减少泵气损失；发动机惯性零部件的轻量化和低摩擦技术等，使 SKYACTIV-G 发动机比原型机在 NEDC 下燃油经济性提高 15%，达到了节能减排的目的。不仅如此，这些措施还使得 2000r/min 下的低速转矩也提高了 15%以上，较好地解决了高压缩比带来的因爆燃控制影响低速转矩的问题，如图 8-6 所示。

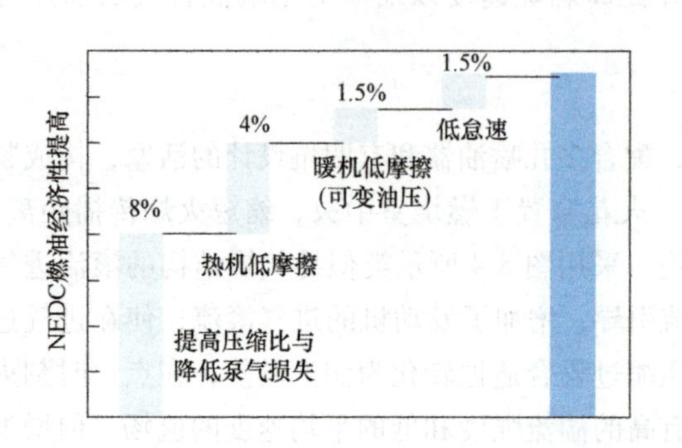

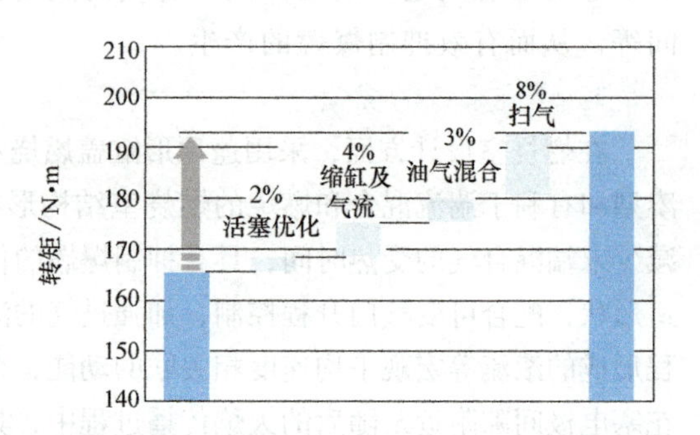

图 8-6 SKYACTIV-G 发动机的动力经济性改善

表 8-2 SKYACTIV-G 发动机主要性能参数的对比

项　　目	原型机	SKYACTIV-G
(缸径/mm)×(行程/mm)	87.5×83.1	83.5×91.2
总排量/mL	1998	1998
压缩比	10	14
进气方式	VIS 自然吸气	自然吸气
配气结构	DOHC-iVVT	DOHC-DVVT
排气系统	4-1 带 ccc	4-2-1
供油方式	PFI	GDI
额定功率/转速	110kW/(6500r/min)	116kW/(6500r/min)
最大转矩/转速	182N·m/(3500r/min)	210N·m/(4000r/min)

二、排气再循环技术

汽油机进气节流，产生了较大的泵气损失，影响发动机的动力和经济性。采用大比例排气再循环，可以改善进气门后的真空度，减小泵气损失，从而提高发动机的燃油经济性。缸内混合气虽经废气稀释，但整个混合气的空燃比依然可以保持在 1.0 附近，因而可以继续保持三效催化后处理的排放控制优势。并且，在小负荷时，可以采用非冷却 EGR，而在中高负荷采用冷 EGR，避免高压缩比可能引起的爆燃和早燃爆燃等有害燃烧现象。

1. 排气再循环对工质物性的影响

缸内新鲜充量因为排气成分的加入，使混合气中燃油成分变少。排气稀释作用使缸内混合气总的比热比增加，如图 8-7 所示。工质比热比的增加使循环效率增加，由此可以获得大约 1%的有效热效率的提高。

2. 排气再循环对燃烧的影响

在 1500r/min、60%负荷条件下，采用低压冷却的 EGR，2 级增压，优化的点火提前角和高能连续点火，可以使缸内燃烧提前，并迅速完成。进一步的缸压数据分析表明，EGR 对燃烧过程的影响主要体现在对火焰发展期的影响，而对快速燃烧持续期的影响较小，如图 8-8 所示。因此，可靠的点火对高比例 EGR 混合气的燃烧是至关重要的。有一种双线圈并联连续点火系统，其一次线圈连在一起，二次线圈通过高压二极管接到火花塞，ECU 控制两个线圈分别连续充放电，在火花塞上形成一段时间不间断连续的火花放电。稳定的点火和优化的点火正时，不仅可以提高发动机的燃烧稳定性，还可改善发动机的燃烧循环变动因高比例废气再循环的恶化趋势，从而提高了燃油经济性。

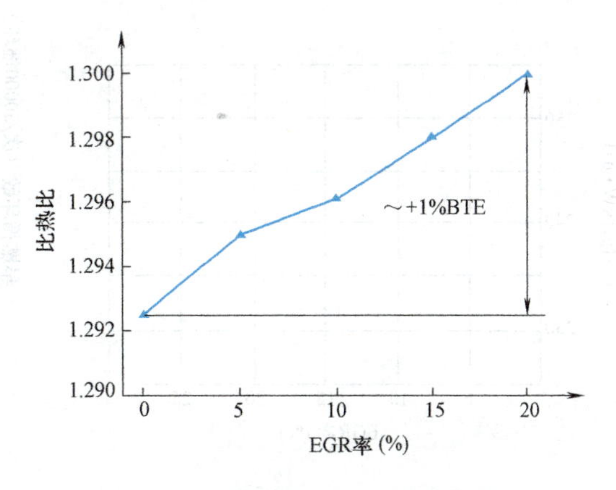

图 8-7 EGR 对工质物性及热效率的影响

排气的引入减小了进气管内的真空度，再加上 VVT 实现不同工况的气门正时的优化，

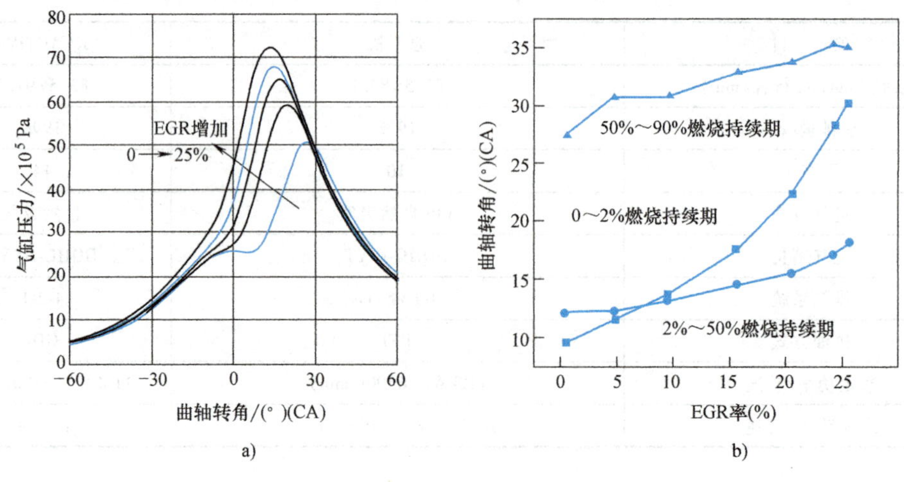

图 8-8 EGR 对缸内燃烧过程的影响

a）缸内压力 b）燃烧过程

减少泵气损失。如图 8-9 所示，在此工况下，热效率在 20%EGR 率时最佳，燃油消耗率获得约 10%的改善。

增压强化后所面临的早燃爆燃及末端混合气后燃爆燃等不正常燃烧现象，会随着 EGR 的增加而消失。图 8-10 所示是该发动机在 1250r/min 工况下，采用爆燃边界点火提前角和固定 50%已燃质量分数相位两种点火控制模式时，每 30000 循环的早燃爆燃发生频率。可见，如果 EGR 率超过 15%，基本可以消除低速早燃爆燃现象。

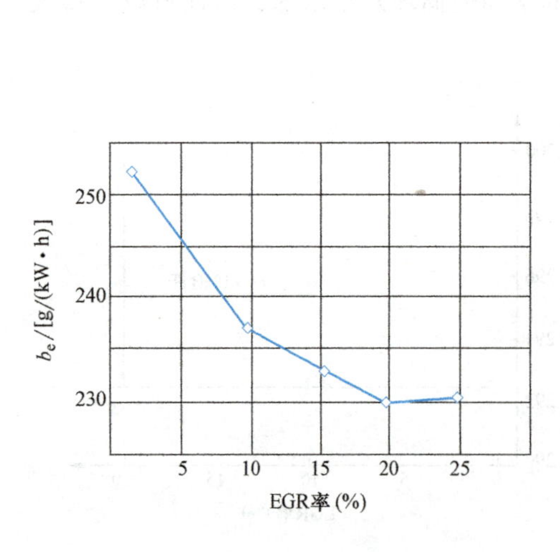

图 8-9 EGR 对有效燃油消耗率的影响

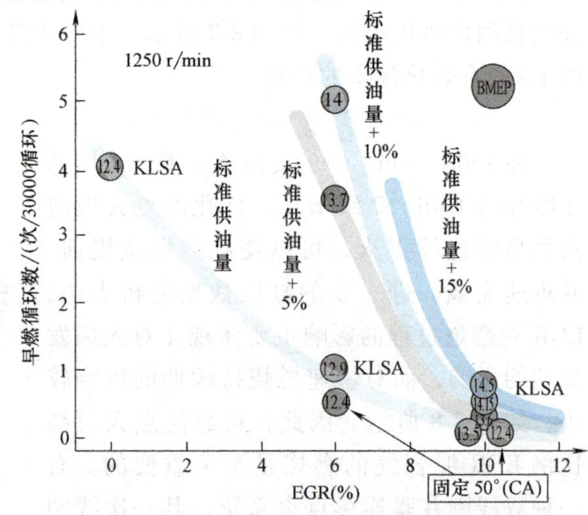

图 8-10 早燃爆燃发生频率

3. 排气再循环对排放的影响

某 GDI 发动机在 3000r/min、75%负荷工况下各种排放物的比排放试验结果如图 8-11 所示。采用 EGR 降低 NO_x 排放是不言而喻的，但往往会造成 HC 和 CO 排放的增加，但此时的发动机可以采用较高的压缩比，而且拥有较高的缸内温度，可以使缸内直喷汽油更容易蒸发混合，从而减少了颗粒质量和数目的排放。虽然缸内最高燃烧温度有所降低，但 HC 和 CO 排放未见明显升高。

三、缸内直喷增压小型化技术

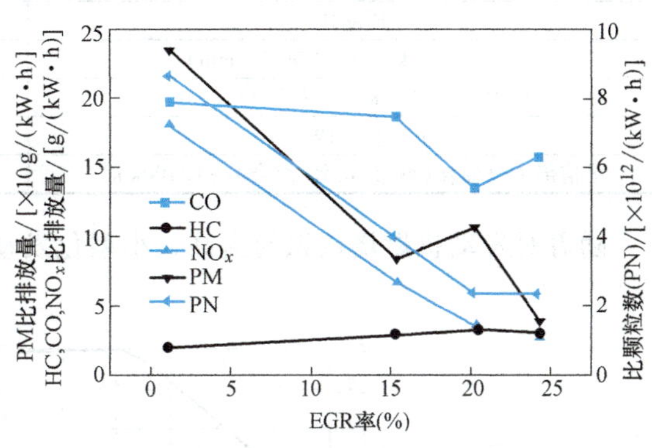

图 8-11 EGR 对比排放的影响

汽油缸内直喷（GDI）技术是汽油机节能减排的核心技术之一，现已成为共性技术，应用到几乎所有新开发的机型。传统的气道喷射（PFI）技术是将燃油通过一个低压喷油器喷到进气门前，必然会在气道壁和进气阀的背面等处产生气道油膜，影响混合气形成过程和空燃比的精确控制，对发动机的冷起动和加速等瞬态过程影响更大。GDI 技术是将汽油直接喷入气缸内，喷射压力高，雾化效果好，并能够促进混合气形成和燃烧，其优点可以概括为：

1）提高动力性。直接喷入气缸的汽油吸热蒸发，降低了缸内气体的温度，一定程度上可以提高充量系数，还可以采用较高的压缩比。

2）提高发动机的热效率和燃油经济性。由于进气是纯空气，故可以更加灵活地采用 VVT 技术、分层燃烧技术等，减少泵气损失；能够避免气道喷射的油膜问题及混合气短路问题，可以允许较大的气门叠开角，加强扫气，减小残余废气系数，降低缸内充量温度，再加上汽油冷却效应，相应地可以提高发动机的压缩比，或降低对汽油辛烷值的要求；易于实现更精确的空燃比控制以及精确的起动和加速加浓控制等，减少起动和加速等过渡过程的油耗，达到快速起动和缩短瞬态过渡过程的目的，并能较易实现发动机起停技术。

3）减少有害气体排放。可以采用多次喷射策略，用以提高排气温度，加快冷起动过渡过程和排气后处理器的起燃，降低排放，获得各工况下更精确的空燃比控制，减少有害气体排放和提高 TWC 后处理效果。

1. 增压小型化发动机的动力经济性

小型化专指往复活塞式发动机通过减小单缸排量提高发动机经济性的一种技术。相对于大排量发动机，小排量发动机发出相同功率时，相应提高了发动机工作的负荷水平，不仅可以减少发动机的摩擦损失，并进一步减少泵气损失等，在一定的转速和负荷范围内，可以提升发动机的有效热效率，降低发动机的燃油消耗。表 8-3 比较了同款雪佛兰科鲁兹轿车采用 1.8L 和 1.4L 发动机时整车动力经济性能参数，采用增压小型化的发动机提高了动力性，经济性明显改善。当然，发动机小型化后需要采用增压技术，是为了保证小型化发动机的外特性功率水平，满足车辆驾驶性对动力性的要求。

表 8-3 雪佛兰科鲁兹轿车发动机小型化动力经济性比较

发动机	直列 4 缸	直列 4 缸
(缸径/mm)×(行程/mm)	80. 5×88. 2	74×81. 3
总排量/mL	1796	1399

（续）

发动机	直列 4 缸	直列 4 缸
进气方式	自然吸气	涡轮增压
压缩比	10.5∶1	11.5∶1
(最大功率/kW)/[转速/(r/min)]	105/6200	110/5600
(最大转矩/N·m)/[转速/(r/min)]	177/3800	235/1600~4000
升功率/(kW/L)	58.33	78.57
工信部工况油耗(城市/市郊/综合)/(L/100km)	12.0/6.3/8.4	7.5/5.0/5.9

随着对发动机燃烧认识的提高，小型化发动机的强化水平越来越高，动力性大幅提高，

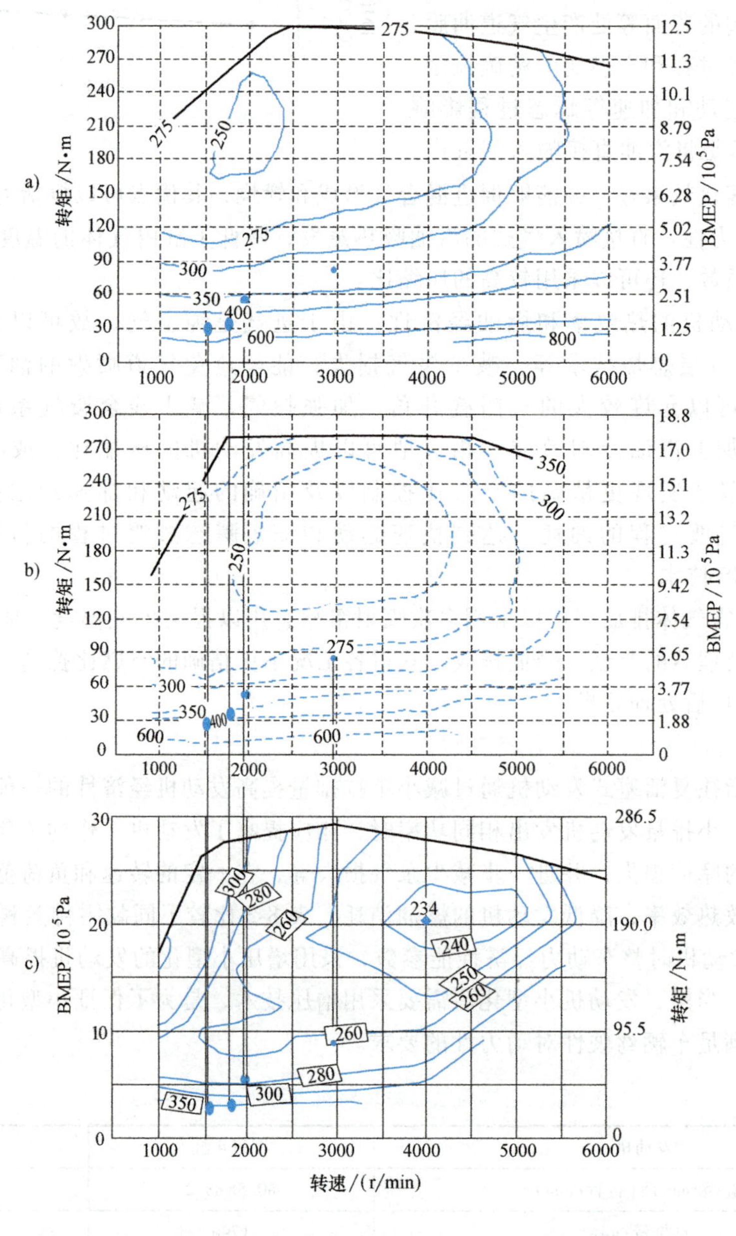

图 8-12　不同车速对应发动机工况的油耗示意图

因此可作为传统大排量乘用车的动力，从而满足 CO_2 排放法规的要求。图 8-12a、b、c 所示分别是 3.0L、2.0L 低增压和 1.2L 小型化增压强化三款发动机有效燃油消耗率的万有特性图，可见一台 1.2L 增压小型化汽油机的动力性已经能够达到自然吸气 3.0L 发动机的水平。假定用图中的这三款发动机驱动同一中级车，按风阻：2.2×0.35（迎风面积 $2.2m^2$、风阻系数 0.35）、滚阻：0.012、分析载荷：(1450+225) kg 计算，水平路面等速行驶时的档位和发动机的转速转矩动模拟计算结果见表 8-4。

表 8-4 不同车速下发动机运转工况

车速/(km/h)	档位	发动机转速/(r/min)	发动机转矩/N·m	估计比油耗/(g/kW·h)		
50	5	1520	28	550	420	380
60	5	1820	32	500	400	350
80	6	1958	51	380	320	280
120	6	2940	85	320	280	265

按照表 8-4 中发动机的运转工况，可在图 8-12 中查出大致的比油耗数值（表中右 3 列）。可见，发动机排量减小，在表 8-4 中几种车速下，三款发动机的比油耗分别减少 20%~30%。为此，各大汽车公司均发展有 1.2L 左右的增压强化小型化发动机产品，单独或与电动机混动构成汽车的动力系统，以应对 CO_2 排放法规。

2. 增压系统匹配与控制策略

发动机小型化可以节能，为了在节能的同时拥有大排量发动机的动力性，增压成为必然的选择。汽油机的运转速度范围大，在增压度要求不高的条件下，选用带放气阀的增压器，可解决高速高负荷工况增压器超速的问题，实现增压系统与发动机的匹配。小型化汽油机的平均有效压力（BMEP）强化已经达到 3MPa，需要增压压比 2.5 左右。提高低速转矩是小型化的另一关键问题，这就要求低速工况有同样高的增压压力。提高发动机的低速转矩，从增压系统上考虑，可以采用 2 级增压，图 8-13 所示就是一种两级增压系统的配置。选用一只流量较小的增压器作为系统的高压级（HP），流量较大的作为低压级（LP），其中高压级

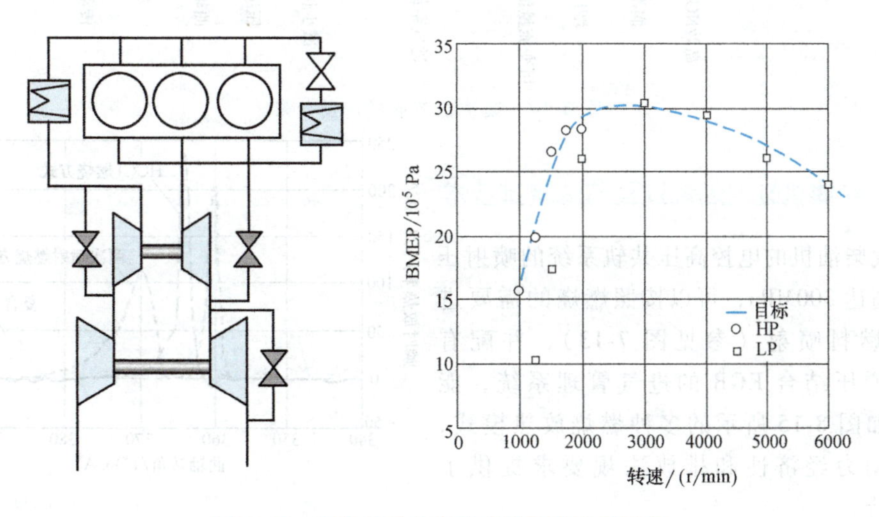

图 8-13 两级增压系统示意图及其增压匹配

增压器可以考虑其单独工作时能够满足小型化汽油机的低速转矩目标，而低压级增压器单独工作时也可以满足高速高负荷时对增压提升发动机的功率的要求。两级增压系统的工作压比通过放气阀的开度控制，两级增压器同时工作，可以获得较高的增压压力，避免高压级单独工作时的超速和流量堵塞，同时降低了排气系统的背压，方便增压控制策略和燃烧系统参数的优化与调整。

小型化汽油机的涡轮增压器匹配因高 BMEP 强化后发动机的燃烧参数不易估算，使增压器理论和实际匹配较为困难。

第三节 柴油机的节能技术

柴油机具有压缩比高、换气过程损失少、工作过程多变指数高、燃烧更完全的特征，因此相对于汽油机，其热效率较高，在燃油经济上具有一定的优势。随着日益严格的油耗法规及低碳节能需求，柴油机同样需要在满足排放法规的前提下不断提高效率。

图 8-14 所示为某康明斯发动机在 2010 版技术的基础上，效率由 41.5%提高到 50%以上的关键技术措施及节能效果（图 8-3），可见提高发动机的机械效率、循环效率、排气等废热回收和主要附件综合效率是关键。提高柴油机的效率，还要结合发动机的使用条件，发动机的运转特性、排放的控制策略等与上述诸因素有密切的关系。

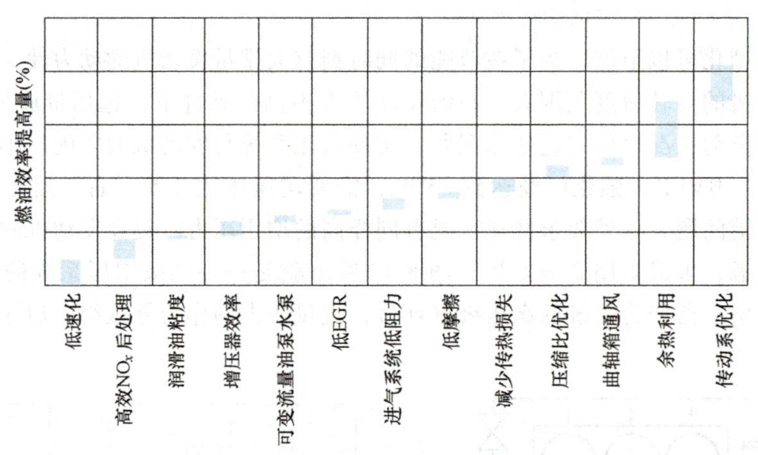

图 8-14 柴油机节能措施及效果

一、柴油机缸内燃烧过程节能减排技术

现代柴油机的电控高压共轨系统的喷射压力已经高达 300MPa，可以按照燃烧的需要进行多次燃料喷射（参见图 7-13），并配有 VGT 高增压结合 EGR 的进气管理系统，能够实现如图 8-15 所示的多种燃烧放热模式，为满足动力经济性和排放法规要求提供了技术支持。

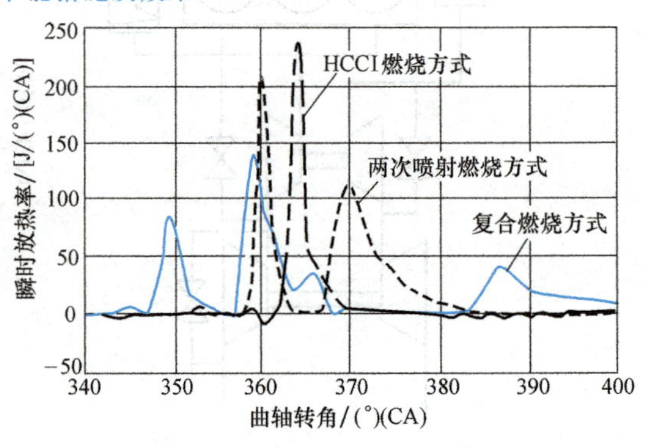

图 8-15 现代柴油机多种燃烧模式及放热规律示意图

（一）增压与最高燃烧压力的匹配

从重型柴油机排放法规的实施来看，国Ⅰ是以增压技术为主，国Ⅱ加上了中冷，国Ⅲ采用了150MPa级的电控高压共轨技术。增压和燃油喷射压力的提高，使喷油时刻推迟的同时缩短燃烧持续期成为可能。国Ⅳ、国Ⅴ增加了SCR技术，燃烧组织不受NO_x排放增加的制约反而相对较易。仅从排放角度看，国Ⅵ可以采取EGR+SCR技术路线，但需提高燃油喷射压力促进燃烧，以抵消EGR对燃烧的负面影响，因此爆发压力也比较高。若国Ⅵ采用完全SCR技术，则对燃烧系统的要求也不太高。但考虑发动机热效率要求达到50%，国Ⅵ仍需要提高爆发压力，增加混合加热循环的等容燃烧部分的燃烧放热。

从柴油机缸内工作循环的角度分析，提高发动机的经济性首先要提高压缩比和膨胀比，使循环的热效率提高。表8-5是采用理论循环计算的不同发动机参数设置时的指示效率和平均指示压力，其中假定循环起点的温度为333K，空气的c_p = 1.004kJ/(kg·K)，c_V = 0.718kJ/(kg·K)（γ=1.4），混合气宏观过量空气系数为2.0。因此，提高进气增压比，采用适当的压缩比和高的爆发压力是提高发动机动力性而不损害经济性的措施。

表8-5　提高循环热效率的参数分析

进气压力/10^5Pa	压缩比	理论循环	p_{max}/MPa	T_{max}/K	IMEP/MPa	η_t(%)
1.0	17	定容	15.7	3079.6	1.04	67.8
		混合	7.0	2592.9	0.98	63.6
		定压	5.3	2496.9	0.93	60.3
2.0	17	定容	31.4	3079.6	2.08	67.8
		混合	12.0	2537.1	1.90	61.9
			14.0	2592.9	1.96	63.6
		定压	10.6	2496.9	1.85	60.3
2.5	16	混合	14.0	2516.6	2.35	61.1
			16.0	2564.0	2.40	62.5
		定压	12.1	2472.1	2.28	59.2
3.0	16	混合	16.0	2500.8	2.79	60.5
			18.0	2540.3	2.85	61.9
			20.0	2579.8	2.90	63.0
		定压	14.6	2472.1	2.73	59.2
	15	混合	20.0	2587.8	2.89	62.7
3.5	15	混合	20.0	2527.6	3.29	61.2
			22.0	2563.7	3.34	62.2

发动机的爆发压力设定及温度水平与转速、负荷和排放等因素相关，取决于发动机的机械负荷及可靠性等参数设计。虽然最高爆发压力和排放阶段没有必然的联系，但仍有一定的趋同现象，如我国中重型柴油机的爆发压力总体上是国Ⅲ在14~16MPa，国Ⅳ在16~18MPa，国Ⅵ将高于20MPa。此外，柴油机的使用转速不断降低，为保持功率不变，就必须提升发动机的转矩，则提高爆发压力就不可避免。

（二）工作过程分析

分析内燃机的实际循环效率，将进气、压缩、燃烧、膨胀、排气过程区分为封闭过程和泵气过程，其中封闭过程主要涉及燃烧与传热现象，泵气过程主要考虑进排气流动阻力损失。研究增压柴油机的泵气过程是因为需要采用高排气背压保证 EGR 的进行，有可能使进气压力低于排气压力，出现较大的泵气损失功。

1. 燃烧放热率重心

对于一个已经计算出的瞬时放热率$\frac{dQ}{d\varphi}$，可以通过积分的方法获得放热率重心 φ_c，即

$$\varphi_c = \frac{\int \frac{dQ}{d\varphi}\varphi d\varphi}{\int \frac{dQ}{d\varphi}d\varphi}$$

研究发现，发动机的最佳放热率重心均处于行程上止点后 7°~9°（CA），重心提前，传热损失增加。虽然有的发动机的放热率重心也处于该位置，但热效率并不佳，其原因在于放热并没有集中在放热率重心附近。

大量的发动机研究结果表明，最佳的放热率重心没有多少变化，这一现象反过来说明减少发动机传热并不容易实现，要减少传热损失，需要发动机零部件能够承受更高热负荷。

2. 泵气过程

泵气损失（PMEP）是直接在总平均指示压力（GMEP）上进行加减的，如 2×10^5Pa 的 GMEP 工况，PMEP 加减是 10kPa，则直接影响有效热效率 5%。所以，提高循环过程的效率，需要降低泵气损失。

降低泵气损失，除了降低进排气歧管、进排气道和进排气门，以及排气后处理系统的阻力处的流动阻力外，应该更加关注涡轮增压器的效率和 EGR 系统的阻力。

（1）EGR 系统阻力　常规的增压系统，进气压力高于排气压力，这样泵气过程获得有用功，循环效率提高。但一些柴油机采用 EGR 技术路线控制缸内 NO_x 的生成，为了满足极低 NO_x 排放法规，必须保证足够的 EGR，这就要求进排气之间有足够高的压差，驱动排气流过 EGR 冷却器和流量控制阀等组成的通道。这样一个泵气过程获得的是负的泵气功，排气背压的增加恶化了发动机的效率，因此必须尽可能地降低 EGR 系统的阻力。这样，EGR 系统又影响到了增压进气系统。

从全局上看，为使发动机在全部转速和负荷范围内达到控制 NO_x 排放和保证功率及效率的目标，就必须对发动机的进气管理提出更高要求：

1）控制进气压力温度，保证进气密度，满足发动机的动力性要求。

2）输送足够的氧气，保证燃烧完全进行。

3）输送足够的 EGR，满足 NO_x 控制要求。

4）合适的进气流动，促进混合与燃烧。

5）操控排气温度，满足排气后处理系统的要求。

6）曲轴箱通风清洁，避免油污等进入进气系统。

（2）涡轮增压器的效率　对于 BMEP 为 14×10^5Pa 的发动机工作循环来说，涡轮增压器

的总效率如果由50%增加到57%，大致有15~30kPa的泵气损失减少，这可以使发动机的效率增加1%~2%。

既要提高增压器的效率，又要满足上述进气管理的要求，采用VNT是较好的选择。VNT可以保证发动机在各种工况下：快速响应发动机对增压压力的要求，保证进气流量，提高发动机的动力性；改变排气背压，控制EGR的量；可以作为发动机辅助制动的手段；进行排气温度的管理，满足DPF等的再生需求。

二、柴油机小型化和低转速设计（Downsizing and Downspeeding）

重型汽车用柴油机一般为六缸、中等缸径（100~160mm）的高速柴油机，以前总是用提高转速来提高升功率，但现在的发展趋势是适当小型化和降低发动机转速，以达到节能减排的目的。

1. 低速化设计

发动机的低速化的好处在于：活塞速度降低，从而减小了摩擦损失；气体流动速度降低，使传热和气体流动损失减少。

发动机每降低100r/min的转速，发动机的热效率提高大约1%。如康明斯某2013款的柴油机，由整车巡航速度105km/h的2010款转速1450r/min降低到1250r/min，节约燃油2%以上。如果继续降低到1000r/min左右，其效率会更好。但若转速继续降低，则节能效果减弱。这很容易从封闭循环的效率分析得到答案：一方面，转速太低，发动机的传热损失加剧；另一方面，转速进一步降低，为保持发动机转矩，需要提高缸压，使得因速度降低而减小的摩擦损失又会因机械负荷的增加而丢失。因此低速化速度设计要在传热损失和摩擦损失之间取得平衡。

低速化设计的技术难点还在于发动机的低速转矩和动态响应，这均与增压器的匹配有关。低速化还可以降低整车传动比，进一步提高整个传动系统的机械效率。如果结合汽车用途重新规划行车速度及整车与发动机的匹配，则节能减排效果会更明显。

2. 小型化设计

同汽油机小型化一样，柴油机的小型化也是为了提高发动机的负荷率，即提高机械效率。发动机小型化后，要获得同样的低速转矩，就必须提高缸内压力水平，这就出现了一个折中的问题，一个是机械负荷增加需要加强零部件，另一个是机械负荷增加，摩擦损失也会增加，如图8-16所示。

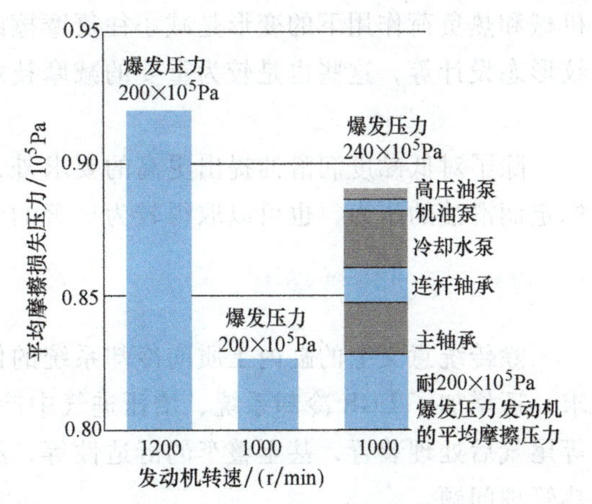

图8-16 发动机转速与爆发压力对摩擦损失的影响

对于一个小缸径柴油机，提高升功率的强化方法是提高增压压力和燃油喷射压力，并适当降低压缩比和推迟喷射，这样一方面可以满足结构对最高爆发压力的限制，同时发动机的经济性和排气烟度也不至于恶化。对于重型柴油机来说，从实用的角度出发，低速化和适度的小型化，可降低发动机强化带来的对可靠性的不利影响。

三、低摩擦设计

提高发动机的机械效率就能更多地将缸内燃烧过程获得的循环指示功转化为有用功从曲轴输出，从而提高发动机的动力和经济性。除泵气损失外，活塞及环组与气缸套、轴承、配气系统、冷却水泵、润滑油泵的机械损失是重点关注对象。

1. 低摩擦活塞组

活塞、活塞环与气缸套之间的摩擦损失占发动机整机摩擦损失的40%~50%，所以对活塞环组的低摩擦设计意义最大。

（1）轻量化设计 发动机往复质量减小降低了往复惯性力，可进一步优化曲轴及轴承等的设计，减小发动机体积等。

（2）行程缸径比的选择 一定的排量条件下，缸径增大，活塞质量增加，但裙部承压面积也增加，其上的比压变化不大，但活塞的滑动速度减小，使总的摩擦损失增加。

（3）活塞外形优化 除传统的活塞裙部腰鼓形设计外，还可以考虑非对称结构设计，如活塞销偏置、主副推力面的不对称设计等。

（4）活塞环的优化设计 采用窄环设计及低张力活塞环，活塞环表面处理技术，两道环技术等。当然，汽柴油机具体应用时有所不同。

（5）减摩涂层技术 减摩涂层技术指利用物理气相沉积或热喷涂工艺将金属、合金、氧化物或其他减摩材料涂覆在摩擦面上从而达到减摩效果的一种手段，主要用于活塞环表面、活塞裙部推力面等处。

2. 轴承设计

主要是减小曲轴轴颈的直径和长度，优化轴承间隙等，相应地需要考虑轴承的可靠性、扭振等。凸轮轴等采用滚动轴承也是一种考虑方案。

3. 气缸套

无论是汽油机还是柴油机，都有爆发压力增加的趋势，控制缸套安装后的变形、在高的机械和热负荷作用下的变形是减小往复摩擦的关键环节。细节方面还有缸套表面粗糙度、网纹形态设计等，这些也是较为重要的减摩技术。

4. 润滑设计

除了对低黏度润滑油提出更高的要求外，采用电动机油泵，按照发动机实际运行工况，标定润滑油的压力，也可以取得较为显著的节能效果。

四、发动机热管理

除传统意义上的缸内工质向冷却系统的传热外，发动机为达到动力经济和排放方面的要求，还增加了EGR冷却系统、增压进气中冷系统，特别是为了快速起燃TWC、SCR、cDPF等尾气后处理装置，甚至整车的舒适性等，所有这一切都需要从一个新的高度认识发动机的热管理问题。

1. 冷却系统的电子控制

对发动机的冷却系统要求有很多，如缸盖机体内冷却水的流场分布、水温控制、风扇驱动等，当采用电控后，其外围核心是对温控器、风扇和水泵的电子控制，以实现对发动机本体的热管理。当发动机运转在一个合理的冷却水温时，其冷却传热损失、摩擦损失等均较小，从而达到节能的目的。

2. 增压进气中冷

中冷增压空气有两个作用：一是增加进气密度，可以提高发动机的动力性；二是降低进气温度，等于降低了发动机的最高燃烧温度，从而减少缸内 NO_x 的生成与排放。

目前中冷方式有两种：空-空冷却和水冷。空-空冷却一般是将增压中冷器置于水箱前面，靠汽车的来风和发动机的风扇作用实现冷却。而水冷需要一套独立的冷却系统，结构比较复杂，但冷却效果更好。

3. EGR 冷却

EGR 的主要作用是降低发动机的 NO_x 排放，部分工况下还用来降低发动机的油耗。对于降低发动机的 NO_x 排放，冷的 EGR 最好，其作用体现在降低了混合气的氧浓度和温度。为此 EGR 冷却系统设计高低温两段式，能够将 500℃以上的 EGR 冷却到 100℃以下。

EGR 冷却系统对原机的冷却系统造成一定的压力，需要提高整机冷却系统的散热能力。

4. 高效后处理系统

发动机的排放控制已经达到一个极低的程度，需要缸内和后处理协同工作，以及一个有效的发动机热管理系统，对排气温度、流量和氧浓度等进行最优控制，以保证 SCR、DPF 等系统的高效工作。

（1）SCR NO_x 后处理　虽然可以通过诸如中冷降低进气温度、配气正时控制压缩过程、燃油喷射（喷射压力、正时、次数）控制燃烧过程、冷 EGR 等措施降低缸内燃烧温度，一定程度上减少缸内 NO_x 生成，但要满足对 NO_x 的排放法规要求，同时保持发动机良好的经济性，还必须借助 SCR 后处理技术。

SCR 反应需要一个最佳 NO_2 比例，但排气中含量或比例较低，为此可以借助 DOC 的帮助（见图 6-21）。如果 SCR 系统能够高效催化转化排气中的 NO_x，就可以减少 EGR，并更多地采用有利于燃油经济性的燃烧措施。采用 NO_x 传感器实现 SCR 的闭环控制，可以使 NO_x 的催化转化效率达到 94%左右（康明斯发动机，美国测试循环平均值）。如果增加 SCR 中间 NH_3 传感器（见图 6-20），用以实现基于 NH_3 的闭环控制，则 NO_x 的转化效率可以保持在 97%左右，由此可以提高燃油经济性 2.5%。

不仅 SCR 转化效率与排气温度有关，尿素分解反应也需要较高的排气温度，低于 200℃易生成尿素及三聚氰胺等沉淀，因此，一个高效的 SCR 系统高度依赖发动机的热管理系统。

此外，使用 SCR 系统需要兼顾燃油和尿素两方面的经济性。

（2）DPF 再生　DPF 工作一段时间需要再生，DPF 的再生分为主动再生和被动再生。

所谓的被动再生就是借助 DOC 将 NO 催化转化为 NO_2，利用 NO_2 的强氧化性将 DPF 收集的碳烟部分氧化。被动再生 NO_2 氧化碳烟温度要求 250℃以上。

大部分情况下，柴油机排气中的 NO_x 量不足以使 DPF 完全再生。虽然柴油机排气中一般具有较高的氧浓度，但实现 DPF 收集的碳烟与排气中的氧发生氧化反应需要 500℃以上，为此需要通过发动机的热管理系统增加排气温度，才能实现 DPF 的再生，即主动再生。

主动再生由 DPF 温度传感器和压差传感器控制。如果是排气管燃料喷射方法，发动机电控单元首先控制排气温度在 300℃以上，能够使燃料蒸发并燃烧；其次闭环控制 HC 剂量，使排气温度达到 500~600℃。

第四节　提高内燃机效率的循环

本节主要介绍阿特金森（Atkinson）循环、米勒（Miller）循环和尾气等余热回收的有机朗肯循环（Organic Rankin Cycle，ORC）。前两种循环事关提高内燃机理论循环的效率，后者旨在提高废热利用（Waste Heat Recovery，WHR），均是提高内燃机有效热效率的措施。本节不涉及灭缸变排量、混合动力等实现内燃机高效循环技术。

一、非对称压缩-膨胀循环

由于实际循环的不可逆性，传统的对称压缩-膨胀循环因缸内的燃烧放热使得膨胀终了工质温度压力均远高于进气终了状态，从而引起排气过程能量的大量散失。采用比压缩比高的膨胀比的非对称循环具有理论上的高效性。

1. 阿特金森循环

1882 年，阿特金森（James Atkinson）提出了以他名字命名的内燃机循环模式，该模式通过一套曲柄摆杆四连杆机构与发动机的活塞连杆相连，在曲轴旋转的一周内实现了四个活塞行程的低压缩比、高膨胀比的不对称循环，如图 8-17 所示。延长的膨胀行程可以使高温燃气得到充分膨胀，增加有效功的输出，从而获得比较高的效率。

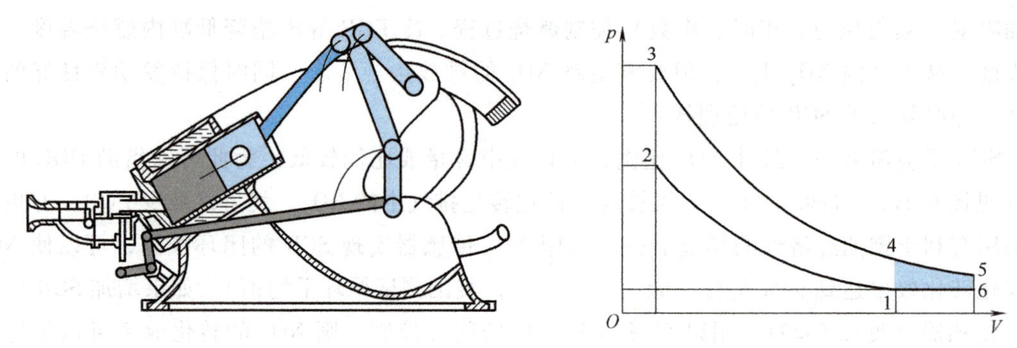

图 8-17　阿特金森发动机与循环示功图

2. 米勒循环

1940 年，米勒（Ralph Miller）重新研究不对等膨胀/压缩比发动机，但舍弃了复杂的连杆结构，而是通过配气正时来实现这种不对称的效果，即在吸气行程结束时，推迟气门的关闭，将吸入的混合气又“吐”回去一部分，再关闭进气门（实际应用也有进气门早闭，并需要节气门开度的配合），开始压缩行程。米勒循环配气正时如图 8-18 所示。

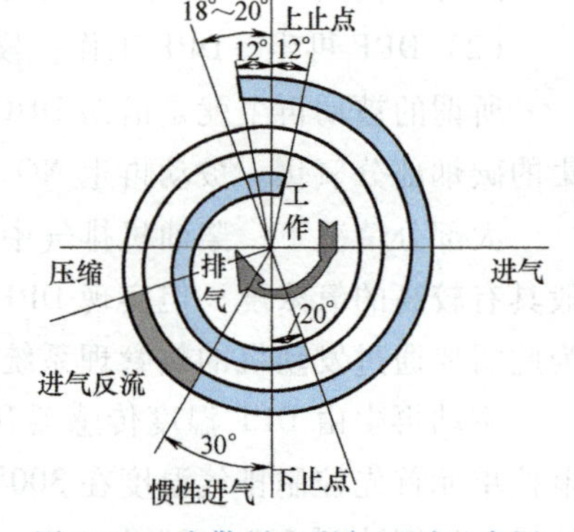

图 8-18　米勒循环配气正时示意图

无论是采用阿特金森循环还是米勒循环都可以实现膨胀比高于压缩比的不对称循环，从而提高循环的效率，但由于米勒循环对发动机的构造无需任何改变，只需对进气门的关闭进行控制，易于实现，因而得到普及应用。

采用米勒循环的发动机低速时，混合气倒流，低速

转矩变差，故需要增压。如果燃烧室的容积不变，则加长的活塞行程将使加速性能也变差。实际上，发动机只在中间转速和负荷工况才采用阿特金森/米勒循环，以降低泵气损失，提高循环效率。

二、有机朗肯循环

通过内燃机的热平衡分析发现，超过50%的燃料化学能以热量形式损失掉了（表8-1）。内燃机的冷却水温度在90℃左右，而排气温度在绝大部分工况下都超过300℃，对这部分废热能量的回收利用成为提高内燃机热效率、降低燃油消耗的又一重要途径和研究方向。

有机朗肯循环（Organic Rankine Cycle，ORC）是研究较多的对内燃机废热有效利用（Waste Heat Recovery，WHR）的技术。顾名思义，它是利用有机物替代水作为工质的一种朗肯循环。ORC系统包括工质泵、蒸发器、膨胀机和冷凝器等主要部件，如图8-19所示，其中工质的选择和容积型膨胀机是系统的关键。不同的热源情况影响工质的热物性选择和ORC系统配置。除简单ORC系统外，还有高低温双工质双循环（冷却水低温有机朗肯循环和排气高温朗肯循环）系统和单工质混合循环（冷却水预热、排气加热蒸发有机工质）系统，若膨胀机出口处为过热气体，还可以加入一个回热器来进一步利用这部分热能，提高效率等。

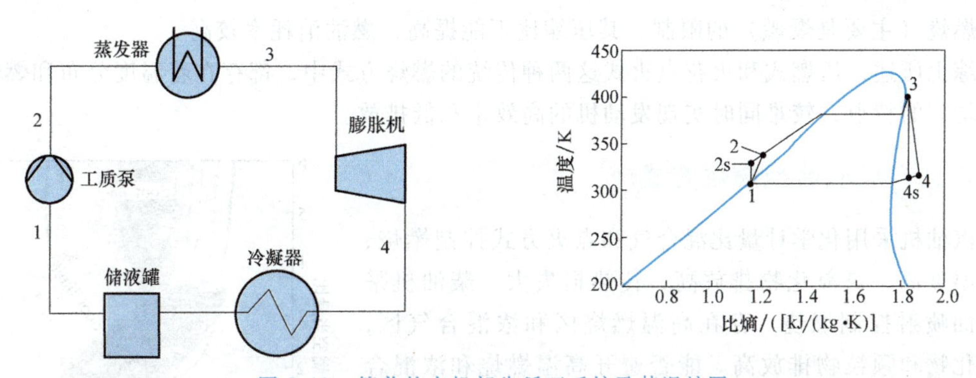

图8-19 简单的有机朗肯循环系统及其温熵图

柴油机排气温度一般高于300℃，高负荷时可达600℃以上，可以获得较高的效率。装配康明斯的一款发动机的货车（Class8）运行试验表明，在高速路行驶工况可以节约5%~6%的燃油，城市间区域可以节约4.5%，城市道路可以节约3%左右的燃油（参见图8-3）。

第五节 内燃机的新型燃烧方式

20世纪90年代后期，尤其是21世纪以来，内燃机除了面临满足越来越严格的有害排放物法规的挑战，还面临着CO_2法规（燃油经济性）挑战，CO_2法规逐步成为推动内燃机燃烧技术进步的又一主要因素，内燃机燃烧理论和燃烧新技术的研究进入了一个新的活跃时期。针对未来超低排放，甚至零排放的有害排放物法规和CO_2法规，人们提出了不同的内燃机新型燃烧方式，如均质充量压缩着火燃烧（Homogeneous Charge Compression Ignition，HCCI）、预混充量压缩燃烧（Premixed Charge Compression Ignition，PCCI）和反应可控压缩着火（Reactivity Controlled Compression Ignition，RCCI）等低温燃烧（Low Temperature Com-

bustion，LTC）方式。这些燃烧方式的核心就是改变以传统柴油机为代表的扩散燃烧方式和以传统汽油机为代表的火花点燃的火焰传播预混燃烧方式，采用预混合、压燃、低火焰温度的燃烧方式，实现内燃机的高效清洁燃烧。

一、传统内燃机燃烧方式的局限性

传统内燃机的燃烧方式分为压燃式（Compression Ignition，CI）和火花点火式（Spark Ignition，SI）两种。压燃式发动机通过燃料调节系统来调整发动机的循环供油量以适应发动机工况的变化（质调节）。其混合气是在气缸内部形成的，即在活塞接近上止点时，燃料供给与调节系统将燃料在极短的曲轴转角内以高压喷入气缸，实现燃料与空气的混合和燃烧。压燃式发动机的燃烧过程受混合与扩散燃烧过程控制，化学反应速率远高于燃料和空气的混合与扩散速率，燃烧的快慢由混合扩散速率决定。在这种类型的燃烧中，混合气浓度和温度分布都极不均匀，在燃烧室内的局部高温区产生 NO_x，高温缺氧区（即浓混合气区）产生碳粒，如图 8-20 所示。在火花点火发动机上，一般采用预混合燃烧，可燃混合气在压缩行程末期被火花塞点燃，火焰前锋在均质混合气中传播，火焰前锋及其燃烧产物的局部温度远远高于其他未燃混合气，燃烧室中温度分布极不均匀，局部的高温容易导致已燃区内 NO_x 的生成，传统汽油机燃烧处在图 8-20 中的 NO_x 生成区域。此外，火花点火发动机由于受不正常燃烧（主要是爆燃）的限制，其压缩比不能提高，燃油消耗率较高。

综上所述，压燃式和火花点火式这两种传统的燃烧方式中，都存在着温度分布和燃烧过程不均匀的特点，较难同时实现发动机的高效率和低排放。

二、内燃机新型燃烧方式

汽油机采用化学计量比混合气和点火方式控制燃烧，燃烧温度高，氮氧化物排放高，传热损失大。柴油机采用燃油喷射控制燃烧，存在高温燃烧区和浓混合气区，氮氧化物和颗粒物排放高。能否避开高温燃烧和浓混合气区，实现低的排放、低的传热损失、高的热效率是内燃机理想的燃烧方式。基于这一理念，近年来，研究了若干种新型燃烧方式，其中具有代表性的是 HCCI、PCCI 和 RCCI 等低温燃烧（LTC）方式。

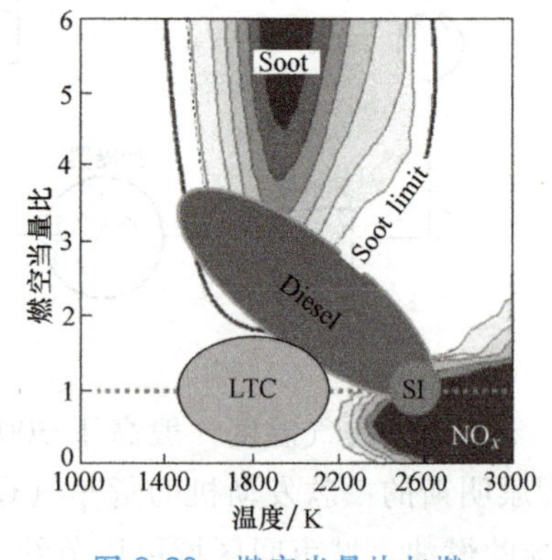

图 8-20 燃空当量比与燃烧温度的分布图[17]

低温燃烧方式通常采用增加燃烧前的油气混合，或者高比例废气再循环（EGR）来实现。较高比例的 EGR 可使稀释后的混合气氧浓度和燃烧温度降低，减少 NO_x 的生成；增加燃烧前的油气混合可增加混合气的浓度均匀度，更多均质混合气的形成将会减少局部过浓区域，从而减少碳烟的生成；同时，较稀混合气也有利于抑制碳烟的生成。但是过低燃烧温度会降低燃烧效率，导致 HC 和 CO 排放明显增高，燃油经济性恶化。因此低温燃烧技术的应用关键是在碳烟、NO_x 和燃烧效率三者之间的折中。

1. 均质充量压缩着火燃烧（HCCI）

HCCI 的基本特征是均质混合气的压燃着火和低温燃烧。该燃烧方式能降低颗粒物和 NO_x 排放，同时能使用多种燃料实现较高的热效率。HCCI 使用均质混合气，因而可避免柴油机中浓的扩散火焰，显著降低了颗粒物排放；HCCI 使用压燃着火，缸内均质稀混合气自燃集中放热，避免了汽油机浓混合气燃烧产生的高温火焰，降低了氮氧化合物的排放。典型的 HCCI 放热过程一般分为两个阶段，如图 8-21 所示。第一阶段与低温化学动力学反应有关（冷焰或蓝焰），这种化学反应被认为是产生爆燃的主要原因；第二阶段燃烧是多点同时进行的，一旦着火，混合气迅速燃烧，没有明显的火焰传播，如图 8-22 所示。

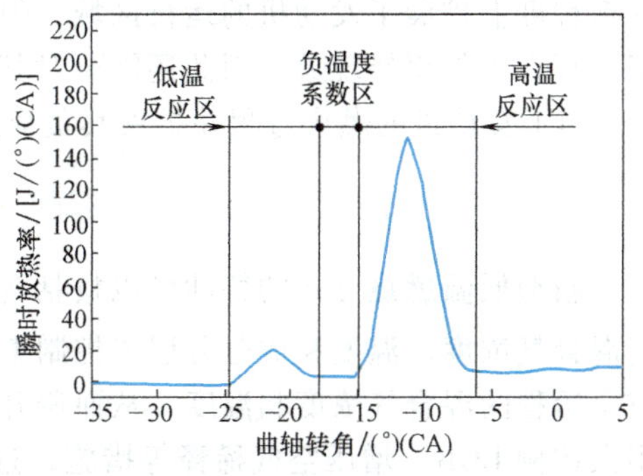

图 8-21　典型的正庚烷 HCCI 放热曲线

由于 HCCI 过程中混合气分布均匀，没有点火式燃烧的局部高温反应区，使得 HCCI 发动机的 NO_x 和颗粒物排放很低，并且具有较高的热效率。但是，由于受到失火（混合气过稀）和爆燃（混合气过浓）的限制，HCCI 发动机的运行范围较窄，且 HCCI 没有直接控制燃烧始点的措施，导致其混合气自燃受混合气特性、温度时间历程等因素的影响，燃烧过程难以控制。

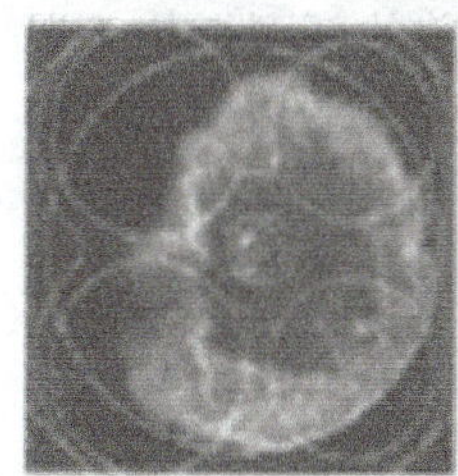

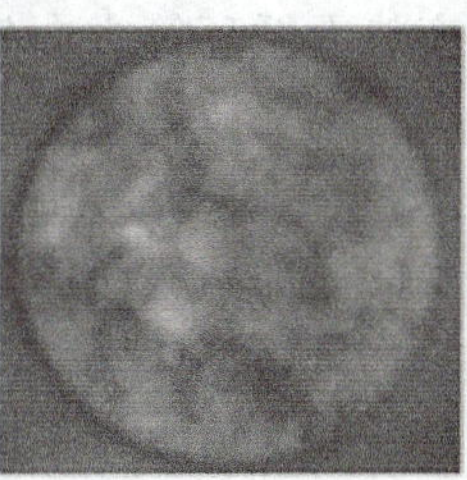

汽油发动机　　柴油发动机　　HCCI　　RCCI

图 8-22　不同燃烧方式下的缸内燃烧图片[19]

HCCI

2. 预混充量压缩燃烧（PCCI）

PCCI 主要通过燃料和空气在燃烧之前更好地混合（相对于压燃式燃烧）来减少燃烧中扩散部分的比例，以实现更好的燃烧效果。根据燃油喷射正时不同，PCCI 通常分为两种类型：一种类型的 PCCI 是通过燃料早喷实现的，即燃油在很早的喷油正时下喷入气缸［上止点前 90°~120°（CA）］，以获得足够的混合时间形成稀且均匀的混合气，但是这种燃烧方式燃油喷射是在低的缸内密度和温度条件下进行的，易导致未燃碳氢排放增加和燃烧效率恶化；另一种类型的 PCCI 是通过燃料晚喷实现的，燃油喷射在比较靠近上止点时进行，同时利用高的废气再循环率（EGR）来控制着火相位和优化混合时间，在低氧体积分数条件下减少混合气浓区以降低碳烟排放。晚喷型 PCCI 方式的混合时间缩短，因此通常需使用超高压燃油喷射耦合微孔喷嘴以增加湍流混合率并降低喷油持续期。晚喷型 PCCI 方式由于 EGR 率较大，整体燃烧放热偏后，中高负荷下发动机易出现燃烧不稳定现象。

3. 反应可控压缩着火（RCCI）

RCCI 也属于低温预混合燃烧，它是利用燃料着火活性控制燃烧的一种新型燃烧方式，将活性低的燃料（高辛烷值燃料）通过进气系统或早喷导入气缸，将活性强的燃料（高十六烷值燃料）在上止点前直接喷入气缸，在燃烧室内形成浓度和活性分层的混合气，燃烧从活性高的区域向活性低的区域推进，可有效地降低压力升高率；RCCI 的着火时刻可以通过调整燃料

的反应活性来实现，可以实现比 HCCI 更宽的负荷范围。

虽然在实现 NO_x 与颗粒物超低排放的同时，RCCI 实现了燃烧相位的一定程度的可控，一定程度上扩展了发动机的运行区域，但是 RCCI 发动机在相对高负荷区域的运行还不够理想，存在工作粗暴现象。因此还需要对其进气、燃烧和燃油系统等进行深入研究，进一步优化 RCCI 发动机的燃烧过程并扩展其负荷运行范围。

三、内燃机新型燃烧方式展望

新型低温燃烧方式的特性可以概括为在保证 NO_x 和碳烟排放不恶化的条件下，适当采用混合气浓度、温度和成分分层来控制着火时刻和燃烧反应速率，采用燃烧路径控制燃烧反应全历程的混合气浓度和温度，从而避开有害排放生成区域。此外，新型燃烧方式通常会采用大比例 EGR、增压空气稀释等措施，这使得新型燃烧模式下的缸内燃烧温度比传统燃烧模式下的缸内燃烧温度低，从而抑制了 NO_x 和碳烟排放的生成，同时较低的燃烧温度也有利于降低火焰及壁面辐射损失，从而提高热效率、实现内燃机的高效清洁燃烧。

虽然新型燃烧方式可在一定范围内实现内燃机高效低污染燃烧，但是其在实际应用中还存在一些困难。为此，内燃机燃烧技术的发展将以低温燃烧技术为基础，向超高燃烧压力、废气稀释、低散热低温燃烧和可变热力循环等方向发展[20]。一方面，目前的新型燃烧工况范围较窄，大负荷扩展仍是各种新型燃烧技术需要解决的技术难题，而这主要受限于目前的缸内燃烧压力，提高发动机能够承受的最大燃烧压力可以将高效清洁燃烧向大负荷工况扩展。高的燃烧压力会引起缸内温度的提高，从而使 NO_x 排放升高并增加发动机传热损失，通过废气稀释可以降低燃烧温度，从而降低 NO_x 排放并减少传热损失；另一方面，在满足日益严格的排放法规中，为了避免过高的燃烧压力和控制 NO_x 生成，燃烧相位推迟，燃烧反应速率降低，缸内燃烧放热规律偏离了最优的放热规律，从而导致热效率的降低。因此，提高发动机热效率一方面需要提高燃烧压力、减少传热损失和减少废气带走的热能（可变热力循环实现充分膨胀）；另一方面，需要充分利用燃料的燃烧特性和与之相适应的边界条件控制，实现对燃烧路径、燃烧相位、燃烧反应速率以及可变热力循环等的优化控制。在实现高效清洁燃烧的过程中，多燃料的适应性也是一个重要因素，因此需要提出评价燃料燃烧品质的依据，并据此提出大规模应用替代燃料或对石化燃料与替代燃料进行混合燃料设计。利用燃料的燃烧特性也是实现理想燃烧放热规律的重要手段，包括构建新的混合燃料或采用双燃料的燃烧方式，从而适应内燃机宽广工况范围和高效清洁燃烧的需求。

Dieseline 燃烧过程

参 考 文 献

[1] 周龙保，刘忠长，高宗英. 内燃机学 [M]. 3 版. 北京：机械工业出版社，2013.
[2] HEYWOOD J B. Internal Combustion Engine Fundamentals [M]. New York：McGrawHill，1988.
[3] 沈维道，蒋智敏，童钧耕. 工程热力学 [M]. 2 版. 北京：高等教育出版社，2001.

[4] TAYMAZ I. An experimental study of energy balance in low heat rejection diesel engine [J]. Energy, 2006, 31 (2-3): 364-371.
[5] STANTON D W. Systematic Development of Highly Efficient and Clean Engines to Meet Future Commercial Vehicle Greenhouse Gas Regulations [C/OL]. 2013, SAE 2013-01-2421. http://www. sae. com.
[6] KUDO H, HIROSE I, et al. MAZDA SKYACTIV-G 2. 0L Gasoline Engine [C]. 20th Aachen Colloquium Automobile and Engine Technology, 2011.
[7] ALGER T. SwRI' s HEDGE © III: Program High Efficiency Dilute Gasoline Engines [R]. San Antonio, TX: Southwest Research Institute, 2012.
[8] SHINAGAWA T, KUDO M, MATSUBARA W, et al. The New Toyota 1. 2-Liter ESTEC Turbocharged Direct Injection Gasoline Engine [C/OL]. 2015, SAE 2015-01-1268. http: //www. sae. com.
[9] LUMSDEN G, NIJEWEME D O, FRASER N, et al. Development of a Turbocharged Direct Injection Downsizing Demonstrator Engine [C/OL]. 2009, SAE 2009-01-1503. http: //www. sae. com.
[10] Committee to Assess Fuel Economy Technologies for Medium-and Heavy-Duty Vehicles, National Research Council. Technologies and Approaches to Reducing the Fuel Consumption of Medium-and Heavy-Duty Vehicles [R]. Washington D C: The National Academies Press, 2010. http: //aceee. org.
[11] ASAD U, ZHENG Ming. Real-time Heat Release Analysis for Model-based Control of Diesel Combustion [C/OL]. 2008, SAE 2008-01-1000. http: //www. sae. com.
[12] 唐蛟，李国祥，等. 基于欧Ⅵ柴油机排气热量管理主动控制措施研究 [J]. 内燃机工程，2015，36 (2): 120-125.
[13] 邓立生，黄宏宇，等. 有机朗肯循环的研究进展 [J]. 新能源进展，2014，2 (3): 180-189.
[14] 王恩华. 车用有机朗肯底循环系统研究 [D]. 北京工业大学，2013.
[15] TENG H, REGNER G, COWLAND C. Achieving High Engine Efficiency for Heavy-Duty Diesel Engines by Waste Heat Recovery Using Supercritical Organic-fluid Rankine Cycle [C/OL]. 2006, SAE2006-01-3522. http: //www. sae. com.
[16] ARIAS D A, SHEDD T A, JESTER R K. Theoretical Analysis of Waste Heat Recovery from an Internal Combustion Engine in a Hybrid Vehicle [C/OL]. 2006, SAE 2006-01-1605. http: //www. sae. com.
[17] SINGH G, HOWDEN K, GRAVEL R, et al. Overview of the DOE Advanced Combustion Engine R&D Program [C]. Washington DC: 2014 DOE Hydrogen and Fuel Cells Program and Vehicle Technologies Office Annual Merit Review and Peer Evaluation Meeting, 2014.
[18] YAO Mingfa, ZHENG Zhaolei, LIU Haifeng. Progress and Recent Trends in Homogeneous Charge Compression-ignition (HCCI) Engines [J]. Progress in Energy and Combustion Science, 2009 (35): 398-437.
[19] JU Yiguang. Recent Progress and Challenges in Fundamental Combustion Research [J]. 力学进展，2014 (44): 26-97.
[20] 尧命发，刘海峰. 均质压燃与低温燃烧的燃烧技术研究进展与展望 [J]. 汽车工程学报，2012 (2): 79-87.

思考与练习题

8-1 分析柴油机、汽油机的热平衡图，提出提高发动机效率的措施和方法。
8-2 试分析汽油机小型化低速转矩提高的难点有哪些？
8-3 柴油机缸内最高爆发压力提高带来的结构问题主要有哪些？
8-4 试分析增压度、压缩比和初期压力升高比对柴油机热效率的影响。
8-5 试用㶲分析的方法，分析一款内燃机的废热利用 ORC 方案。
8-6 结合新型燃烧方式，分析有哪些提高柴油机低速低负荷区域效率的燃烧控制方法？

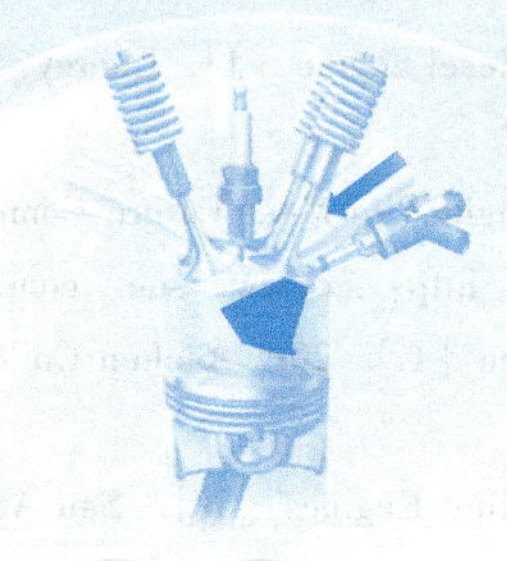

第九章 内燃机的使用特性与匹配

内燃机的工作特性是内燃机性能的对外反映。特性的表现形式有很多，除了前面已经介绍过的调整特性（如燃料调整特性和点火正时、供油正时调整特性等）外，本章将重点介绍内燃机的基本使用特性，如负荷特性、速度特性、万有特性等。由于内燃机是为其他工作机械提供动力的，两者之间的匹配不仅涉及工作机械的性能，而且也与内燃机本身的使用特性密切相关。为此，本章还将简要介绍内燃机与常用工作机械的匹配要点。

研究内燃机的使用特性及其与工作机械的匹配，不仅是为了评价内燃机的使用性能，为工作机械正确选用内燃机提供依据，同时，还可以通过对影响内燃机使用特性的各种因素的分析，提出改进内燃机的特性以适应匹配要求的技术措施，来优化整个动力装置的使用性能。

第一节 内燃机的工况

内燃机的工况就是指它实际运行的工作状况。表征内燃机工况的参数有表示工作频率的转速 n 以及表示工作负荷的转矩 T_{tq}、功率 P_e 等。由于 T_{tq} 与内燃机的平均有效压力 p_{me} 成正比，所以也经常用 p_{me} 表示内燃机的负荷。用 p_{me} 表示的负荷与内燃机的尺寸无关，便于比较不同内燃机真正的负荷水平。这些工况参数之间有下列关系

$$P_e \propto T_{tq} n \propto p_{me} n \tag{9-1}$$

可见 P_e、T_{tq}（或 p_{me}）、n 三个参数中，只有两个是独立变量，即当任意两个参数确定后，第三个参数就可通过与式（2-13）或式（2-14）求出。

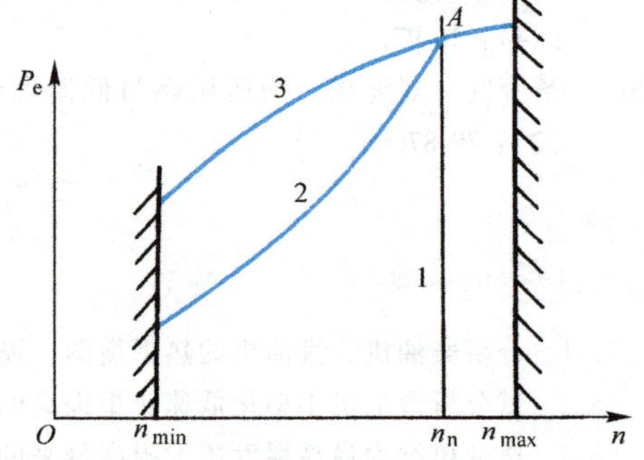

图 9-1 内燃机的各种工况和工作范围

A—额定点 n_n—额定转速 n_{max}—最高工作转速 n_{min}—最低工作转速 1—等转速工况线 2—螺旋桨工况线 3—外特性功率线

以 P_e-n 坐标系绘出的内燃机可能运行的工况和工作范围，如图 9-1 所示。显然，内燃机可能工作的区域被限定在一定范围内。上边界线 3 为

内燃机油量控制机构处于最大位置时不同转速下内燃机所能发出的最大功率（外特性功率线）。左侧边界线为内燃机最低稳定工作转速 n_{min}，低于此转速时，由于飞轮等运动件储存能量较小，导致内燃机转速波动过大，不能稳定运转，或者工作过程恶化，不能高效运转。右侧边界线为内燃机最高工作转速 n_{max}，它受到转速过高引起的惯性力增大、机械损失加大、充量系数下降、工作过程恶化等各种不利因素的限制。因此，内燃机可能的工作范围就是上述三条边界线加上横坐标轴所围成的区域。

不同用途的内燃机实际可能遇到的工况是各种各样的，典型的工况分为以下三类：

（1）点工况　运行过程中转速和负荷均保持不变（例如图 9-1 中的 A 点）的内燃机称为点工况内燃机。例如带动排灌水泵用的内燃机，除了起动和过渡工况外，一般都按点工况运行。

（2）线工况　当内燃机发出的功率与曲轴转速之间有一定的函数关系时，属于线工况内燃机。例如，当内燃机作为船用主机驱动螺旋桨时，内燃机所发出的功率必须与螺旋桨消耗的功率相等，后者在螺旋桨节距不变的条件下与 n^3 成正比，这类工况常被称为螺旋桨工况或推进工况（图 9-1 中曲线 2）。发电用的内燃机，其负荷变化没有一定的规律，然而内燃机的转速必须保持稳定，以保证输出电压和频率的恒定，反映在工况图上就是一条垂直线（图 9-1 中直线 1），这也是一种线工况。

（3）面工况　当内燃机作为汽车及其他陆地运输和作业机械的动力时，它的转速取决于车辆的行驶速度，而它的功率则取决于车辆的行驶阻力，而行驶阻力不仅与车辆的行驶速度有关，更主要地取决于道路或工作场地的情况等，功率 P_e 和转速 n 都独立地在很大的范围内变化。内燃机的可能工作范围是它的实际工作范围，这种内燃机称为面工况内燃机。

对于点工况内燃机来说，额定功率点的指标足以说明一切，而对于线工况特别是面工况的内燃机来说，仅是额定点的指标是不够的，还要研究不同工况下的工作情况。内燃机的动力性指标（如 P_e、T_{tq}、p_{me} 等）、经济指标（燃油消耗率 b_e 等）、排放指标（法定污染物的排放量）等随其运行工况的变化规律，称为内燃机的使用特性，常用的有负荷特性、速度特性、万有特性等。用来表示内燃机性能指标随工况变化的曲线称为特性曲线。

本章讨论的均是针对内燃机的稳态工况，即环境不变、内燃机的调整不变、输出不变的情况。实际内燃机经常在非稳态工况（或称过渡工况或瞬态工况）下工作，尤其是车用内燃机，非稳态工况要占很大的比例。车用内燃机的排放测试，大多也是在瞬态下进行的。但考虑到瞬态工况下的内燃机的工作过程变得十分复杂，很多情况尚未有定论，所以暂不详述。

第二节　内燃机的负荷特性

内燃机的负荷特性是指在内燃机的转速不变时，性能指标随负荷变化而变化的关系。常见的负荷特性指标有燃油消耗率 b_e、有效热效率 η_{et}、各种排放指标以及燃油消耗量 B 和排气温度 t_r 等。由于转速不变，内燃机的有效功率 P_e、转矩 T_{tq} 与平均有效压力 p_{me} 之间互成比例关系，均可用来表示负荷的大小。

负荷特性是在内燃机试验台架上测取的。测试时，调整测功器负荷的大小，并相应调整内燃机的油量调节机构位置，以保持规定的内燃机转速不变，待工况稳定一段时间后记录数

据，得到一个试验点。将不同负荷的试验点相连即得到负荷特性曲线。

由于负荷特性可以直观地显示内燃机在不同负荷下运转的性能，且比较容易测定，因而在内燃机的研发、调试过程中，经常用来作为性能比较的依据。由于每一条负荷特性仅对应内燃机的一种转速，为了满足全面评价性能的需要，常常要测出不同转速下的多条负荷特性曲线，其中最有代表性的是额定转速 n_n 和最大转矩转速 n_{tq}。驱动发电机的内燃机，一般按负荷特性运行。

图 9-2 所示是内燃机的典型负荷特性曲线。在负荷特性曲线上，最低燃料消耗率越小，内燃机经济性越好；b_e 曲线变化平坦，表示在宽广的负荷范围内，能保持较好的燃料经济性，这对于负荷变化较大的内燃机来说十分重要。此外，无论是柴油机还是汽油机，都是在中等偏大的负荷范围下，b_e 最低。全负荷时，虽然内燃机功率输出最大，但燃料经济性并不是最好的。在低负荷区，b_e 显著升高。为使内燃机在实际使用时节约燃料，希望负荷接近经济负荷。

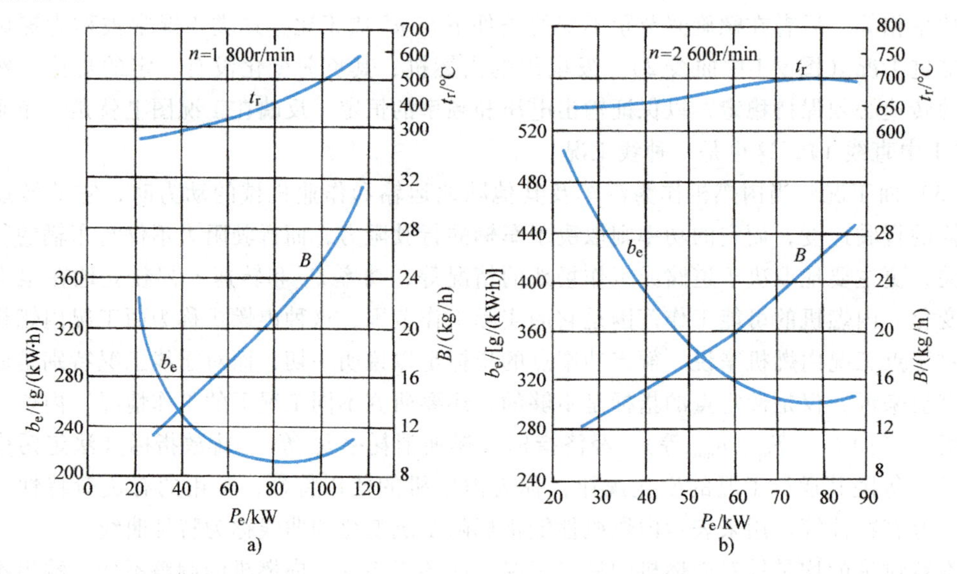

图 9-2 内燃机的典型负荷特性曲线

a）柴油机 b）汽油机

为了具体分析内燃机的负荷特性，尤其是 b_e 的变化趋势，应注意 b_e 与有效热效率 η_{et} 成反比，而 η_{et} 又是指示热效率 η_{it} 与机械效率 η_m 的乘积，即

$$b_e \propto \frac{1}{\eta_{it}\eta_m} \tag{9-2}$$

$$\eta_m = \frac{p_{me}}{p_{mi}} = 1 - \frac{p_{mm}}{p_{mi}} \tag{9-3}$$

当内燃机负荷为零（空转）时，$p_{me}=0$，此时 $p_{mm}=p_{mi}$（p_{mm} 为平均机械损失压力），可见 $\eta_m=0$，所以 b_e 为无穷大。小负荷时，p_{me} 很小，而 p_{mm} 在转速不变的条件下变化不大，所以 η_m 很低，导致 b_e 很高（图 9-2）。当负荷增大时，p_{me} 随负荷提高而增大，按式（9-3）η_m 上升较快。因此，按式（9-2）b_e 曲线在负荷增加时下降很快，到达某一负荷时，b_e 达到最低值。随着负荷进一步加大，b_e 逐渐加大，原因在于 η_{it} 的恶化。

一、柴油机的负荷特性

对于自然吸气柴油机来说，当它按负荷特性运行时，由于转速不变，其充量系数 ϕ_c 基本保持不变。当负荷变化时，通过燃料量调节机构改变循环供油量以适应负荷的变化，负荷增大时油量增加，反之则减少。这样，可燃混合气的过量空气系数 ϕ_a 将随负荷的增加而减小，随负荷的减小而增大。

柴油机在中低负荷时，η_{it} 基本不变，η_m 随负荷增加而增加，使 b_e 曲线呈下降趋势；在负荷较大时，ϕ_a 变得较小，混合气形成和燃烧开始恶化，η_{it} 下降。当 η_{it} 下降速率超过 η_m 上升速率时，b_e 曲线逐渐上升。如果继续增加负荷，则部分燃料由于周围缺乏足够的空气，不能完全燃烧，生成较多的不完全燃烧产物 CO 和碳烟，b_e 上升，且排气烟度急剧上升，活塞、燃烧室表面积炭，发动机过热，可靠性和耐久性受损。当排气烟度达到国家标准允许值时的柴油机负荷称为冒烟界限。为了保证柴油机安全、可靠、环保地运行，一般不允许它超过冒烟界限工作。

对于增压柴油机来说，由于随负荷的增大，排气能量加大，涡轮增压器转速上升，从而使增压压力提高，进气密度增大，所以在大负荷时，其 ϕ_a 和 η_{it} 的下降速率比自然吸气柴油机小，因而，在大负荷一侧 b_e 曲线较为平坦。与自然吸气柴油机不同的是，增压柴油机限制 p_{me} 的因素主要是最高燃烧压力和增压器的可靠性。

二、汽油机的负荷特性

从图 9-2b 所示的典型汽油机的负荷特性可以看出，汽油机的 b_e 大大高于柴油机。其主要原因是汽油机的压缩比 ε_c 比柴油机低，导致汽油机的 η_{it} 低于柴油机。虽然一般说来，汽油机的 η_m 高于柴油机，但这种 η_m 的差别不足以弥补 η_{it} 的影响。当汽油机负荷减小时，由于节气门的节流作用，造成较大的泵气损失，η_{it} 下降快，使 b_e 的上升比柴油机更快。此外，当负荷很小时，汽油机燃烧室中残余废气相对增多，为保证燃烧稳定，不得不加浓混合气，使 b_e 上升尤为明显；另一方面，当汽油机的负荷接近全负荷时，为了增加最大功率，采取加浓混合气的措施，导致燃料燃烧不完全，生成大量 CO，燃烧效率下降，b_e 上升。

负荷特性中的燃料消耗量 B 曲线（图 9-2）一般作为特性测试的原始数据记录。B 随着 P_e 的增加而增加，但不完全呈线性变化，B 曲线对线性的偏离取决于 η_{et} 的变化。

负荷特性中经常表示出排气温度 t_r 随负荷的变化（图 9-2）。从图 9-2a 与图 9-2b 的对比可以看出，汽油机的 t_r 要比柴油机高得多，主要原因有二：一是汽油机的 ϕ_a 较小；二是汽油机 ε_c 小，导致膨胀比也小。还可以看出，柴油机的 t_r 随负荷的减小而迅速降低，这是因为 ϕ_a 随负荷减小而增大；而汽油机的 t_r 虽然也随着负荷的减小而下降，但下降幅度较小，这是因为汽油机的 ϕ_a 并不随负荷减小而增大，在很小负荷时反而减小（在很宽广的中等负荷范围 ϕ_a 基本不变）。汽油机在很大负荷（接近全负荷）时 t_r 上升势头被抑制，主要原因是混合气加浓到 $\phi_a<1$，燃烧温度下降，而且燃烧速率增大，有效膨胀比增加。

第三节 内燃机的速度特性

内燃机的速度特性，是指内燃机在供油量调节机构（对柴油机为油量调节杆，下面简称油门，对汽油机为节气门）保持不变的情况下，性能指标随转速而变化的关系。常见的速度特性参数有内燃机的转矩 T_{tq}、功率 P_e、燃油消耗率 b_e 和排气温度 t_r 及排放指标等。油量调节机构位置不同，得出不同的速度特性。当柴油机的油门固定在额定位置，或汽油机的节气门全开时得出的速度特性，称为内燃机的外特性。其他位置的速度特性称为部分负荷速度特性。由于外特性能够反映各转速下内燃机所能达到的最高动力性能，并能够确定最大功率或标定功率、最大转矩及对应的转速，因而对匹配应用十分重要，所以内燃机出厂时必须提供外特性数据或曲线。

速度特性也是在内燃机试验台架上测取的。测试时，将油门或节气门位置固定不动，调节测功器的负荷，内燃机的转速相应发生变化，待工况稳定后记录数据，得到一个试验点。将不同转速的试验点相连即得到速度特性曲线。实际上，当汽车或其他行驶机械沿阻力变化的道路行驶时，若驾驶员保持节油门踏板位置不变，内燃机的转速就会因路况的改变而发生变化，这时内燃机就是沿速度特性运行的。

图 9-3 所示为内燃机的典型速度特性曲线，其中不同的数字表示不同的油门或节气门位置。当然，速度特性中以全负荷速度特性即外特性最为重要，所以，下面主要分析内燃机外特性的变化趋势，其他的速度特性简单介绍。

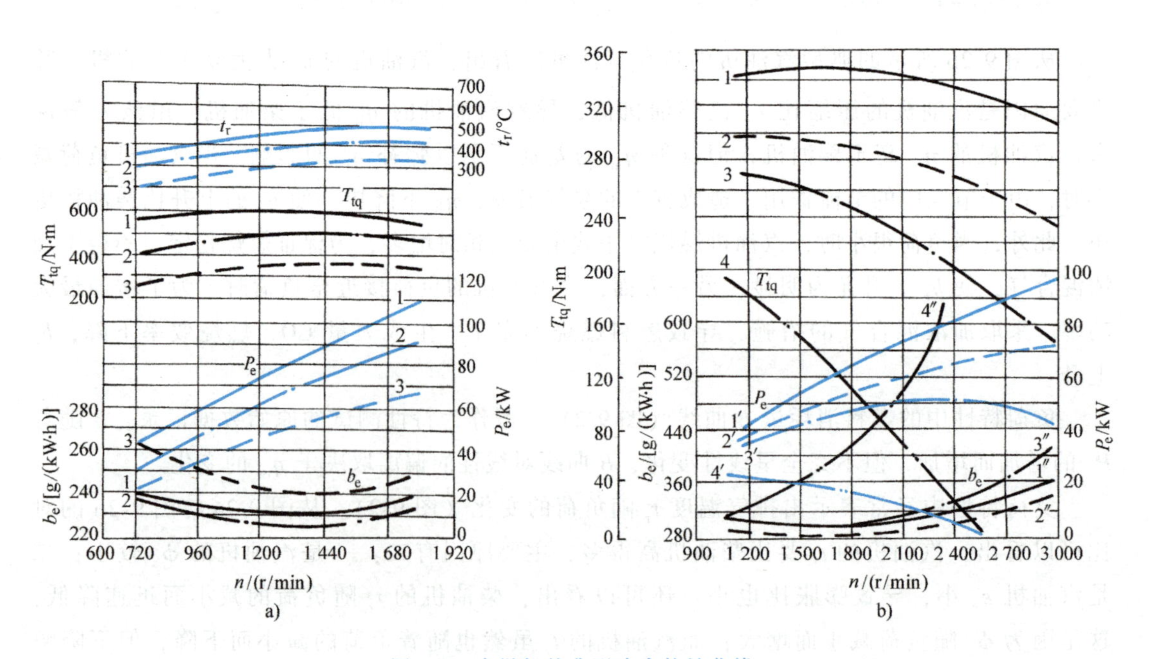

图 9-3 内燃机的典型速度特性曲线

a）柴油机 b）汽油机

外特性曲线中最重要的是内燃机的转矩 T_{tq} 曲线，根据式（2-13），很容易由 T_{tq} 计算出功率 P_e。T_{tq} 与 p_{me} 成正比，有

$$p_{me} \propto g_b \eta_{it} \eta_m \propto \frac{\phi_c}{\phi_a} \eta_{it} \eta_m \tag{9-4}$$

式中，g_b 为每循环供油量。

因此，在油门位置固定时，内燃机的 T_{tq} 和 p_{me} 曲线历程取决于 g_b、η_{it}、η_m 的变化趋势。

一、柴油机的速度特性

对于常用的柱塞式喷油泵，当油门位置固定且无特殊的油量校正装置时，g_b 随转速的提高逐渐上升。加装校正装置后，可使 g_b 随转速的增加基本保持不变或略微下降，具体视校正程度而定。

柴油机的 η_{it} 主要取决于换气和燃烧过程。充量系数 ϕ_c 一般在柴油机中等转速下有不太显著的峰值，在高转速下由于流动阻力增加而下降，在转速很低时由于配气相位不匹配导致进气发生倒流也使 ϕ_c 下降。柴油机燃烧过程一般也在中等转速下进展最好。在高转速下由于燃烧及时性差使效率下降，而在低转速下由于充量运动减弱，混合气形成不理想而影响燃烧过程，同时传热损失增加。因此，这两方面综合起来，使柴油机的 η_{it}-n 曲线呈现中间高两头低的趋势，但总的来说，变化不剧烈。

柴油机的 η_m 随 n 的变化可根据式（9-3）分析。当柴油机的 n 降低时 p_{mm} 将逐渐减小，而 p_{me} 虽也有变化，但其幅度小于 p_{mm} 的变化。所以 η_m 随转速下降而升高，随转速升高而降低。

综上所述，自然吸气柴油机的 T_{tq}-n 曲线变化平坦，在某一中等转速有一不很显著的峰值（图 9-3a 中曲线 1），其曲线形状主要取决于供油系统的速度特性。当油门关小时，由于喷油泵的泄漏比例随着 n 的下降越来越大，g_b 下降幅度较大，传热损失比例也增大。因此部分速度特性的 T_{tq} 曲线不但总体上说都比外特性低，而且在低速端下降更多些（图 9-3a 中曲线 2、3）。

柴油机的 b_e 的速度特性也比较平坦，在某一中等转速 b_e 最低，两端略有上翘，这也可利用式（9-2）加以解释。前面已指出，η_m 随 n 的下降而上升，而 η_{it} 在某一中等转速有一不很显著的峰值。所以，外特性 b_e 曲线呈现图 9-3a 中曲线 1 的趋势。柴油机最高转速越高，高速端 η_m 和 η_{it} 恶化越严重，b_e 曲线上翘越多。当油门关小时，由于 ϕ_a 增大，燃烧过程改善，b_e 曲线可能有所下降（图 9-3a 中曲线 2）；但当油门进一步关小时，由于 η_m 下降占优势，b_e 曲线变得较高（图 9-3a 中曲线 3）。

柴油机的排气温度 t_r，则随 n 的升高而升高，随油门开度的减小而下降（图 9-3a）。t_r 随 n 升高的原因在于柴油机高转速下燃烧热损失减小，燃烧相对滞后。t_r 随油门减小而下降的原因在于过量空气系数 ϕ_a 增大，燃烧温度下降。

柴油机采用涡轮增压后，T_{tq} 和 P_e 均显著增加，而 b_e 略有下降。T_{tq} 和 P_e 的增加程度主要取决于增压比。T_{tq} 随 n 的变化趋势取决于涡轮增压器的性能及其与柴油机的匹配，还与柴油机供油系统的调整及其增压补偿系统有关。用普通涡轮增压器，且按中等转速匹配时，因增压压力随 n 提高而提高，T_{tq} 和 P_e 曲线的峰值向高转速方向移动；采用带排气旁通阀的涡轮增压器并采用低速匹配时，T_{tq} 峰值可以向低转速方向移动，T_{tq} 曲线形状恢复到与自然吸气柴油机差不多的形状；采用可变喷嘴增压器可以使柴油机的 T_{tq} 曲线达到理想的丰满度。涡轮增压柴油机 b_e 下降的原因在于利用了排气能量，减小了泵气损失。

现代柴油机由于采用了电控燃油喷射和可变增压系统，柴油机的外特性实际上是按某种目的人为设计的。图 9-4 所示为一实例，设计者追求最低转速对应的转矩、最大转矩和额定转速对应转矩要满足整车动力需求。而排气温度曲线也是人为设计的，避免高速区排气温度过高导致增压器热破坏。

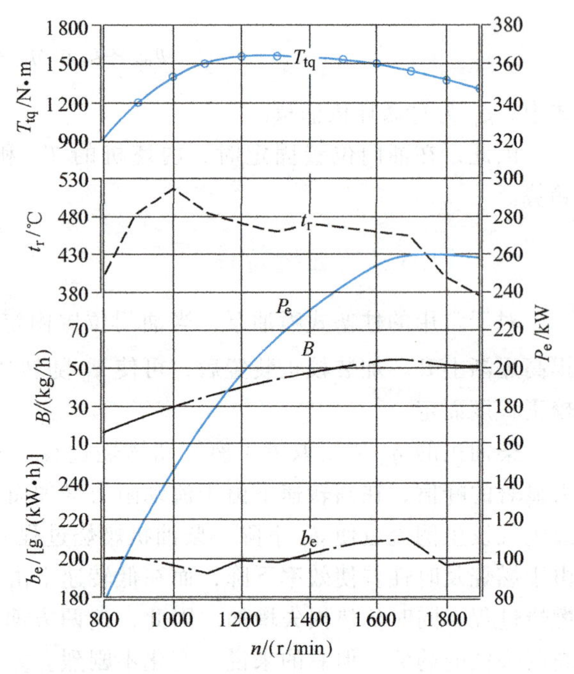

图 9-4 重型电控增压中冷柴油机外特性曲线

二、汽油机的速度特性

汽油机的速度特性（图 9-3b）与柴油机的速度特性（图 9-3a）相比，主要差别有下列两点：

1）柴油机的 T_{tq} 曲线都比较平坦，在油门关小后，T_{tq} 甚至随 n 而升高（因为这时 ϕ_a 很大，T_{tq} 基本取决于 g_b）；而汽油机的 T_{tq} 曲线基本上是随着 n 的升高而降低的，节气门开度越小，这种降低的趋势越强烈，导致 P_e 曲线在高转速段上升趋缓，甚至开始下降。

2）柴油机的 b_e 曲线都比较平坦，仅在高低速两端略有上翘。汽油机在节气门较小时，b_e 迅速增大，若再高速运转尤其显著，经济运行的转速范围越来越窄。

为了解释这样的现象，可以利用式（9-4）分析 ϕ_c、ϕ_a、η_{it} 和 η_m 对汽油机 p_{me} 的影响。汽油机的过量空气系数 ϕ_a 基本上不随 n 变化，所以 T_{tq} 的变化就取决于 $\phi_c\ \eta_{it}\ \eta_m$ 的乘积随 n 的变化趋势。

汽油机在节气门全开情况下（外特性上）低速运转时，由于缸内气流运动减弱，火焰传播速度降低，传热损失以及漏气损失相对增加，导致 η_{it} 略有下降；而高转速运转时，由于以曲轴转角计的燃烧持续期增大，燃烧定容度恶化，加上泵气损失增加，也使 η_{it} 下降。所以，η_{it} 随 n 的整体变化趋势是在中等转速达到最大值，而在低速和高速均下降。当节气门关小后（部分速度特性上），随着转速的提高，进气节流作用越来越强，泵气损失所占比例增大，残余废气增加使燃烧减速，导致 η_{it} 随 n 的提高越来越迅速地下降。

汽油机在节气门全开时，充量系数 ϕ_c 在中低速处达到最大值，随着 n 的提高由于进气阻力增大，ϕ_c 逐步下降；当 n 过低时，由于配气相位不匹配，发生进气倒流，也使 ϕ_c 下降。当节气门关小后，由于进气节流严重，ϕ_c 随 n 的升高快速下降。

汽油机按外特性运行时，平均机械损失压力 p_{mm} 随 n 提高而显著增大而 p_{mi} 略有下降，由式（9-3）可知，机械效率 η_m 将随 n 提高而下降。按部分速度特性运行时，p_{mm} 虽比外特性上的值低，但仍随 n 提高而显著增大，而 p_{mi} 显著下降，所以，η_m 随 n 提高而下降的趋势，随节气门的关小而加快。当节气门关小到一定程度，转速高于某一值后，就会出现 $p_{mm}=p_{mi}$ 的情况，而使 $\eta_m=0$，意味着汽油机高速空转，对应图 9-3b 中曲线 4 右端 $n\approx 2\ 600$r/min 时 $T_{tq}=0$ 的情况。

综上所述，汽油机外特性的 T_{tq} 曲线呈现随 n 提高而下降的趋势，只是在最低速范围才有一小段随 n 下降而下降的情况。而部分速度特性是 T_{tq} 不但随 n 的提高而下降，且下降的速率随节气门开度的减小而增大。

汽油机 b_e 的速度特性曲线按式（9-2）取决于 $\eta_{it}\eta_m$。根据上述对 η_{it} 和 η_m 的分析可知，b_e 基本上将随 n 的提高而增大，只有在最低速范围才有一小段相反的趋势。当节气门从全开到略为关小时，由于可燃混合气由浓的功率混合气变为化学计量比混合气，b_e 会略为下降（图 9-3b 中从曲线 1″变到曲线 2″），但当节气门开度继续减小时，由于 η_m 和 η_{it} 的减小，使 b_e 曲线整体抬高，而且在高速端上升更多（从曲线 2″变到曲线 3″）。

汽油机在采用了电控燃油喷射和可变进气系统后，汽油机的外特性也可按某种目的人为设计。图 9-5 所示为一实例，其转矩在很宽的转速范围内保持不变。

三、适应性系数

内燃机的外特性不但表征内燃机的动力性能，而且可以根据外特性曲线判断内燃机的工作转速范围和工作稳定性。

下面以最典型的车用内燃机为例进行讨论。如图 9-6 所示的曲线Ⅰ和Ⅱ表示内燃机的两条外特性转矩曲线，而曲线 T_c 和 T_c' 表示汽车行驶阻力换算到内燃机飞轮上的两条阻力矩曲线。当内燃机以曲线Ⅰ和阻力矩 T_c 工作时，内燃机将在与这两曲线的交线 a 相对应的转速 n_a 稳定工作。如遇汽车上坡等阻力突然增加，阻力矩曲线从 T_c 变为 T_c'，如果内燃机保持节气门或油门开度不变，则内燃机工作点将从 a 点过渡到 1 点，转速从 n_a 降到 n_1。这时，驾驶员不用加以干预，内燃机自动调整，转速降低 Δn_1 而转矩增大 ΔT_{tq1}，以适应外界阻力的变化。对于另一内燃机，其转矩外特性如图 9-6 中曲线Ⅱ所示，由于其转矩曲线较平坦，则在汽车阻力同样从 T_c 变为 T_c' 时，工况点将从 a 点过渡到 2 点，转速降低较多（$\Delta n_2>\Delta n_1$），而转矩增加较少（$\Delta T_{tq2}<\Delta T_{tq1}$）。一旦汽车阻力从 T_c' 恢复到 T_c，内燃机从 n_1 恢复到 n_a 的速度显然要比从 n_2 恢复到 n_a 快，因 $\Delta T_{tq1}>\Delta T_{tq2}$。这说明，外特性 T_{tq} 曲线越陡，内燃机工作稳定性越好。

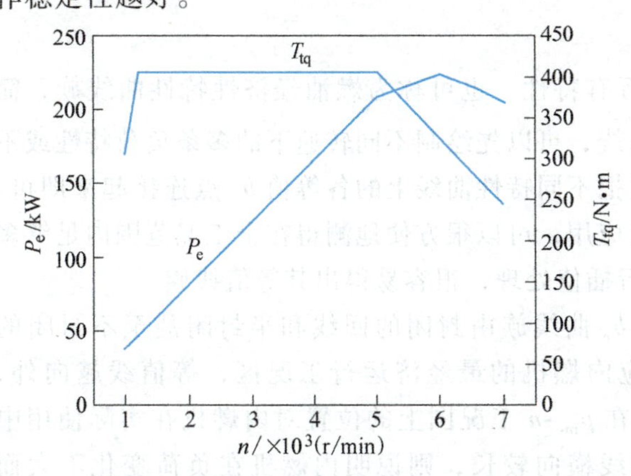

图 9-5 采用电控燃油喷射和可变气门正时的汽油机外特性曲线

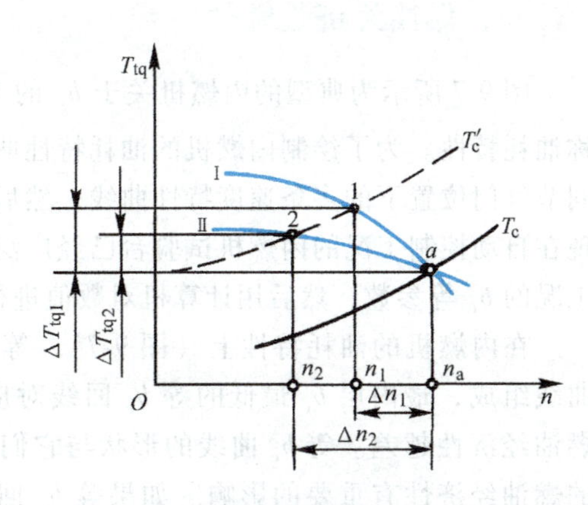

图 9-6 内燃机工作阻力变化时其工作点的过渡情况

进一步分析可知，当阻力特性曲线的斜率大于动力特性曲线的斜率，即 $\mathrm{d}T_c/\mathrm{d}n>\mathrm{d}T_{tq}/\mathrm{d}n$ 时，系统工作是稳定的，且两者差距越大，稳定性越好。由于内燃机外特性 T_{tg} 曲线在峰值

T_{tqmax} 点右边具有负斜率，左边具有正斜率，所以，一般认为它的稳定使用范围在最大转矩转速 n_{tq} 与最大功率转速 n_p 或额定转速 n_n 之间。当工作转速超过 n_p 或 n_n 时，内燃机的燃料经济性和工作可靠性恶化，因而不能使用；当工作转速低于 n_{tq} 时，内燃机工作易陷入不稳定状态，性能也不好，一般不使用。

衡量内燃机动力性能对外界阻力变化的适应能力的指标称为适应性系数 ϕ_{tqn}。其计算公式为

$$\phi_{tqn}=\phi_{tq}\phi_n \tag{9-5}$$

式中，ϕ_{tq} 为转矩储备系数，$\phi_{tq}=T_{tqmax}/T_{tqn}$（$T_{tqn}$ 为额定功率点的转矩）；ϕ_n 为转速储备系数，$\phi_n=n_n/n_{tq}$。

一般汽油机 $\phi_{tq}=1.25\sim1.35$，$\phi_n=1.6\sim2.5$；柴油机 $\phi_{tq}=1.05\sim1.25$，$\phi_n=1.4\sim2.0$。所以，汽油机的适应性优于柴油机。但是，近年来随着机组功率储备的提高，外特性的应用概率减小，适应性系数的重要性下降。

第四节　内燃机的万有特性

负荷特性和速度特性只能用来表示在某一转速或某一节气门（或油门）位置时，内燃机各参数随负荷或转速的变化规律。车用内燃机工况变化范围很广，要弄清它们在各种不同使用工况下的性能，就需要有对应不同转速的多张负荷特性曲线图或对应不同节气门（或油门）位置的多张速度特性曲线图，这样既不方便，也不直观。为了能在一张图上较全面地表示内燃机各种性能参数的变化，经常应用多参数的特性曲线，称为万有特性。

万有特性一般是在以转速 n 为横坐标、平均有效压力 p_{me}（或转矩 T_{tq}）为纵坐标的坐标平面内绘出一些重要特性参数的等值曲线族，其中最重要的就是燃油消耗率 b_e，此外还有排气温度 T_r、过量空气系数 ϕ_a 以及各种排放参数等。万有特性图上等功率或等油耗率曲线族可由绘图软件自动生成（图 9-7）。

一、燃油经济性特性

图 9-7 所示为典型的内燃机关于 b_e 的万有特性，也可称为燃油经济性特性曲线族，简称油耗特性。为了绘制内燃机的油耗特性曲线，可以先绘制不同转速下的多条负荷特性或不同节气门位置下的多条速度特性曲线，然后把不同特性曲线上的各等值 b_e 点连接起来即可。现在自动控制工况的内燃机试验台已经广泛应用，可以很方便地测得在全工况范围内足够多工况的 b_e 等参数，然后用计算机对数值进行插值处理，很容易得出其等值线族。

在内燃机的油耗特性上（图 9-7），等 b_e 曲线族由封闭的回线和半封闭甚至不封闭的曲线组成，最内层 b_e 最低的等 b_e 回线对应内燃机的最经济运行工况区，等值线越向外，燃油经济性越差。等 b_e 曲线的形状与它们在 p_{me}-n 工况图上的位置对内燃机在实际使用中的燃油经济性有重要的影响。如果等 b_e 回线横向较长，则说明内燃机在负荷变化不大而转速变化较大的工况下工作时，b_e 变化较小；如果等 b_e 回线纵向较长，则说明内燃机在转速变化不大而负荷变化很大的工况下工作时，b_e 变化较小。对于车用内燃机，希望最经济区域落在万有特性的中间位置，而且对轿车和轻型车偏低速小负荷，货车和重型车偏高速大负荷。

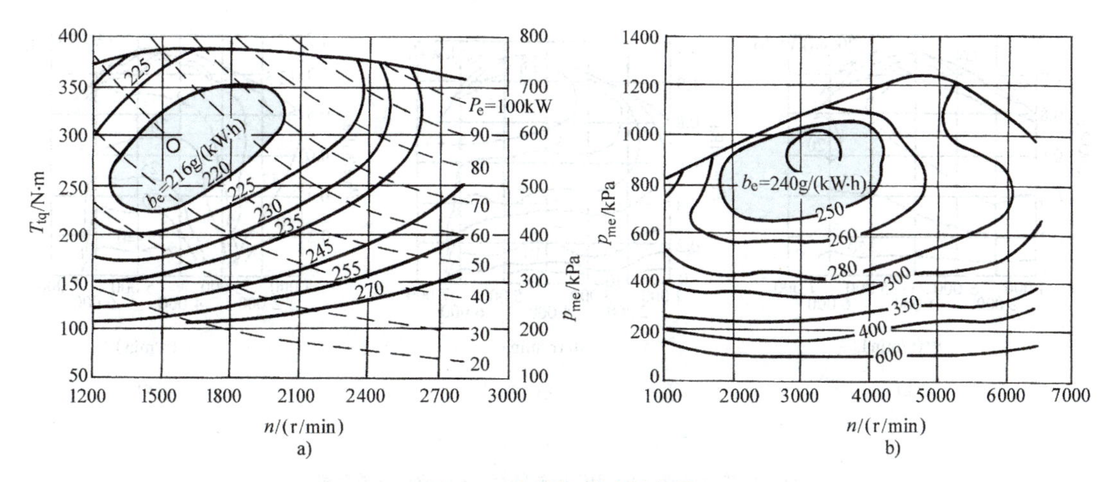

图 9-7 内燃机的油耗特性

a）柴油机 b）汽油机

从油耗特性可以直观地看出内燃机的绝对最低燃油消耗率 b_{emin}，这是说明该内燃机燃油经济性的最重要指标。

从图 9-7 中可以看出，汽油机和柴油机的油耗特性有明显差异。首先，汽油机的 b_e 普遍比柴油机高；其次，汽油机的最经济区域处于偏向高负荷的区域，且随负荷的降低，油耗增加较快，而柴油机的最经济区则比较靠近中等负荷，且负荷改变时，油耗增加较慢。所以，在实际使用时，柴油车与汽油车在燃油消耗上的差距，比它们在最低燃油消耗率 b_{emin} 上的差距更大。如何提高汽车在实际使用条件下的燃油经济性，对于汽车的节能有重要意义，而提高负荷率是改善内燃机特别是汽油机使用燃油经济性的有效措施。

二、排放特性

内燃机的排放性能不是以特性曲线形式进行评估的，而是按规定的测试工况加权计算比排放量或按规定的行驶循环累计的整车单位里程的排放量评估的。此外，用户在使用中也不会刻意寻求排放最低的工况。但是，对于内燃机的研发和调试来说，测定排放特性对于拟定改善法定排放指标的途径有一定帮助。

1. 汽油机的排放特性

图 9-8 所示为一台具有代表性的 2L 排量 4 气门进气道喷射汽油机的 CO、HC 和 NO_x 排放特性。各种排放都用比排放量［g/(kW·h)］表示。当然也可用其他单位表示，如小时排放质量（g/h）或排放物体积分数，但不同单位将引起特性曲线形状的改变。如图 9-8a 所示，现代车用汽油机在绝大部分工作区域，为了满足三效催化转化器高效工作的要求，将过量空气系数 ϕ_a 控制在 1.0 左右，所以 CO 排放量较低。在负荷很小（p_{me}<0.2MPa）时，导致 CO 比排放量略有上升，主要是由于功率的降低。当负荷超过全负荷的 95%左右时，CO 的比排放量开始急剧上升（绝对排放浓度和质量则上升更快），显然是由于混合气显著加浓，使发动机能发出较大的功率和转矩。

图 9-8b 所示为汽油机未燃 HC 比排放量的变化趋势。可见 HC 的变化趋势与 CO 既有相同也有不同。在大部分工况区域 HC 的比排放量较小，大负荷和小负荷时相对增加。不同之处有两点：一是全负荷范围内 HC 排放量不如 CO 严重；二是在高速高负荷区 HC 比排放量

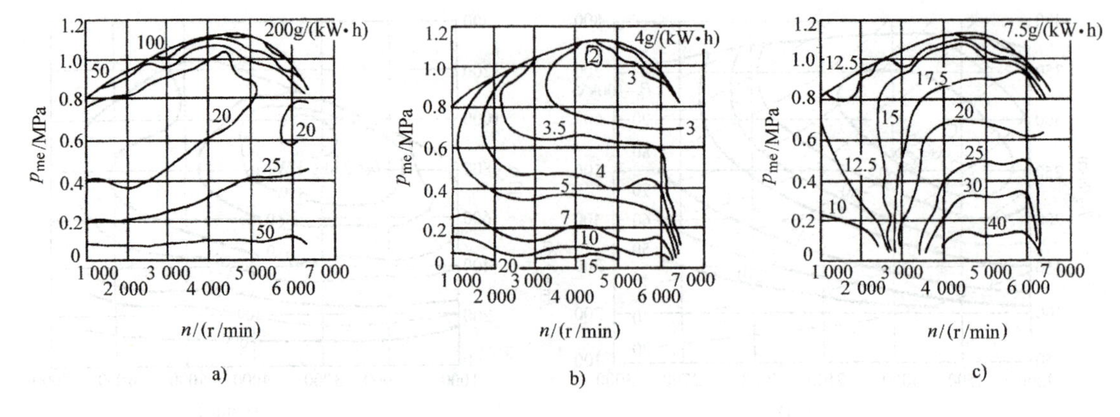

图 9-8 车用汽油机的排放特性

a）CO 排放特性 b）HC 排放特性 c）NO_x 排放特性

最低。排放规律不同的原因可用 CO 和 HC 生成机理不同来解释。大负荷时混合气过浓，主要生成 CO，HC 排放主要来自淬熄等因素，每循环绝对排放量变化不大，它的比排放量在负荷增大时应下降。在达到全负荷时 HC 比排放量增大，可能是因为排气中严重缺氧，使未燃 HC 的后期氧化受阻所致；在负荷很小时 HC 比排放量增大，除了因输出功率减小外，还在于排气温度过低，未燃 HC 后期氧化减弱。

汽油机 NO_x 的排放特性与 CO、HC 截然不同，如图 9-8c 所示，在中等转速以上当转速一定时，NO_x 比排放量随负荷增大而下降，而且当接近全负荷时下降更快。实际上，在中等负荷区域，NO_x 的绝对排放量是随负荷增大而增大的（原因是燃烧温度提高），但 NO_x 的增大未与负荷成正比，所以比排放量逐渐下降。此外，当负荷一定时，NO_x 的比排放量随转速升高而增大，当然绝对排放量增加更快。由此可知，转速上升造成的燃烧温度提高，促进 NO_x 的生成，这一影响要超过反应时间下降的影响。

总之，从汽油机的排放特性可知，为使车用汽油机排放较少的有害污染物，应尽可能在中等转速和较高负荷区域运行。

2. 柴油机的排放特性

图 9-9 所示为一台具有代表性的 1.9L 排量增压中冷直喷式车用柴油机的 CO、HC、NO_x 和滤纸烟度 S_F 的排放特性。

如图 9-9a 所示，柴油机在整个工况范围内排放的 CO 均很少，在绝大多数工况下 CO 比排放量 BSCO<5g/(kW·h)。当接近全负荷时，部分燃油因与空气混合不足而缺氧，造成 CO 排放量急剧增大。当柴油机转速很低时，由于燃烧室内气流运动过弱，混合气形成不均，不完全燃烧产物 CO 较多。柴油机负荷很小时，单位功率的 CO 排放量增大。

如图 9-9b 所示，柴油机的 HC 排放也比较多。柴油机的 HC 比排放量基本上随负荷的增大而下降，而绝对排放量大致不变。这是由于柴油机的 HC 排放量有很大一部分取决于喷嘴的后滴，绝对排放量与负荷无关。当负荷不变而转速变化时，HC 比排放量变化也不大。

图 9-9c 所示是柴油机的 NO_x 排放特性。可以看出，柴油机在中等偏大转速和负荷时 NO_x 比排放量最大。柴油机的 NO_x 生成于扩散燃烧阶段，随转速和负荷增加，燃烧温度和扩散燃烧量增加，NO_x 排放增加，但发动机功率也增加。在中高负荷区，当负荷不变而转速

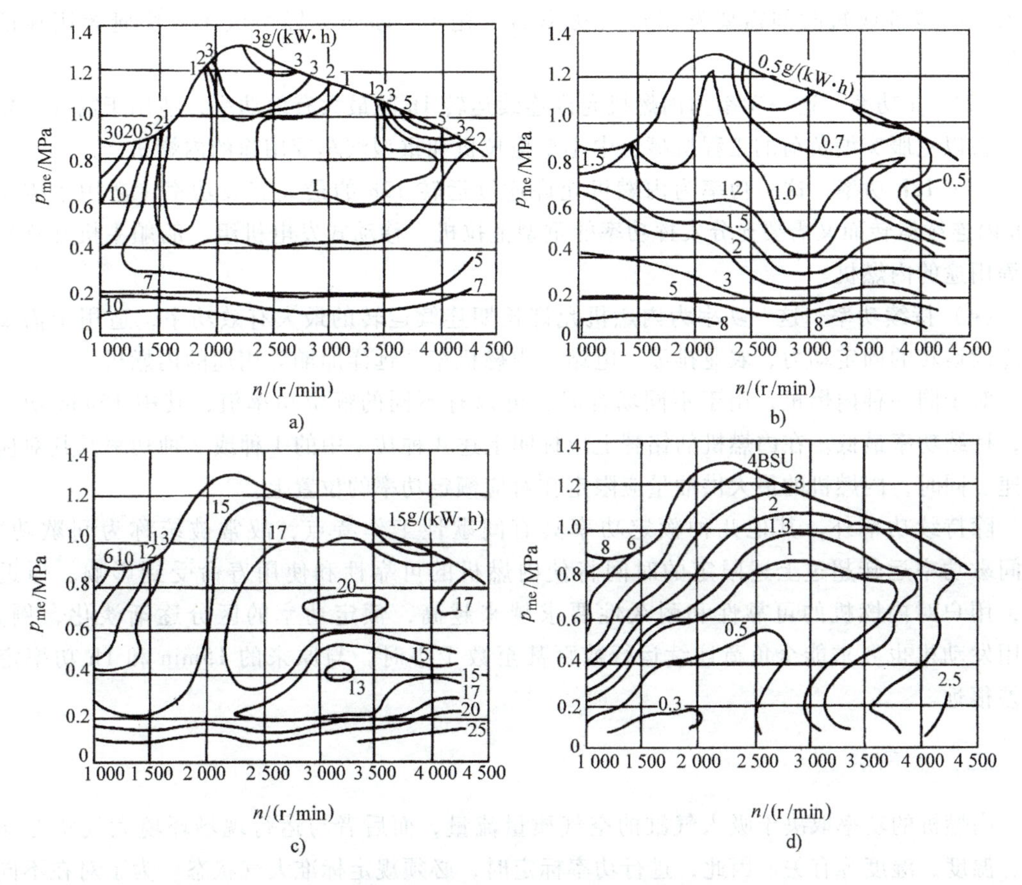

图 9-9　车用柴油机的排放特性

a）CO 排放特性　b）HC 排放特性　c）NO_x 排放特性　d）滤纸烟度 S_F 排放特性

提高到中高转速时，NO_x 比排放量不断增大，说明 NO_x 绝对排放量增加更快。在小负荷区域，NO_x 比排放量大致不随转速变化，绝对排放量基本上与转速成正比。

柴油机排气烟度 S_F 的变化比较有规律（图 9-9d），与增压器的特性有关。当转速不变时，S_F 随负荷提高而增大，这主要与平均过量空气系数的下降有关。当负荷不变时，S_F 在某一转速达到最小值，这时对应燃烧过程的最优化，而偏离这一转速均使 S_F 上升。在低速大负荷工况，由于空气相对不足（这对涡轮增压柴油机尤其明显），再加上气流运动减弱，常导致 S_F 急剧上升，即柴油机冒烟严重。

第五节　内燃机的功率标定及大气校正

一、功率标定

内燃机的功率标定，是指生产者根据内燃机的用途规定该机在标准大气条件下输出的有效功率及对应的转速，即额定功率与额定转速。我国的内燃机的功率标定分为 4 级，分别为：

（1）15min 功率　这一功率为内燃机允许连续运转 15min 的最大有效功率，适用于需要较大功率储备或短时间需要发出最大功率的摩托车、轿车、轻型汽车、快艇等用途的内燃机。

（2）1h 功率　这一功率为内燃机允许连续运转 1h 的最大有效功率，适用于需要一定功率储备以克服突增负荷的工程机械、中小型拖拉机和重型汽车等用途的内燃机。

（3）12h 功率　这一功率为内燃机允许连续运转 12h 的最大有效功率，适用于需要在 12h 内连续运转而又需要充分发挥功率的重型拖拉机、移动式发电机组、船舶主机和铁道牵引等用途的内燃机。

（4）持续功率　这一功率为内燃机允许长期连续运转的最大有效功率，适用于需要长期连续运转的固定动力、农业排灌、电站、内燃机车、远洋船舶等用途的内燃机。

对于同一种内燃机，用于不同场合时，可以有不同的额定功率值，其中 15min 功率最高，持续功率最低。在内燃机的铭牌上应标明上述 4 种功率中的 1 种或 2 种功率及其对应的转速。同时，内燃机的最大供油量应限定在对应额定功率的位置上。

除持续功率外，其他几种额定功率具有间歇性工作特点，故常被统称为间歇功率。按间歇功率运转超过上述限定的时间将使内燃机的可靠性和使用寿命受到影响。但近年来，用户对内燃机的可靠性和耐久性要求越来越高，额定功率的区分逐渐淡化，例如，车用发动机也要求能全负荷连续运行数百甚至数千小时，与原来的 15min 和 1h 功率定义相差很远。

二、大气校正

内燃机的功率取决于吸入气缸的空气质量流量，而后者与运行现场环境大气状态即压力、温度、湿度等有关。因此，进行功率标定时，必须规定标准大气状态。为了对在不同大气状态下试验得出的功率进行比较，需要进行大气校正，换算到与标准大气状态相对应的标准功率，即校正功率。在对内燃机进行性能考核或鉴定时，应根据考核试验现场大气状态将实测功率值按规定的校正方法换算成校正功率值。

国家标准规定，内燃机测试的标准大气状态对应温度 $T_0=298\text{K}$（25℃），干空气压 $p_{s0}=99\text{kPa}$（总气压为 100kPa，水蒸气分压为 1kPa）。并且规定测试时的大气状态应在如下范围内：

点燃式发动机大气温度 T　　$288\text{K}\leqslant T\leqslant 313\text{K}$

干空气压 p_s　　$80\text{kPa}\leqslant p_s\leqslant 110\text{kPa}$

有效功率按下式校正：

对点燃式发动机　$$P_{e0}=\alpha_a P_e \tag{9-6a}$$

对压燃式发动机　$$P_{e0}=\alpha_d P_e \tag{9-6b}$$

式中，P_{e0} 为校正到标准大气状态下的功率；P_e 为实测功率，α_a 和 α_d 分别为点燃式和压燃式发动机的大气校正系数，可分别按式（9-7）、式（9-10）计算。

$$\alpha_a=\left(\frac{99}{p_s}\right)^{1.2}\left(\frac{T}{298}\right)^{0.6} \tag{9-7}$$

式中，p_s 为试验现场干空气压，可按式（9-8）计算；T 为试验现场进气温度（K）。

α_a 适用于自然吸气式或增压式点燃式发动机。

$$p_s=p-\phi p_{sw} \tag{9-8}$$

式中，p 为试验现场总气压（kPa）；ϕ 为试验现场大气相对湿度；p_{sw} 为大气条件下水蒸气饱和分压（kPa），可按下式计算：

$$p_{sw}=0.613+4.31\times10^{-2}t+1.63\times10^{-3}t^2+1.49\times10^{-5}t^3+5.77\times10^{-7}t^4 \tag{9-9}$$

式中，t 为大气温度（℃）。

$$\alpha_d=f_a^{f_m} \tag{9-10}$$

式中，f_a 为压燃式发动机的大气因子；f_m 为压燃式发动机的发动机因子。

对自然吸气和机械增压压燃式发动机

$$f_a=\left(\frac{99}{p_s}\right)\left(\frac{T}{298}\right)^{0.7} \tag{9-11a}$$

对涡轮增压式压燃式发动机（无论中冷与否）

$$f_a=\left(\frac{99}{p_s}\right)^{0.7}\left(\frac{T}{298}\right)^{1.5} \tag{9-11b}$$

f_m 的计算式为

$$f_m=0.036\frac{q_c}{\pi_b}-1.14 \tag{9-12}$$

式中，π_b 为增压比；q_c 为单位排量的循环供油量［mg/(L·循环)］。

$$q_c=\frac{\tau}{120}\frac{B}{nV_{st}}\times10^6 \tag{9-13}$$

式中，τ 为冲程数；B 为额定功率时的燃油消耗量（kg/h）；n 为发动机转速（r/min）；V_{st} 为发动机排量（L）。

注意：式（9-12）只对 $q_c/\pi_b=40\sim65$mg/(L·循环) 适用。若 $q_c/\pi_b<40$mg/(L·循环)，则 $f_m=0.3$；若 $q_c/\pi_b>65$mg/(L·循环)，则 $f_m=1.2$。

对点燃式发动机，燃油消耗率不必进行大气校正。对压燃式发动机，仅对额定工况下的燃油消耗率进行大气校正，其公式为

$$b_{e0}=\frac{b_e}{\alpha_d} \tag{9-14}$$

式中，b_{e0} 为标准大气状态下的校正燃油消耗率；b_e 为实测燃油消耗率。

为使试验有效，校正系数应满足的限值为

$$0.93\leqslant\alpha_a\leqslant1.07$$
$$0.9\leqslant\alpha_d\leqslant1.1$$

若超过此限值，在试验报告中应给出所得到的校正系数值，并精确说明试验的大气温度、压力和湿度。

近年来，大气状态可控的全封闭空调的内燃机实验室广泛应用，大气校正这个曾引起不少争议的难题得以彻底解决。

第六节　内燃机与工作机械的匹配

由于内燃机驱动的工作机械种类繁多，匹配的要点也各不相同。其中，汽车的运行工况

比较复杂，内燃机与汽车底盘的匹配具有一定的代表性，所以本节重点介绍车用内燃机的匹配。此外，还将简要介绍发电机组、船舶动力等的匹配要点。

一、车用内燃机的匹配

（一）动力性匹配

车用内燃机的转矩 T_{tq}（N·m）在汽车驱动轮上产生的驱动力 F_t（N）为

$$F_t=\frac{T_{tq}i_k i_0\eta_t}{r} \tag{9-15}$$

式中，i_k、i_0 分别为汽车变速器、主传动（减速）器的传动比；η_t 为传动系的效率，对机械式变速器 $\eta_t=0.70\sim0.85$；r 为驱动轮的工作半径（m）。

汽车行驶速度 v_a（km/h）与发动机转速 n（r/min）的关系为

$$v_a=0.377rni_k i_0 \tag{9-16}$$

于是，可根据发动机外特性转矩曲线 $T_{tq}(n)$ 得出变速器不同档位（i_k 不同）汽车行驶性能曲线族，如图 9-10 所示。

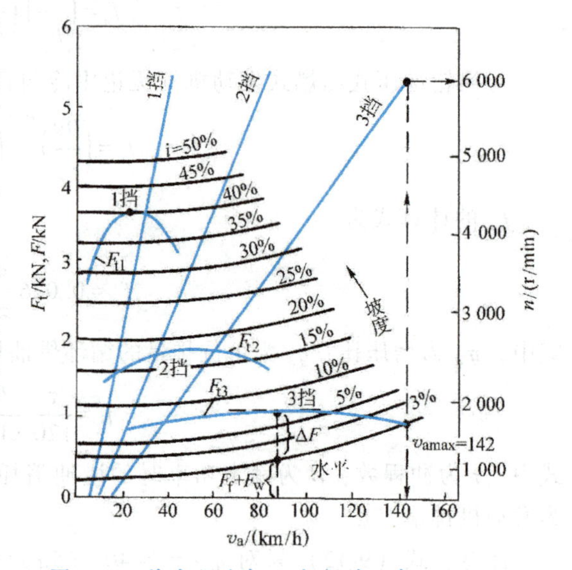

图 9-10 汽车驱动力 F_t 与行驶阻力 $F_f+F_w+F_i$（汽车行驶性能曲线）

汽车的行驶阻力 F_r 计算公式为

$$F_r=F_f+F_w+F_i+F_j \tag{9-17}$$

式中，F_f 为汽车滚动阻力，有

$$F_f=mgf\cos\alpha\approx mgf \tag{9-17a}$$

式中，m 为汽车总质量；g 为重力加速度；f 为轮胎滚动阻力系数，对货车可取 $f=0.02\sim0.03$，对轿车可取 $f=0.013[1+0.01(v_a-50)]$；v_a 为汽车的行驶速度（km/h）；α 为坡道角，当 α 不大时，$\cos\alpha\approx1$；F_w 为汽车空气阻力，它与汽车迎风投影面积 A（m^2）和汽车对空气相对速度的动压 $\rho_a v_r^2/2$ 成正比，即

$$F_w=\frac{1}{2}C_D A\rho_a v_r^2$$

式中，C_D 为汽车的空气阻力系数，轿车取 0.4~0.6，客车取 0.6~0.7，货车取 0.8~1.0；A 对货车为前轮距×总高，对轿车为 0.78×总宽×总高；ρ_a 为空气密度，在常温下可取 $\rho_a=1.226\text{kg/m}^3$；$v_r$（m/s）在无风时即为汽车行驶速度。

于是

$$F_w=0.0473C_D A v_a^2 \tag{9-17b}$$

F_i 为爬坡阻力

$$F_i=mg\sin\alpha\approx mgi \tag{9-17c}$$

式中，当坡道角 $\alpha<15°$时，$\sin\alpha\approx\tan\alpha=i$，$i$ 为道路的坡度。

F_j 为加速阻力

$$F_j=\delta m\frac{du}{dt} \tag{9-17d}$$

式中，δ 为汽车旋转质量换算为平移质量的换算系数，$\delta=1+\delta_1 i_k^2+\delta_2$，$\delta_1=0.04\sim0.06$，$\delta_2=0.03\sim0.05$；$u$ 为汽车行驶速度（m/s）。

根据驱动力 F_t 与行驶阻力 F_r 的平衡可得汽车的行驶方程为

$$\frac{T_{tq}i_k i_0\eta_t}{r}=mgf+0.0473C_D A v_a^2+mgi+\delta m\frac{dv_a}{dt} \tag{9-18}$$

于是可画出汽车行驶性能曲线图。图 9-10 所示为一辆用排量为 1L 的汽油机的轻型轿车的行驶性能曲线。横坐标为汽车的行驶速度 v_a，纵坐标为驱动力 F_t 和行驶阻力 F_r，以及发动机转速 n 。图中的三族曲线分别是随变速器档位变化的驱动力线、随道路坡度变化的行驶阻力线以及不同挡位下发动机的转速与车速关系线。

从汽车行驶性能曲线可以看出，最高档驱动力曲线与水平路面行驶阻力曲线的交点，即表示汽车所能达到的最高速度 v_{amax}（图 9-10 所示为 142km/h 左右）；而与最低档驱动力曲线上最大驱动力点 F_{t1max} 相切的行驶阻力曲线所对应的道路坡度，就是汽车的最大爬坡极限（图 9-10 中的 40%）。还可看出，该汽车发动机的最高使用转速将达到 6000r/min 左右。

在给定的行驶速度和变速器档位下，最大驱动力与行驶阻力之差，就是后备驱动力 ΔF，可用于加速，且可根据 $\Delta F=F_j$ 按式（9-17d）算出汽车的加速度 dv_a/dt。

利用力平衡公式（9-18）和类似图 9-10 所示的汽车行驶性能曲线图可以选择发动机的外特性，并可分析不同匹配情况下的汽车行驶性能。

（二）燃油经济性匹配

汽车的使用油耗 q_{100}（L/100km）可根据发动机的负荷（功率 P_e 或阻力 F_r）和燃油消耗率 b_e 计算

$$q_{100}=2.78\times10^{-3}\frac{F_r b_e}{\eta_t\rho_f} \tag{9-19a}$$

或

$$q_{100}=\frac{100B}{v_a}=0.00884\frac{V_s p_{me} b_e i_k i_0}{r\tau} \tag{9-19b}$$

式中，F_r 为汽车的行驶阻力（N）；b_e 为发动机的燃油消耗率［g/(kW·h)］；η_t 为汽车传动系的效率；ρ_f 为燃油的密度（kg/L）；B 为发动机的燃油消耗量（kg/h）；v_a 为汽车行驶速度（km/h）；V_s 为发动机的排量（L）；p_{me} 为发动机的平均有效压力（MPa）；i_k、i_0 分别为变速器和主传动器的传动比；r 为驱动轮的工作半径（m）；τ 为发动机的冲程数。

从汽车使用油耗的公式（9-19b）可知，在其他不变的条件下，汽车的使用油耗 q_{100} 与乘积 $p_{me}b_e i_k$ 成正比，只有当这个乘积为最小时，q_{100} 才达到最小。发动机在 b_{emin} 下工作时，汽车的 q_{100} 不一定最低，只是在车速与发动机功率都不变时，汽车的 q_{100} 才与发动机的 b_e 变化趋势相同。

所以，单纯改变传动比，使发动机在 p_{me} 较高而 b_e 较低的工况运行，并不能降低汽车的 q_{100}。应设法使发动机万有特性的低油耗区移至中等转速、较低负荷区，也就是说，设法使发动机的经济区位于常用档位、常用车速区。这就要求在选择发动机时，对其特性提出具

体的要求，或者设法改变发动机的特性，以适应与汽车配套的要求。

汽车用不同的变速器档位行驶时，q_{100} 差异较大。在同一道路条件与车速下，虽然发动机发出的功率不变，但档位越低（传动比越大），后备驱动力越大，发动机的负荷率越低，b_e 越高，q_{100} 也越大。使用高档位的情况则与此相反。因此增加变速器的档位，加大通过选用合适档位使发动机处于经济工况的概率，有利于汽车的节油。近年来，汽车变速器档位有逐渐增加的趋势，轿车变速器已有5档，重型货车甚至达10档以上。

汽车在中低速行驶时，q_{100} 最低。高速行驶时虽然发动机负荷率较高，但汽车行驶阻力由于空气阻力与 v_a^2 成正比而急剧增大，导致 q_{100} 上升。但低速行车造成生产率下降，所以真正的经济车速应使 q_{100}/v_a 最小。

（三）混合动力发动机的匹配

与纯燃油动力系统仅包含发动机一个动力源不同，混合动力系统涉及多个动力源协调工作，且不同的混合动力系统类型对应不同的匹配规则，按照动力传递的路线可分为串联式（SHEV）、并联式（PHEV）和混联式（CHEV）混合动力三种类型。串联式混合动力系统中发动机与发电机组合仅用于发电，驱动电机是唯一的驱动装置；并联式混合动力系统的发动机和电机可以单独或并联同时驱动车辆；混联式混合动力系统可以实现串联或并联的驱动方式。

1. 串联式混合动力系统的发动机匹配

图9-11所示为串联式混合动力系统结构示意图，该系统中发动机不直接参与驱动，发动机和发电机可视为一体的辅助动力单元（Auxiliary Power Unit，APU），APU的工作状态与车轮的转速和转矩需求完全解耦，因而发动机可以在任意工况点工作，而发出的电可以储于蓄电池，也可以分配供给驱动电机。

串联系统的动力性匹配需考虑动力蓄电池的最大放电功率 $P_{BattMax}$、APU最大发电功率 P_{APUMax} 和驱动电机外特性转矩 $T_{MotorMax}$，其中 $T_{MotorMax}$ 与当前车速 u 有关。串联系统整车最大驱动力矩为

$$T_{DrvMax}(u)=i_{MotorWhl}\cdot\min\left(\frac{P_{APUMax}+P_{BattMax}}{\omega(u)},T_{MotorMax}(u)\right) \tag{9-20}$$

式中，$i_{MotorWhl}$ 为驱动电机到车轮的传动比；$\omega(u)$ 为驱动电机的角速度。

工程上采用较多的是基于规则的能量管理控制策略来匹配发动机的工作点，如图9-12所示：发动机在蓄电池SOC（State of Charge）较低或负载功率较大时起动，而当负载功率较小且SOC高于预设的上限值时停机。发动机需要在一定范围内保持工作或停机状态。

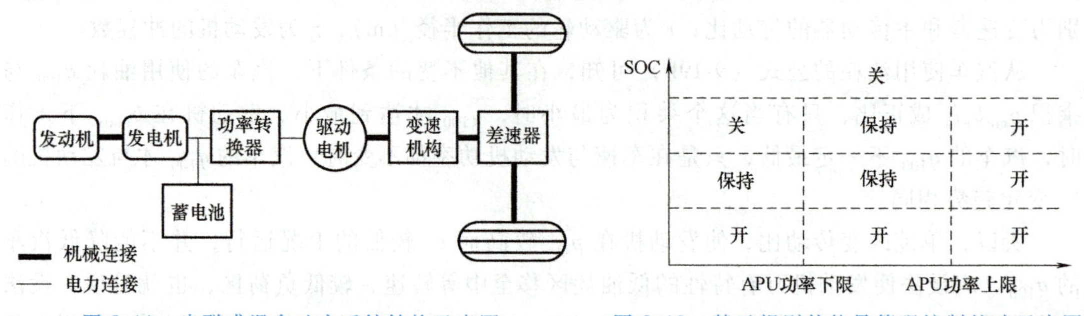

图9-11 串联式混合动力系统结构示意图　　图9-12 基于规则的能量管理控制策略示意图

为进一步降低整车油耗，可以采用基于优化的等效燃油消耗最小的能量管理策略，智能能量管理策略通常结合一些智能算法（如模糊控制、神经网络等）、未来路况和交通信息等，更精确地控制发动机的发电工况，以帮助车辆实现更好的燃油经济性。

2. 并联式混合动力系统的发动机匹配

图 9-13 所示为双轴转矩合成并联式混合动力系统结构示意图。并联模式下，驱动电机和发动机均可以单独或者共同通过变速机构驱动整车行驶，此时发动机的工作转速与车速耦合，甚至发动机在单独驱动汽车的同时，还可以通过变速机构使驱动电机发电，补充蓄电池的电能消耗。

汽车的行驶驱动力矩由发动机和电机在当前车速下对应的外特性共同决定，而且电机的外特性还受蓄电池最大放电功率的限制。在确定档位和车速（u）下，整车最大驱动力矩为

$$T_{\mathrm{DrvMax}}(u)=i_{\mathrm{EngWhl}}T_{\mathrm{EngMax}}(u)+i_{\mathrm{MotorWhl}}T_{\mathrm{MotorMax}}(u) \tag{9-21}$$

式中，i_{EngWhl} 为发动机至轮端速比；i_{MotorWhl} 为电机至轮端速比。

并联式混合动力系统能量管理策略更多是基于转矩控制，与串联式混合动力系统类似，可分为基于规则、优化和智能三类能量管理策略。如图 9-14 所示，基于规则的控制策略通常是匹配发动机在最优点工作，电机和蓄电池协助提供辅助驱动功率。

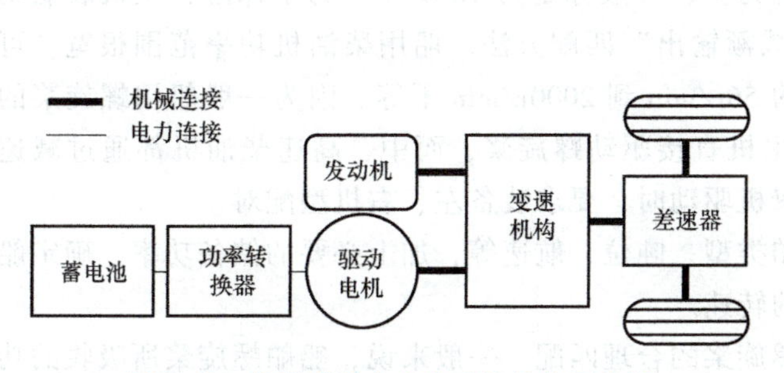

图 9-13　并联式混合动力系统结构示意图

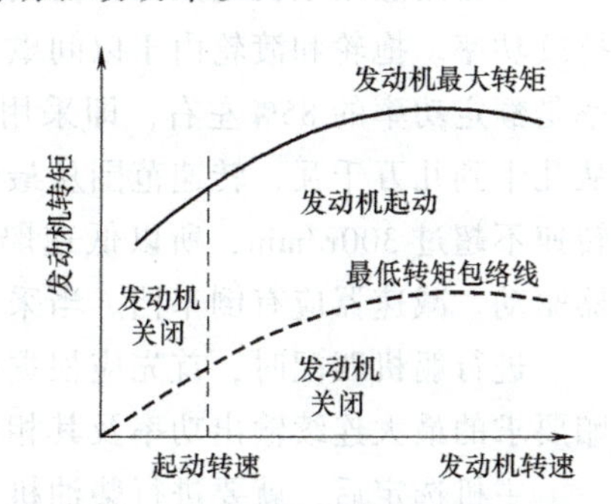

图 9-14　基于规则的并联式混动系统控制策略示意图

3. 混联式混合动力系统的发动机匹配

混联式混合动力系统融合了串联式和并联式混合动力系统的特点，在发动机和电机协同驱动车辆行驶的同时，发动机还能带动发电机发电为电池充电，并达到更好的车辆行驶性能和能量经济性，因此混联式混合动力系统的结构复杂，制造成本高。

二、发电用内燃机的匹配

当内燃机用于发电时，内燃机一般与发电机直接相连，不需中间传动装置。这时，发电机输出频率 f（Hz）与内燃机转速 n（r/min）之间有如下关系，即

$$n=\frac{60f}{p} \tag{9-22}$$

式中，p 为发电机磁极对数。

由于我国的电网频率 $f=50\mathrm{Hz}$，而 p 只能为整数，因此我国发电用内燃机的转速只能是 3000r/min、1500r/min、1000r/min、750r/min、500r/min 等有限的几种，对应发电机的 $p=$

1，2，3，4，6 等。

内燃机类型的选择要根据发电设备的动力要求而定。10kW 以下的应急发电机组多为便携式，为求结构轻巧，主要以小型汽油机为主。20~1500kW 移动式发电站多以四冲程中、高速柴油机为动力，作为备用、应急或基本电源。固定式基本电源或船用常备电源以四冲程中速柴油机或二冲程中、低速柴油机为动力，最大功率可达数万千瓦。

发电用内燃机一般在稳定工况下运转，负荷率较高。因此，应急和备用电源一般标定为 12h 功率，基本电源应标定为持续功率。为了克服发电机的励磁损失以及适应短期超负荷的需要，内燃机功率要大于发电机功率，两者之比就是电站的匹配比。对于小型移动式柴油发电机组，功率匹配比在 1.18~1.32 之间，对大型固定式电站在 1.03~1.18 之间。发电柴油机应尽量在 b_{emin} 的最经济点附近运转，以节省能源。

为了保持发电机电流频率的稳定性，内燃机要有高性能的调速装置，现多采用电控调速系统。

三、船用柴油机的匹配

运输用船用主机绝大部分时间在稳定工况下运转，负荷率较高，一般标定为 12h 功率或持续功率。拖轮和渡轮由于以间歇运转为主，一般标定为 1h 功率。为了保险，主机装船功率是额定功率的 85%左右，即采用“减额输出”匹配方法。船用柴油机功率范围很宽，可从几十到几万千瓦，转速范围从最低的 56r/min 到 2000r/min 不等。因为一般船用螺旋桨的转速不超过 300r/min，所以低速船用主机直接驱动螺旋桨，而中、高速柴油机都通过减速器驱动。减速器应有倒车档。当采用双机驱动时，要求装备左、右机型配对。

进行船机匹配时，首先应根据船舶类型、吨位、航速等，加上必要的储备功率，确定船舶要求的最大连续输出功率及其相应的转速。

主机选定后，就要进行柴油机与螺旋桨的合理匹配。一般来说，船舶螺旋桨所吸收的功率大致与转速的立方成正比（图 9-1 中曲线 2）。可见，螺旋桨工况线与柴油机本身的速度特性，例如外特性 3 是很不一致的。只有在两曲线的交点 A 处，柴油机功率才与螺旋桨功率相等，并达到稳定转速。在所有低于额定转速 n_n 的情况下运转时，必须减小柴油机的循环供油量，也就是说柴油机是在一系列部分负荷点上运转。这意味着，只要在低于额定转速的情况下运转，柴油机的能力就不能充分发挥，尚有一定功率储备。为使船用柴油机在实际使用时省油，希望其万有特性上的低油耗区与螺旋桨特性比较重合。

一般 12h 标定或持续标定的柴油机在部分负荷运行时经济性变差，为了充分利用船舶主机在低速运转时的储备功率，提供机桨联合运行更好的经济性，可采用可调节距型螺旋桨（调距桨）。它是一种桨叶螺旋面可相对桨叶轴线转动的螺旋桨，借助一套转叶机构改变桨叶螺距。这样一来可使船机在航行中沿外特性工作，而不再沿螺旋桨特性工作。节距从正值调到负值，即可实现船舶的倒航。

参考文献

[1] 周龙保，刘忠长，高宗英. 内燃机学 [M]. 3 版. 北京：机械工业出版社，2013.

[2] 许维达，杨寿藏，骆周全. 柴油机动力装置匹配 [M]. 北京：机械工业出版社，2000.

[3]　吉林工业大学内燃机教研室．内燃机理论与设计：上册 [M]．北京：机械工业出版社，1975.
[4]　杨连生．内燃机性能及其与传动装置的优化匹配 [M]．北京：学术期刊出版社，1988.
[5]　秦有方，陈士尧，王文波．车辆内燃机原理 [M]．北京：北京理工大学出版社，1997.
[6]　刘永长．内燃机原理 [M]．武汉：华中理工大学出版社，1992.
[7]　武汉水运工程学院内燃机教研室．船舶柴油机 [M]．北京：人民交通出版社，1990.
[8]　机械工程手册编委会．机械工程手册：动力设备卷 [M]．2 版．北京：机械工业出版社，1997.
[9]　叶蔼云，张少飞，秦文新．内燃机和汽车的节能 [M]．北京：北京工业大学出版社，1996.
[10]　余志生．汽车理论 [M]．2 版．北京：机械工业出版社，1990.
[11]　任文江，施润华．船舶动力装置节能 [M]．上海：上海交通大学出版社，1991.
[12]　蔡进民，贺正，戚毅男．柴油电站设计手册 [M]．北京：中国电力出版社，1997.

思考与练习题

9-1　除了本章讨论的内燃机使用特性外，请总结前面各章已经涉及的各调整特性，如燃料调整特性（空燃比或过量空气系数调整特性）、点火（或喷油）正时调整特性、调速特性，请画出各特性曲线的走向，并分析其原因。

9-2　试讨论内燃机瞬态工况性能与稳态的差别，并指出改善瞬态性能的途径。

9-3　内燃机的机械效率随转速和负荷如何变化？分析它对内燃机使用特性的影响。

9-4　试比较柴油机和汽油机在负荷特性曲线和速度特性曲线走向的差异，并分析其原因。

9-5　请根据汽油机和柴油机的特性曲线，综合评价两种发动机的动力性和经济性。

9-6　试分析不同用途内燃机对适应性系数的不同要求，并讨论涡轮增压系统和供油系统对柴油机适应性系数的影响。

9-7　试将以比排放量表示的排放特性换算到以小时质量排放量和体积分数表示的排放特性。

9-8　试分析汽油机和柴油机不同的大气校正公式的物理实质。

9-9　试以图 9-10 所示的汽车行驶性能曲线评价汽车的动力性能。试从变动发动机的外特性和汽车变速器的传动比分析汽车动力性能的变化。

9-10　试在柴油机外特性曲线上标出四种不同的标定点，并分析其相对位置。

9-11　试述内燃机不同功率标定的物理意义。

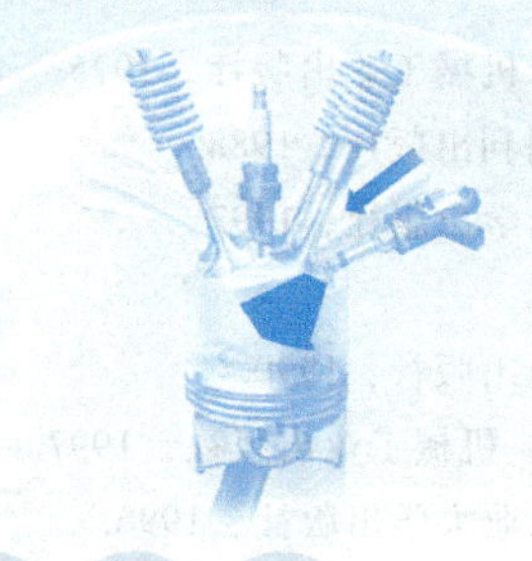

第十章

内燃机动力学

内燃机曲柄连杆机构的功用是将活塞的往复运动转变为曲轴的旋转运动，并将作用在活塞上的力通过连杆传递给曲轴，产生转矩输出。同时，活塞的往复运动、连杆的平面运动和曲轴的转动还会产生不平衡的惯性力，这些相互作用的力是不均匀的，且对整机而言，有些是内力，有些是外力，因而需要系统分析它们的大小、方向和作用，用于诸如不同轴颈和轴承的载荷、润滑油孔开口的位置及相关零部件的结构强度与振动分析等。本章简要介绍内燃机曲柄连杆机构的运动规律和构件的受力分析，初步掌握这些力对内燃机平衡性和振动的影响等。

第一节　曲柄连杆机构运动学

在常用的中心曲柄连杆机构 ABO（图 10-1）中，活塞 A 做往复直线运动，曲柄 OB 做旋转运动，而连杆 AB 做平面运动。OB 的转动角速度 ω（rad/s）为

$$\omega=\frac{\pi n}{30} \tag{10-1}$$

式中，n 是曲轴转速（r/min）。

活塞从上止点 A'（图 10-1）算起的位移 x 为

$$x=r\left[(1-\cos\varphi)+\frac{1}{\lambda}\left(1-\sqrt{1-\lambda^2\sin^2\varphi}\right)\right] \tag{10-2}$$

式中，φ 是曲柄转角；$\lambda=r/l$ 是曲柄连杆比；r 是曲柄半径；l 是连杆长度。

因为一般内燃机所用的曲柄连杆机构 $\lambda<1/3$，可把式（10-2）足够精确地简化成

$$x=r\left[(1-\cos\varphi)+\frac{\lambda}{4}(1-\cos2\varphi)\right] \tag{10-3}$$

为了便于比较不同大小机构的运动，可引用量纲一的位移 x^*

$$x^*=\frac{x}{r}=(1-\cos\varphi)+\frac{\lambda}{4}(1-\cos2\varphi) \tag{10-4}$$

相应地，量纲一的速度和加速度为

$$\dot{x}^*=\frac{\dot{x}}{r\omega}=\sin\varphi+\frac{\lambda}{2}\sin2\varphi \tag{10-5}$$

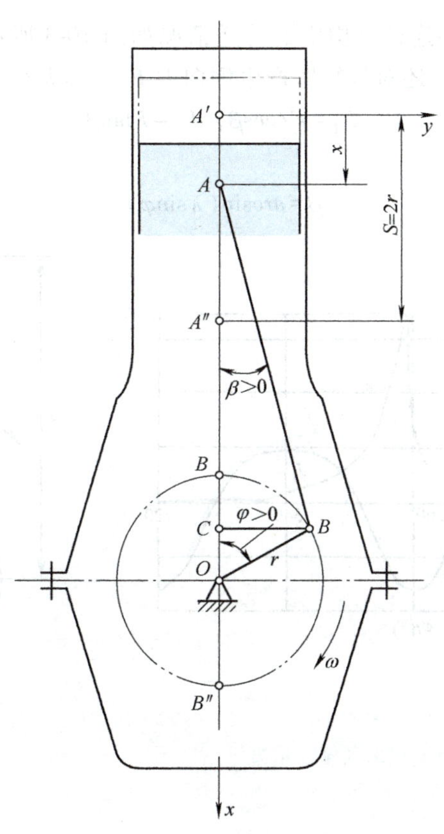

图 10-1　中心曲柄连杆机构简图

$$\ddot{x}^* = \frac{\ddot{x}}{r\omega^2} = \cos\varphi + \lambda\cos2\varphi \quad (10\text{-}6)$$

第二节　曲柄连杆机构受力分析

作用在内燃机曲柄连杆机构中的力，有缸内气体作用力和运动质量惯性力，它们与支承反力和被驱动机械的有效阻力转矩相平衡。

一、气体作用力

作用在活塞顶上的气体压力 $p_g(x)$ 可以通过工作过程模拟计算或示功图测试确定。气体作用力 $\boldsymbol{F}_g$（N）为

$$F_g = \frac{\pi D^2}{4}(p_g - p') \quad (10\text{-}7)$$

式中，D 是气缸直径（mm）；p_g 是缸内绝对压力（MPa）；p'是活塞背压（MPa）。

为了便于比较不同缸径内燃机的受力特性，可用单位活塞面积的作用力（图 10-2）进行受力分析。

$$f_g = \frac{F_g}{\dfrac{\pi D^2}{4}} = p_g - p' \quad (10\text{-}8)$$

活塞上作用力 $\boldsymbol{F}$ 在曲柄连杆机构中的传递情况如图 10-3 所示。由于连杆的摆动，$\boldsymbol{F}$ 除了对连杆产生拉压力 $\boldsymbol{F}_1$ 外，还对气缸壁产生侧向力 $\boldsymbol{F}_c$，其大小为

$$F_1 = F/\cos\beta,\ F_c = F\tan\beta \tag{10-9}$$

式中，β 是连杆摆角，有

$$\beta = \arcsin(\lambda\sin\varphi) \tag{10-10}$$

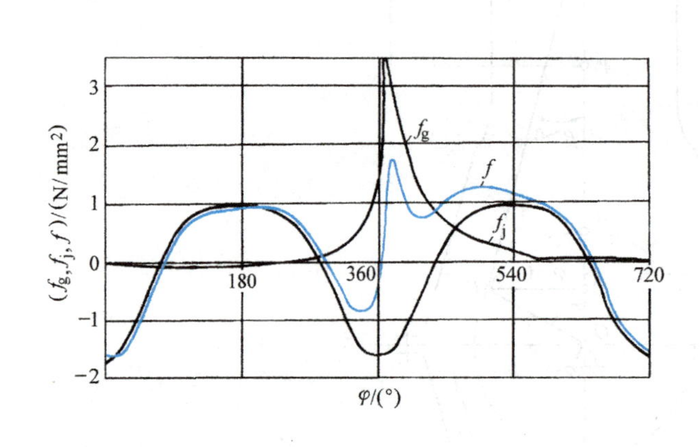

图 10-2 单位活塞面积上气体作用力 f_g、往复惯性力 f_j 及合力 $f=f_g+f_j$ 示例

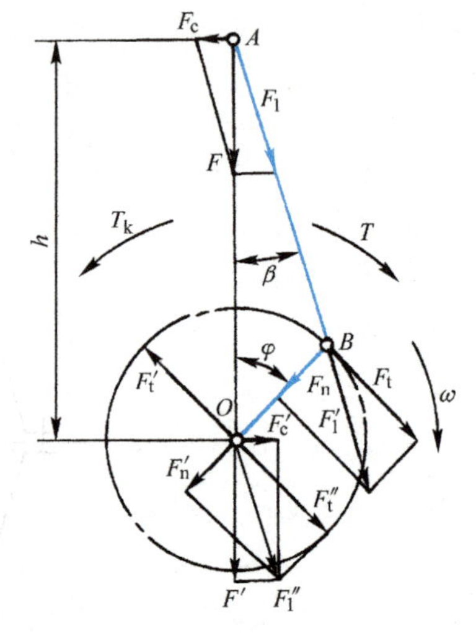

图 10-3 曲柄连杆机构中力的传递

连杆力 $\boldsymbol{F}_1$ 使连杆轴承 B 受负荷并在轴柄销中心 B 产生切向力 $\boldsymbol{F}_t$ 和法向力 $\boldsymbol{F}_n$，其大小

$$F_t = F\frac{\sin(\varphi+\beta)}{\cos\beta} \tag{10-11}$$

$$F_n = F\frac{\cos(\varphi+\beta)}{\cos\beta} \tag{10-12}$$

法向力 $\boldsymbol{F}_n$ 使曲轴受弯曲，并以 $\boldsymbol{F}_n'$的形式使主轴承 O 受负荷。切向力 $\boldsymbol{F}_t$ 与 $\boldsymbol{F}_t'$构成力偶，其力偶矩即为发动机一缸的转矩

$$T = F_t r = Fr\frac{\sin(\varphi+\beta)}{\cos\beta} \tag{10-13}$$

与 $\boldsymbol{F}_t'$相等的力 $\boldsymbol{F}_t''$也使主轴承 O 受负荷。$\boldsymbol{F}_n'$与 $\boldsymbol{F}_t''$合成 $\boldsymbol{F}_1''$，它又可分解成沿气缸轴线的力 $\boldsymbol{F}'$和垂直气缸轴线的力 $\boldsymbol{F}_c'$。力偶 $\boldsymbol{F}_c$-$\boldsymbol{F}_c'$的力偶矩称为倾覆力矩 T_k，而且

$$T_k = -F_c h = -T \tag{10-14}$$

缸内的气体压力 $\boldsymbol{F}_g$ 作用于活塞顶，同样大小但方向相反的力 $-\boldsymbol{F}_g$ 作用于气缸盖（图 10-4）。所以，这个力是发动机的内力，使构件受力。对外界的作用只有两个力矩：转矩 T_g 通过曲轴飞轮传给被驱动机械，后者相应有一个反作用转矩 $T_g' = -T_g$ 作用于飞轮和曲轴；倾覆力矩 T_{kg} 通过机体传给发动机的支承，支承给予相应的支反力 $\boldsymbol{R}_g$ 与 $-\boldsymbol{R}_g$，$R_g = T_{kg}/b$（b 是支反力的力臂）。

二、惯性力

要确定机构的惯性力，就要先知道机构的加速度和质量分布。

1. 曲柄连杆机构的质量换算

实际曲柄连杆机构具有复杂的分布质量，但可根据动力学等效性原则，用少数适当配置的质点代替原机构，为此要进行质量换算。

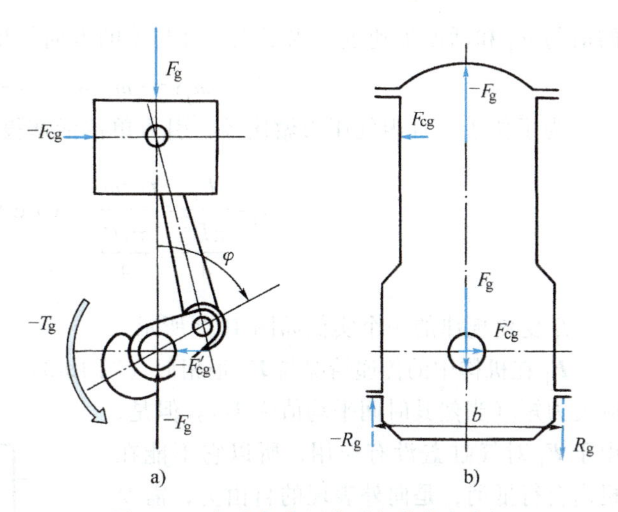

图 10-4 缸内气体压力引起的力和力矩

a）对活塞、连杆、曲轴及其轴承的作用

b）对机体、气缸盖的作用

沿气缸轴线做直线运动的活塞组零件，可以按质量不变的原则简单相加，并集中在活塞销中心较方便

$$m_p = \sum m_{pi} \tag{10-15}$$

式中，m_p 是活塞组质量；m_{pi} 是活塞组各零件的质量。

匀速旋转的曲拐的质量，可以按产生的离心力不变的原则换算，并集中在曲柄销中心较方便

$$m_c = \frac{1}{r}\sum m_i r_i \tag{10-16}$$

式中，m_c 是曲拐集中在曲柄销中心的当量质量；m_i 是曲拐各单元的质量；r_i 是各单元的旋转半径。

做平面运动的连杆组，根据动力学等效性的质量、质心和转动惯量守恒三原则进行质量换算。3 个条件决定 3 个未知数，因此可用连杆小头、大头和质心处的 3 个质量 m'_1、m'_2、m_3'来代替连杆组（图 10-5a）。

实际计算结果表明，m'_3与 m'_1、m'_2相比很小，为简化受力分析，常用集中在连杆小头和大头的 2 个质量 m_1、m_2 近似代替连杆（图 10-5b），可得

$$m_1 = \frac{m_l(l-l')}{l},\quad m_2 = \frac{m_l l'}{l} \tag{10-17}$$

式中，m_l 是连杆组质量；l' 是连杆组质心到小头孔中心的距离。

于是，为了计算惯性力，曲柄连杆机构可用无质量刚杆联系的两个质点组成的系统代替（图 10-5c）。

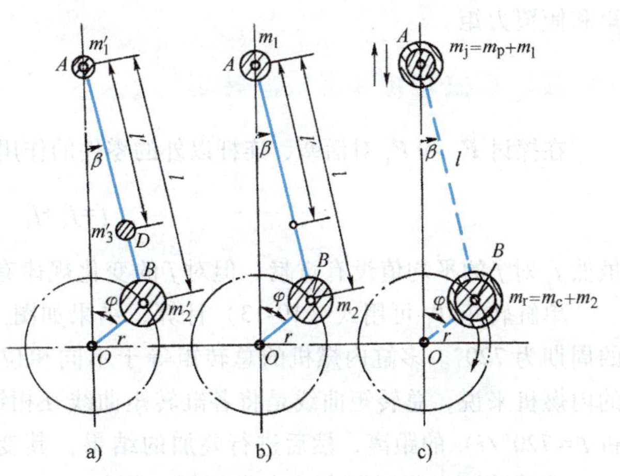

图 10-5 连杆和曲柄连杆机构的质量分布

a）代替连杆的三质量系统 b）代替连杆的二质量系统

c）曲柄连杆机构的当量质量系统

往复质量

$$m_j = m_p + m_1 = m_p + \frac{m_l(l-l')}{l} \tag{10-18}$$

旋转质量

$$m_r = m_c + m_2 = m_c + \frac{m_l l'}{l} \tag{10-19}$$

2. 往复惯性力

内燃机往复质量 m_j 的惯性力 $\boldsymbol{F}_j$

的值与 m_j 和活塞加速度 $\ddot{x}$ 成正比，且与 $\ddot{x}$ 的方向相反，即

$$F_j=-m_j\ddot{x}=-m_j r\omega^2(\cos\varphi+\lambda\cos2\varphi) \tag{10-20}$$

为了便于与缸内气压力做比较，引入单位活塞投影面积的往复惯性力

$$f_j=\frac{F_j}{\frac{\pi D^2}{4}}=\frac{m_j r\omega^2}{\frac{\pi D^2}{4}}(\cos\varphi+\lambda\cos2\varphi) \tag{10-21}$$

f_j 变化规律的一个实例如图 10-2 所示。

$\boldsymbol{F}_j$ 在机构中的传递情况与 $\boldsymbol{F}_g$ 很相似（图 10-3）。$\boldsymbol{F}_j$ 也使机构构件受负荷，也产生转矩和倾覆力矩（当然其时间平均值为零）。但是，由于 $\boldsymbol{F}_j$ 对气缸盖没有作用，所以它不能在机内自行抵消，是向外表现的自由力，需要由支承件承受（图 10-6），其支反力为 $R_{j1}=F_j/2+T_{kj}/b$，$R_{j2}=F_j/2-T_{kj}/b$。

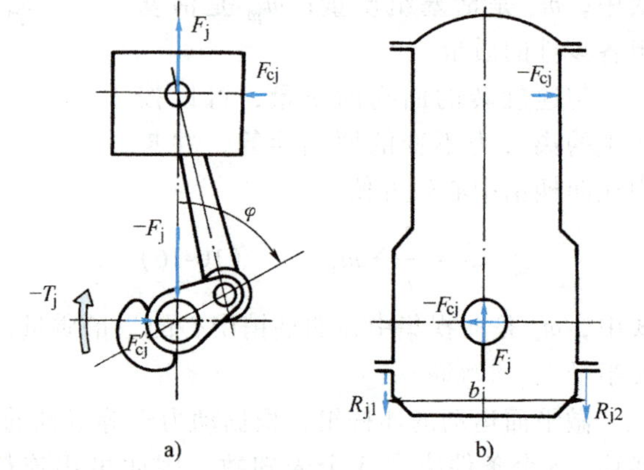

图 10-6 惯性力 F_j 引起的力和力矩

a）对活塞、连杆、曲轴及其轴承的作用

b）对机体、气缸盖的作用

3. 旋转惯性力

曲柄连杆机构的旋转质量 m_r 产生旋转惯性力或离心力 $\boldsymbol{F}_r$，其值为

$$F_r=m_r r\omega^2 \tag{10-22}$$

或单位活塞投影面积的离心力

$$f_r=\frac{m_r r\omega^2}{\frac{\pi D^2}{4}} \tag{10-23}$$

当曲轴角速度 ω 不变时，$\boldsymbol{F}_r$ 大小不变，其方向总是沿曲柄半径向外。如果不用结构措施（例如平衡块）消除，它也是自由力，使曲轴轴承和内燃机支承受力，当然它不产生转矩和倾覆力矩。

三、单缸转矩和多缸总转矩

在探讨 $\boldsymbol{F}_g$ 和 $\boldsymbol{F}_j$ 对活塞、连杆以外的零件的作用时，可以把 $\boldsymbol{F}_g$ 和 $\boldsymbol{F}_j$ 合成，有

$$f=f_g+f_j \tag{10-24}$$

虽然 f_j 对 f 的平均值没有贡献，但对 f 的变化规律有很大影响（图 10-2）。

单缸转矩 T_1 可用式（10-13）计算，结果如图 10-7a 所示。对于四冲程内燃机来说，它的周期为 720°。多缸内燃机的总转矩等于不同相位的各缸转矩的叠加。对于发火间隔均匀的内燃机来说，总转矩曲线是将各缸转矩曲线互相错开一个相当于发火间隔角 ξ（对四冲程机 $\xi=720°/i$）的距离，然后进行叠加的结果，其变化周期显然就是 ξ。发火不均匀的多缸机，其总转矩变化周期大于发火间隔。例如，$\xi=180°$ 和 540°的直列 2 缸机，其总转矩变化周期仍为 720°（图 10-7b）。

应该注意，内燃机的总转矩并不是输出转矩，因前者未考虑机内摩擦力和其他机械损失引起的转矩损失。实际的输出转矩的变化历程与总转矩曲线不同（但总的趋势差不多），其

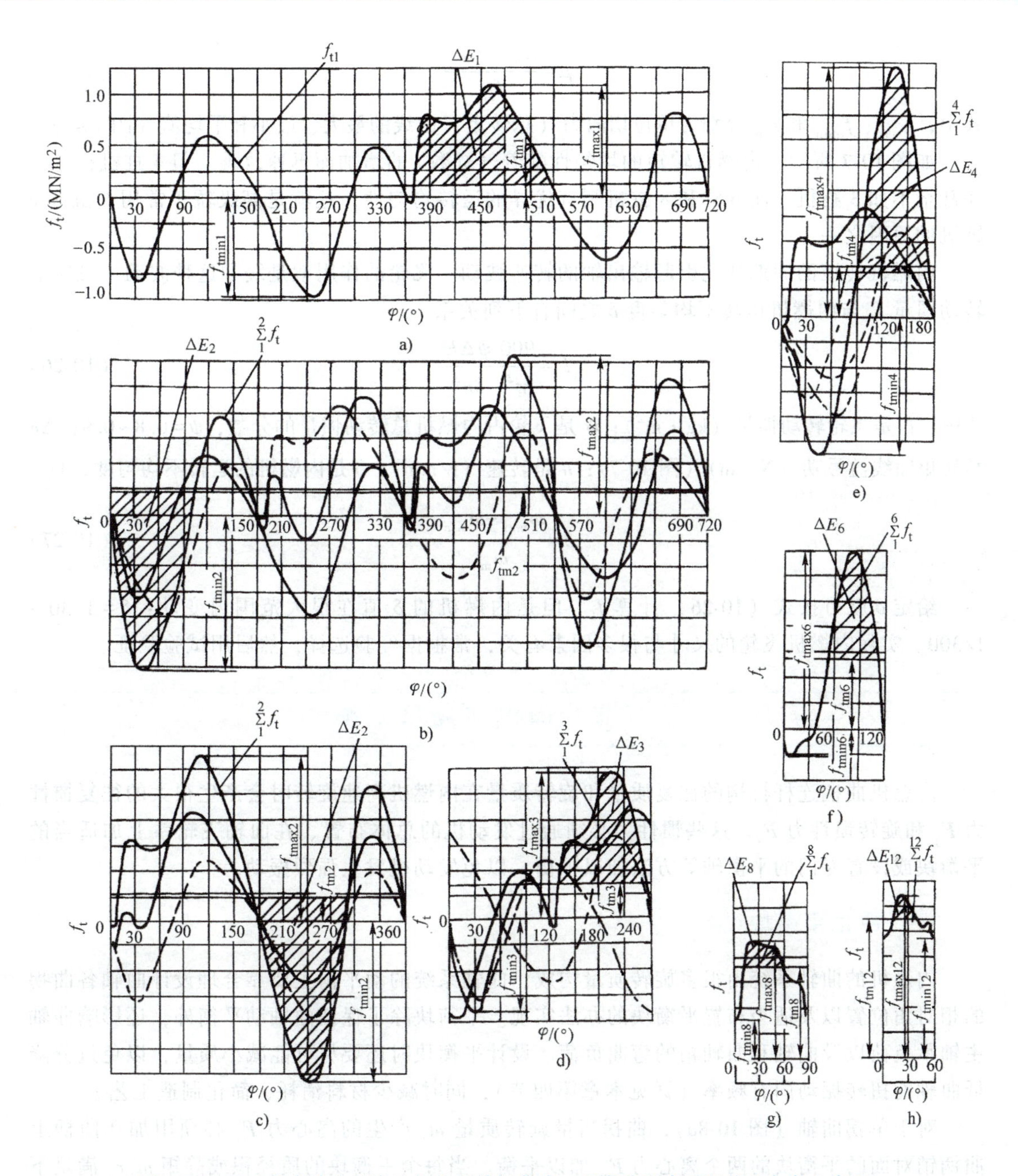

图 10-7　四冲程高速车用汽油机的总转矩曲线（用单位活塞面积的切向力 f_t 表示）

a）单缸机（$\mu_1=18.3$）　b）发火间隔 180°和 540°的 2 缸机（$\mu_2=13.6$）

c）发火均匀 2 缸机（$\mu_2=14.3$）　d）3 缸机（$\mu_3=7.6$）　e）4 缸机（$\mu_4=8.4$）

f）6 缸机（$\mu_6=3.0$）　g）8 缸机（$\mu_8=0.86$）　h）12 缸机（$\mu_{12}=0.33$）

平均值乘以机械效率 η_m 就是实际输出转矩。

转矩的变化引起倾覆力矩的相应变化，使内燃机和与其相连的工作机械发生振动，这是往复式内燃机的主要缺点之一。为了表征总转矩变化的均匀程度，通常利用下式定义转矩的不均匀度

$$\mu=\frac{f_{tmax}-f_{tmin}}{f_{tm}} \tag{10-25}$$

式中，f_{tmax}、f_{tmin} 和 f_{tm} 分别为单位切向力（总转矩）曲线的最大、最小和平均值（图 10-7）。

如图 10-7 所示，内燃机转矩的均匀性随着气缸数 i 的增加而迅速改善。但 4 缸机在这方面甚至不如 3 缸机，而 6 缸和 8 缸机则有优异的运转均匀性，这就是高级轿车常用 6 缸和 8 缸机的原因之一。

内燃机转矩的周期变化引起输出轴的转速波动。飞轮的作用就是缓和这种波动。飞轮的转动惯量 I_f 与内燃机运转不均匀度 δ 之间有下列关系

$$I_f=\frac{900}{\pi^2}\frac{\psi\Delta E}{\delta n^2} \tag{10-26}$$

式中，I_f 是飞轮转动惯量（$kg\cdot m^2$）；ψ 是飞轮占内燃机总转动惯量的分数，$\psi=0.8\sim0.9$；ΔE 是转矩曲线盈亏功（N·m）（图 10-7）；n 是转速（r/min）；δ 是内燃机的运转不均匀度，且

$$\delta=\frac{\omega_{max}-\omega_{min}}{\omega_m} \tag{10-27}$$

给定 δ 就可按式（10-26）计算 I_f。但是内燃机的 δ 值在很大范围内变动：$\delta=1/30\sim1/300$。实际内燃机飞轮的尺寸与很多因素有关，常根据经验选择，然后用试验验证。

第三节　内燃机质量平衡

内燃机曲柄连杆机构的往复质量和旋转质量在内燃机高速旋转时会产生很大的往复惯性力 $\boldsymbol{F}_j$ 和旋转惯性力 $\boldsymbol{F}_r$。这些惯性力必须通过发动机的总体布置、在曲轴飞轮系上加适当的平衡块或设置专门的平衡轴等方法加以平衡，以免发动机发生强烈振动。

一、曲轴平衡块设计

内燃机的曲轴系统由很多旋转质量构成，曲轴系统的动平衡主要靠合理设计曲轴各曲拐的相对角位置以及适当布置平衡块的办法实现。平衡块除了保证曲轴动平衡外，还影响曲轴主轴承负荷以及曲轴和曲轴箱的弯曲负荷。设计平衡块时还要尽可能减小质量，以免过分降低曲轴的扭转振动固有频率（详见本章第四节），同时减少材料消耗，简化制造工艺。

对于单拐曲轴（图 10-8a），曲拐当量旋转质量 m_r 产生的离心力 $\boldsymbol{F}_r$ 必须用加在曲柄上曲柄销对面的平衡块的两个离心力 $\boldsymbol{F}_p$ 加以平衡。当每个平衡块的质径积或静矩 m_pr_p 满足下列条件时，单拐曲轴可以达到动平衡，有

$$m_pr_p=0.5m_rr \tag{10-28}$$

式中，m_p 为平衡块的质量；r_p 为平衡块质心的旋转半径。

二拐曲轴常用的曲拐夹角为 180°（图 10-8b、c）。此种曲轴本身就是静平衡的（$\sum\boldsymbol{F}_{ri}=0$），但不动平衡，它有离心力矩 $\boldsymbol{M}_r$，其值 $M_r=aF_r=am_rr\omega^2$（a 为气缸中心距）。当然，二拐曲轴可以像单拐曲轴那样，在每一曲柄上都加一个平衡块加以平衡（图 10-8b），一般称为“完全”平衡，但实际上只要布置上允许，常用两个平衡块进行整体平衡（图 10-8c），这时

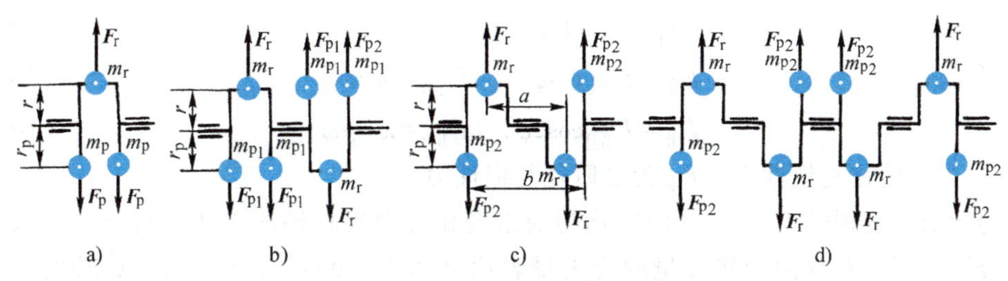

图 10-8　平面曲轴平衡块的布置方案

a）单拐曲轴　b）、c）二拐曲轴　d）四拐曲轴

$$m_{p2}r_p=(a/b)m_r r \tag{10-29}$$

因 $a/b\approx2/3$，所以图 10-8b 与图 10-8c 的平衡块总质量之比 $2m_{p2}:4m_{p1}\approx2:3$，即采用整体平衡所用平衡块质量可比用完全平衡的减小 1/3 左右。当然，对第一、三主轴承负荷来说，图 10-8b 中的平衡块质量要比图 10-8c 中的小些。

四冲程 4 缸机的曲轴是二拐曲轴的对称延伸（图 10-8d）。这种曲轴作为刚体本身就是动平衡的。但实际上曲轴会弯曲，中央主轴承受左右两拐同向离心力的作用，负荷很大，所以常在第 1、4、5、8 曲柄上加 4 个平衡块以减轻中央主轴承的负荷。用 8 个平衡块“完全”平衡四拐平面曲轴的实例比较少见。

三拐曲轴从发火均匀性出发，要求曲拐夹角为 120°或 240°（图 10-9）。它有不平衡的离心力矩 $\boldsymbol{M}_r$，其值 $M_r=\sqrt{3}aF_r=\sqrt{3}am_r r\omega^2$，其矢量在与第一拐成 60°的平面内，它必须用平衡块加以平衡。实际内燃机中，有用 6 个平衡块“完全”平衡的（图 10-9a），也有采用较少平衡块整体平衡的（图 10-9b、c）。显然，6 平衡块方案主轴承负荷最轻，但所需平衡块总质量最大，2 平衡块方案正相反，而 4 平衡块方案居中。实际上，用 2 平衡块的方案往往要求加厚曲轴两端的曲柄，使曲轴和机体、气缸盖等长度加大；或者加大平衡块的旋转半径，导致活塞裙的缩短或连杆的加长。工程上经常采用图 10-9a、b 所示的混合方案，即用 6 个平衡块，但两端的较大，靠近中央的较小，平衡块质心矢径与第一曲拐的夹角既不是图 10-9a 所示的 0°或 60°，也不是图 10-9b 所示的 30°，而是在保证动平衡的前提下考虑其他要求最终确定的。

在曲拐数更多或曲拐布置更加复杂的情况下，设计平衡块系统的思路与上述三拐曲轴相似，如果不打算采用“完全”平衡的方案以免曲轴过于复杂笨重，总可以找到兼顾主轴承负荷、曲轴内弯矩、平衡块总质量和制造工艺成本等因素的整体平衡方案。

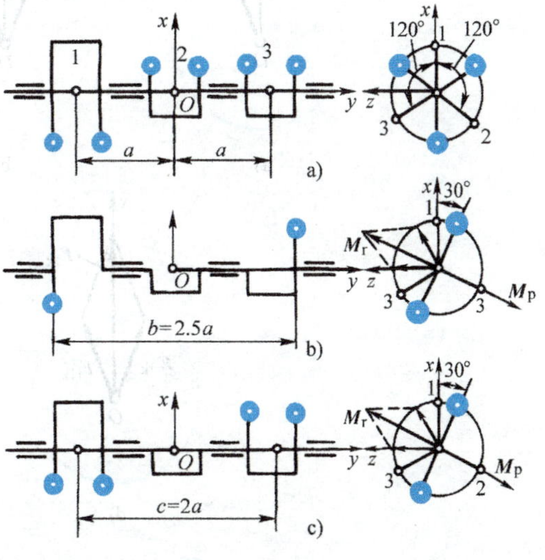

图 10-9　三拐曲轴旋转质量的三种平衡方案

a）6 平衡块　b）2 平衡块　c）4 平衡块

二、往复质量的平衡

1. 往复惯性力的旋转矢量表达法

根据式（10-20），单缸机或多缸机的单缸部分的往复惯性力可以表达为

$$F_j = F_{\mathrm{I}} + F_{\mathrm{II}} \tag{10-30}$$

$$F_{\mathrm{I}} = F_{\mathrm{I}0}\cos\varphi, \quad F_{\mathrm{I}0} = m_j r\omega^2 \tag{10-30a}$$ ㊀

$$F_{\mathrm{II}} = F_{\mathrm{II}0}\cos 2\varphi, \quad F_{\mathrm{II}0} = \lambda m_j r\omega^2 \tag{10-30b}$$ ㊀

式中，F_{I} 为一阶往复惯性力；F_{II} 为二阶往复惯性力。

因为构成往复惯性力的 F_{I} 和 F_{II} 均为简谐变化并沿气缸轴线作用，可视为代数量，所以它们分别可用一对反向旋转矢量的合矢量表达（图 10-10）：与曲轴同向旋转的一阶力正转矢量 $\boldsymbol{F}_{+\mathrm{I}}$（对应曲柄转角 φ），与曲轴反向旋转的一阶反转矢量 $\boldsymbol{F}_{-\mathrm{I}}$ 总是与 $\boldsymbol{F}_{+\mathrm{I}}$ 相对气缸轴线 x 对称（对应曲柄转角 $-\varphi$）；同向二阶力矢量 $\boldsymbol{F}_{+\mathrm{II}}$ 以曲轴的两倍角速度 2ω 旋转（对应曲柄转角 2φ），而反向二阶力矢量 $\boldsymbol{F}_{-\mathrm{II}}$ 以 -2ω 反向旋转（对应曲柄转角 -2φ）。于是，一阶和二阶往复惯性力可用下列矢量方程表达（图 10-10d、e）

$$\boldsymbol{F}_{\mathrm{I}} = \boldsymbol{F}_{+\mathrm{I}} + \boldsymbol{F}_{-\mathrm{I}}, \qquad \boldsymbol{F}_{\mathrm{II}} = \boldsymbol{F}_{+\mathrm{II}} + \boldsymbol{F}_{-\mathrm{II}}$$

其中 $$\boldsymbol{F}_{+\mathrm{I}} = \boldsymbol{F}_{-\mathrm{I}} = 0.5\boldsymbol{F}_{\mathrm{I}0}, \quad \boldsymbol{F}_{+\mathrm{II}} = \boldsymbol{F}_{-\mathrm{II}} = 0.5\boldsymbol{F}_{\mathrm{II}0}$$

图 10-10d、e 中两阶力矢量画成一样长，但要理解成具有不同的比例尺。

2. 单缸机的平衡

单缸机中往复惯性力是不平衡的自由力，若不采取措施加以平衡，就会向外作用，引起振动等后果。对一阶往复惯性力，既然可以表达为一对互相反转的旋转力的合力，所以可以用一对互相反转的平衡块 3 和 6（图 10-11a）加以平衡，即

$$m_{\mathrm{I}} r_{\mathrm{I}} = 0.5 m_j r \tag{10-31}$$

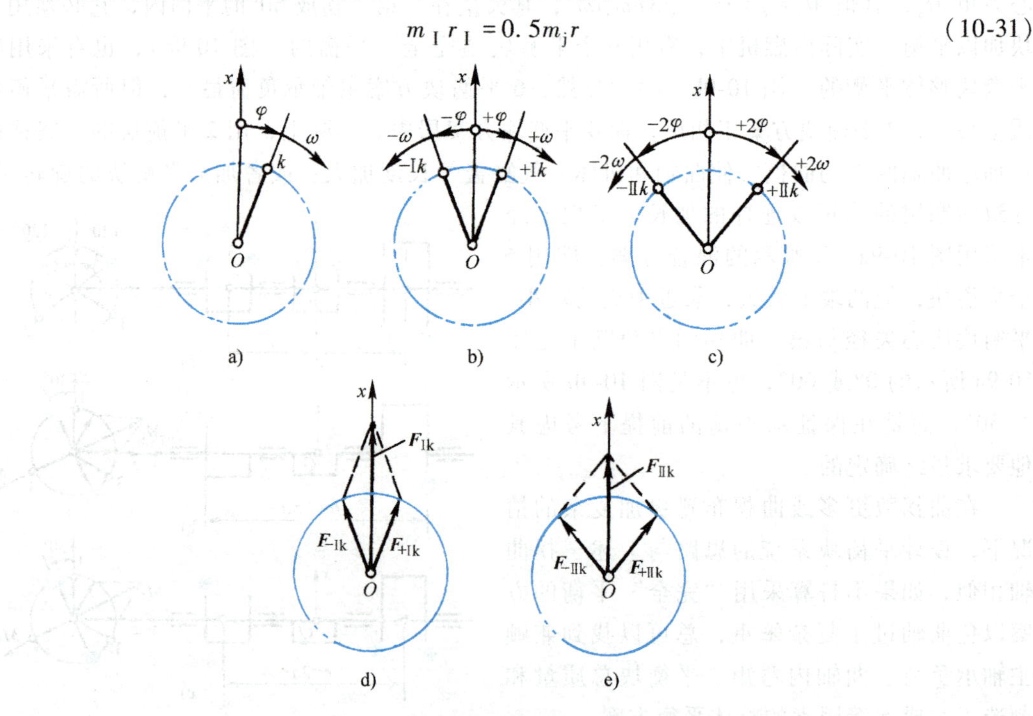

图 10-10 往复惯性力的旋转矢量表达法

a）实际曲柄图 b）一阶正反转曲柄图 c）二阶正反转曲柄图

d）一阶往复惯性力的求法 e）二阶往复惯性力的求法

㊀ 式（10-30a）、式（10-30b）与式（10-20）相差一个负号，只要把坐标轴 x 换一个方向即可。

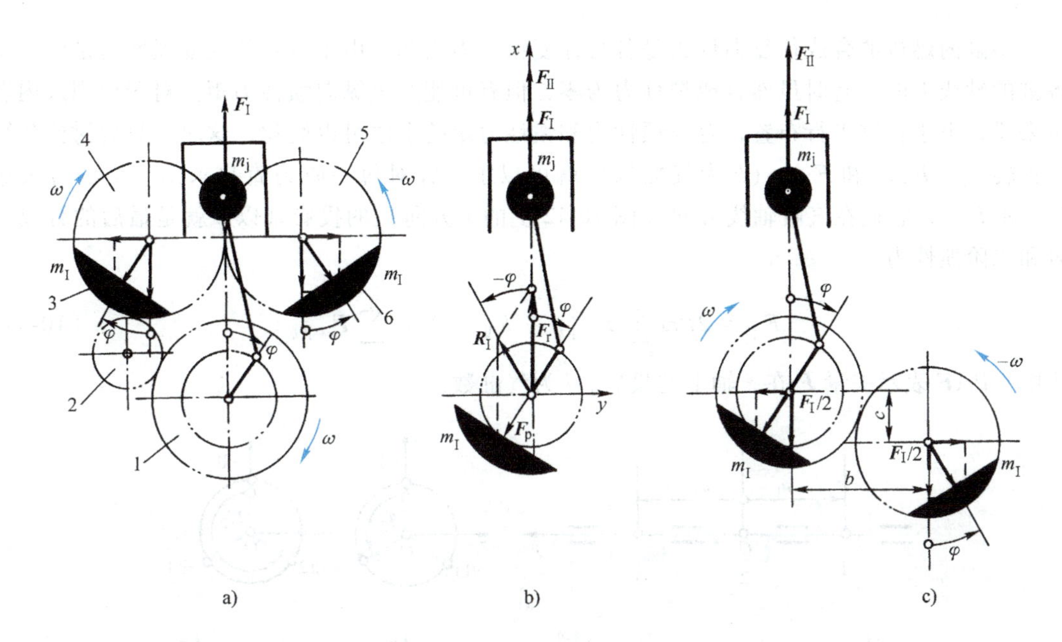

图 10-11　单缸机一阶往复惯性力的平衡机构示意图

a）双轴平衡机构　b）半平衡法　c）单轴平衡机构

1—曲轴齿轮　2—惰齿轮　3，6—一阶惯性力平衡块　4，5—平衡轴齿轮

理论上，也可用一个类似的双轴机构来平衡单缸机的二阶惯性力，即

$$m_{Ⅱ}r_{Ⅱ}=0.125\lambda m_{j}r \tag{10-32}$$

但实际上由于二阶惯性力幅值不大，一般很少采用这样的机构。

实用的单缸机常用半平衡法部分平衡一阶惯性力（图 10-11b）。这时在曲柄端部除了有平衡 m_r 的平衡块 m_p 外，还多加一部分

$$m_{Ⅰ}r_{Ⅰ}=\varepsilon m_{j}r(0<\varepsilon<1)$$

$m_Ⅰ$ 的离心力 $\boldsymbol{F}_p$ 与 $\boldsymbol{F}_Ⅰ$ 的合力 $\boldsymbol{R}_Ⅰ$ 在 x 和 y 轴上的投影为

$$R_x=(1-\varepsilon)F_{Ⅰ0}\cos\varphi,\quad R_y=-\varepsilon F_{Ⅰ0}\sin\varphi$$

从上两式消去 φ 得 $\boldsymbol{R}_Ⅰ$ 矢端轨迹

$$\frac{R_x^2}{(1-\varepsilon)^2}+\frac{R_y^2}{\varepsilon^2}=F_{Ⅰ0}^2$$

这是个椭圆方程。在气缸轴线方向自由惯性力幅值减小到 $(1-\varepsilon)F_{Ⅰ0}$，但在垂直轴线方向出现新的幅值为 $\varepsilon F_{Ⅰ0}$ 的简谐力。一般说来，由于激振力幅值减小，机器的振动减轻。当 $\varepsilon=0.5$ 时 $\boldsymbol{R}_Ⅰ$ 矢端轨迹变成圆，即一阶惯性力 $\boldsymbol{F}_Ⅰ$ 与平衡块($m_Ⅰr_Ⅰ=0.5m_jr$)离心力的合力成为大小为 $0.5F_{Ⅰ0}$、转向与曲柄相反的旋转力。实际应用半平衡法时，$\varepsilon=0.5$ 不一定最佳，因为单缸机支承在不同方向的振动特性不一定相同。

半平衡法的缺点是，除了不能完全平衡 $\boldsymbol{F}_Ⅰ$ 外（当然也对 $\boldsymbol{F}_Ⅱ$ 无能为力），在曲轴上布置足够大的平衡块有一定困难，而且主轴承负荷增大。

作为半平衡法与双轴平衡机构的折中，还有一种单轴平衡机构（图 10-11c）。这时，作用力的偏心 b 和 c 会产生变化的附加力矩。

3. 单列式内燃机的平衡

多缸内燃机的合成往复惯性力是各缸往复惯性力之和。由于各缸的往复惯性力是作用于各缸的轴线上的，有时虽然合成惯性力为零，但有可能产生纵向惯性力矩。对于单列式内燃机来说，由于各缸平行布置，合成惯性力和惯性力矩的求法可以简化。这时，只要讨论各缸的正转矢量 $\boldsymbol{F}_{+\mathrm{I}k}$ 和 $\boldsymbol{F}_{+\mathrm{II}k}$（$k$ 为气缸号）就可以了。针对每一阶力直接求出它们的合矢量 $\boldsymbol{F}_{+\mathrm{I}}$ 和 $\boldsymbol{F}_{+\mathrm{II}}$，它们在气缸轴线方向（图 10-12 上的 x 方向）的投影乘以 2 就是最后的合成一阶和二阶惯性力

$$F_{\mathrm{I}} = 2Prx\sum_{k=1}^{i}\boldsymbol{F}_{+\mathrm{I}k},\quad F_{\mathrm{II}} = 2Prx\sum_{k=1}^{i}\boldsymbol{F}_{+\mathrm{II}k} \tag{10-33}$$

式中，$Prx\boldsymbol{F}$ 表示矢量 $\boldsymbol{F}$ 在 x 轴上的投影；i 为气缸数。

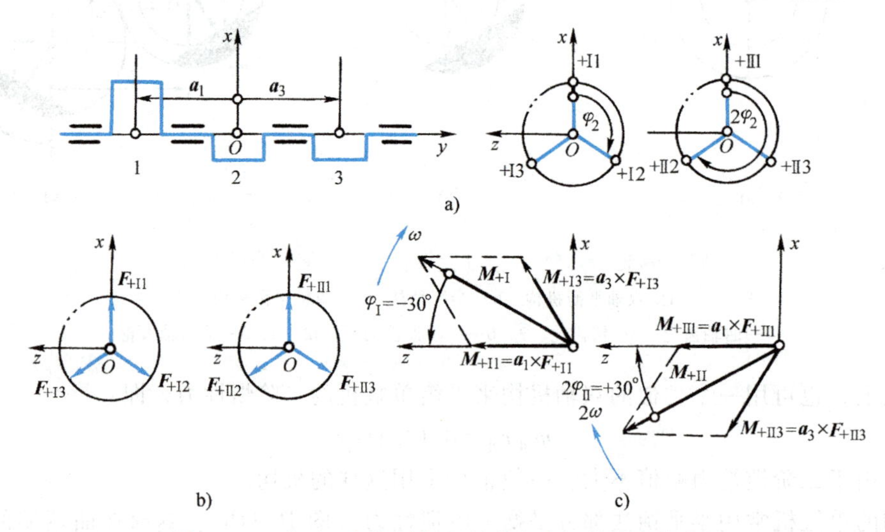

图 10-12　直列 3 缸机往复惯性力和力矩的平衡性分析

a）曲拐布置及一阶、二阶正转曲柄图　b）往复惯性力的平衡性　c）往复惯性力矩的平衡性

为了确定每缸往复惯力矩的正转矢量 $\boldsymbol{M}_{+\mathrm{I}k}$ 和 $\boldsymbol{M}_{+\mathrm{II}k}$，引用从曲轴质心位置开始到各力矢量的平行曲轴轴线的矢径 $\boldsymbol{a}_k$（图 10-12a），这样就可用矢量积来表达力矩。于是合成力矩的旋转矢量为

$$\boldsymbol{M}_{+\mathrm{I}} = \sum_{k=1}^{i}\boldsymbol{a}_k \times \boldsymbol{F}_{+\mathrm{I}k},\quad \boldsymbol{M}_{+\mathrm{II}} = \sum_{k=1}^{i}\boldsymbol{a}_k \times \boldsymbol{F}_{+\mathrm{II}k}$$

它们在 z 轴上的投影就是一阶和二阶合成往复惯性力矩的瞬时值

$$M_{+\mathrm{I}} = 2Prz\sum_{k=1}^{i}\boldsymbol{a}_k \times \boldsymbol{F}_{+\mathrm{I}k},\quad M_{+\mathrm{II}} = 2Prz\sum_{k=1}^{i}\boldsymbol{a}_k \times \boldsymbol{F}_{+\mathrm{II}k} \tag{10-34}$$

而这些力矩的最大值

$$M_{\mathrm{I}\max} = 2M_{+\mathrm{I}},\quad M_{\mathrm{II}\max} = 2M_{+\mathrm{II}}$$

出现于矢量 $\boldsymbol{M}_{+\mathrm{I}}$ 和 $\boldsymbol{M}_{+\mathrm{II}}$ 与 z 轴重合的曲轴转角处。

图 10-12 所示为以直列 3 缸机为例求合成往复惯性力及其纵向力矩的方法。因 $\boldsymbol{F}_{+\mathrm{I}} = \sum_{k=1}^{3}\boldsymbol{F}_{+\mathrm{I}k} = 0$，所以 $\boldsymbol{F}_{\mathrm{I}} = 0$；因 $\boldsymbol{F}_{+\mathrm{II}} = \sum_{k=1}^{3}\boldsymbol{F}_{+\mathrm{II}k} = 0$，所以 $\boldsymbol{F}_{\mathrm{II}} = 0$（图 10-12b）。由此可见直

列 3 缸机的一阶和二阶惯性力都是平衡的。$M_{\mathrm{I}\max}=2M_{+\mathrm{I}}=\sqrt{3}\,aF_{\mathrm{I}0}$，出现于 $\varphi_{\mathrm{I}}=-30°$；$M_{\mathrm{II}\max}=2M_{+\mathrm{II}}=\sqrt{3}\,aF_{\mathrm{II}0}$，出现于 $\varphi_{\mathrm{II}}=30°/2=15°$（图 10-12c）。可见，这两阶惯性力矩都不平衡。要平衡它们，可用双轴平衡机构。

曲柄图呈中心对称的单列式内燃机，往复惯性力都是平衡的。在曲轴轴线方向呈镜面对称的曲轴，往复惯性力矩也都是平衡的，但这时仍有内力矩，它使曲轴弯曲，导致曲轴箱承受附加应力。

4. 双列式内燃机的平衡

在气缸不平行的内燃机（例如 V 形发动机）中，应该先把同一阶同向旋转的矢量合成，再求正反旋转的合成矢量的矢量和，即

$$\boldsymbol{F}_{\mathrm{I}}=\sum_{k=1}^{i}\boldsymbol{F}_{+\mathrm{I}k}+\sum_{k=1}^{i}\boldsymbol{F}_{-\mathrm{I}k},\quad \boldsymbol{F}_{\mathrm{II}}=\sum_{k=1}^{i}\boldsymbol{F}_{+\mathrm{II}k}+\sum_{k=1}^{i}\boldsymbol{F}_{-\mathrm{II}k} \tag{10-35}$$

如果两个互相反转的旋转矢量大小相等，则合成得出往复变化的合成力；但如这两矢量大小不等，则合成结果除了往复力外还有一个旋转力。

同理，对于惯性力矩有

$$\left.\begin{aligned}\boldsymbol{M}_{\mathrm{I}}&=\sum_{k=1}^{i}\boldsymbol{a}_k\times\boldsymbol{F}_{+\mathrm{I}k}+\sum_{k=1}^{i}\boldsymbol{a}_k\times\boldsymbol{F}_{-\mathrm{I}k}\\ \boldsymbol{M}_{\mathrm{II}}&=\sum_{k=1}^{i}\boldsymbol{a}_k\times\boldsymbol{F}_{+\mathrm{II}k}+\sum_{k=1}^{i}\boldsymbol{a}_k\times\boldsymbol{F}_{-\mathrm{II}k}\end{aligned}\right\} \tag{10-36}$$

作为一个实例，图 10-13 所示为一台气缸夹角为 90°的采用并列连杆的 V 形 2 缸机的往复惯性力及其纵向力矩的平衡性分析。

由图 10-13c 可见，$\boldsymbol{F}_{\mathrm{I}}=\boldsymbol{2F}_{+\mathrm{I}k}$，其值等于 $F_{\mathrm{I}0}=m_{\mathrm{j}}r\omega^2$，是一个随曲轴一起旋转的旋转矢量，相当于曲拐离心力。$\boldsymbol{F}_{\mathrm{II}}$ 是一个在 y 轴方向往复变化的简谐力，$F_{\mathrm{II}\max}=2\,(\sqrt{2}F_{\mathrm{II}k})=\sqrt{2}F_{\mathrm{II}0}$。由图 10-13d 可见，$\boldsymbol{M}_{\mathrm{I}}=2\boldsymbol{M}_{-\mathrm{I}k}bF_{-\mathrm{I}k}$，其值等于 $0.5bF_{\mathrm{I}0}=0.5bm_{\mathrm{j}}r\omega^2$。这个由于左、右缸采用并列连杆造成的轴向错位 b 引起的一阶惯性力矩 $\boldsymbol{M}_{\mathrm{I}}$，是一个与曲轴转向相反的反转旋转力矩。$\boldsymbol{M}_{\mathrm{II}}=\boldsymbol{M}_{+\mathrm{II}}+\boldsymbol{M}_{-\mathrm{II}}$，$M_{\mathrm{II}\max}=2(b/2)\sqrt{2}F_{\mathrm{II}k}=(\sqrt{2}/2)bF_{\mathrm{II}0}=(\sqrt{2}/2)\times b\lambda m_{\mathrm{j}}r\omega^2$，所以 $\boldsymbol{M}_{\mathrm{II}}$ 是一个在 y 轴方向往复变化的简谐力矩。显然，所有上述四种不平衡量中，只有一阶往复惯性力可以简单地用曲轴上的平衡块加以平衡，其他只有借助平衡轴才有可能平衡。但由于轴向错位量 b 不大，纵向不平衡惯性力矩数值很小。

表 10-1 为常用的内燃机类型的往复质量平衡性的比较。直列 4 缸机有较大的不平衡二阶往复惯性力，但因绝对数值不大，在小排量的车用内燃机上仍获得了广泛的应用。在转速特别高或对运转平稳性要求特别高的情况下，可用双轴平衡机构平衡二阶惯性力。水平对置 4 缸机不仅长度较短，高度较小，同时质量平衡性较好。直列 6 缸机是完全平衡的，再加上输出转矩均匀（图 10-7f），所以运转非常平稳，应用最为广泛。气缸夹角 90°的 V 形 8 缸机可以利用曲轴上的平衡块达到完全平衡，因而在大排量的车用发动机中应用很广。由两列 6 缸机组合而成的 V 形 12 缸机也是完全平衡的，在大功率动力装置中广泛应用。

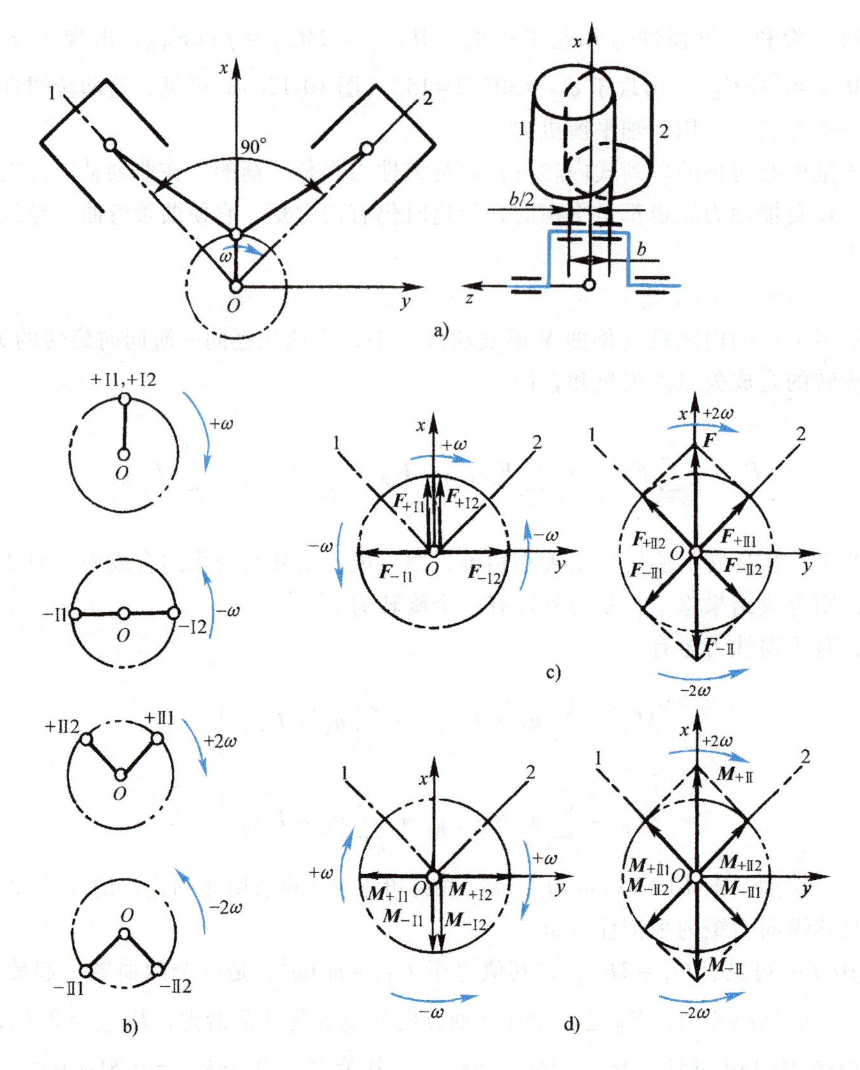

图 10-13 V 形 2 缸机往复惯性力和力矩的平衡分析

a）发动机简图 b）一阶、二阶正反转曲柄图

c）往复惯性力平衡性 d）往复惯性力矩平衡性

表 10-1 常用四冲程内燃机往复质量的平衡性

序号	气缸和曲拐布置	往复惯性力		往复惯性力矩	
		一阶	二阶	一阶	二阶
1		$F_{\mathrm{I}0}$	$F_{\mathrm{II}0}$	—	—
2	a	0	$2F_{\mathrm{II}0}$	$F_{\mathrm{I}0}a$	—

（续）

序号	气缸和曲拐布置	往复惯性力		往复惯性力矩	
		一阶	二阶	一阶	二阶
3	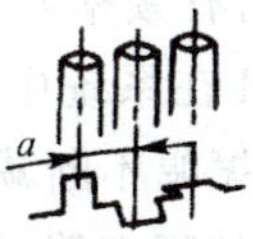	0	0	$\sqrt{3}F_{\mathrm{I}0}a$	$\sqrt{3}F_{\mathrm{II}0}a$
4		0	$4F_{\mathrm{II}0}$	0	—
5		0	0	0	0
6	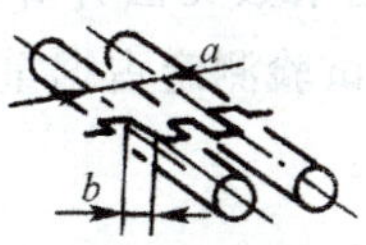	0	0	0	$2F_{\mathrm{II}0}b$
7	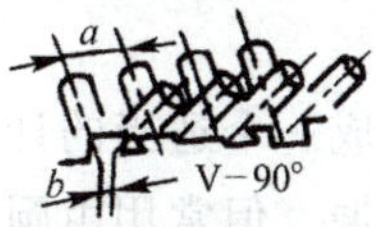	0	0	$\sqrt{10}F_{\mathrm{I}0}a$①	0

① 可以通过曲轴上的平衡块完全平衡。

第四节 曲轴轴系的扭转振动

一、概述

内燃机运转时，在曲轴的每个曲拐上都作用着大小和方向呈复杂周期变化的切向力 $\boldsymbol{F}_t$ 和法向力 $\boldsymbol{F}_n$ [式（10-11）、式（10-12）和图 10-3]，因此曲轴将产生周期性变化的扭转和弯曲变形。如同任何一个具有惯性质量的弹性系统一样，使曲轴各轴段互相扭转的振动，称为扭转振动；同理，曲轴也还有弯曲振动。由于内燃机曲轴均用全支承结构（每曲拐两侧都有主轴承），轴跨度小，弯曲刚度很大，弯曲振动的固有频率很高，一般不会在内燃机工作转速范围内产生共振，因而很少因弯曲振动引起曲轴破坏。扭转振动则不同，特别是在发动机气缸数较多的情况下，曲轴当量展开长度很长，扭转刚度较小，而随曲轴一起运动的零件（包括活塞连杆，特别是飞轮）的惯量又较大，所以曲轴轴系的扭振频率较低，易在工作转速范围内发生强烈共振。如不采取专门措施加以预防或消减，轻则引发较大的噪声，加剧与曲轴相连齿轮系的磨损，重则使曲轴扭断。因此，扭转振动问题，对内燃机曲轴轴系的设计者来说是不可忽视的，对多气缸高转速重负荷内燃机来说尤其如此。

当外转矩停止作用后系统发生由系统本身弹性恢复力矩和惯性力矩交替作用下的自由扭转振动，称为固有扭振或自由扭振。固有扭振的频率（简称固有频率）和振形（系统各元件振幅的相对比值）取决于扭振系统各元件的质量和弹性及其在系统中的分布。由于实际系统中均有各种阻尼，不可能有等幅的固有振动出现，而都是振幅不断减小的阻尼振动。但如在系统中作用着周期变化的转矩，就会产生等幅强迫扭振，其频率等于所作用转矩的变化频率。当强迫扭振频率等于轴系的固有扭振频率时，扭振的振幅以及在轴系各元件中引起的扭转应力均急剧增大，这样的状态称为共振。发生共振时的曲轴转速，称为临界转速。由于内燃机曲轴轴系有多个扭转自由度，因而有相应多个固有频率，同时轴系的激振转矩又是变化规律很复杂的周期性切向力 $\boldsymbol{F}_t$ 造成的，可分解出无限多个激振频率，所以，轴系的临界转速有很多个，但只有引起强烈共振的主临界转速需要考虑。一般不允许在内燃机常用转速范围内发生强烈共振，如果无法避免共振且共振产生了不可接受的后果，则采用扭振减振器。

目前，复杂结构振动分析已发展到很高的水平，曲轴轴系扭振固有振动的计算可以很精确，但强迫振动的计算和共振振幅的确定，由于轴系的阻尼系数无法计算而难以进行。因此，在研究内燃机曲轴轴系的扭振和开发减振器时，扭振的试验测定占据重要的地位。下面主要围绕临界转速的确定和减振器的应用介绍一些基本概念。

二、轴系扭振临界转速

1. 固有扭振频率和振形

为了计算曲轴轴系的固有扭振频率，要把实际系统抽象成一个适当的计算模型。可以把曲轴轴系离散成有限元网格，用矩阵结构分析法确定固有扭振，但常用由圆盘和直轴组成的有限自由度系统作为曲轴轴系扭转振动的计算模型（图 10-14b），这种模型计算方便，且足够精确。这种计算模型在原轴系转动惯量比较集中的地方，例如飞轮、曲拐[㊀]、齿轮轮系等设置具有相应转动惯量的圆盘，各圆盘之间由等直圆轴段相连，它们具有与原轴系相应区段相同的扭转刚度。例如，直列 6 缸机一般可简化为一个 8 自由度的扭振计算模型，8 个圆盘代表 6 个曲拐、1 个齿轮系和 1 个飞轮（图 10-14b）。计算模型与原轴系（图 10-14a）在振动过程中的动能和弹性势能均相等，从而保证了动力学上的等效性。

具有 m 个圆盘或质量的扭振系统具有（$m-1$）个主振形，分别带有 1~（$m-1$）个不振动的点（称为振动节点），对应有 $m-1$ 个固有频率（s^{-1}）或固有振数 $n_{ek'}$（min^{-1}）（$k'=1, 2, \cdots, m-1$）。带有 1 个节点的振形称为一节点主振形或第一主振形（图 10-14c），它对应最低的固有振数 $n_{e\mathrm{I}}$，因此，一节点主振形是决定轴系扭振特性的最重要振形。

2. 激振转矩

引起曲轴系统产生扭振的激振转矩，就是作用在每一曲拐上的单拐转矩 T［式（10-13）］。

㊀ 计算曲拐的转动惯量时，除了曲轴本身各元件的转动惯量外，还应包括该曲拐上连杆大头旋转质量的转动惯量以及活塞组、连杆小头等往复质量的等效转动惯量，后者由于做变速运动，可以按平均动能不变的原则进行换算。

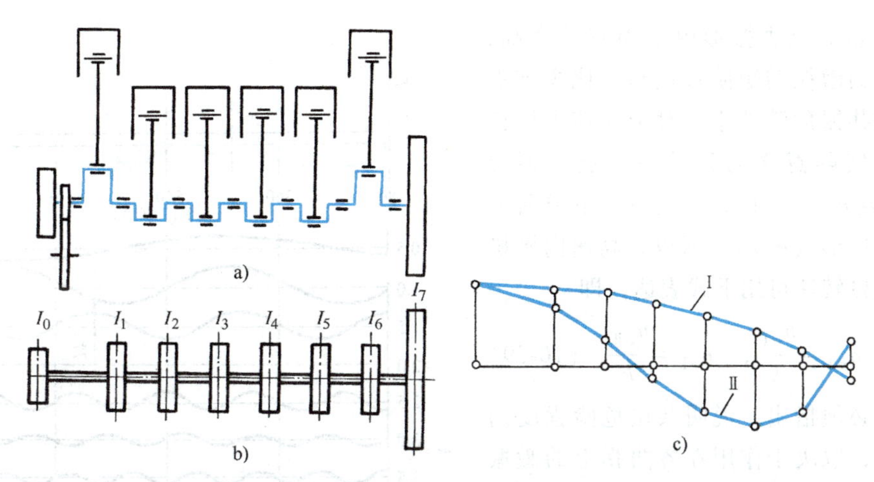

图 10-14 直列 6 缸机曲轴轴系固有扭转振动的计算模型和扭振振形

a）发动机简图 b）8 自由度计算模型 c）曲轴扭振振形

Ⅰ—一节点主振形 Ⅱ—二节点主振形

T 是曲轴转角 φ 的周期函数（对四冲程内燃机，此周期是 4π 或 720°），但具有复杂的变化规律（图 10-7a）。这样的转矩函数可以展开为由频率递增而幅值一般递减的一系列简谐转矩构成的无穷收敛级数（傅里叶级数），即

$$T = T_m + \sum_{k=0.5}^{\infty} T_k = T_m + \sum_{k=0.5}^{\infty} T_k^a \sin(k\omega t + \delta_k) \tag{10-37}$$

式中，T_m 为单拐平均转矩；T_k 为变化周期（以曲轴转角 $\varphi = \omega t$ 计）为 360°的 $1/k$ 的简谐转矩，称为 k 阶激发转矩；T_k^a 为 k 阶转矩幅值；δ_k 为 k 阶转矩初相位；$k = 0.5$，1，1.5，2，2.5…为简谐转矩阶数。

图 10-15 表示一台四冲程高速柴油机的曲轴扭振激发转矩曲线及其各阶简谐转矩曲线。

简谐阶数 k 之所以有带半数的，是因为四冲程发动机转矩曲线的基本周期是 4π，而简谐函数的周期是 2π。对于二冲程发动机来说，不存在带半数的阶数。

就各简谐转矩对扭振的影响而言，幅值 T_k^a 是最重要的。带半数阶的谐量只取决于气压力产生的转矩，而整数阶的谐量还受往复惯性力的影响。不过，惯性力对四阶以上谐量的影响很小，可以忽略不计。

3. 临界转速

曲轴扭振的激振转矩具有无限多个频率，所以对应曲轴系统每个固有扭振频率有无限个激振频率与固有频率相等的内燃机临界转速

$$n_{kk'} = \frac{n_{ek'}}{k} \tag{10-38}$$

式中，$n_{kk'}$ 为由 k 阶激振转矩引起轴系第 k' 主振形共振的临界转速（r/min）；$n_{ek'}$ 为轴系第 k' 主振形的固有振数。

但是所有临界转速中，只有少数几个具有实际意义。首先，只是在内燃机工作转速范围内的临界转速才是需要研究的。其次，因为激振转矩 k 阶谐量的幅值 T_k^a 随阶数 k 的增大而减小（可能开头少数几阶例外，见图 10-15），所以高阶谐量引起的共振是不太危险的。由

此看来，多节点主振形由于固有频率高，引起共振的激振转矩阶数也高，比少节点主振形的共振危险性小。对于高速内燃机来说，有实际意义的只是一节点主振形（固有振数 $n_{e\mathrm{I}}$），只有少数情况下要研究二节点主振形（$n_{e\mathrm{II}}$）。所以，高速内燃机的扭振临界转速可用下式表达，即

$$n_{k\mathrm{I}}=\frac{n_{e\mathrm{I}}}{k},\quad n_{k\mathrm{II}}=\frac{n_{e\mathrm{II}}}{k}\tag{10-39}$$

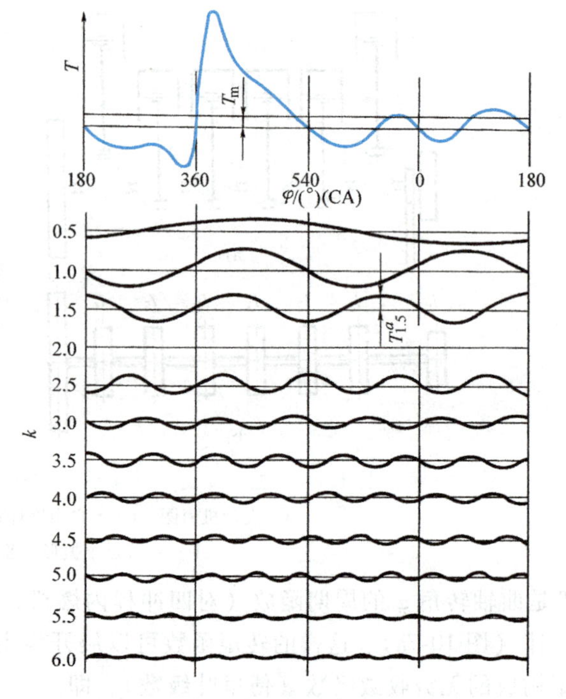

图 10-15　一台四冲程高速柴油机的曲轴扭振激发转矩及其简谐分析结果

最后必须指出，说明共振危险程度的共振振幅，取决于作用在各曲拐上的激振转矩对轴系振动所做之功与振动阻尼所消耗之功之间的平衡。k 阶激振转矩激发扭振所做之功 $W_T=\sum_1^i\int T_k\mathrm{d}\varphi_i$（$i$ 为气缸数）的大小与 T_k、φ_i 之间的相位差有很大关系，即

$$W_{Ti}=\int_0^{2\pi}T_k\mathrm{d}\varphi_i=\int_0^{2\pi}T_k^a\sin(\omega_e t+\delta_k)\mathrm{d}[\Phi_i\sin(\omega_e t+\varepsilon_i)]$$

$$=T_k^a\Phi_i\int_0^{2\pi}\sin(\varphi+\delta_k)\cos(\varphi+\varepsilon_i)\mathrm{d}\varphi$$

式中，ω_e 为共振圆频率，即固有振动圆频率（rad/s）；Φ_i 为第 i 曲拐扭振振幅（rad）。

如果相位差 $\delta_k-\varepsilon_i=\pi/2$，则激发功的平均值 $W_{Ti}=\pi T_k^a\Phi_i$ 达最大值；如果 $\delta_k-\varepsilon_i=0$，则 $W_{Ti}=0$。

对多缸内燃机，例如直列 6 缸机（图 10-14a），各曲拐扭振角位移 φ_i 之间或是同相（图 10-14c 所示的一节点主振形 Ⅰ），或是反相（二节点主振形 Ⅱ，1、2、3 拐与 4、5、6 拐反相）。各曲拐上作用着的 k 阶激振转矩之间的相位差，取决于发火间隔角 θ_i 和阶数 k。实际上，如作用在第一曲拐上的 k 阶激振转矩为

$$T_{k1}=T_k^a\sin(k\varphi+\delta_{k1})$$

那么作用在第 i 曲拐上的同阶激振转矩为

$$T_{ki}=T_k^a\sin[k(\varphi-\theta_i)+\delta_{k1}]=T_k^a\sin[k\varphi+(\delta_{k1}-k\theta_i)]$$

式中，θ_i 为第一曲拐的气缸与第 i 曲拐的气缸内工作过程的相位差，即发火间隔角。

如果把 T_{ki} 改写成

$$T_{ki}=T_k^a\sin(k\varphi+\delta_{ki})$$

则显然有

$$\delta_{k1}-\delta_{ki}=k\theta_i$$

也就是说，作用在各曲拐上的 k 阶激振转矩谐量的相位差为 $k\theta_i$，因此可用曲柄相位图（图 10-16a）直观表示。如果 $k\theta_i=z\times360°$（z 为正整数），即相位差是 360°的整倍数，则在所有曲拐上将同时作用着激振转矩的幅值，且是同相的（图 10-16b）；当 $k\theta_i=z\times180°$时也是如此，不过是反相的（图 10-16c）；在其他情况下是乱相的。同相的激振转矩谐量对同相的主

振形有可能产生最大的激振功，所以是最危险的共振。反相的谐量产生次危险的共振，而乱相的谐量不会产生有力的共振。

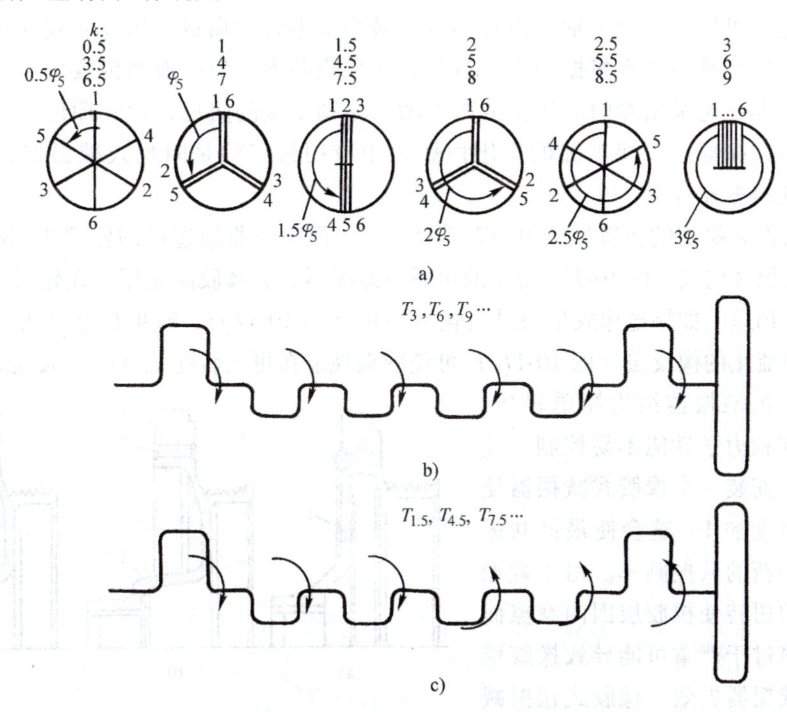

图 10-16 直列 6 缸内燃机曲轴各拐上各阶激振转矩的相位差以及主激振转矩谐量

a）各阶激振转矩曲柄相位图 b）、c）主激振转矩谐量

例如，对发火次序 1-5-3-6-2-4 的四冲程 6 缸机来说，发火间隔 $\theta_2=480°$，$\theta_3=240°$，$\theta_4=600°$，$\theta_5=120°$，$\theta_6=360°$。当 $k=3$，6，9 等 3 的整倍数时，$k\theta_i$ 为 360°的整倍数；当 $k=1.5$，4.5，7.5 等3 的半整倍数时，$k\theta_i$ 为 180°的整倍数。从图 10-14 和图 10-16 中可以看出，对于各曲拐扭振角位移同相的振形Ⅰ来说，3、6、9 等阶转矩谐量是最危险的，1.5、4.5、7.5 等阶谐量是次危险的；而对于 1、2、3 拐角位移与 4、5、6 拐角位移反相的振形Ⅱ来说，1.5、4.5、7.5 等阶与 3、6、9 等阶是同样危险的。

虽然不同扭振系统的具体振形各不相同，但一般可以断定：由内燃机每一转发火数的整倍数阶激振谐量引起的共振是最危险的，这种共振称为主共振，对应的谐量称为主谐量；而上述阶数的半数阶谐量为次谐量，引起次共振。对应的临界转速称为主临界转速 n_z 和次临界转速 n_z'，即

$$n_z=\frac{n_e}{z\dfrac{2i}{\tau}},\quad n_z'=\frac{n_e}{(z-0.5)\dfrac{2i}{\tau}},\quad z=1,2,3\cdots \tag{10-40}$$

式中，n_e 为轴系固有振数（一般对应一节点的第一主振形）(min^{-1})；n_z 为发动机曲轴扭振主临界转速（r/min）；n_z'为扭振次临界转速（r/min）；i 为气缸数；τ 为冲程数（四冲程机 $\tau=4$，二冲程机 $\tau=2$）。

三、扭振减振器

如果在内燃机工作转速范围（$n_{min}\sim1.1n_{max}$）内出现主、次临界转速，则一般需用扭振

仪测量曲轴共振振幅。如果共振振幅超过允许值（曲轴扭振附加应力过大或者轴系附加噪声过大），则要采取措施消减扭振。

虽然理论上可以采取增大轴系扭转刚度、减小轴系转动惯量、用双列式气缸布置代替单列式等办法，提高轴系固有扭振频率，避开某些危险共振，但一般来说收效不会很大。工程上比较方便的办法是采用专门的扭振减振器增大振动系统的阻尼，使它即使在主共振工况下也不致产生过大振幅。在变工况的车用内燃机中应用最广的是阻尼式减振器，如橡胶减振器、液压黏性减振器等。

橡胶式扭振减振器的构造如图 10-17 所示，它们都由与曲轴连接的轮毂 1、减振体 3 和两者之间的橡胶层 2 构成。图 10-17a 所示的单质量减振器，其橡胶层是压紧在轮毂与减振体之间的，减振性能稍差。如果把橡胶层通过硫化法粘接（图 10-17b），减振性能就可改善。采用双质量减振体和硫化的橡胶层（图 10-17c）可使减振性能在更大转速范围内大大提高。

橡胶式扭振减振器结构简单轻巧，但橡胶的物理和力学性能不易控制。此外，在曲轴上安装一个橡胶式减振器使轴系扭振自由度加 1。这会使最低共振频率劈成两个新的共振频率。由于减振体相对轮毂的扭转使橡胶层因内摩擦而发热，而发热过于严重可能导致橡胶层损坏，造成减振器失效。橡胶式扭振减振器广泛应用于小轿车和轻型车发动机，它们对减振要求不太高。橡胶减振器通过改变减振体的转动惯量或橡胶层的刚度与发动机匹配。

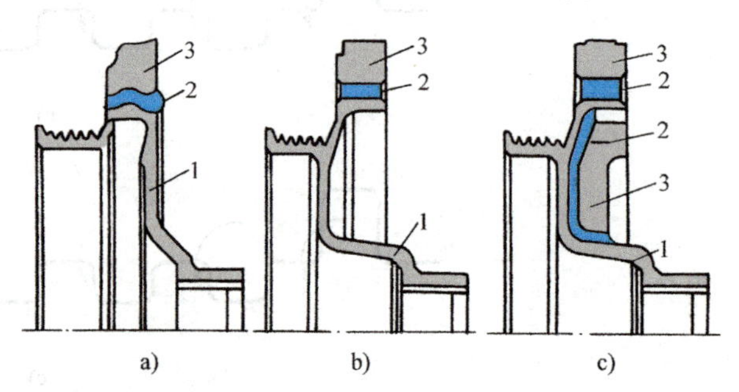

图 10-17　橡胶式扭振减振器的构造

a）单质量压紧橡胶式　b）单质量硫化橡胶式

c）双质量硫化橡胶式

1—轮毂　2—橡胶层　3—减振体

液压黏性扭振减振器中，通过油液的剪切应力把初级质量（减振器壳体）与次级质量（减振器环）耦合。壳体与曲轴相连，两者一起振动，而减振环可以自由转动，壳体与减振环之间的相对运动引起油液的剪切，使振动能量转化为热量。间隙因素（包括轴向和径向间隙的形状和尺寸）是影响性能的主要因素。常通过改变间隙来实现与发动机的匹配。图 10-18 所示为液压阻尼式扭振减振器的构造，这里减振器中的阻尼油就是发动机的润滑油，通过曲轴中的油孔供给。

在多缸发动机中，扭振减振器安装在曲轴的自由端，因为那里扭振振幅最大（图 10-14c 中Ⅰ），使阻尼式减振器能发挥最大的振动阻尼作用。

图 10-19 表示一台直列 6 缸重型货车柴油机在不装和装扭振减振器时，曲轴自由端的扭振减振幅随发动机转速的变化及其 FFT 变换结果。不装减振器时（图 10-19a），最大扭振振幅达±1.3°左右。在 2400r/min 左右出现 6 阶转矩谐量的强烈共振峰，从而需要应用扭振减振器加以消减。装了减振器后（图 10-19b、c），最大振幅下降一半以上，只有±0.6°左右，而且不存在明显的共振峰。从图 10-19b、c 的对比还可看出，黏性减振器的阻尼效果优于橡胶减振器，而且在整个转速范围内效果很稳定，不出现任何新的共振峰。

随着对发动机扭振研究的逐步深入和发动机测试技术及计算方法的改进，目前已开发有扭振计算的商用软件。借助于发动机扭振仿真平台上相应的测试结果，能够准确获得临界转

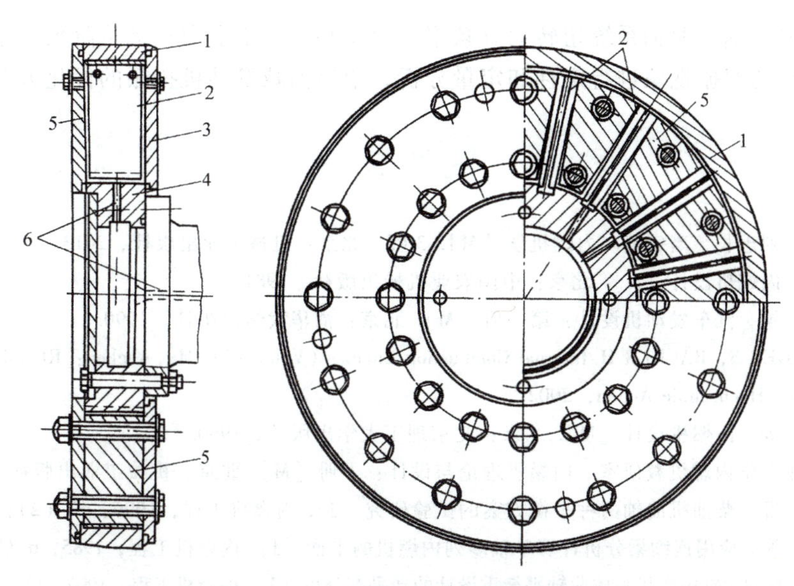

图 10-18　液压阻尼式扭振减振器

1—压紧环　2—片簧组　3—侧板　4—轮毂　5—中间体　6—供油孔

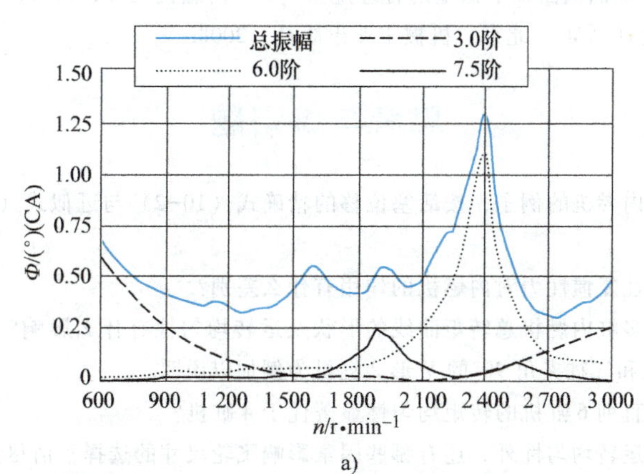

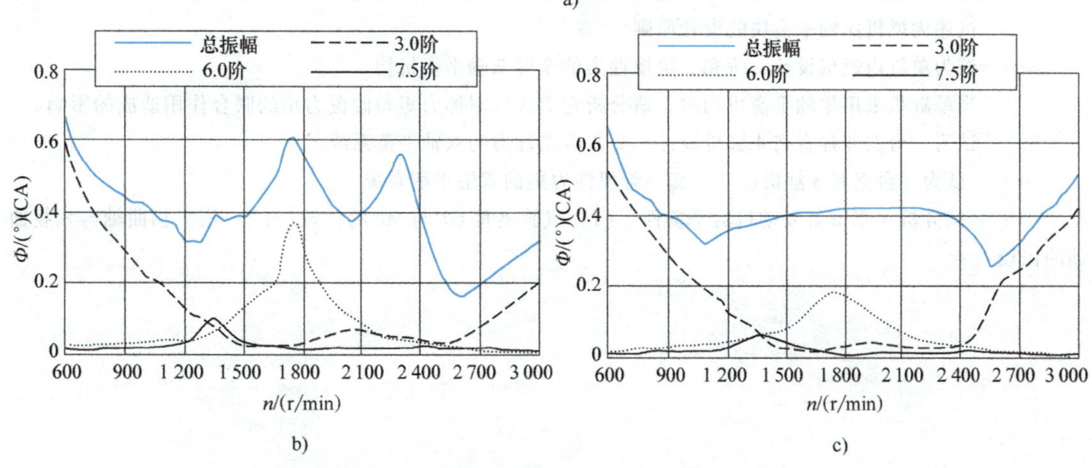

图 10-19　直列 6 缸重型车用柴油机曲轴自由端扭振振幅随发动机转速的变化及其 FFT 变换结果

a）不装减振器　b）装橡胶式减振器　c）装液压黏性减振器

速、扭振共振振幅、曲轴系统扭转固有频率、引发共振的激发力矩谐量阶数等重要数据。从而可对发动机的扭振现象进行定性和定量分析，给出消减发动机扭振的优化方案。

参考文献

[1] 周龙保，刘忠长，高宗英．内燃机学［M］．3版．北京：机械工业出版社，2013.

[2] 杨连生．内燃机设计［M］．北京：中国农业机械出版社，1981.

[3] 陆际清，等．汽车发动机设计：第一册［M］．北京：清华大学出版社，1990.

[4] PISCHINGER S，BÄCKER H. Internal Combustion Engines (Volume Ⅰ)［M］. Aachen：Rheinisch-Westfälische Technische Hochschule Achen，2002.

[5] 吴兆汉，等．内燃机设计［M］．北京：北京理工大学出版社，1990.

[6] 吉林工业大学内燃机教研室．内燃机理论与设计：下册［M］．北京：机械工业出版社，1977.

[7] 宋天相，等．柴油机曲轴两种平衡方案的试验研究［J］．内燃机工程，1996，17（2）：1-5.

[8] 王明武，等．应用连续梁分析计算单轴多列内燃机的平衡［J］．内燃机工程，1985，6（2）：66-74.

[9] 杨海青．直列六缸内燃机整体曲轴平衡重设计的动平衡分析［J］．内燃机工程，1996，17（4）：47-51.

[10] 李人宪．多缸柴油机曲轴平衡重的合理配置［J］．内燃机工程，1996，17（2）：28-33，38.

[11] 李人宪．再论多缸柴油机曲轴平衡重的合理配置［J］．内燃机工程，1997，18（2）：19-24.

[12] 袁兆成．内燃机设计［M］．北京：机械工业出版社，2008.

思考与练习题

10-1 试用一个实际内燃机的例子，按活塞位移的精确式（10-2）与近似式（10-3）进行计算，考察两者的差别。

10-2 缸内气压力与往复惯性力对内燃机的作用有什么差别？

10-3 发火均匀性对多缸内燃机总转矩曲线的形状及运转均匀性有什么影响？试以均匀发火和不均匀发火的四冲程直列2缸机和气缸夹角90°的V形2缸机为例加以说明。

10-4 为什么四冲程直列6缸机的转矩均匀性显著优于4缸机？

10-5 除了内燃机的运转均匀性外，还有哪些因素影响飞轮尺寸的选择？请尽量列举。

10-6 试述内燃机曲轴平衡块的设计原则。

10-7 试为单缸内燃机设计一阶和二阶惯性力的全套双轴平衡机构。

10-8 当单缸机采用单轴平衡机构时，请分析它造成的附加力矩与倾覆力矩的联合作用造成的影响。

10-9 试为一台四冲程直列4缸机设计一套二阶惯性力的双轴平衡系统。

10-10 试为一台直列3缸机设计一套一阶惯性力矩的双轴平衡系统。

10-11 试分析V形6缸发动机的平衡性：（1）气缸夹角60°与90°的比较；（2）用三拐曲轴与六拐曲轴的比较。

第十一章 内燃机的概念设计

第一节　内燃机的设计要求

内燃机的应用非常广泛，其中车用动力是内燃机的最大用户，其次是各种各样的工程机械、农业机械和小型移动式机具的应用。船舶和机车用以及固定发电用的内燃机虽然单机功率很大，但数量较少。不同用途的内燃机要满足不同用途的要求，但很多要求是共性的。下面将以车用内燃机为主论述其设计要求，同时对其他内燃机的不同要求做适当补充。

一、动力性能要求

内燃机功率、转速、使用转速范围、最大转矩及转矩特性应满足汽车或其他工作机械动力性的要求。对载货汽车发动机来说，功率要求取决于汽车总质量。汽车总质量越大，吨功率越小。总质量在5t以上的中、重型载货汽车，吨功率一般为5~15kW/t；总质量在5t以下的轻型货车，吨功率可达15~50kW/t。这是因为轻型货车主要用于市内，要求加速性好，并尽量少换档，而重型车多用作长途运输，工况较稳定。轿车发动机的功率主要取决于自身质量以及最高车速和加速性，其吨功率高达50~100kW/t，此外应有优异的瞬态响应性。

二、环境性能要求

对内燃机来说，环境性能指有害污染物的排放和运转噪声等。车用内燃机由于量大面广，集中在人口稠密的城市使用，随着环境法规要求越来越严格，面临着越来越尖锐的技术挑战。其他用途的内燃机，也有类似的要求。

三、燃料经济性要求

内燃机生命周期内所消耗燃料的价值，约比内燃机本身价值高两个数量级，因此减少内燃机的燃料消耗极为重要。燃料经济性的评价指标为燃料消耗率 b_e，常用的有额定功率燃料消耗率 b_{en}、外特性最低燃料消耗率 b_{enmin} 和万有特性最低或全工况最低燃料消耗率 b_{emin}。对于发电等固定动力以及工程、农业用动力来说，内燃机的 b_{en}、b_{enmin} 以及接近全负荷的燃料消耗率比较重要。对于车用内燃机来说，b_{emin} 以及负荷、转速更低工况下的燃料消耗率更加重要。为使汽车单位行驶里程油耗最低，不仅要求发动机 b_{emin} 值低，还要求低油耗的工况范围大，其特性与汽车的要求匹配良好。所以，车用内燃机要特别注意部分负荷下和低转速下的燃料经济性，以及在瞬态工况下的经济性。使用功率较大的发动机可以使汽车有较好的加速性和较高的最高车速，但在大部分使用工况下，发动机的负荷率较低，加上大功率发动机自身质量较大，使汽车的实际使用油耗高于配用小功率或小型化发动机的汽车。

此外，发动机的燃料消耗越大，排放的 CO_2 就越多。为了减少温室气体 CO_2 的排放，包括中国在内的许多国家现已开始用法规来规范汽车的燃料经济性。

四、工作可靠性和使用耐久性要求

内燃机应有尽可能高的工作可靠性和足够的使用耐久性。可靠性是指在规定的使用条件下能持续正常工作的能力，它是以保证期内的停机和不停机故障数、更换主要和非主要零件数作为考核指标的。一般要求在保证期内主要零件不损坏，不发生影响主要附件功能的事故。

内燃机的耐久性或使用寿命，是指到首次大修或完全报废为止累计运转小时数。通常用大修期表征内燃机的耐久性。目前，车用内燃机的大修里程一般为 20 万～50 万 km，中、小型高速柴油机的大修寿命为 5000～10000h。

五、结构紧凑性要求

车用内燃机尤其是轿车发动机，结构紧凑、自身质量小十分重要。发动机高度决定轿车发动机罩的高度，因而影响车身外形的流线性和驾驶员的视野。发动机的长度影响汽车的有效长度利用率。当发动机在汽车前部横置时，其长度还受轮距的限制。

内燃机本身的质量，关系到原材料的消耗，对制造成本影响很大。减小发动机、汽车底盘和车身质量能增大汽车的有效负荷，改善整车的动力性和经济性。同时，轻巧的动力装置为优化汽车轴间负荷分配提供了方便，有利于汽车的通过性和操纵性。

六、制造工艺性要求

内燃机要求好的制造工艺性，制造成本低。中小功率内燃机由于用途广泛，多为大量生产。在大量生产的条件下，同种零件数的增加，除了材料成本外，其他费用增加不多。因此，必须努力追求内燃机产品的系列化和零部件的通用化。

内燃机的系列化，是指以某个主要用途的内燃机为基础，通过改变部分结构参数或零部件构造，例如增减气缸数，改变气缸排列形式，自然吸气改增压或改变增压比或改为增压中冷型等，扩大功率范围和应用领域，以多种使用特性满足不同用途的需要。这些同系列的内燃机有许多主要零部件（特别是活塞组、气门、轴瓦等易损件）可以通用，主要工艺装备也可以通用，因此就能扩大零件的生产批量，采用高效率的工艺或专业化协作生产来降低制造成本。

七、使用性能要求

由于中小功率内燃机被广泛使用，使用者的技术水平高低相差悬殊，使用方便性显得非常重要。例如，车用内燃机应有良好的起动性能，轿车发动机还要求瞬态响应快速、运转平顺等。需要在车上进行保养的机件（如各种滤清器、调整件、机油尺、加机油口、加水口、放水开关等）都应布置在易于接近的地方。对于电控内燃机，应有车载诊断系统帮助使用者找到故障的原因和排除方法。

必须注意，上述各项要求往往互相矛盾，应鉴别哪些要求是基本的，是必须得到最大限度满足的，再分析其他要求的满足程度，求得优化的折中方案。

第二节 内燃机类型的选择

内燃机可按所使用燃料、完成工作循环的冲程数、冷却方式、气缸布置、进气状态等分为很多类型。下面对不同类型内燃机的特点进行简要的对比分析，作为新产品方案设计阶段选型的依据。

一、使用燃料的选择

与柴油机相比，汽油机有下列主要优点：

1）由于汽油挥发性好，易形成均匀的可燃混合气，燃烧快速而完全，所以空气利用率高，转速可以很高，可以获得高的升功率。

2）汽油机的压缩比和最高燃烧压力 p_{max} 低，结构轻巧，比质量小（一般只有同功率柴油机的一半左右）。

3）制造成本较低（大概只有同功率柴油机的一半左右）。

4）燃烧柔和，振动和噪声较小。

5）汽油机的排气后处理技术三效催化转化器已十分成熟，汽油机的排气污染较易控制。汽油机的颗粒物排放远小于柴油机。

6）冷起动性能好。

汽油机的主要缺点：

1）由于压缩比受爆燃限制，热效率较低。汽油机在部分负荷时需对进气进行节流，这对于经常在小负荷运转的轿车发动机来说，汽油机使用油耗要比柴油机高20%~30%，导致较高的温室气体 CO_2 排放。

2）由于气缸直径受爆燃限制，采用增压又较困难，导致单机功率较小。

3）由于汽油挥发性好，汽油机的火灾隐患较柴油机严重。

柴油机的优缺点已从上述比较中可以看出，不再另列。

鉴于汽油机和柴油机各自的优缺点，考虑石油产品汽油和柴油的生产和使用平衡，通常轻型移动机具、摩托车、摩托艇、小轿车用汽油机作为动力是合理的。轻型货车和客车经常用与轿车发动机类似的发动机，所以也大多用汽油机作为动力。重型货车、大型客车则应用柴油机。农用运输车、工程机械、农业机械、铁路内燃机车、内燃电站、除摩托艇外的内燃机船舶等都用柴油机驱动。

目前，全球石油资源的有限性已日益显露，替代燃料在内燃机上的应用获得了足够的重视。有些非石油基燃料的应用，还有降低排放的可能，但具体应用的可行性和效益还需要客观的评价（见本书第四章）。

二、冲程数的选择

在量大面广的中小功率高速内燃机中，占优势的是四冲程内燃机，因为它与二冲程内燃机相比燃料经济性好，功率强化潜力大。二冲程内燃机的燃料和润滑油消耗较大，HC 排放严重，怠速和小负荷工况运转不够稳定，活塞组和气缸热负荷较大，气缸上的气口影响工作可靠性和耐久性。二冲程机若用扫气泵，将导致结构复杂，噪声较大；若用回流扫气，则很难保证良好的扫气效率。但是，二冲程机在同样转速下的做功频率比四冲程机高，摩擦损失又小，升功率可高出 50%~70%，而且输出转矩变化较平顺。用曲轴箱作为扫气泵通过气缸上的气口进行回流扫气的二冲程汽油机是结构最为简单的内燃机，因此在摩托车、摩托艇、喷雾机、割草机、锯木机等小型移动式装置上被广泛应用，但近年来为降低燃油和润滑油消耗，尤其为减少 HC 排放，小型二冲程汽油机有逐渐被四冲程机淘汰的趋势。

三、冷却方式的选择

液体冷却式内燃机冷却有效、均匀、稳定、强化潜力比空气冷却（简称风冷）式内燃机大，因此绝大多数内燃机都是液冷式的。在条件相同时，主要由于充量系数的差别，液冷机的功率比风冷机高 5%~10%。风冷机气缸盖局部高热负荷区不易得到充分的冷却，影响了可靠性和耐久性。对汽油机来说，过热易引发爆燃，限制了压缩比的提高。所以，汽油机与风冷的相容性不如柴油机。大缸径或增压内燃机热负荷大，更不宜采用风冷。

风冷内燃机的运转噪声较大也是一个严重的缺点。其原因是单体气缸结构刚性较差，活塞与气缸间配合间隙变化较大，气缸与气缸盖上的散热片等会助长振动，而较强的结构振动导致较强的声辐射，又没有吸收噪声的水套。风冷机冷却风扇的圆周速度高，引起很强的空气动力噪声。导风罩又会产生附加的振动和噪声。但是，风冷发动机的优点是不用冷却液，冷却系统构造简单，使用中不存在泄漏、积垢、沸腾、结冰等问题，对严酷的使用条件适应性好，使用方便。然而，随着无毒、不可燃的高沸点、低凝点的防冻冷却液的普遍推广，过去水冷内燃机的缺点，包括对环境温度适应性差在内，在很大程度上已被克服，使风冷的竞争力进一步被削弱。

目前，风冷主要用于小功率机型，如摩托车、移动式小型机具以及军用等特种装备。摩托车用二冲程汽油机，如果采用行驶风冷却，除气缸和气缸盖上的散热片外，无需任何冷却设施，结构非常简单，因此获得广泛应用。

近年来提出了一种“少冷却”或“低散热”的内燃机设计理念，其目的是通过减少散热损失和冷却功耗，提高排气热的回收率来提高内燃机的燃料经济性和功率密度。一种方案是在气缸上端设计高度只略大于活塞环带高度的冷却腔，气缸盖中在排气门座与喷油器座之间的最热地区设冷却通道，用机油循环冷却。同时向活塞和气缸壁大量喷机油，进行内冷却。由于取消了单独的冷却系统（只需要一个较大的机油泵和机油散热器），从而减小了传热损失。除了用机油冷却外，也可以用柴油作为冷却介质。但油冷内燃机的实用化尚需大量研究开发工作。

四、气缸数和气缸布置的选择

内燃机的气缸数和气缸布置方式，对其结构紧凑性、外形尺寸比例、平衡性（表 10-1）、单机功率、制造和使用成本等都有很大影响。在平均有效压力 p_{me} 和活塞平均速度 v_m 不变的前提下，气缸数越多（气缸尺寸越小），升功率就越高。也就是说，多缸内燃机比较紧凑轻巧。同时，多缸机平衡性好，输出转矩均匀，飞轮尺寸较小，运转平顺，起动容易，瞬态响应快速。目前，除了摩托车类型的小排量汽油机和小功率农用柴油机采用单缸机外，绝大多数内燃机都用多缸结构。小轿车和轻型车除最小排量的车型用 2 缸或 3 缸外，绝大多数用 4 缸机，少数高级轿车用 6 缸机，极少数豪华轿车用 8 缸机。重型汽车则绝大多数为 6 缸柴油机，少数超重型汽车用 8 缸或 12 缸机。工程机械和农业机械用柴油机常用 1~4 缸结构，大功率者用 6 缸结构。内燃机车或舰艇等大功率高速柴油机多为 12 缸或 16 缸机。总而言之，在内燃机大家庭中，除了数量众多但总功率不大的单缸机外，4 缸机和 6 缸机占绝大多数，因为它们具有明显的综合优势。

至于气缸布置，不超过 6 缸的内燃机绝大多数是单列的（表 10-1 序号 1~5），其各气缸轴线所在平面与地面垂直居多，称为直列式内燃机，或者为降低机器总高度而倾斜某一角度，称为斜置式内燃机，多用于高度限制较大的小轿车。少数单列式内燃机，其气缸轴线平面呈水平，或接近水平，称为卧式内燃机。这时机器总高度大大减小，可以布置在汽车底盘中部车厢底板下面，有利于改善汽车面积的利用率、操纵性（车轴负荷分布比较合理）和机动性（前轮活动性好，转弯半径小），适用于大型客车，但它的保养和检修比较困难。

虽然重型车用 6 缸柴油机基本上都是直列式的（表 10-1 序号 5），具有最好的平衡性和转矩均匀性，但高级小轿车用的 6 缸汽油机却多是 V 形的。V 形 6 缸内燃机长度短，特别适于在轿车机罩内横置，与整车匹配十分紧凑，但其平衡性不如直列 6 缸机。V 形 8 缸内燃机在气缸夹角为 90°时，不仅结构紧凑，单位功率质量小，而且机体刚度好，曲轴扭振固有频率较高，具有接近理想的平衡特性（表 10-1 序号 7），但它只用于豪华型轿车。重型车用柴油机，通过加大单缸工作容积，加上高增压加中冷，直列 6 缸结构一般都已足够，很少用 V8 柴油机。V12 以上柴油机一般都是大功率高速柴油机，用于要求结构紧凑的大功率装置。

对置气缸式（双列卧式）内燃机（表 10-1 序号 6）虽具有长度短、高度低的优点，但因宽度过大、结构刚度差而很少应用。

五、进气状态的选择

柴油机增压是提高 p_{me} 的最有效手段。涡轮增压结构简单，不仅可提高功率，而且由于利用了部分排气能量，提高了机械效率，燃油消耗也有一定改善，因而几乎成了唯一实用的增压方式。增压现已成为降低柴油机排放的重要技术措施，所以现代车用柴油机几乎都是涡轮增压型的。与自然吸气式柴油机相比，增压机的机械负荷和热负荷较高，但在现代技术背

景下，可靠性与耐久性问题可设法解决。优化设计和优质材料已使 $p_{me}=1.5\text{MPa}$、$p_{max}=20\text{MPa}$ 的柴油机能可靠运转。空-空中冷器的应用，有效冷却的活塞组设计，再加上较大的空燃比，使热负荷问题得以较好解决。

过去，内燃机车、船舶、发电机等大功率柴油机都是增压的，汽车用增压柴油机较少。主要原因是涡轮增压器在突然加速时响应有滞后，加速冒烟严重，突然停车易导致涡轮过热，阻碍了它的广泛应用。目前，小型涡轮增压器的技术有了很大进步，其效率提高，转子惯量减小，响应更快，而且制造成本下降。因此，目前车用柴油机的增压已越来越普遍，连功率小于 25kW 的车用柴油机也出现增压机型。增压机型成为基本型，自然吸气反而成为变型了。提高增压度，采用中冷，加大空燃比，降低转速，可实现高强化、低排放、低噪声的理想。

汽油机过去很少采用增压，主要原因有三：一是增大爆燃倾向，不得不降低压缩比或使用抗爆性更好的汽油；二是机件热负荷严重，尤其是增压器中的涡轮；三是增压器与化油器匹配比较困难。近年来，汽油喷射系统已基本淘汰化油器（指汽车领域），上述第三个问题不复存在。利用爆燃传感器闭环控制技术使第一个问题得以缓解。汽油机和涡轮增压器技术的进步使第二个问题逐步解决，例如陶瓷涡轮和钠冷耐热合金排气门等的耐热性已经大为提高。现在，高级轿车的汽油机已有相当比例采用涡轮增压，今后会越来越多。

第三节 内燃机基本参数的选择

内燃机的基本参数，如平均有效压力 p_{me}、活塞平均速度 v_m、转速 n、气缸直径 D 和活塞行程 S、气缸数 i 等，反映了内燃机的工作性能和品质。针对设计任务的要求，只有正确选择这些参数，才能保证所设计的新产品有生命力。

在各种边界条件限制下（如油耗、排放、寿命等），保证所要求的功率或尽可能提高功率输出，是内燃机产品开发的基本任务。内燃机功率与 p_{me}、V_s、n 或 p_{me}、v_m、D^2 成正比，即

$$P_e \propto i p_{me} V_s n \propto i p_{me} v_m D^2 \tag{11-1}$$

下面围绕 p_{me} 和 v_m 以及相关参数的选择进行讨论。

一、平均有效压力 p_{me}

p_{me} 是标志内燃机热力循环进行的有效性、结构合理性和制造完善性的综合指标。p_{me} 与内燃机的重要动力性指标转矩成正比。p_{me} 值的不断提高，是内燃机技术发展的重要标志。p_{me} 与多种参数有关，即

$$p_{me} \propto \frac{\phi_c}{\phi_a}\eta_{it}\eta_m\frac{p_s}{T_s} \tag{11-2}$$

由此可见，内燃机的 p_{me} 与缸内热力循环类型、混合气形成方法、燃烧和换气过程的品质、进气状态以及机械效率等有关。

提高 p_{me} 的技术措施详见第二章，它决定了内燃机缸内工作过程的强化程度，反映内燃机的技术水平，设计新产品时要慎重选择。选择较大的 p_{me} 值必须获得更加完善的结构、材料、工艺的支持。实际开发新产品时，应根据同类型机型的统计数据，考虑最近的技术进步和今后的改进潜力选择，在样机制成后再通过试验和调整确定。

目前，现代车用汽油机在额定功率点的最大平均有效压力 $p_{me}=0.9\sim1.3$MPa，增压机型可达 1.2~1.5MPa。自然吸气的车用柴油机 $p_{me}=0.7\sim1.0$MPa，增压机型为 0.9~1.5MPa，个别强化的机型可达 2.0MPa。

二、活塞平均速度 v_m

v_m 是表征活塞式内燃机工作强度的重要参数。内燃机一般按 v_m 高低分为高速、中速与低速三类[⊖]。习惯上指 $v_m>9$m/s 的为高速内燃机，$v_m=6\sim9$m/s 的为中速内燃机，$v_m<6$m/s 的为低速内燃机。v_m 对内燃机的性能、工作可靠性和使用寿命的影响分析如下。

1. v_m 对性能的影响

由式（11-1）可知，当其他参数不变时，v_m 与内燃机功率 P_e 成正比。但是当内燃机结构不变时，进排气阻力与 v_m^2 成正比，在内燃机摩擦损失中占最大份额的活塞组的摩擦损失平均压力 p_{mm} 与 v_m 成正比。因此，v_m 的提高导致 p_{me} 下降。

2. v_m 对机械应力的影响

内燃机曲柄连杆机构由惯性力引起的机械应力近似与 v_m^2 成正比。因为旋转惯性力 $F_r=m_r r\omega^2$ 和最大往复惯性力 $F_{jmax}=m_j r\omega^2(1+\lambda)$ 均与 D^3Sn^2 成正比，而受力面积与 D^2 成正比，所以应力与 D^3Sn^2/D^2 即 DSn^2 成正比，后者与 $v_m^2/(S/D)$ 成正比。$v_m^2/(S/D)$ 称为惯性负荷系数。对于行程缸径比 S/D 相同的内燃机来说，应力与 v_m^2 成正比。

3. v_m 对热负荷的影响

内燃机气缸内单位时间所发散的热量与功率 P_e 成正比，因而与 D^2v_m 成正比。所以，气缸的热负荷，即单位时间、单位面积发散的热量与 v_m 成正比。

4. v_m 对磨损和寿命的影响

内燃机气缸活塞组的由气压力引起的磨损速率（指单位时间磨损体积）可认为与摩擦功率成正比，后者与气体作用力与 v_m 的乘积成正比，因而与 D^2v_m 成正比。由惯性力引起的磨损速率则与 $D^2v_m^3$ 成正比。综合起来，单位时间、单位面积的线性磨损量可认为与 v_m^a（$a=1\sim3$）成正比，而与此成反比的使用寿命则与 v_m^{-a}（$a=1\sim3$）成正比。也就是说，随着 v_m 的提高，内燃机的寿命可能急剧下降。

总之，选择新开发的内燃机的 v_m 必须极其慎重，要以工作可靠耐久的现有产品的数据为依据。通过提高 v_m 来强化内燃机时，必须对结构做相应的改进，主要有增大气门的有效流通面积，减小进排气系统的流动阻力；开发更可靠而且结构更轻巧、摩擦损失更小的活塞组；要改进曲轴、缸套等零部件材料的强度和耐磨品质，规定更高的加工精度，采取耐磨、耐腐蚀的表面处理等。

在内燃机一百多年的发展史中，v_m 虽逐年提高，但总的来说提高幅度很有限，说明提

⊖ 也有按转速分类的：$n<300$r/min 为低速内燃机，$n=300\sim1000$r/min 为中速内燃机，$n>1000$r/min 为高速内燃机。

高 v_m 这一参数有很多技术困难。目前，自然吸气高速车用汽油机的 v_m 最大可达 18m/s，而增压汽油机则限于 15m/s。轻型自然吸气柴油机 v_m 的上限为 14m/s，而重型大功率高速增压柴油机的 v_m 一般限制在 12m/s 以下。

三、气缸直径 D 和气缸数 i

D 是活塞式内燃机最重要的尺寸参数。由式（11-1）可知，内燃机的功率 P_e 是与 D^2 成正比的。不难证明，在 p_{me}、v_m 等参数不变的条件下，D 的大小不影响机械应力、变形和热负荷。但内燃机单位功率的质量（比质量）与 D 成正比，而相对磨损与 D 成反比。因此当 D 增大时，内燃机结构变得笨重，但寿命可能延长。

另外，由式（11-1）还可知，当 P_e 不变时，i 与 D^2 成反比。因此，D 与 $i^{0.5}$ 成反比，单缸工作容积 V_s 与 $i^{1.5}$ 成反比，内燃机总排量 V_{st} 与 $i^{0.5}$ 成反比。而内燃机转速 n 与 $i^{0.5}$ 成正比，升功率 P_L 与 V_{st} 成反比，因而 P_L 与 $i^{0.5}$ 成正比。

由此可见，当 P_e、p_{me}、v_m、S/D 和 τ 一定而 i 增多时，V_s 和 V_{st} 都在不同程度上减小，而 n 和 P_L 则加大。这时内燃机的质量和体积都减小，不过总长度增加（如果气缸是单列布置），但宽度和高度都减小。

目前，汽油机的 D 几乎没有下限，而上限大约为 100mm。车用汽油机的 $D=60\sim90$mm。柴油机的 $D=60\sim1000$mm，其中车用柴油机的 $D=80\sim140$mm。

小轿车发动机往往以总排量 $V_{st}=iV_s$ 来分类。一般以 $V_{st}=0.6\sim1.2$L（$i=2\sim4$）的汽油机（很少用柴油机）配普及型小轿车，1.2~2.5L（$i=4$）的发动机（汽油机、柴油机都有）配标准型，2.5~3.5L（$i=6$）的发动机配豪华型，3.5L 以上（$i=8$ 或 12）的发动机配超豪华型轿车。

在拓宽发动机系列时常采用略微加大 D 来提高 P_e。这时，工作过程方面往往不会有什么困难，而基本尺寸如气缸轴距、连杆长度一般不变，生产方面麻烦不多，而内燃机紧凑性会有相当的改善。

四、行程缸径比 S/D 和活塞行程 S

由式（11-1）可知，对一定的 P_e 来说，当 i、p_{me}、τ 等已选定时，必须根据 n 和 V_s 确定 D 和 S，或根据 v_m 和 D 确定 n 和 S。在前一种情况下，要校核 v_m 是否合适；在后一种情况下，要校核 n 是否符合使用要求。在这里涉及活塞式内燃机的一个重要结构参数，即行程缸径比 S/D。S/D 对内燃机有多方面的影响。

1. S/D 对升功率 P_L 的影响

当 v_m 不变时，S/D 减小意味着 n 上升，因而与 n 成正比的 P_L 跟着增大，使内燃机更加紧凑轻巧。但当 n 不是受限于 v_m 而是受限于其他因素不能随 S/D 的下降而升高时，上述结论便不能成立。例如，柴油机的燃烧过程往往受 n 制约，而与 v_m 无关，所以柴油机往往不利用减小 S/D 进行强化。

2. S/D 对燃烧室形状的影响

S/D 小的短行程内燃机气缸余隙比较扁平，对压缩比高的柴油机尤其如此，使燃烧室有效容积比减小，燃烧过程较难组织。对汽油机来说，短行程机的燃烧室也显得不紧凑，燃烧较慢，且 HC 排放较高。

3. S/D 对散热的影响

在其他相同的条件下，S/D 下降使 D 增大，使得传到气缸冷却水套的热量减少，活塞组零件的温度上升。风冷柴油机的研究表明，当 $S/D=1$ 时，总散热量的 2/3 由气缸盖传出，1/3 由气缸筒传出；而当 $S/D=1.5$ 时恰恰相反。在气缸筒上布置足够的散热片不难，但在气缸盖上则要困难得多，所以，风冷内燃机尤其不宜采用短行程结构。

4. S/D 对外形尺寸的影响

单列式内燃机的总长度主要取决于 i 和 D，所以 S/D 小的短行程内燃机总长度较大。虽然其高度较小，但这一优点不太明显。因此，单列式内燃机应该用较大的 S/D。对双列式内燃机来说，总长度一般取决于曲轴的轴向尺寸，气缸布置比较宽松，所以用短行程结构可以减小内燃机的高度和宽度而不牺牲总长度，获得总体上更好的紧凑性。

习惯上称 $S/D=1$ 的内燃机为方形内燃机，$S/D<1$ 者为短行程内燃机，$S/D>1$ 者为长行程内燃机。目前，车用汽油机的 $S/D=0.9\sim1.2$，高速柴油机的 $S/D=1.0\sim1.3$。V 形和其他双列式内燃机的 S/D 值一般要比单列式略小些，风冷内燃机的 S/D 值一般要比液冷内燃机略大些。

五、综合评价参数

内燃机选型和基本参数选择的合理性和结构设计的完善性，可用升功率 P_L（kW/L）、活塞面积功率 P_F（kW/cm^2）、比质量 M_0（kg/kW）和比体积 V_0（m^3/kW）等综合参数评价，即

$$P_L=\frac{P_{en}}{V_{st}}\propto p_{men}n_n$$

$$P_F=\frac{P_{en}}{iA_{pt}}\propto p_{men}v_{mn}$$

$$M_0=\frac{M}{P_{en}}=\frac{M_L}{P_L}$$

$$V_0=\frac{V}{P_{en}}=\frac{V_L}{P_L}$$

式中，A_{pt} 为活塞顶投影面积（cm^2）；M 为内燃机净质量（kg）；M_L 为内燃机升质量（kg/L），$M_L=M/V_{st}$；V 为内燃机外接立方体体积（m^3）；V_L 为内燃机升体积（m^3/L），$V_L=V/V_{st}$；下标 n 表示额定功率或额定转速点。

P_L 表征内燃机工作过程的强化和完善程度，它与 $p_{me}n$ 成正比。P_F 表征单位时间内通过燃烧室单位面积的平均热量，即内燃机的热负荷，与 $p_{me}v_m$ 成正比。这说明 p_{me} 和 v_m 的加大都会使内燃机的热负荷加大。内燃机气缸压力引起的应力与 p_{me} 成正比，惯性力引起的应力与 v_m^2 成正比。因此，P_F 反映了内燃机的强化系数。对活塞组和气缸盖的设计有决定性的影响。

M_0 是内燃机的重要指标，尤其是对车用内燃机来说，质量直接涉及车辆的燃料消耗。M_0 实质上包括了工作过程的强化程度（用 P_L 评价）和结构完善程度（用 M_L 评价）两个方面。对于结构设计来说，用 M_L 评价更合理。现代车用汽油机 $M_0=1\sim3\text{kg/kW}$，车用柴油机 $M_0=2\sim6\text{kg/kW}$。各种内燃机的 $M_L=50\sim120\text{kg/L}$。

内燃机的外形尺寸表征其紧凑性。对车用内燃机来说，外形尺寸和形状应与车辆的总布置相配合才能进行确切的评价，单用外形尺寸（长×宽×高）表征紧凑性并不全面。初步评价内燃机的体积紧凑性可用 V_0 和 V_L 这两个指标。

第四节 内燃机开发的程序与方法

内燃机的开发过程随着机型用途、设计目的、生产规模的不同而不同。对于大批量生产的中小功率内燃机新机型的开发过程，一般可分为方案设计、技术设计、样机试制和调试、鉴定和投产四个阶段（图 11-1）。生产规模不同（如小批量生产）或设计性质不同（如老产品改进设计）时，可能有些环节可以取消，有些可以合并，有些可能在设计开始时已经完成。

一、方案设计阶段

首先要进行仔细的调研和论证，明确新产品开发的必要性、可能性及其开发目标、主要技术经济指标、结构形式、进度计划等。

新产品开发的必要性取决于市场对该产品的需求，因此要仔细调研其主要用途和需求的紧迫程度、拓展其他用途的潜力、预计产量、发展成系列产品的可能性、技术发展趋势的适应性等。新产品开发的可能性则包括资金筹措、技术力量、知识积累、生产条件和配套环境等方面。

新开发的内燃机的额定功率和转速、外形尺寸和净质量、地区适应性等使用要求是根据主要用途提出来的，但也要尽量适应更多的用途，以扩大其预测产量。预测产量和具体的研制条件不仅影响开发工作的方针和方法，而且影响细节结构设计。

新机型应达到的技术水平反映在所确定的技术、经济、环保指标上，如平均有效压力 p_{me}、活塞平均速度 v_m、升功率 P_L、比质量 M_0、最低燃油消耗率 b_{emin}、成本、寿命以及满足环保法规的等级等。鉴于新机型的整个开发过程往往需要长达 3~5 年的时间，这些指标应保证新机型在这些年后问世时具有竞争力。为此，需要对与目标机型相近的各种国内外机型的现有技术水平和发展方向进行仔细的调查研究，也要了解专业化生产的各种配件的状况，以便科学预测开发期后能达到的水平。当然，内燃机的各方面指标是一个复杂的体系。有些指标，如环保指标是法定强制性的，必须保证，而有些指标有一定弹性。各指标应既先进又合理，既有重点又综合平衡。

对于同一目标，一般都存在几种可供选择的方案。通常有必要先进行多方案比较，进行性能/效益比的评价，为此可采用评价矩阵法。

首先列出影响方案决策的参数，并把它们分为成本参数和性能参数两组；然后，赋给每个参数一个权重系数 W，反映该参数的相对重要性（如 $W=1$ 表示最不重要，$W=3$ 表示最重要）；最后，对每种方案的每一参数 R 打分，反映该参数的相对好坏（如 $R=1$ 表示最不好，$R=5$ 表示最好）。针对每种方案算出每一参数的得分 $T=WR$，累计成本分和性能分 $\sum T$，算出每一方案的总分。根据总分占最高总分 $\sum 5W$ 的百分比即相对总分的高低进行方案决策。这种评价方法的关键在于 W 的确定，其次是确定 R 的分值。这些都要根据专家的意见合理定值。

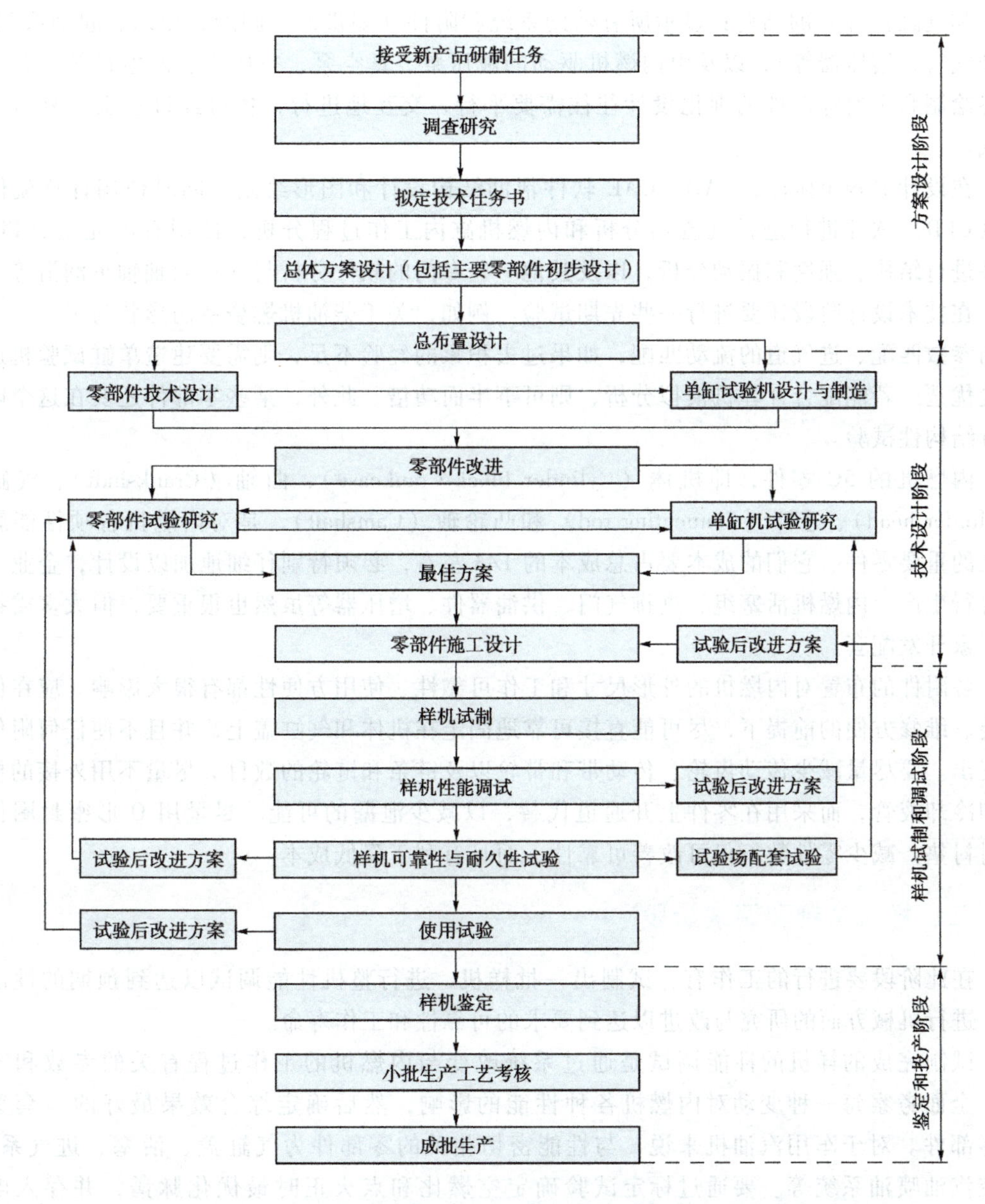

图 11-1　大批量生产的新型内燃机开发过程的典型流程

方案设计结果应绘出总布置草图。这一阶段的工作结论应写成设计技术任务书，作为开发和鉴定的依据。

二、技术设计阶段

在技术设计阶段对选定的方案设计进行细化，以最终确定内燃机的总布置设计，完成所有零部件的结构设计和施工设计，选配好所有附件，完成全套图样和设计说明书、计算书等技术文件。

内燃机的总布置设计要绘制一系列总图，即纵、横剖视图，各向视图和重要的局部剖视图，局部视图。在这些图中应能显示内燃机的主要零部件（如活塞连杆组、曲轴飞轮组、机体和气缸盖等）的结构；显示所有辅助系统和附件（如供油、润滑、冷却、起动系部件，进排气管、增压器等），以及由内燃机驱动的液压泵、真空泵、空压机、发电机等。总图的最终绘制和主要零部件的细化设计往往需要平行、交互地进行，各自经过多次反复后才能完成。

在设计的各个阶段，CAD、CAE 软件帮助结构设计和图形绘制，同时使用计算流体力学（CFD）软件进行进排气流场分析和内燃机缸内工作过程分析，使用有限元法（FEM）软件进行结构、强度和振动分析，以及其他一些专门的软件分析与计算曲轴轴承润滑等。

在技术设计阶段还要进行一些先期试验。例如，关于柴油机燃烧室的形状与尺寸、喷油器的参数匹配、进气道的流动匹配，如果过去积累的经验不足，则需要建造单缸试验机进行试验优选。若能配合计算机模拟分析，则可事半而功倍。此外，某些零部件还要在这个阶段进行结构性试验。

内燃机的 5C 零件，即机体（Cylinder block-Crankcase）、曲轴（Crankshaft）、气缸盖（Cylinder head）、连杆（Connecting rod）和凸轮轴（Camshaft），是对内燃机各项性能影响最大的重要零件。它们的成本要占总成本的 1/3 左右，必须特别仔细地加以设计，企业一般均自行生产。内燃机活塞组、进排气门、供油器件、增压器等虽然也很重要，但大多委托专业厂家开发配套。

各附件的布置对内燃机的外形尺寸和工作可靠性、使用方便性都有很大影响。应在保证拆装、维修方便的前提下，尽可能直接可靠地固定在机体和气缸盖上，并且不使任何附件过于突出。要尽量减少传动齿轮、传动带和带轮以及链条和链轮的数目。尽量不用外接的机油管和冷却液管，而采用在零件上开通道代替，以减少泄漏的可能。尽量用 O 形密封圈代替密封衬垫。减少零件数不仅可改善可靠性，而且有利于降低成本。

三、样机试制和调试阶段

在此阶段要进行的工作有：试制出一批样机，进行整机性能调试以达到预期的性能指标，进行机械方面的研究与改进以达到要求的可靠性和工作寿命。

试制完成的样机的性能调试是通过系统改变与内燃机的工作过程有关的参数和零部件，全面考察每一种变动对内燃机各种性能的影响，然后确定综合效果最好的一套参数和零部件。对于车用汽油机来说，与性能密切相关的零部件为气缸盖、活塞、进气系统、电控汽油喷油系统等。要通过标定试验确定空燃比和点火正时最优化脉谱，并存入电控器中。对车用柴油机来说，要调试的有喷油系、进气道与燃烧室的匹配，涡轮增压器的涡轮喷嘴环与排气管、放气阀的匹配，喷油正时调节特性、电控汽油喷射系统的油量标定等。

在性能调试基本结束后，应进行零部件可靠性专项试验，如活塞温度场测定、曲轴扭振和减振器效果测定、低温室冷起动试验等。有些试验，如连杆、曲轴疲劳试验，可在疲劳强度试验机上先期进行，配气机构也可先期在反拖的试验装置上进行动力学性能检验。

样机要按有关技术标准规定进行可靠性试验。车用内燃机要按配车轻重不同进行300~1000h的全速全负荷可靠性试验，重型车用内燃机还要进行500h超速、超负荷试验。车用柴油机还要进行500h冷、热水循环热冲击试验。可靠性试验不符合要求者要改进后重做，直至顺利通过为止。

台架试验通过后还要进行使用试验。如对车用内燃机，一般要进行有关发动机的汽车性能试验和规定里程的随车道路试验，不但考核发动机的性能稳定性，还考核其工作可靠性。试验中的故障停机次数、排除故障时间、故障平均间隔时间（或里程）及试验后主要零件的磨损量，均不得超过标准规定的限度。

四、鉴定和投产阶段

新的内燃机样机通过各项试验并达到技术任务书的要求后，应按规定进行新产品定型鉴定。通过鉴定后先进行小批量试生产，考察工艺装备的稳定性及在批量生产后是否会出现质量问题，发现问题及时解决。在正式大批量生产后，还要定期抽取产品进行规定时间的全速全负荷试验，以监督产品品质的稳定性。

第五节　内燃机主要零件设计要点

一、活塞组

活塞组包括活塞、活塞环、活塞销等，是活塞式内燃机中的重要组件。正是由于活塞高效可靠的工作，才使活塞式内燃机具有旺盛的生命力，其设计要点如下。

（一）功用与工作条件

活塞顶部与气缸盖共同形成内燃机燃烧室，要承受气缸内气体压力、温度的作用。缸内的最高燃烧压力，在现代汽油机中达4~6MPa，自然吸气柴油机为6~9MPa，而增压的柴油机可达15~20MPa，甚至更高，使活塞组承受很高的机械负荷，所以活塞应有足够的机械强度。与活塞顶面直接接触的燃气的最高温度可达2000℃左右，循环平均温度也在800℃左右，使活塞组承受很大的热负荷，活塞的最高温度可达300℃以上。

活塞顶部所受的压力通过活塞销座和活塞销传给连杆和曲轴。由于独特的结构形状使活塞销座与活塞销的变形不协调，造成销座内上侧应力集中，常成为活塞损坏的策源地。

活塞组与气缸壁面一起构成往复运动的密封装置，保证燃烧室在容积变化的条件下良好密封，使缸内燃气不泄漏到曲轴箱中，而缸壁上的机油不泄漏到燃气中。这些功能是通过装在活塞上部环槽中的一系列活塞环实现的。气环一方面要在尽可能小的摩擦损失下保证漏气少，另一方面又要在很高的压力、温度下和极少的润滑油的条件下保证足够的耐久性。油环既要保证环组的适当润滑，又要避免机油的过量消耗。活塞环系统的成功是内燃机生命力的重要保证。

活塞裙部还要承受连杆造成的侧向力（主、副推动），及横摆运动产生的冲击力，为使活塞在气缸中做高速运动时导向良好，活塞裙须有必要的导向长度，同时在各种工况下尽可

能恒定地与气缸保持最小的间隙。

活塞组运动时产生很大的往复惯性力，它是引起内燃机振动、受力件动负荷和轴承磨损的主要原因，所以它的质量要尽可能小。上述承压、传热、密封、导向等任务均应在轻巧的结构下实现。

（二）基本结构和材料

中小功率高速内燃机最常用的是整体铸造的铝合金活塞（图 11-2），它简单轻巧。汽油机活塞（图 11-2b）由于机械负荷和热负荷均较低，所以比柴油机活塞（图 11-2a）更加轻巧。图 11-2a 给出了整体式铝合金活塞的主要尺寸，表 11-1 是活塞的主要尺寸比例（以缸径 D 为基准，参见图 11-2a）。为了使内燃机整体结构紧凑，减小整机高度和质量，减小往复惯性力，活塞总高度 H，特别是压缩高度 H_1 应尽可能缩小。

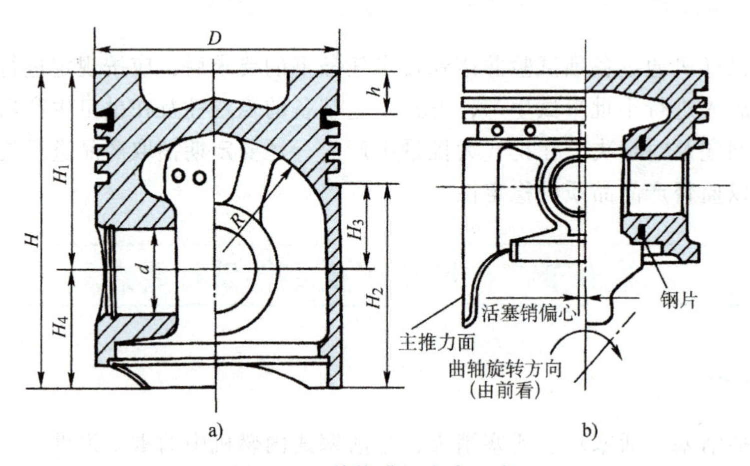

图 11-2　整体式铝合金活塞

a）柴油机活塞　b）汽油机活塞

表 11-1　活塞的主要尺寸比例

尺寸比例	汽油机	柴油机
H_1/D	0.35~0.60	0.50~0.80
H/D	0.60~1.00	0.90~1.40
H_2/D	0.40~0.80	0.50~0.90
h/D	0.04~0.10	0.12~0.20
d/D	0.22~0.30	0.30~0.40

制造活塞的材料应有小的密度 ρ、足够的高温强度 σ、高的热导率 λ、低的线胀系数 α 以及良好的摩擦性能（减摩性和耐磨性）。常用材料为铝硅合金，有关材料见表 11-2。表 11-2 中也列出了合金铸铁的性能数据，以资比较。共晶铝硅合金具有满意的综合性能，工艺性良好，应用最为广泛。过共晶铝硅合金中的初生硅晶体使耐热性、耐磨性改善，膨胀系数减小，但加工工艺性恶化。过共晶铝硅合金广泛用于高热负荷活塞。

表 11-2　活塞材料的主要性能

材料	共晶铝硅合金		过共晶铝硅合金			合金铸铁
	AlSi12CuMgNi		AlSi18CuMgNi		AlSi25CuMgNi	
Si 的质量分数 w_{Si}(%)	11~13		17~19		23~26	1.8~2.1
密度 ρ/(kg/L)	2.70		2.68		2.66	7.3
工艺方法	硬铸	锻压	硬铸	锻压	硬铸	砂铸
20℃时抗拉强度 σ_{20}/MPa	200~250	300~370	180~220	230~300	170~210	245~345
250℃时抗拉强度 σ_{250}/MPa	100~150	110~170	100~140	100~160	100~140	245~345
20~250℃间热导率 $\lambda_{20\text{-}250}$/[W/(m·K)]	155~160	160~165	145~150	157~163	135~140	33~46
20~200℃间线胀系数 $\alpha_{20\text{-}200}$/($\times10^{-6}$/K)	21.0	21.4	19.9	20.3	19.3	11~12
250℃时弹性模量 E_{250}/10^3MPa	72.5	74	75	76	81	108~137

铝合金活塞毛坯多用金属型铸造，少数强化机型用模锻活塞，可获得较高强度，但结构形状受到很大限制。在浇注后加压的挤压铸造工艺可得到高强度超轻质活塞。铝合金活塞毛坯成形后要经过热处理，以强化组织，同时消除内应力。

目前，强化程度高的柴油机活塞已有采用钢顶铝裙结构或全钢材料。

（三）活塞的耐热设计

由燃气传给活塞的热量大部分经活塞环传给气缸再传到冷却介质，一部分经活塞内壁传给曲轴箱内的油雾和空气，小部分经裙部传给气缸。所以，活塞头部的设计对其耐热性影响很大。

汽油机活塞的热负荷一般较小。柴油机由于燃烧过程的持续高温高压、强湍流、强辐射的特点，其热负荷远高于汽油机。所以，有关活塞的耐热设计，主要是针对柴油机的。

1. 活塞顶

要尽可能减小活塞顶的受热表面积，因此平顶活塞是最佳选择（图 11-2b）。但直喷柴油机的活塞顶都有形状复杂的燃烧室（图 11-2a），使热负荷加重。一般铝合金活塞顶最高温度不应超过 350℃。

为了提高铝合金活塞顶的耐热性，可采用阳极发蓝处理，生成厚 0.05~0.1mm、硬度 400HV 的硬质氧化铝薄膜。顶面喷涂 ZrO_2 陶瓷层，也可提高活塞顶的耐热性。有些活塞开始采用高合金奥氏体铸铁护圈或用 Al_2O_3+SiO_2 纤维、SiC 或 Al_2O_3 颗粒强化的铝合金复合材料来强化环槽和燃烧室。

2. 活塞头部断面

汽油机的活塞头部断面一般都在满足强度条件下尽量薄，以求轻量化。柴油机活塞头部设计有燃烧室，顶部较厚。活塞内部从顶部到环带有很大的过渡圆角 R（图 11-2a），有利于

导热，可降低活塞顶的温度和活塞头部的热应力。

3. 火力岸高度

活塞环对活塞头部的散热起很大作用（活塞环散热对无强制冷却的活塞来说占总散热量的一半以上），尤其是第一道环的热流量最大。所以，应选择适当的火力岸高度 h（图 11-2a）。h 增大可降低第一道活塞环温度，但使活塞顶温度提高，同时活塞高度增大。第一活塞环槽的温度不应超过 240℃，否则润滑油可能结胶甚至碳化，使活塞环在环槽中失去活动性，从而丧失其密封和传热功能。

4. 强制冷却

当柴油机活塞功率 $P_F \leqslant 0.2\text{kW/cm}^2$ 时，整体式铝合金活塞无需专门的冷却措施就可以可靠地工作。当 $P_F > 0.2\text{kW/cm}^2$ 时，需要向活塞内壁喷油冷却，一般通过固定在机体内壁上的喷嘴喷机油。如果在喷油冷却的活塞环带钻几个不通孔，可使第一环槽的温度下降 20℃左右（图 11-3）。

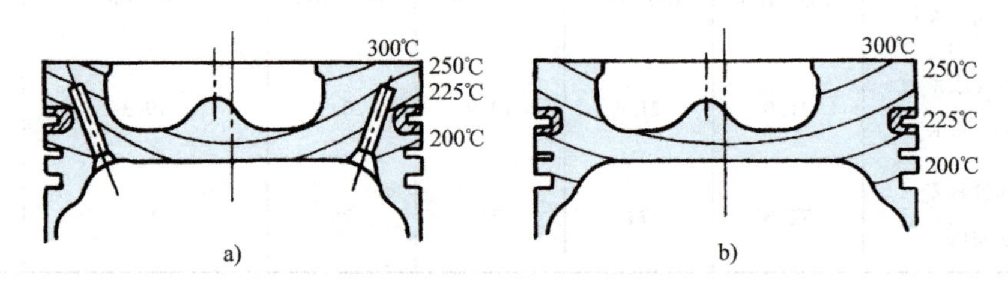

图 11-3 活塞环带钻孔对喷油冷却活塞温度场的影响

a）有 4 个 ϕ4mm 的钻孔（D=110mm） b）无钻孔

当活塞功率 $P_F > 0.3\text{kW/cm}^2$ 时，为保持正常的活塞工作温度，需要在活塞上铸出冷却油腔（图 11-4 左半部分）。冷却油仍由机油喷嘴供给，通过活塞顶内壁上的孔道进入油腔。与没有油腔的活塞相比，用油腔冷却的活塞可使第一环槽温度下降 20~30℃。如果用冷却油腔直接冷却环槽镶圈，效果比一般油腔更好。图 11-4 右半部分表示的中空环槽圈是在镶圈的内侧焊上由不锈钢板滚轧成断面呈 ⊏ 形的圆环制成的，它使第一环槽的温度比一般油腔结构的下降 25℃以上。

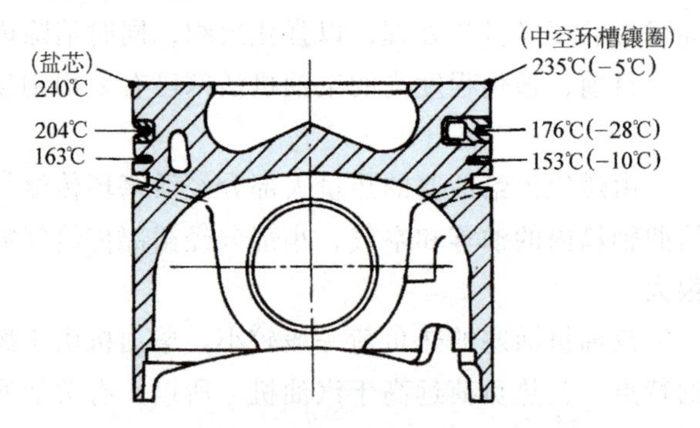

图 11-4 带盐芯铸出油腔（左）与带中空环槽镶圈（右）时活塞温度场的比较

（四）活塞与活塞销的传力设计

活塞顶所承受的气压力通过活塞销座和活塞销传给连杆。由于结构上的限制，活塞销的直径 d 不可能超过 $0.4D$（表 11-1），活塞销的长度不可能超过 $0.85D$，因此活塞销总的承压面积极为有限，还要在活塞销座与连杆小头衬套之间合理分配。所以，无论是在销与销座之间，还是在销与连杆之间，承压面积都很小，表面比压很高。加上活塞销与销座或活塞销与连杆衬套之间相对运动速度很低，液体润滑油膜不易形成。在这种高压低速条件下，要保证可靠的液体润滑，配合副的工作间隙要尽可能小。经验表明，当活塞销与销座以及活塞销与连杆小头衬套之间的工作状态（热态）间隙在（1~3）$\times 10^{-4}d$ 时，可以可靠工作。于是，在装配状态（冷态），销与销座则有（1~3）$\times 10^{-4}d$ 的过盈，以补偿铝合金活塞销孔在工作时较大的热膨胀。为了稳定地保持极小的间隙而又转动灵活，活塞销外圆、活塞销孔和连杆小头衬套孔都应有极高的加工精度。不但尺寸公差要严格，而且要保证严格的圆柱度精度和表面粗糙度。如果尺寸误差偏大，而圆柱度误差和表面粗糙度值足够小，则可以按尺寸分组选配的办法保证配合副的理想间隙。

活塞与活塞销工作时弯曲变形互不协调会在销座孔内上侧引起严重的边缘负荷（图 11-5a），可能造成销孔永久变形甚至使销座裂开。为此，一般要适当增大活塞销直径 d，以提高销的弯曲刚度，减小弯曲变形。但是 d 的增大使活塞高度 H 增加，质量加大。高速汽油机因活塞顶最大气压力较小，可用较小的 d，以得到轻巧的结构，尽量减小往复惯性力。这时销座应有较好的柔度（参见图 11-2b 右部剖视），来缓和应力集中问题。对柴油机来说，因气压力大，往往采用比较大的活塞销直径，而且活塞顶又很厚，在尽力使压缩高度 H_1 最小的前提下，销座的外圆大多与活塞顶实体相连，销座的柔度很小（图 11-4 中的销座结构），边缘负荷很严重（图 11-5a）。这时，如在销座上侧挖一个圆弧坑 A（图 11-5b），并在销孔内侧加工出长 3~4mm、锥角 1°~2°的微锥度孔，再在边缘上倒一个小圆角 R，可使最大边缘负荷减小 40%左右。

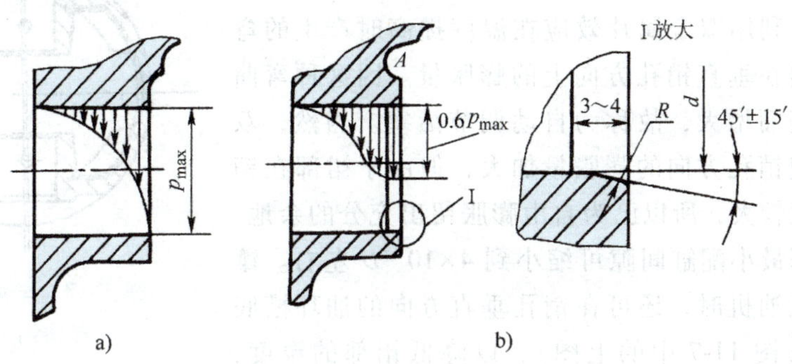

图 11-5　活塞销座边缘负荷的减轻

高增压柴油机中，气压力负荷很大，活塞销座孔上半部和连杆小头衬套孔下半部的负荷远远高出相对的另一半部。这时，采用斜切的或阶梯形的销座，配上相应斜切的或阶梯形的连杆小头，可充分利用活塞销的有效承压面积（图 11-6）。

活塞销为保证足够的强度和刚度，常采用管状结构，汽油机内外径比 $d_i/d=0.7$，柴油机 $d_i/d=0.5$。活塞销用合金钢制造，表面要具有 60HRC 以上的高硬度，以保证可靠性和耐久性。

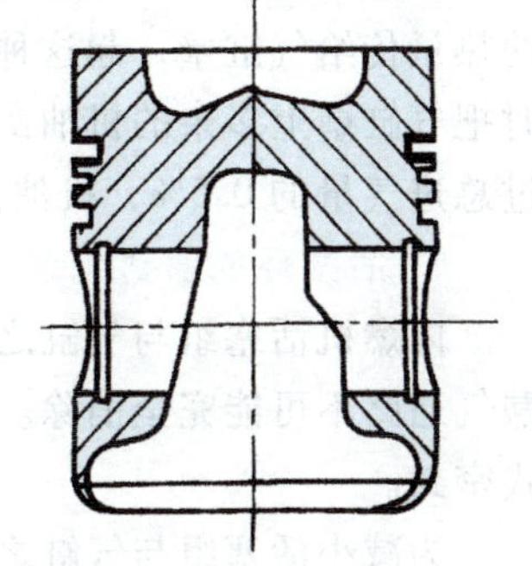

图 11-6　用斜切的（左）或阶梯形的（右）销座减小承压面上的比压

（五）活塞的导向设计

活塞在气缸中运动时的导向作用由裙部完成。为保证良好的导向，裙部要有足够的长度 H_2（表 11-1），且与气缸的配合间隙要小，以减轻活塞在连杆摆动引起的侧向力作用下从贴紧气缸的一侧到贴紧另一侧时对气缸的“拍击”。但在现代高速内燃机竭力紧凑、轻量化的推动下，H_2 已缩小到最低限度，最小已达（0.4~0.5）D。高速内燃机活塞销孔轴线常不与活塞轴线

相交，而是向主推力面（即承受膨胀过程较大侧向力一面）方向偏置 0.5 ~ 2mm（图 11-2b）。这样的偏置会稍微增大最大侧向力（称为负偏置），但有利于减轻活塞的拍击，从而减小噪声。

活塞裙只在垂直活塞销轴线的方向承受侧向力，所以应保证此方向与气缸间隙尽可能小；而在销轴线方向，间隙要大一些，以免活塞热膨胀后卡死在气缸中。因此，活塞裙部的横断面外形呈椭圆形。另外，由于活塞的温度是顶端高、裙端低，所以轴向外形呈上小下大的曲线形。在接近裙部下端处尺寸往往又有点收缩（形成桶形），是为了促进裙部表面润滑油膜的形成。

由于活塞材料铝合金的线胀系数要比气缸材料铸铁高一倍左右（表 11-2），而且活塞正常工作温度也要比气缸高，如在最大负荷状态下活塞裙与气缸之间为最佳间隙，那么在小负荷下特别是冷起动时，实际间隙将远大于最佳值，从而引起强烈拍击。所以，如何控制铝合金活塞的膨胀，是至今仍未完满解决的技术难题。目前，应用最广的办法是利用双金属片原理的自动调节活塞（图 11-7、图 11-2b）。在销座外侧的活塞内壁铸入线胀系数比铝合金小的低碳钢片，利用双金属片效应在温度提高时产生的弯曲来减小活塞裙在垂直销孔方向上的膨胀量。因这种弯曲量随温度的提高而增大，故称为自动调节活塞。当然，双金属片效应会使销孔方向的膨胀量加大，但由于裙部在销孔周围地段间隙较大，所以已为自由膨胀留出充分的余地。这种活塞的裙部最小配缸间隙可缩小到 $4\times10^{-4}D$ 左右。镶钢片活塞用于汽油机时，还可在销孔垂直方向的油环槽底开两条隔热槽（图 11-7 中的上图），以降低裙部的温度，这样配缸间隙可进一步缩小。但柴油机的活塞由于气压力负荷大，均不开这样的隔热槽，以免环槽变形过大，影响活塞环正常工作。

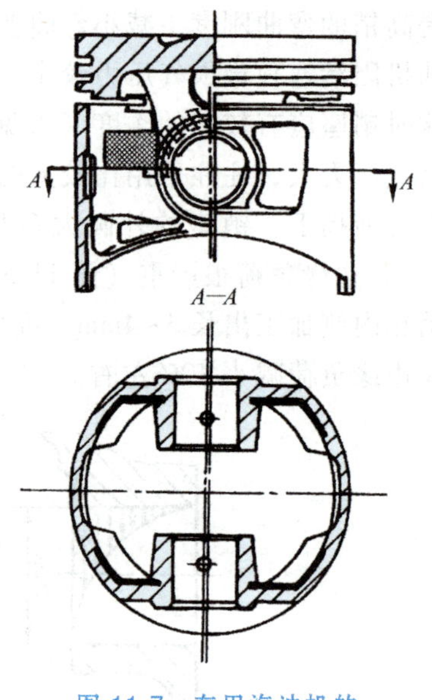

图 11-7 车用汽油机的自动调节活塞

（六）活塞与活塞环的密封设计

活塞与活塞环一起防止气缸内的高压气体下窜到曲轴箱，同时把很大一部分活塞顶接收的热量传给气缸壁，起这种作用的活塞环称为气环。此外，还设置专门的油环，在活塞下行时把气缸壁上多余的机油刮回油底壳，以减少上窜机油量。一般要求通过环组的窜气量不超过总进气量的 0.5%，机油消耗量不超过燃油消耗量的 0.5%。

1. 活塞环的密封机理

内燃机活塞组与气缸之间应用带开口的弹性金属环实现往复式密封。由于开口的存在，漏气通路不可能完全消除。为了防止大量漏气，一般采用多个活塞环形成随活塞运动的迷宫式密封。

为减小活塞组与气缸之间的漏气通路，活塞环的外周面必须以一定的弹力 p_0 与气缸壁紧密贴合，形成第一密封面（图 11-8）。这样一来，缸内气体不能短路直接通过环周与气缸之间，而是进入环与环槽之间，一方面轴向不平衡力 F_A 将环向环槽的侧面压紧，形成第二密封面，同时，作用在环背的气压力造成的径向不平衡力 F_R 又大大加强了第一密封面。尽管环背气压力有时大大超过环本身弹力 p_0，但 p_0 的作用仍是关键。如果 p_0 降到零，即环周与缸壁之间出现缝隙（一般称为活塞环“漏光”），第一密封面被破坏，气体就直接从缝隙处短路外泄，任何环背气压力和 F_R 都建立不起来。只要在整个环周上还剩下一个哪怕是很小的弹力，被密封气体就会自行帮助密封，而且要密封的气体压力越高，附加的密封力也越大。可以认为，具有这种自适应特性的简单环式密封系统，是往复活塞式内燃机有强大生命力的结构保证之一。

活塞环的两个密封面都正常贴合时，漏气的唯一通道是环切口处面积为 $\Delta_d\Delta_c$（Δ_d 为环在缸中的端头间隙，Δ_c 为活塞环岸与气缸的间隙）的小口子，曲折串联的小口子节流作用很强烈，密封作用良好。但实际上在某些情况下（例如发动机高速运转）活塞组与气缸之间的漏气会突然大幅增加，原因在于活塞环的颤振。在发动机一个工作循环中，活塞环在气压力、惯性力和摩擦力共同作用下有时贴紧环槽的下侧面，有时贴紧其上侧面。如果在燃烧上止点前不久，环的惯性力大于气压力与摩擦力的合力，使环过早从环槽下侧面抬起，降低了环背的气压力，容易造成环离开气缸壁，甚至引发径向振动，这种轴向游动和径向振动统称为环的颤振。颤振的后果是大量漏气，甚至使环折断。为防止出现这一现象，一是尽量减小环的质量（如减小轴向高度 b，图 11-8）；二是不采用均压环，而是采用在易于引发颤振的环端形成壁压特别高的梨形压力环（或称高点环）。均压环的另一缺点是磨损后端口附近容易出现漏光。

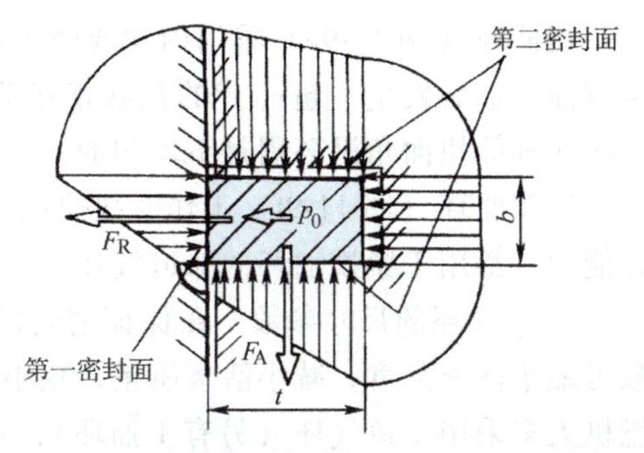

图 11-8　作用在活塞环上的力及其密封面

最后必须指出，活塞组的密封作用不仅取决于活塞环，而且与活塞的设计有很大关系。活塞应保证活塞环工作温度不会过高。环带部分与气缸的间隙应尽可能小。环槽应加工精确，且在工作中不发生过大变形。环槽与环之间的间隙要合适。

2. 气环的设计

（1）气环的断面形状　根据活塞环的密封机理（图 11-8），形状简单、加工方便的矩形（断面）环（图 11-9a）完全可以满足要求。但这种环磨合性较差，密封性不理想。

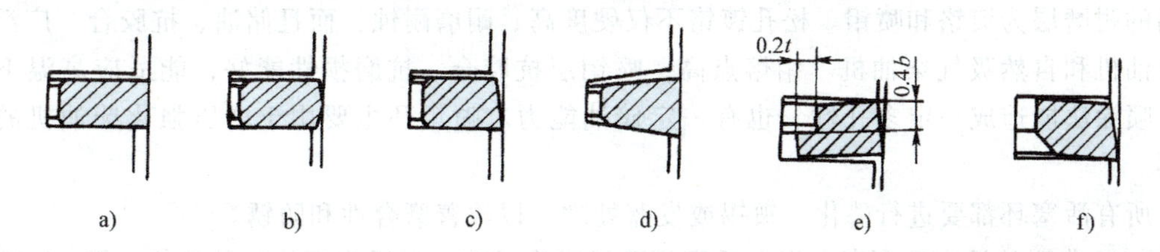

图 11-9　常用的活塞环断面形状

a）矩形环　b）桶面环　c）锥面环　d）梯形环　e）内切正扭曲环　f）锥面内倒角反扭曲环

桶面环（图 11-9b）的外周面是直径等于缸径的球面的中段，其特点是能适应活塞的摆动，并且活塞上行和下行时均能在环的外周面上形成润滑油膜，摩擦面不易烧伤。环与气缸接触面积小，比压大，密封性好。桶面环广泛用作高速、高负荷的强化内燃机的第一环。

锥面环（图 11-9c）的外周面具有很小的斜角（一般为 30′~60′），它新装入气缸时与气缸线接触，磨合快，下行时有良好的刮油作用。安装时不能上下装反，否则使窜机油加剧。这种环适用于第二、三气环。

梯形环（图 11-9d）的两侧面夹角多为 15°左右。装这种环的活塞在气缸中工作时的侧向位移使环与环槽侧面间的间隙不断变化，可防止环槽中机油结胶甚至碳化，适用于热负荷较高的柴油机作为第一环。

扭曲环（图 11-9e）采用内切或倒角造成断面相对弯曲中性轴不对称，使环装入气缸发生弯曲变形后发生不超过 1°的盘状正扭曲。它有与锥面环类似的作用，但加工容易些，不过扭曲环的扭曲角沿环周是不均匀的。

反扭曲环（图 11-9f）工作时扭曲成盖子状，配合外圆的锥面，具有很强的密封性和刮油能力，常用于紧挨油环的那道气环。

（2）气环的尺寸参数　在保证密封的前提下，活塞环的数目应尽可能少，因为减少环数可缩小活塞高度，减小活塞质量，减小发动机总高度，降低发动机摩擦损失。现代高速内燃机大多采用 2 道气环（另有 1 油环），重型强化柴油机则用 3 道气环。

气环的尺寸参数主要有环的径向厚度 t、轴向高度 b（图 11-8）以及环的自由状态形状和自由开口端距 S_0。

减小环高 b 有利于缩短活塞高度，减小环的颤振倾向，目前 b_{min} 已达到 1mm 左右的极限。过小的 b 使环和环槽的加工困难。

径向厚度 t 较大的环弯曲刚度大，对气缸表面畸变的跟随性差，但耐磨性相对较好。刚性环在较小的端距 S_0 下就可得出要求的平均径向壁压 p_0，但在套装到活塞头部上时易于折断。对合金铸铁的活塞环来说，$D/t=23\sim25$，$p_0=0.1\sim0.2$MPa，$S_0/t=3.5\sim3.7$。

活塞环的自由状态形状根据要求的环周压力分布确定，这里不再赘述。

（3）活塞环的材料　活塞环是内燃机中磨损最快的零件，因此适当选择材料和表面处理工艺十分重要。

活塞环一般由合金铸铁铸造，高强度环用球墨铸铁，经热处理以改善材料的热稳定性。少数活塞环用合金钢制造。

活塞环的工作表面通常用各种镀层或涂层，以提高其耐磨性、耐蚀性或改善磨合性。最常用的耐磨层为镀铬和喷钼。松孔镀铬不仅硬度高、耐磨耐蚀，而且储油、抗胶合，广泛用于汽油机和自然吸气柴油机。钼熔点高，喷钼层抗胶合、抗磨损性能好，能适应高温下工作。喷涂法能造成一定多孔性，也有一定储油能力。喷钼环主要用于增压强化柴油机的第一环。

所有活塞环都要进行磷化、镀锡或发蓝处理，以改善磨合性和防锈。

（4）典型的活塞环配套　组合活塞环已经成为目前选择活塞环的一种趋势。图 11-10 所示为汽油机组合活塞环。

第一道活塞环：钢环的高度为 1.2mm，工作表面为凸形，各个面均进行渗氮处理。

第二道活塞环：环的高度为 1.5mm，材料为标准灰铸铁。

第三道活塞环：油环的高度为 3.0mm，所有与外界接触表面涂有铬涂层或者进行渗氮处理。

图 11-11 所示为用于客车的柴油机组合活塞环。

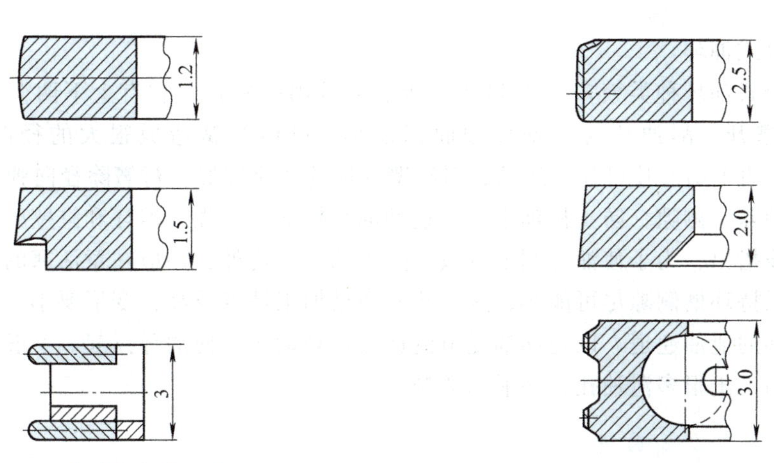

图 11-10 汽油机组合活塞环

图 11-11 柴油机组合活塞环

第一道活塞环：矩形环高度为 2.5mm，材料为球墨铸铁，工作表面附有铬-陶瓷涂层，非对称设计减低了工作表面的锋利度。

第二道活塞环：锥面内倒角反扭曲环的高度为 2.0mm，材料为灰铸铁，进行了硬化处理。

第三道活塞环：带螺旋衬簧油环的高度为 3.0mm，材料为标准灰铸铁，铸铁环表面有铬涂层，工作表面的周向轮廓线在其对接处进行非中心对称研磨，通过衬簧产生的力使油环紧贴在气缸壁上。

3. 油环的设计要点

气缸与活塞运动副用飞溅的机油润滑。油环的作用是把飞溅到气缸壁上的多余润滑油刮下来，回到油底壳，以减少发动机的机油消耗量。

为了能在高速运动中对抗机油的流体动压力刮下机油，只留下很薄的油膜，油环工作面的着壁压力应足够大。因为油环没有环背气压力帮助压向气缸壁，着壁压力完全靠本身的弹力产生。单体铸铁油环（图 11-12a），由于材料强度所限，只能通过减小与气缸接触的工作面积来提高壁压，最高只能达到 0.5MPa 左右。如用高强度材料，用较大的径向厚度 t，壁压可能进一步提高，但环刚性大，对气缸变形的追随性差，刮油能力不好。用具有切向弹力的螺旋衬簧的铸铁油环（图 11-12b）可使壁压达到 0.8MPa 以上，即使环的外圆磨损，壁压也比较稳定，因为壁压主要由衬簧产生。这种环厚度 t 小，柔性好，在气缸变形较大的条件下也能很好地刮油。这种油环目前应用很广，尤其是在高速柴油机上。铸铁环表面要通体镀铬。

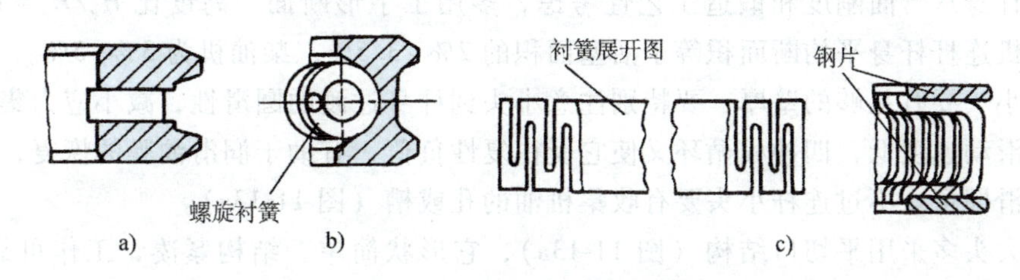

图 11-12 典型的油环结构

a）单体铸铁油环 b）带螺旋衬簧油环 c）钢片组合油环

上述两种单体油环与环槽不可避免地有侧向间隙，在环正常轴向移动或颤振而悬浮在环槽中间时，机油可能通过侧隙上窜。这种影响在高转速时更大，所以现代高速汽油机常用无侧隙钢片组合式油环。

钢片组合式油环种类繁多，图 11-12c 所示为常用的一种。它有上下两个刮油片，中间由异形衬簧撑开。刮油片与缸壁接触面积很小，可由衬簧造成很大的径向压力（大于 1MPa）。上下两个刮油片可独立运动，对缸壁变形的适应性好。衬簧除径向弹力外，还产生轴向张力，消除了侧隙，防止机油上窜。这种油环控油能力强，但环和缸壁磨损较快。

最后应该指出，为了使油环刮油有效，除了油环结构外，还应注意活塞的配合。用单体油环时必须保持环槽侧隙尽可能小，这意味着环槽加工精度要高，变形要小。还应注意环槽须有面积足够的泄油通道，以免回油受节流造成过高动压，使油环浮起。一般希望在油环槽底和槽下都加工出很多泄油孔，使泄油通畅。

二、连杆、曲轴及其轴承

连杆曲轴组件是内燃机的主要受力运动件，它们在缸内气压力和运动件惯性力的作用下应具有足够的强度，以免疲劳破坏。连杆和曲轴的轴承工作繁重，应保持工作可靠耐久。

（一）连杆组设计

连杆是连接活塞和曲轴的传力零件，由连杆小头、杆身和连杆大头构成。连杆小头孔中的衬套与活塞销相配构成精密的转动副。连杆大头为了与曲轴的曲柄销相连不得不分成两半，由连杆螺栓把连杆盖与连杆体牢固联接。高速内燃机的连杆结构如图 11-13 所示。

连杆受缸内气体压力的压缩和往复惯性力的拉伸，产生严重的疲劳应力状态。连杆的设计要保证足够的疲劳强度，例如尺寸要足够，形状要圆滑，采用高强度 45 优质碳素结构钢或 40Cr、40CrNi 合金结构钢等模锻，并采用提高强度的工艺措施。连杆应尽可能轻巧，以减小惯性力。粉末冶金后用模锻修整的连杆可减小质量。

连杆小头和大头的尺寸主要取决于活塞销、活塞和曲轴的设计，这里不再赘述。

连杆长度 l（图 11-13a）是内燃机最重要的尺寸参数之一，它不仅影响连杆本身的设计，而且影响内燃机的总体设计。从连杆本身的角度看，当然是越短越好，这样不仅增加连杆的结构刚度，而且缩小内燃机的总高度，减小总质量。但 l 减小使二阶惯性力增大，活塞侧向力增大，增加活塞的摩擦损失和磨损。短连杆结构可能造成连杆与气缸下端干涉，曲轴平衡块与活塞裙相碰。目前，最短的连杆对应的曲柄连杆比 $\lambda=1/3$ 左右。短行程内燃机的 λ 相对较小，V 形发动机由于平衡块很大，λ 也较小。最小的 $\lambda=1/4$ 左右，也就是说，连杆长度一般不超过活塞行程的 2 倍。

连杆杆身从弯曲刚度和锻造工艺性考虑，多用工字形断面，高度比 $H_g/B_g=1.4\sim1.8$，现代汽油机连杆杆身平均断面积等于活塞面积的 2%~3.5%，柴油机为 3%~5%。

连杆小头要有足够的壁厚，要特别注意小头到杆身过渡的圆滑性，减小应力集中。小头轴承相对滑动速度低，四冲程循环又使它受往复性负荷，有助于润滑油膜的恢复，所以一般用飞溅润滑即可。不过连杆小头要有收集机油的孔或槽（图 11-13a）。

连杆大头多采用平切口结构（图 11-13a），它形状简单，结构紧凑，工作可靠。不过，从内燃机装拆方便性出发，要求连杆大头在拆卸连杆盖后能通过气缸孔，即 $B_0<D$。实践表明，当曲柄销直径超过 0.65D 时，具有足够强度的平切口连杆大头将不能满足上述要求。这时就不得不采用斜切口连杆（图 11-13b~d）。斜切口连杆大头结构不对称，两叉一长一短，较长的一叉刚度不足。同时，斜切口连杆承受惯性力拉伸时，沿连杆体与连杆盖的接合

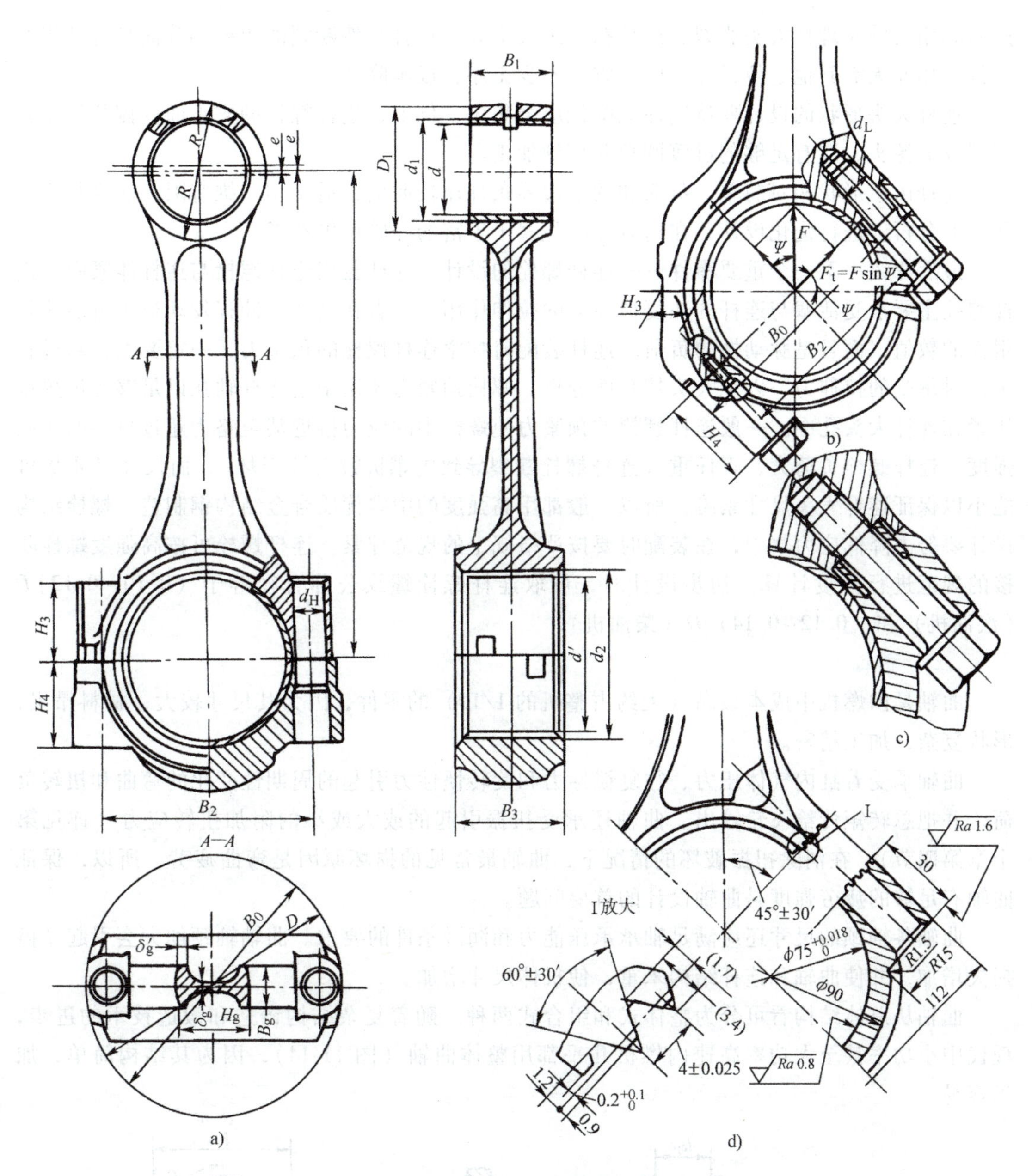

图 11-13　高速内燃机的连杆结构

a）平切口连杆　b)~d）斜切口连杆大头及其各种定位结构

面方向作用着很大的横向力（图 11-13b），故要用强有力的定位元件，如止口（图 11-13b）、销套（图 11-13c）或多齿（图 11-13d），使结构复杂化。

现代高速内燃机的设计趋势是尽量采用平切口连杆，其结构紧凑，质量小，可减小惯性力，减轻振动，减小摩擦损失。与此相应要用高强度材料制造，并采用高强度的轴承材料，使可靠性得以保证。

平切口连杆一般用连杆螺栓定位。剖分面用劈裂法制造可保证更好的定位。这时，连杆毛坯（与连杆盖一体）用细晶粒的高强度材料制造。大头孔加工后在剖分位置拉削细槽，然后利用尖劈原理把大头胀裂，最后精加工大头孔。这种自然断裂的粗糙剖分面具有理想的定位作用而无需其他定位元件，同时省去不少工序，成本降低。

连杆大头形状的设计要特别注意降低应力集中。例如，连杆螺栓的支承面内侧往往是疲劳裂纹的源头，应有足够的过渡圆角并仔细加工。

连杆由于形状相对简单，负荷和约束边界条件比较明确，适于用三维有限元法进行应力和变形分析，进行优化设计，在这方面已积累了丰富的经验可供参考。

最后介绍一下一个重要零件——连杆螺栓的设计。连杆盖用连杆螺栓与连杆体紧固，连杆螺栓主要承受活塞与连杆的往复惯性力的拉伸作用，后者在高速四冲程发动机中可能达到很大的数值，而且是脉动性的负荷。连杆装配时拧紧连杆螺栓的预紧力，一定要大大超过它工作时承受的拉伸力，以免大头接合面分离。螺栓预紧力还用于把连杆轴瓦以足够的过盈量压紧在连杆大头孔中。一般连杆螺栓的预紧力使螺栓中的应力接近甚至略为超过材料的屈服强度。连杆螺栓负荷大，责任重（连杆螺栓断裂导致内燃机毁灭性损坏），而尺寸又要尽可能小以保证连杆大头尺寸紧凑，所以一般都用高强度的中碳优质合金结构钢制造。螺栓结构设计要努力降低应力集中，在装配时要按严格规定的规范拧紧。连杆螺栓可按高强度螺栓联接的规范进行强度计算。初步设计时，可取连杆螺栓螺纹公称直径等于（0.10~0.12）D（汽油机）和（0.12~0.14）D（柴油机）。

（二）曲轴设计

曲轴是内燃机中成本最高（大约占整机的1/10）的零件，因为其尺寸较大，材料昂贵，形状复杂，加工精密。

曲轴承受着缸内气体压力、往复惯性力和旋转惯性力引起的周期性变化的弯曲和扭转负荷，并把总转矩传给飞轮输出。曲轴还承受扭振引起的或大或小的附加扭转应力（详见第十章第四节）。在消除扭振破坏的情况下，曲轴最常见的损坏原因是弯曲疲劳。所以，保证曲轴有足够的疲劳强度是曲轴设计的首要问题。

曲轴各轴颈的尺寸还应满足轴承承压能力和润滑条件的要求。曲轴轴颈加大会引起摩擦损失增加，并使曲轴和连杆结构笨重，使机体尺寸增加。

曲轴从总体结构看可分为整体式和组合式两种。随着复杂结构铸造和锻造技术的进步，现代中小功率甚至大功率高速内燃机几乎都用整体曲轴（图11-14），因为其结构简单，加工容易。

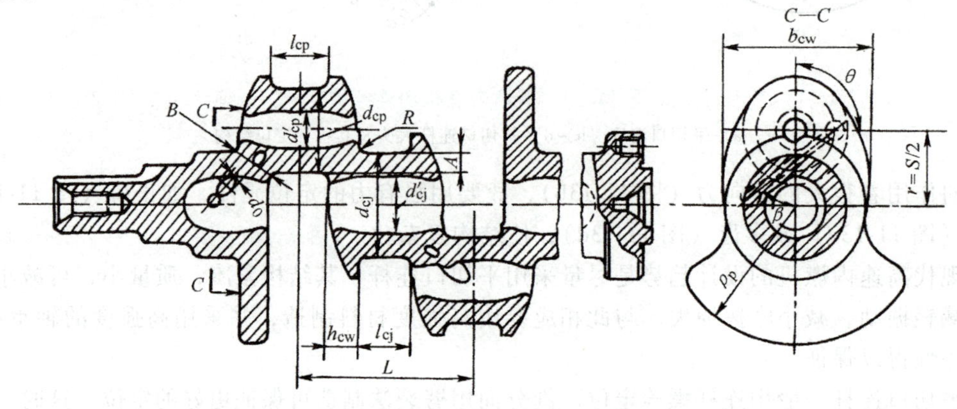

图 11-14　铸造的整体四拐曲轴及其主要尺寸

为了提高曲轴的抗弯强度和刚度，现代多缸内燃机的曲轴都采用全支承结构，即每一曲拐之间都有主轴承，例如单列4缸和V形8缸机用5道主轴承，单列6缸和V形12缸机用7道主轴承。

为了降低旋转惯性力引起曲轴内弯矩和主轴承的附加动负荷，即使整体看来已经动平衡的对称的多拐曲轴也大多有平衡块（图11-14并参见第十章第三节）。在转速特别高时，一般每个曲柄臂上都有平衡块。平衡块大都与曲柄臂做成一体，只有少数柴油机是分开的，用螺栓牢固联接。

多缸内燃机的曲轴一般由以曲拐夹角相互错开的多个相同的曲拐以及前端、后端构成。一个曲拐的主要尺寸有：曲柄销的直径和长度 d_{cp}、l_{cp}，主轴颈的直径和长度 d_{cj}、l_{cj}，曲柄臂的厚度和宽度 h_{cw}、b_{cw}，以及轴颈到曲柄臂的过渡圆角 R（图11-14）。这些尺寸的统计范围见表11-3（以缸径 D 为基准，参见图11-14）。

表11-3　曲轴的主要尺寸比例

内燃机类型		曲柄销		主轴颈		曲柄臂	
		d_{cp}/D	l_{cp}/D	d_{cj}/D	l_{cj}/D	h_{cw}/D	b_{cw}/D
汽油机	单列式	0.55~0.65	0.35~0.45	0.6~0.7	0.35~0.45	0.2~0.25	0.8~1.2
	V形（并列连杆）	0.5~0.6	0.45~0.6	0.65~0.8	0.3~0.35	0.18~0.22	0.8~1.2
单列式柴油机		0.55~0.7	0.35~0.45	0.65~0.8	0.4~0.45	0.2~0.3	1.0~1.3

曲轴尺寸中最值得关注的是曲柄销直径 d_{cp} 和曲柄臂厚度 h_{cw}。d_{cp} 增大使连杆轴承比压减小，曲轴强度和刚度提高，但同时使连杆尺寸增大，曲轴旋转质量增大，平衡块随之加大，使曲轴扭振频率下降。主轴颈直径 d_{cj} 增大特别有利于曲轴扭转刚度的提高，而且没有加大连杆和平衡块等副作用，但对加强最关键的曲柄销强度和改善负荷最重的连杆轴承的工作并无裨益。所以，虽然一般取 $d_{cj}>d_{cp}$，但过分加大 d_{cj} 不仅没有必要，而且会使轴承摩擦损失增大。

因为 $l_{cp}+l_{cj}+2h_{cw}=L$（气缸轴距），所以一般必须在轴颈长度 l_{cp}、l_{cj} 与曲柄臂厚度 h_{cw} 之间合理分配可用的尺寸 L，因为 L 已根据机体和气缸的结构确定。在V形发动机的情况下，有时要根据曲轴尺寸确定 L。

曲柄臂厚度 h_{cw} 对曲拐的抗弯强度有决定性的影响，因抗弯强度与 h_{cw}^2 成正比。但增加 h_{cw} 势必减小 l_{cp} 和 l_{cj}，所以这里实际上是一个抗弯强度与轴承比压之间的最佳折中问题。虽然，增大曲柄臂宽度 b_{cw} 也能提高抗弯强度，但由于 b_{cw} 增大导致曲柄臂中应力分布更不均匀，抗弯强度只与 $b_{cw}^{1/2}$ 成正比，所以 h_{cw} 不足则很难用加大 b_{cw} 来弥补。

对于曲轴抗弯强度影响很大的另一个尺寸是轴颈到曲柄臂的过渡圆角半径 R，它也影响扭转疲劳强度，但影响程度较轻。试验表明：当 R/h_{cw} 从0.1增大到0.2时，曲轴圆角处弯曲应力集中系数从3.60减小到2.47；当 R/d 从0.04增大到0.08时，扭转应力集中系数从1.90减小到1.56。因此，增大 R 对提高曲轴疲劳强度非常有效。但增大 R 意味着缩小轴承承压长度，所以这里又存在一个强度与耐磨性之间的矛盾，要合理折中。过渡圆角不仅 R 要足够大，而且应仔细加工，保证形状圆滑，表面光洁。圆角磨削后再进行滚压不仅可以减小表面粗糙度值，而且可在表层造成残余压缩应力，可提高弯曲疲劳强度30%~60%，是一个值得推荐的曲轴强化措施。一般取 $R=(0.05\sim0.10)d$，在任何情况下 R 不应小于2mm，否则不好加工。此外，曲轴轴颈上的润滑油孔出口必须修圆、抛光，以免成为疲劳裂纹的策源地。

指标不太高的汽油机和自然吸气柴油机，其曲轴常用高强度球墨铸铁铸造（图 11-14）。除了成本低外，铸造曲轴很容易做出中空轴颈，从而提高材料利用率，并使应力分布比较均匀。铸铁的内摩擦阻尼比钢大，在同样的激振强度下扭振振幅较小。铸铁曲轴的耐磨性较好，配软质的巴氏合金轴瓦时不需要把轴颈淬硬，使成本进一步下降。但配铝基或铜基等硬质轴瓦时仍要淬硬或渗氮处理。现代高速汽油机和增压柴油机采用锻钢曲轴，一般用优质中碳结构钢 45 等，强化机型用中碳合金钢，锻造后进行正火处理或调质处理，然后在各轴颈表面实施感应加热表面淬火，淬硬层深度为 2mm 左右，表面硬度为 50~60HRC。钢曲轴也可进行渗氮处理，既提高耐磨性，又提高疲劳强度。

（三）轴承设计

连杆大头轴承和曲轴主轴承由于工作比压高、滑动速度高（即 pv 值大），是内燃机中工作条件最严酷的轴承。内燃机曲轴绝大多数用滑动轴承，且都是可互换的高精度多层金属的薄壁轴瓦。它们的结构紧凑，装拆方便，工作可靠，噪声低，寿命长。二冲程汽油机为简化润滑系，连杆和曲轴都用滚动轴承。

1. 滑动轴承材料

滑动轴承材料应有足够高的疲劳强度，有良好的减摩性和耐蚀性。

作用在连杆和曲轴轴承上的负荷具有交变性和冲击性，最大比压可达 50MPa 以上。轴承减摩合金应有相应的疲劳强度，以免龟裂或剥落。由于减摩合金层越薄，承压能力越强，所以轴瓦采用钢背加减摩合金的多层结构，且减摩层厚度不超过 0.4mm，与钢背粘接牢固。鉴于内燃机轴承工作温度可达 150℃左右，所以轴承合金应在这样的工作温度下保持力学性能。

轴承材料的减摩性能包括抗胶合性、嵌藏性和顺应性。抗胶合性是指在轴承润滑油膜暂时中断、轴承副表面有局部直接接触的边界润滑的情况下（内燃机冷起动时可能出现），轴承副不产生胶合、擦伤的性质。这与轴承合金的亲油性有关，亲油性好，维持边界润滑油膜的能力强，油膜中断后恢复快，则轴承的抗胶合性就好。嵌藏性是指轴承合金允许少量硬质颗粒嵌入合金层而不刮伤轴颈和随之伤及自身的能力。顺应性是指轴承合金适应轴颈几何偏差或变形而使负荷和磨损均匀化的性能。

内燃机的润滑油在使用中不断氧化变质，生成酸类和过氧化物，轴承合金对这些腐蚀性物质应有耐蚀性。

一般较硬材料有较高的力学性能，较软材料有较好的减摩性能，所以现代滑动轴承大多采用“钢背-硬减摩合金-软减摩合金”三层甚至更多层的结构。钢背与合金层应有足够的粘接强度，一般用低碳结构钢制造。轴承合金有巴氏合金、铜基合金和铝基合金三大类。

1）巴氏合金（又称白合金）分为锡基和铅基两种，前者除 Sn 外含 Sb、Cu 等，后者除 Pb 外含 Sb、Sn 等。这类合金在软质的锡或铅基体中分布着 SnSb、Cu_6Sn_6 等硬质点。软基体使它具有良好的减摩性，硬质点使其有较好的耐磨性。巴氏合金最大缺点是疲劳强度低，且随温度升高而迅速降低。因此，巴氏合金轴瓦的许用比压和工作温度较低，一般只用于强化程度较低的汽油机。铅基合金比锡基便宜，但耐蚀性较差。

2）铜基合金有含少量 Pb 的铅青铜和 Pb 的质量分数为 25%~35%的铜铅合金两类。铅青铜强度和硬度很高，但减摩性差，只用于滑动速度很低但比压很高的连杆小头衬套。曲轴轴瓦用铜铅合金。铜铅合金轴瓦许用比压和温度均较高，但减摩性和耐蚀性较差。因此，常用三层结构获得最佳综合性能，即在钢背上加 0.3mm 左右厚的铜铅合金层后再用电镀法或阴极喷溅法加一层 10~20μm 的软质锡铅合金滑动层。两者之间还有一层 1~2μm 的镍隔层，防止锡扩散到铜铅合金中导致锡铅滑动层发脆。

3）铝基轴承合金有锡的质量分数为20%~30%的高锡铝合金和锡的质量分数为5%左右的低锡铝合金两类。铝基合金在力学性能上优于巴氏合金，在减摩性能、耐蚀性、工艺性和经济性方面都优于铜铅合金，是目前在内燃机曲轴轴承中应用最广泛的材料。低锡铝合金强度好，广泛用作三层轴瓦的基层合金，而高锡铝合金减摩性好，用作基层合金上的滑动层，但也可单独使用。

2. 轴承的结构设计

曲轴滑动轴承由于曲轴的复杂形状，不得不做成半圆的轴瓦形状，这使其结构设计复杂化。轴瓦主要尺寸有直径、宽度、厚度等，前两者主要取决于曲轴轴颈尺寸，只有轴瓦厚度是轴瓦设计中要考虑的主要尺寸。对中小功率高速柴油机轴颈直径为 20~120mm 的轴瓦来说，轻系列（指汽油机连杆轴承）厚度为 1.5~3mm，重系列（柴油机连杆轴承和所有主轴承）为 2.5~4mm。轴瓦中减摩合金厚度为 0.1~0.4mm。

因为薄壁轴瓦本身刚度很小，装入轴承座中以后，所形成的轴瓦孔形状和尺寸取决于轴承座孔形状、尺寸以及轴瓦厚度。如果轴承座孔和轴瓦厚度加工得很精确，则轴承孔的精确性将取决于轴瓦与座孔的贴合情况。为了保证贴合良好，有两条措施：一是使轴瓦的周长略大于轴瓦座的相应周长，在轴瓦装好拧紧螺栓后在轴瓦与瓦座之间产生相当高的压力（50~100MPa），对应轴瓦材料（主要指钢背）的预紧应力 100~200MPa。轴瓦与瓦座之间的过盈配合保证瓦背与座孔均匀可靠地贴合，使轴瓦在瓦座中不松动，不振颤，摩擦热导出良好。二是使轴瓦在自由状态下外缘距离略大于轴承座孔直径，差值称为自由弹势 Δ_e（一般 Δ_e = 0.5~1.5mm）。有了 Δ_e 使轴瓦安装时端口首先压紧座孔，防止瓦口在拧紧轴承螺栓时内缩，与轴颈局部直接接触，造成“烧瓦”。

轴承间隙 Δ 是轴承流体润滑理论的关键参数，对轴承承压能力和最小油膜厚度有很大影响。Δ 的选择取决于轴承材料、润滑油性能、负荷大小与变化特性、轴承和轴颈工作面加工精度和表面粗糙度、机油滤清品质、轴承工作温度以及结构弹性变形等错综复杂的因素。一般当 Δ 增大时，轴承承压能力下降。Δ 减小可提高轴承承压能力，但润滑油流量减少，油膜局部温度提高，最小油膜厚度减小，可能导致轴颈与轴承的直接接触，破坏流体润滑。要减小 Δ 以提高承压能力，必须用减摩性能和力学性能均好的轴承材料，提高轴颈和轴承的加工精度，减小微观表面粗糙度值，提高结构刚度，减小弹性变形和热变形等。多拐曲轴主轴承由于受曲轴各主轴颈同轴度和机体各主轴承孔同轴度的影响，不得不用比连杆轴承更大的间隙。据统计，软质合金轴承的相对间隙 Δ/d 为 $(4\sim7)\times10^{-4}$（连杆轴承）和 $(6\sim8)\times10^{-4}$（主轴承），硬质合金轴承分别为 $(7\sim10)\times10^{-4}$ 和 $(9\sim12)\times10^{-4}$。

轴承的润滑油供给情况对其可靠性也有很大影响。连杆轴承一般都通过轴颈中的油道供油，供油孔口希望在轴承平均负荷较低因而油膜较厚的地方。主轴承一般通过机体供给润滑油，供油口也应开在平均负荷较小的部位。如果主轴承还承担向连杆轴承供油的任务，则要在主轴瓦上开输油槽。这时应避免在平均负荷较高的部位开槽，但同时又要保证向连杆轴承

供油的连续性。

三、机体与气缸盖

内燃机的固定件从上到下依次为气缸盖、气缸体、上曲轴箱和下曲轴箱四段。在中小功率高速内燃机中，从结构刚度、紧凑性和制造工艺性等多方面综合考虑，大多气缸盖为独立部件，气缸体与上曲轴箱合成一体，一般称为气缸体-曲轴箱或简称曲轴箱，或称为机体。下曲轴箱变成一个简单的贮油箱，称为油底壳。下面扼要叙述机体、气缸盖和气缸垫的设计要点。

1. 机体

机体是内燃机的骨架，内外安装着所有的主要零部件和附件。为了保证活塞、连杆、曲轴、气缸套等主要零件工作可靠耐久，它们必须保持精确的相对位置。因此，必须对机体重要表面的尺寸、几何形状、相互位置等提出严格的公差要求。

发动机的结构决定了机体的结构，例如直列、V形或水平对置发动机等，其主要特征由机体的主要尺寸（$l_1 \sim l_8$）所决定（图 11-15）。

内燃机运转时机体承受很复杂的负荷，如各缸内气体对气缸盖底面和气缸表面的均布气压力，活塞作用于各气缸壁的侧向力，曲轴加在各主轴承上的力，支架对内燃机的支承反力等（图 10-4b 和图 10-6b）。这些力的大小、方向随工况和曲轴转角不断变化，有些力连作用点也在不断移动。此外，即使在内燃机不运转时，各气缸盖螺栓、主轴承螺栓的预紧力也十分大，使相应部分产生很大的应力和变形。以上各种力使机体受到交变的拉压弯扭，产生复杂的应力状态。

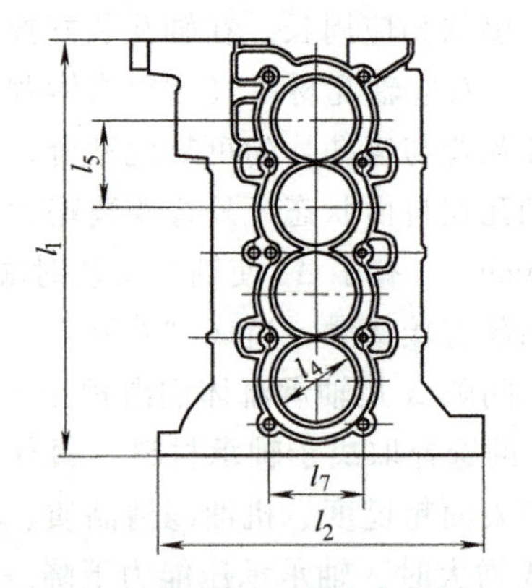

图 11-15 机体的主要尺寸

l_1—长度 l_2—宽度 l_3—高度 l_4—缸径
l_5—缸间距 l_6—行程 l_7—缸盖螺栓的距离
l_8—曲轴轴心与油底壳上表面的距离

因此，对于机体的结构设计，必须保证它有足够的强度和刚度，既不产生裂纹和其他形式的损坏，也不出现过大的变形。尤其是机体与气缸盖的接合处、气缸或气缸套滑动面、主轴承座等，若刚度不足就会影响气缸的密封，加剧摩擦副的磨损，引发其他机件的附加应力等。

由于机体的形状复杂，刚度强度要求较高，大多用高强度灰铸铁铸造。机体的质量要占内燃机总质量的 1/4 左右，制造成本约占总成本的 1/10，机体的设计要特别注意减小其质量和改善其铸造及加工工艺性。

轻型车用汽油机和某些轻型柴油机，要求机体轻巧，同时它们又常在部分负荷下运转，负荷较轻，所以大多采用底面（即上下曲轴箱剖切面）与曲轴轴线基本齐平的平分式机体（图 11-16a、b）。这种机体高度小，因而轻巧，但相对来说刚度较差。负荷较重的柴油机机体常采用底面大大低于曲轴轴线的机体，这种机体常称为龙门式机体（图 11-16c）。机体裙

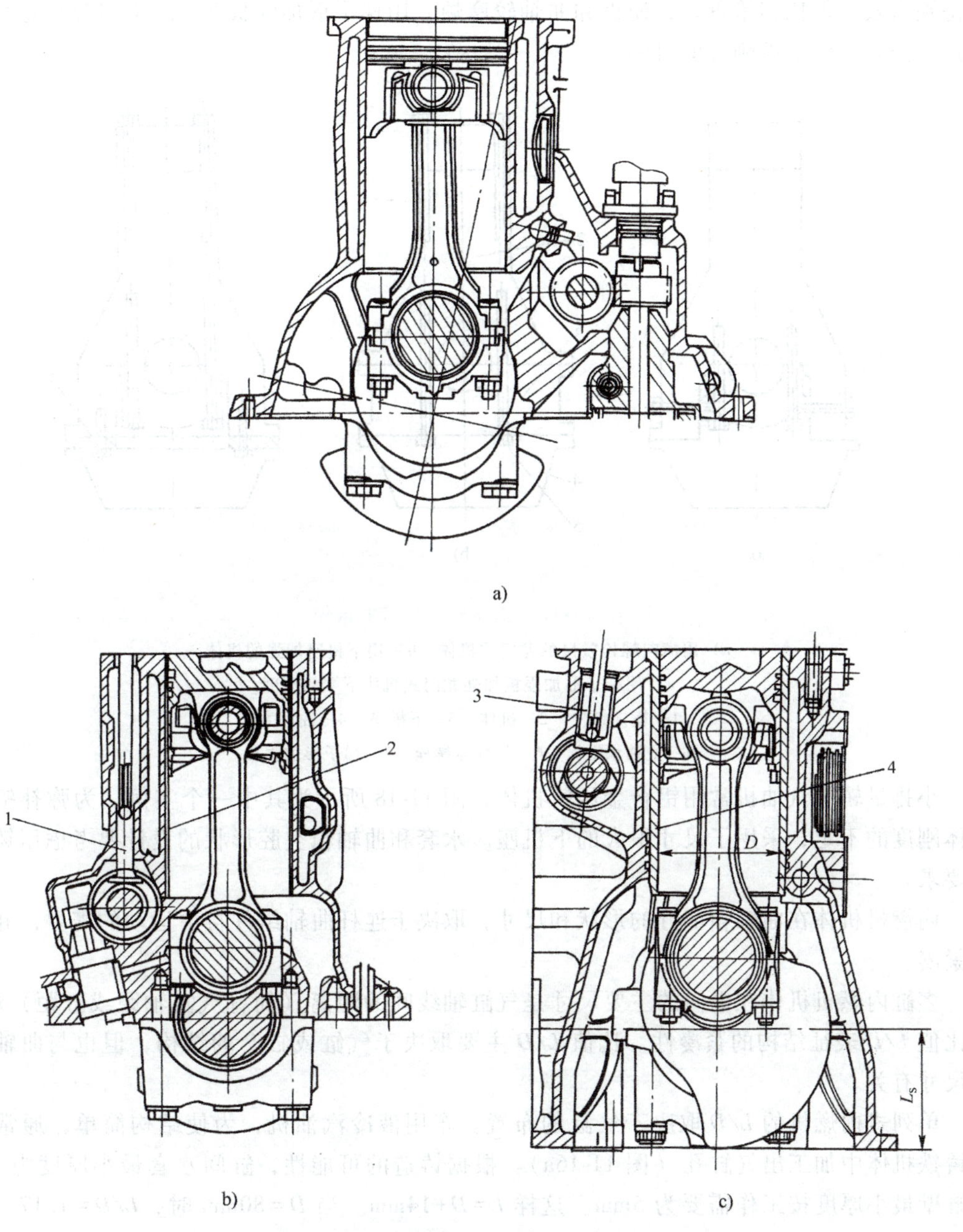

图 11-16 高速内燃机典型铸铁机体结构

a）轿车汽油机平分式机体，用整体式气缸 b）轻型车用柴油机平分式机体，用干式缸套

c）中型车用柴油机龙门式机体，用湿式缸套

1—菌形平底挺柱 2—干式缸套 3—杯形平底挺柱 4—湿式缸套

部下垂深度（或称为龙门高度）L_s =（0.6~1.0）D。龙门式机体虽然比较笨重，但在纵向平面中的抗弯刚度和绕曲轴轴线的扭转刚度显著提高。不过，龙门式机体向下是敞口的，两纵向侧壁会相对振动，而主轴承所在的各隔板会在纵向发生振动，增强噪声辐射，特别是激发油底壳的振动和噪声。为此，可用横向螺栓 1（图 11-17a）把龙门式机体悬空的裙部牢固联接到主轴承盖上，以提高机体下部的横向刚度。用铸造的下机座 3（图 11-17b）加强机体显

然特别有效，但比较笨重，且使拆卸曲轴较麻烦。用梯子形加强板 7（图 11-17c）也可达到加强龙门式机体下端刚度的目的。

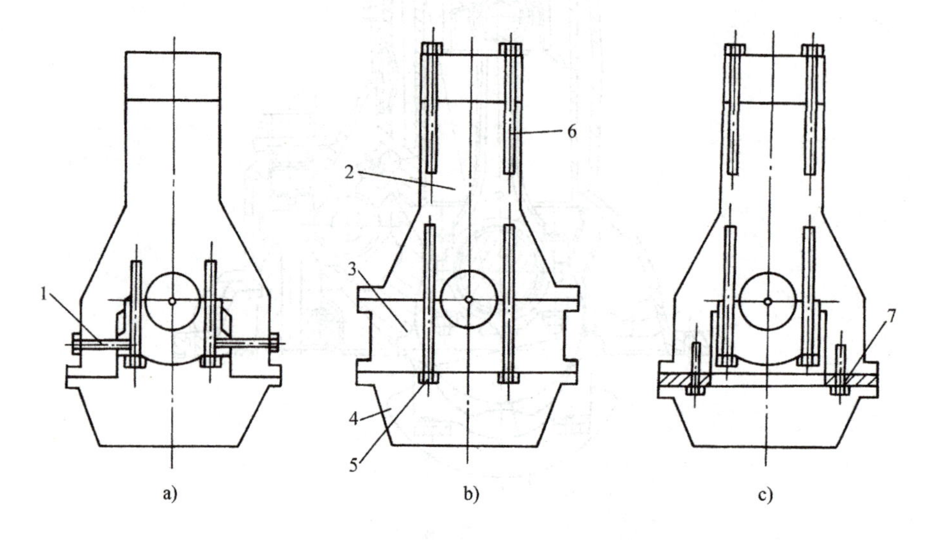

图 11-17　提高机体刚度的措施

a）用横向螺栓联接的龙门式机体　b）用下机座加强的机体

c）用梯子形加强板加强龙门式机体下端的刚度

1—横向螺栓　2—机体　3—下机座　4—油底壳

5—主轴承螺栓　6—气缸盖螺栓　7—梯子形加强板

小排量轿车汽油机常用铝合金压铸机体，图 11-18 所示为其中一个实例。为弥补铝合金机体刚度的不足，采用了尺寸很大的下机座。水套和曲轴箱空腔形状的设计要考虑压铸工艺的要求。

内燃机机体在曲轴箱部分的形状和尺寸，取决于连杆曲轴组件自由运动的需要，并尽可能紧凑。

多缸内燃机机体在纵向的主要尺寸是气缸轴线间的距离（简称气缸轴距或缸距）L，并用比值 L/D 表征结构的紧凑性。比值 L/D 主要取决于气缸或缸套的结构，但也与曲轴的轴向尺寸有关。

单列式内燃机的 L/D 取决于气缸的布置。车用液冷汽油机，为使结构简单，通常直接在铸铁机体中加工出气缸孔（图 11-16a）。根据铸造的可能性，缸间水套最小厚度为 4mm，气缸壁最小厚度按工作需要为 5mm。这样 $L=D+14\text{mm}$。当 $D=80\text{mm}$ 时，$L/D=1.17$。为尽可能缩短发动机的总长度，有些机型采用缸间无水套的联体气缸结构，可得最小气缸轴距 $L_{\min}=D+8\text{mm}$，对应一般小型汽油机 $(L/D)_{\min}=1.1$。这时气缸圆周方向在缸间位置有 30mm 左右的区段得不到冷却液的直接冷却，使气缸工作中热变形较大，但对小缸径的气缸来说问题不大。采用厚度为 1~2mm 的薄壁干缸套（图 11-16b）一般不影响气缸轴距。很多柴油机采用湿缸套（图 11-16c），因为要安排气缸套上下端的支承、定位和密封结构，并且机体在两缸之间常用隔板以弥补机体刚度的不足，因此缸距要加大，一般 $L=D+(25\sim35)$ mm，当 $D=120\text{mm}$ 时对应 $L/D=1.2\sim1.3$。风冷内燃机为在气缸周围布置散热片，L/D 还要大些。

内燃机机体是一个复杂的空间结构，必须细致地进行结构细节设计，以优化材料的利用，避免应力集中。在这里，三维有限元结构分析有助于寻找结构中的薄弱和冗余环节，以便设计时做适当的修改。

一个重要的原则是主要负荷尽可能直线传递，避免产生附加的弯曲和扭转。图 11-18 所示的铝合金机体，因材料强度比较弱，在气缸盖螺栓和主轴承螺栓的布置和设计上下了功夫。一是拉力完全直线传递，二是螺孔下沉很深，使传力路线很短。从力的直线传递的角度看，每个气缸周围布置 4 个气缸盖螺栓最好，因为螺栓再多，就不可能实现这一原则。因此，对于高强化内燃机来说，缸径不要太大。

机体上尺寸比较大的壁面应设计成圆弧形或波浪形，而不是简单的大平面。为了加强大壁面的刚度，可设置加强肋。

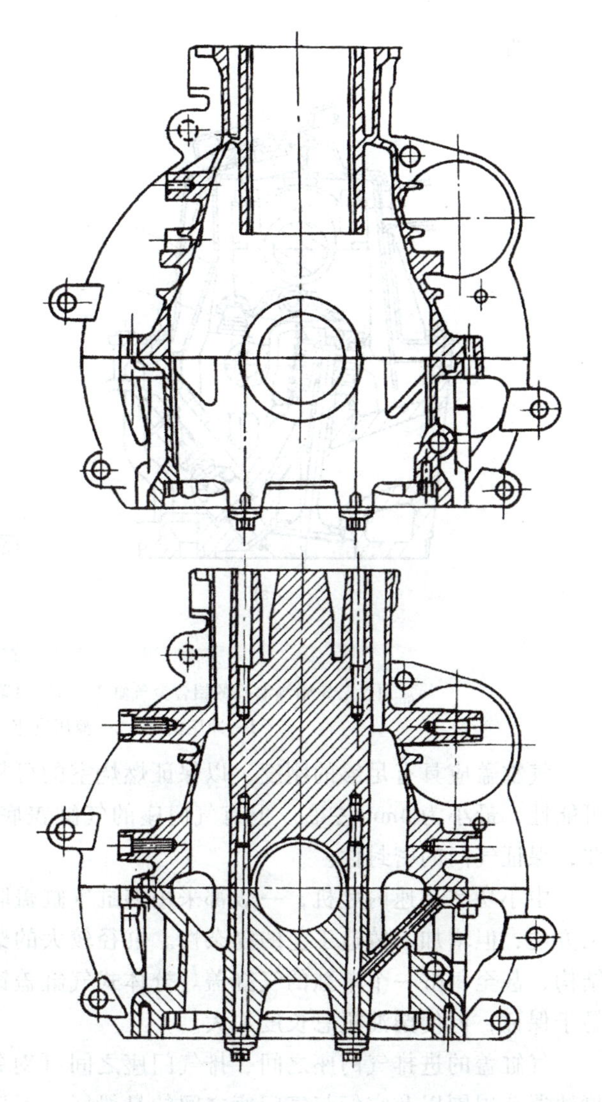
图 11-18　轿车汽油机的铝合金压铸机体

2. 气缸盖

气缸盖的作用是密封气缸，与活塞顶一起构成燃烧室，因此承受很大的机械负荷和热负荷。气缸盖中有进排气门及其气道、火花塞、喷油器，对非直喷柴油机来说还有涡流室或预燃室等副燃烧室，对预置凸轮轴内燃机来说还有凸轮轴承等，结构很复杂（图 11-19）。

气缸盖中气道、燃烧室等的设计应保证发动机工作过程进行良好（详见第第五章）。为了保证气缸盖工作可靠，不因机械应力和热应力的反复作用形成热疲劳，必须采用合适的材料，同时要特别注意改善热点的冷却，使各点温度尽可能均匀，以减小热应力。

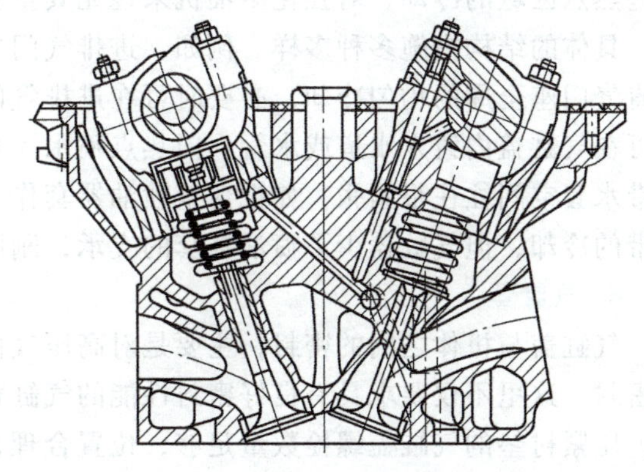
图 11-19　4 气门汽油机气缸盖

气缸盖应该用抗热疲劳性能好的材料铸造。材料导热性越好，线胀系数越小，高温疲劳强度越高，就越能承受热负荷的反复作用。结合气缸盖的具体要求，高强度合金灰铸铁综合性能优于铝合金。因此，绝大多数内燃机的气缸盖都用高等级灰铸铁制造（图 11-20b），只有轻型汽油机用铝合金气缸盖（图 11-20a）。气缸盖是铸造最困难的零件，在结构设计中要特别注意铸

造工艺性。

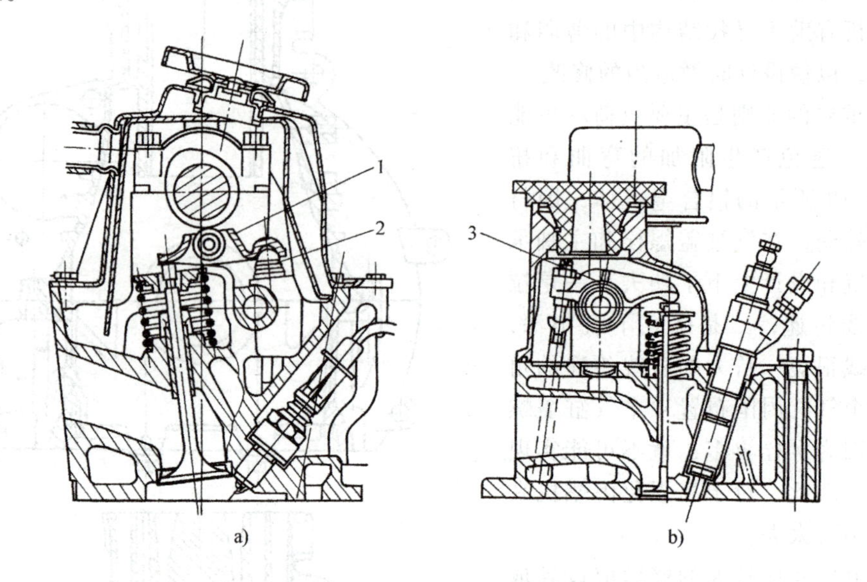

图 11-20 内燃机气缸盖的结构

a）顶置凸轮轴汽油机的铝合金气缸盖 b）顶置气门直喷式柴油机的铸铁气缸盖

1—冲压摆臂 2—液压支座 3—铸造摇臂

气缸盖应具有足够的刚度，以保证燃烧室的可靠密封。气缸盖的基本壁厚取决于铸造的可能性，最小为 4mm 左右。但有气门座的气缸盖底面或燃烧室壁面，要加大厚度以减小翘曲，保证气门的密封性。

中小功率高速内燃机，一般都采用多缸气缸盖联成一体的整体气缸盖，其结构紧凑，加工方便，但增加了铸造工艺的复杂性。缸径较大的柴油机常采用两缸一盖或三缸一盖的分体结构，甚至每缸一个单独的气缸盖。分体式气缸盖铸造和加工废品率低，与机体之间的密封易于保证，但使柴油机总长度加大。

气缸盖的进排气门座之间、排气门座之间（对每缸 4 气门或 5 气门内燃机）、火花塞和喷油器孔周围以及它们与气门座之间的鼻梁区，不仅温度高，且温度梯度也很大，应该加强这些热点区域的冷却，对强化柴油机来说尤其重要。

具体的结构措施多种多样。例如，进排气门之间应保证水套直达气门座，避免金属堆积妨碍气门座全周的均匀冷却，必要时可在进排气门座之间钻孔导入冷却水加强局部冷却。有时可在气缸盖内铸入水道或水管，向热点喷水。直喷式柴油机喷油器与进排气门之间的三角地带水套空间往往很紧张，如把薄壁喷油器套作为单独零件压入气缸盖，可大大改善该三角地带的冷却，但气缸盖少了喷油器套的支承，刚度被削弱。

3. 气缸垫

气缸盖与机体之间的密封，主要是对高压气体的密封，同时兼有对润滑油和冷却液通道的密封。这里不仅要求具有良好密封性能的气缸盖衬垫，而且要求机体与气缸盖有足够的刚度，压紧衬垫的气缸盖螺栓数量足够，位置合理，压紧力分布均匀。这样就可能以最低限度的预紧力保证可靠的密封。

如果机体顶部设计、气缸盖螺栓布置及其预紧力大小不合理，则用气缸盖螺栓把气缸及其衬垫与机体拧紧时，气缸工作表面尚未工作就会发生很大畸变。这样，活塞环不能很好地工作，气缸漏气增加，气缸-活塞副磨损加剧，机油消耗大增。不仅如此，缸套变形势必要加大活塞缸套配合间隙，从而恶化发动机的各项性能参数。

气缸垫是密封衬垫类中结构最为复杂的衬垫，因为它必须满足下列多方面的要求：有一定弹性，能补偿被密封面的宏观和微观不平度，密封性好；有足够的抗拉和抗剪强度，在高压燃气挤压下不会撕裂；有耐热和耐蚀性，在高温燃气和冷却液、机油作用下不变质；装拆方便，能重复使用；因属于易损件，成本要低。

要满足这些不同方面的要求，现代气缸垫一般都设计成由不同材料组成的复合结构。强化程度低的汽油机和柴油机广泛使用一种加工出很多带毛刺的孔的低碳钢板为骨架、两面覆上密封面料、再经防渗防粘处理的气缸垫。密封面料由高强度纤维、丁腈橡胶黏合剂以及占80%左右的耐高温颗粒填料混合后轧压在钢板上。气缸孔周围用由低碳钢板或不锈钢板冲压的卷边保护。如在缸孔卷边内埋入低碳钢丝环，可以加强气缸的密封和衬垫的抗撕裂强度。高强化柴油机经常使用由多层不同厚度的薄不锈钢板叠成的气缸盖衬垫。其中有些钢板冲有密封用波纹，以增加弹性。气缸孔周围有不锈钢板卷边，卷边内埋有加强环，气缸之间的横堤衬有加强板以增加压力。机油孔用橡胶圈密封。这种衬垫强度高，耐热性好，密封可靠，可多次装拆，但成本高。气缸垫压紧厚度为1~2mm。厚度应保持严格的公差，以保证发动机压缩比的一致性和活塞顶隙的恒定性。

为了保证气缸盖与机体接合面密封可靠，除了气缸垫品质之外，压紧螺栓的布置也十分重要。前面已提到，为保证机体的应力和气缸的变形尽可能小，最好每缸周围布置4个螺栓。但缸径较大的高增压柴油机，有时不得不用每缸周围5~8个螺栓的结构。这时，气缸盖螺栓不可能与主轴承螺栓共线，必然在机体内产生弯矩和很大的应力。这时，为减小机体的应力和变形要在结构细节设计上多加斟酌。如高负荷螺纹孔应有足够深度的下沉锪孔，螺纹孔凸台应有足够厚实的加强肋，螺纹孔不要太靠近气缸或缸套孔等。

汽油机的气缸盖螺栓为每缸4个M10~M12，柴油机的为每缸4~8个M12~M16。螺栓的要求与连杆螺栓类似。

第六节 配气机构设计要点

本节主要讨论四冲程内燃机和部分直流扫气二冲程内燃机所用的凸轮驱动、弹簧回位的气门式配气机构，内燃机为获得最佳的动力性能和全负荷燃料经济性，要求充量系数尽可能大。对配气机构的基本要求就是及时开关进排气门，并保证尽可能大的进排气通道面积，即气门开口面积大且快开快关，使气缸在不同转速下都换气良好，但这会在机构中造成很大的惯性力以及磨损、振动、噪声等动力学问题。所以，在高速内燃机配气机构的设计中，要充分重视机构的动力学。要尽量简化机构，减少零件数，减小运动构件的质量。

配气机构的摩擦损失占内燃机总摩擦损失的比例随转速和负荷的降低而增大，在低速小负荷时可能占20%以上。因此，降低配气机构的摩擦损失对提高车用内燃机经常运转的低速小负荷工况的燃油经济性和减小怠速油耗有很大意义。

此外，气门与气门座的磨损、排气门的烧损、凸轮与从动件的接触疲劳和磨损、气门弹簧的疲劳破坏等，都是内燃机常见的可靠性问题。要求配气机构零件工作可靠耐久。

一、配气机构总布置

1. 典型的气门凸轮机构

现代内燃机常用的气门凸轮式配气机构简图如图 11-21 所示。

侧置气门机构（图 11-21a）由布置在机体内的下置凸轮轴通过一个刚性的挺柱驱动侧置气门，结构简单，零件数少，机构刚度大，工作可靠，过去曾广泛用于各种汽油机。但因进排气阻力大，充量系数低，燃烧室不紧凑，抗爆性差，可用压缩比低，HC 排放高而逐渐被淘汰。目前只用于廉价小型汽油机。

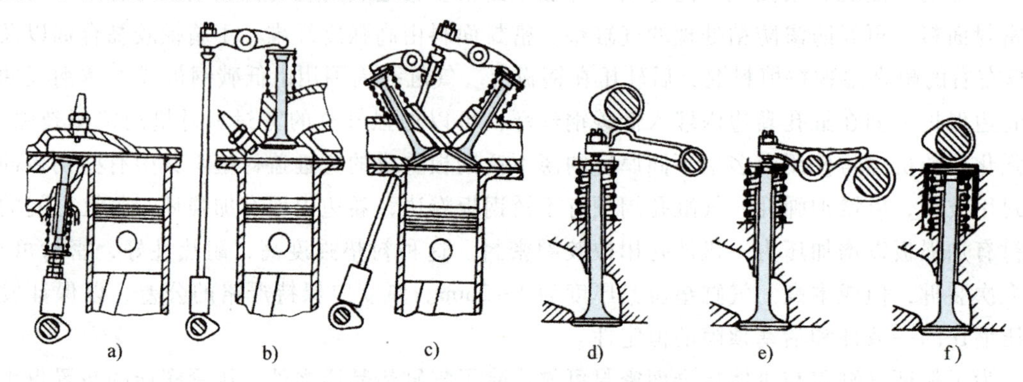

图 11-21 典型的气门凸轮式配气机构简图

a）侧置气门机构 b）下置凸轮轴驱动 1 列顶置气门机构 c）下置凸轮轴驱动 2 列顶置气门机构
d）顶置凸轮轴通过摆臂驱动气门机构 e）顶置凸轮轴通过摇臂驱动气门机构
f）顶置凸轮轴直接驱动气门机构

下置凸轮轴通过挺柱、推杆、摇臂等驱动顶置气门的配气机构（图 11-21b、c），能保证令人满意的缸内工作过程，但因机构零件多、运动质量大、系统刚性差，故难以适应汽油机日益高速化的趋势。但下置凸轮轴距曲轴较近，传动简单可靠，在转速不太高的柴油机中仍大量使用。

凸轮轴布置在气缸盖中的顶置凸轮轴（Overhead Camshaft，OHC）（图 11-21d～f）由于零件少、高速性好，在现代内燃机中应用越来越广。采用摆臂（图 11-21d）或摇臂（图 11-21e）使 OHC 机构布置比较灵活，也可以用一根 OHC（Single OHV 或 SOHC）驱动排成 2 列的 2 气门或 4 气门发动机的所有气门。OHC 通过薄壁挺柱直接驱动 OHV 的机构（图 11-21f）零件数量最少，高速性最好。当气门排成两列时或每缸 4 气门时，则多用双顶置凸轮轴（Double OHC 或 DOHC）。

在图 11-21 所示的机构中，凸轮与其从动件之间均为滑动接触。实际上，除了侧置气门机构（图 11-21a）和 OHC 直接驱动气门机构（图 11-21f），凸轮从动件也可采用滚轮结构，以减小配气机构的摩擦损失。

2. 每缸气门数的选择

中小功率内燃机虽然大多数仍采用每缸 1 进气门、1 排气门的方案，以求结构简单，但多气门化是明显的发展趋势。多气门方案的优点是：

1）气门质量小，升程小，惯性力小。

2）总流动面积较大，充量系数高。

3）气门直径小，温度较低（这对排气门很重要，尤其是缸径较大的发动机）。

4）每缸4气门或5气门时，火花塞或喷油器可布置在中央，带来缩短汽油机燃烧持续期或改善柴油机混合气形成的优点。

多气门方案的缺点：

1）气门机构复杂，成本高。

2）气缸盖比较复杂。

3）气门机构摩擦损失较大。

3. 凸轮轴的布置和传动

过去，内燃机多用下置凸轮轴方案，因为这时凸轮轴布置在机体内，与曲轴距离较近，传动简单可靠。近二三十年来，为了追求气门机构的高速性，顶置凸轮轴方案应用越来越多。凸轮轴应相对曲轴保持严格的相位关系，以保证气门适时开闭，这种传动机构称为正时传动机构。

中小型内燃机的正时传动机构大多布置在曲轴前端，因这里接近性好，装拆方便，而且因曲轴前端较细，主动轮可以做得较小，使整个正时传动系尺寸紧凑。但因曲轴前端扭振振幅较大，会使传动机构受扭振附加负荷，且产生较大噪声。所以，有些扭振较大的柴油机把正时传动机构布置在曲轴后端。

顶置凸轮轴常用链传动（图11-22a）或带传动（图11-22b）。为保证链传动在很高的链速下工作可靠耐久、噪声低，链的制造要保证很高的精度。在链条的松边要设置油压自动张紧器1。为了消除链条的振动，还要在链条的长跨度外侧设置滑轨3，其表面敷有耐磨材料。

近年来越来越多的高速车用汽油机的顶置凸轮轴用带传动（图11-22b）。正时同步带8由含钢丝或尼龙丝的橡胶带制成，松边也要用张紧轮7顶住背面张紧。带传动成本低，噪声小，但传递转矩较小。其宽度较大，影响发动机的紧凑性。它应在无油空间内运动，同时应外加防尘罩。

齿轮传动主要用于下置凸轮轴。用于顶置凸轮轴时成本很高，因为这时为补偿热膨胀有时要采用齿隙补偿装置。

二、气门机构主要零件设计要点

（一）凸轮

配气凸轮外形与气门升程（流通面积）、构件加速度变化规律（动负荷）等有直接关系。因为从动件加速度直接影响机构动力学，同时对凸轮形状的变化最敏感，所以往往直接从加速度规律出发设计凸轮外形。在实际生产中，无论是凸轮的加工或检验，都只需要足够精确的挺柱升程表（或函数表达式），而不需要关于凸轮外形的具体几何尺寸。限于本书篇幅，对凸轮计算方法不进行详细的介绍，有关这方面的问题可以参见本章参考文献［3，4，9］。

（二）进排气门

气门设计要考虑气流通过能力、与气门座的密封、材料、冷却、润滑与磨损等方面。

进气门的尺寸和头部形状对内燃机的进气能力影响很大。头部直径应尽可能大，但要考虑气门与气缸及气门与气门之间的距离不能过小。排气门的通过能力对内燃机换气效果的影响较小，所以一般头部直径比进气门小，使进气门有足够的布置空间。气门头部应有足够的刚度，以免变形过大，增大座面磨损。

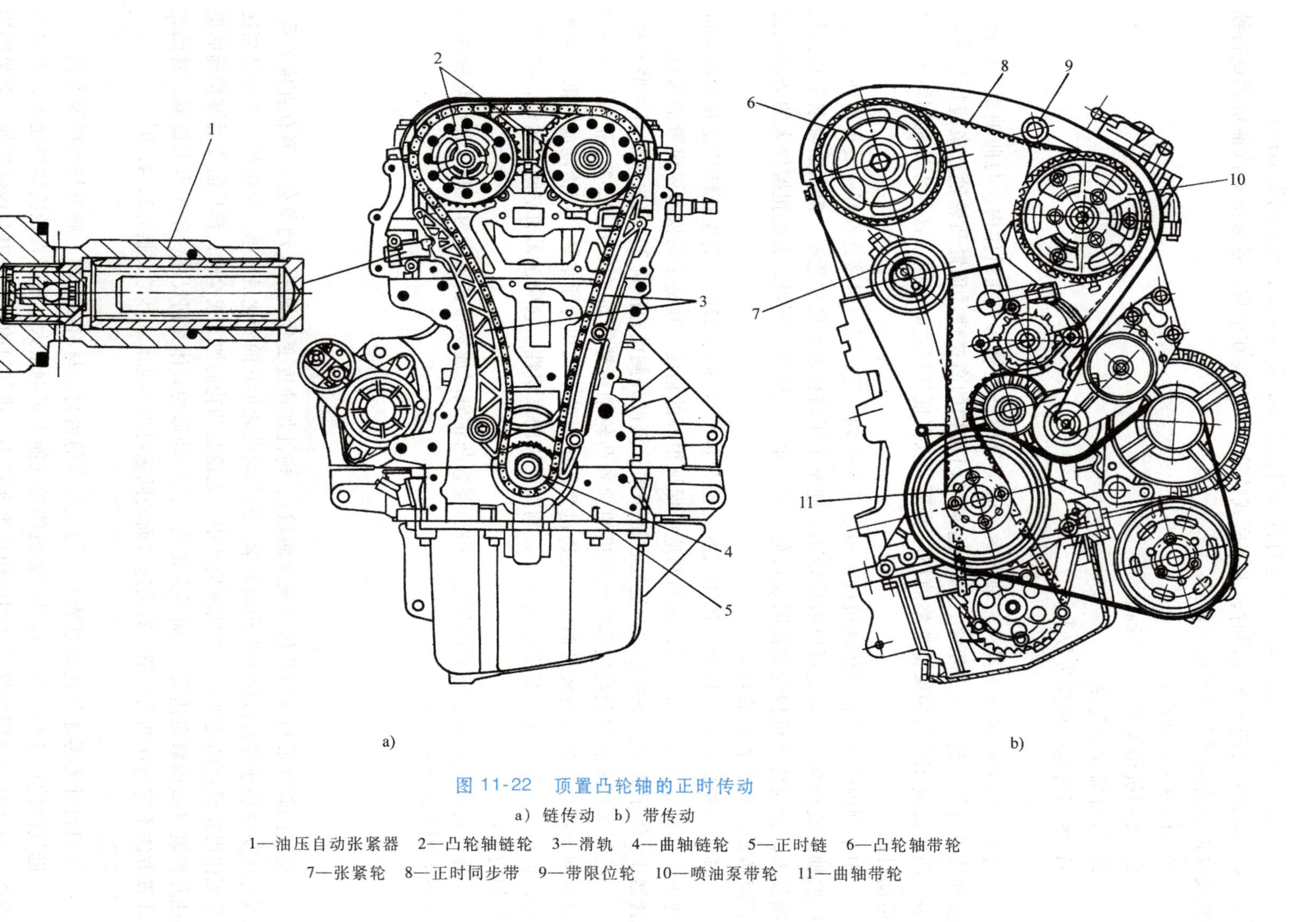

图 11-22 顶置凸轮轴的正时传动

a）链传动 b）带传动

1—油压自动张紧器 2—凸轮轴链轮 3—滑轨 4—曲轴链轮 5—正时链 6—凸轮轴带轮 7—张紧轮 8—正时同步带 9—带限位轮 10—喷油泵带轮 11—曲轴带轮

进气门的最高工作温度为300~500℃，一般用40Cr、38CrSi、4Cr9Si2等中碳合金钢制造。排气门是内燃机中工作温度最高的零件，最高工作温度可达600~800℃，材料应保证足够的耐热性能，一般用下列两类耐热钢制造。一类是马氏体耐热钢，如4Cr9Si2、4Cr10Si2Mo等，可用于工作温度低于650℃的排气门，其工艺性好，可淬硬，耐磨性好，线胀系数小；另一类是奥氏体耐热钢，如4Cr14Ni14W2Mo、5Cr21Mn9Ni4N等，允许最高工作温度达800℃，耐蚀性好，但耐磨性不及马氏体钢，线胀系数也较大，价格高。排气门可用组合结构：头部用奥氏体钢，杆部用马氏体钢，两者焊接成一体，以兼收两者之利。

气门杆端面与摇臂或摆臂接触（图11-21b~e），既有滚动又有滑动，要求有很高的耐磨性。气门头部密封锥面也要求有较高的高温硬度。马氏体钢气门的这两处要淬硬，而奥氏体钢气门在这两处常堆焊耐热合金。

尺寸较大的强化内燃机排气门可做成中空结构，空腔中封入金属钠，工作时熔化成液体，帮助传热。

近年来正研制氮化硅陶瓷气门，其优点是耐热、耐磨、耐蚀、线胀系数小，而且密度小，有利于机构动力学，但可靠性与成本有待进一步改进。钛合金气门也很有前途。

气门尾端与摇臂、摆臂之间以及气门杆与导管之间需要润滑，但又不希望过多机油漏入燃烧室，为此可在气门导管上端设置一个橡胶油封。

气门弹簧上座通过锥孔使两片锥面锁夹紧抱气门杆。气门杆上的锁夹槽不应过分削弱气门杆，尤其应防止应力集中，以免此处断裂。

为了能随时清除气门密封锥面上的积炭，并使气门头温度周向分布均匀，宜使气门在工作时缓慢转动。有一种钢球斜槽式气门旋转机构，装在气门弹簧与气缸盖之间代替弹簧下座，效果良好。

全铝合金缸盖和大多数铸铁气缸盖都在气门口镶入由耐磨铸铁制成的气门座圈，以保证气门密封锥面副的耐久性。要注意座圈安装的牢固性和冷却的均匀性。

（三）凸轮轴、挺柱、推杆和摇（摆）臂

这些都是气门机构中的传动件，应有足够的抗接触疲劳和抗擦伤的能力，以保证工作耐久性。此外，应有足够的刚度及最小的质量。

1. 凸轮轴

凸轮轴是气门凸轮式配气机构的驱动元件。它的轴向尺寸取决于内燃机的总布置。支承轴颈数对气门机构刚度有很大影响，多数内燃机用全支承凸轮轴（每缸之间都有支承轴颈），以提高刚度。凸轮轴上各凸轮的周向角位置取决于各缸发火次序和配气正时。

常用的凸轮轴材料有：低碳钢或低碳合金钢，工作表面渗碳或碳氮共渗淬火；中碳或中碳合金钢（工作表面感应淬火）；合金铸铁（冷激硬化或激光重熔硬化）；球墨铸铁（等温淬火或正火后表面淬火）等。

最近出现一种组合式凸轮轴，各凸轮与轴分别制造，然后组合起来。这样就可选择与各自功能、负荷和制造工艺相匹配的材料。例如，轴身可用冷拔钢管制造，坚韧轻巧（支承轴颈面可直接在钢管外圆上磨出）。凸轮片用合金钢成批加工。两者可用液压扩张法连接。凸轮内孔可加工出齿槽，以加强连接。如果用烧结合金制造凸轮片，则可用烧结法与轴身实现金属结合。组合式凸轮轴可实现很小的凸轮间距（对于多气门小型发动机），质量可减小达40%。

2. 挺柱

小型内燃机常用平底菌形挺柱（图 11-16b）和杯形挺柱（图 11-16c）。顶置凸轮直接驱动气门时，常用薄壁杯形挺柱 1（图 11-23a）。调隙垫片 2 用来调整气门间隙。采用带液压除隙器的挺柱（图 11-23b）可以使配气凸轮机构无间隙工作。这时，凸轮型线的缓冲段用于压缩油腔 B，补偿沿泄油间隙 C 漏出的机油和机构构件的预变形。由于油腔缓冲了冲击，允许采用较大的缓冲段末速 h'_{t0}。下降缓冲段升程必须大于上升缓冲段，因为机油的漏失使液压挺柱的高度缩短了。液压除隙器不一定设置在挺柱内，也可设置在冲压摆臂 1（图 11-20a）的液压支座 2 内，甚至在铸造摇臂 3（图 11-20b）的端部。

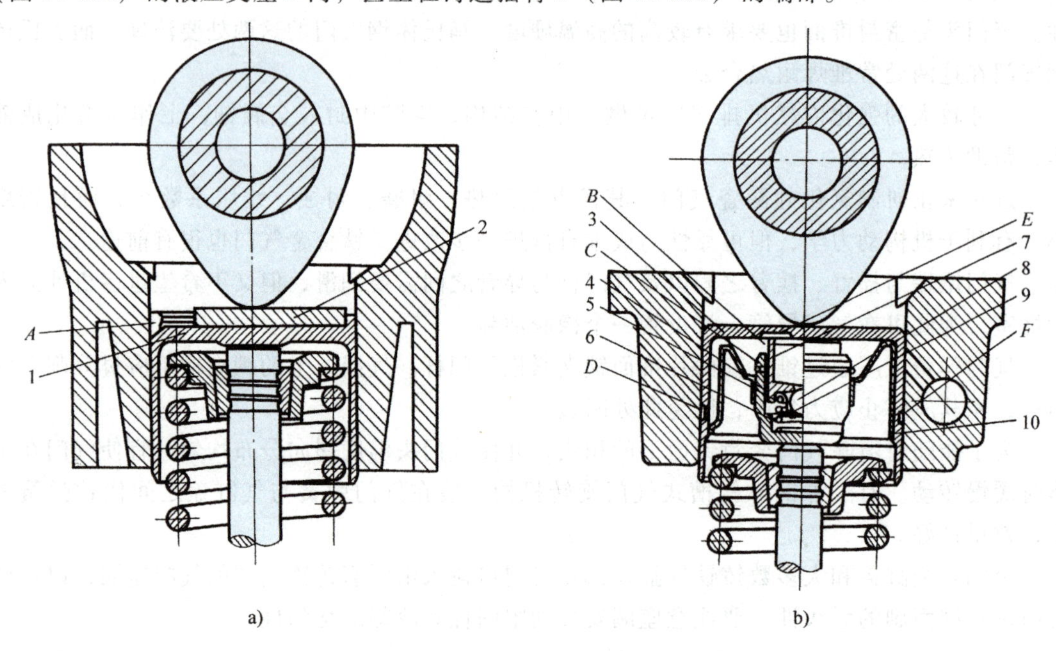

图 11-23 凸轮直接驱动气门时用的薄壁杯形挺柱

a）无液压除隙器 b）有液压除隙器

1—杯形挺柱 2—调隙垫片 3—外体 4—内体 5—阀罩 6—回位弹簧 7—柱塞 8—球阀 9—阀簧 10—油腔罩

A—换片槽 *B*—油腔 *C*—泄油间隙 *D*—进油孔 *E*—过油道 *F*—进油环形槽

平底挺柱与凸轮形成高副接触，接触应力很高，工作面必须耐磨，以防擦伤和点蚀。用滚轮从动件（图 11-20a）可减小工作面的磨损和摩擦损失，提高机械效率。

在平底挺柱工作面上钎焊一块氮化硅陶瓷片可大大减轻挺柱和凸轮的磨损。

3. 推杆

推杆是连接挺柱与摇臂的细长杆件（图 11-21b、c）。推杆过长则刚度降低，增大断面积又导致质量加大。最有效的改进办法是缩短推杆长度，例如把下置凸轮轴安排到机体上部（图 11-16c）（也称中置凸轮轴），就可使推杆大为缩短。采用顶置凸轮轴（图 11-21d~f 可取消推杆）。

4. 摇臂或摆臂

它们作为配气凸轮机构中的弯曲构件，应在最小质量下保证必要的强度和尽可能高的刚度。常用钢材锻造或高强度铸铁铸造（图 11-20b），有些轿车汽油机用钢板冲压

（图 11-20a）。摇臂或摆臂与凸轮的接触面可以是滑动摩擦（图 11-21d、e），也可用滚轮（图 11-20a），滚轮轴用滚针轴承以降低摩擦。

摇臂或摆臂的支承、支承轴及轴的支座必须有尽可能高的刚度，否则也会使整个机构的固有频率下降。

（四）气门弹簧

气门弹簧的功用是保证气门凸轮机构在高速运转时的力闭合。最大弹簧力要根据机构振动时最大减速度造成的惯性力确定。因结构布置限制，气门弹簧的直径和高度不能很大，故其应力状态极其严重，要用弹性极限和疲劳强度很高的优质合金弹簧钢丝制造。

柴油机每个气门往往用内外两个弹簧（图 11-20b），以便在有限的空间内保证较大的弹簧力。汽油机一般每个气门用一个弹簧（图 11-20a）。为防止气门弹簧在工作中产生共振，应力求提高弹簧的固有频率，但这要求材料有较高的强度，因固有频率与弹簧在气门由关闭到全开时的应力幅成正比。可以采用变螺距弹簧或锥形弹簧使它在工作中的工作圈数周期变化，从而使固有频率也相应变化，这样就不易陷入共振。

三、可变气门机构

常规的机械式气门凸轮配气机构经过一百多年的实践考验，证明工作可靠，因而至今仍广泛应用，但因这种机构具有不变的配气正时和不变的气门升程，所以不能灵活控制配气、优化工作过程。近年来针对汽油机开发了多种多样的气门机构，使气门的正时和升程能随工况变化而变化，其特点是：

1）通过改变配气正时，在全转速范围内获得最大可能的全负荷转矩。

2）部分负荷下，减小进气门升程，提高进气流速，改善燃烧。

3）部分负荷下，通过进气门迟闭或早闭，可实现发动机的负荷调节，从而减小泵气损失。

4）获得内部 EGR。

5）通过气门停止开启，实现部分气缸停止工作，消除这些气缸的泵气损失，同时提高工作气缸的负荷率，减小这些工作气缸的泵气损失，从而改善燃料经济性。

实现可变的配气系统有多种形式，按驱动方式可分为有凸轮和无凸轮机构两类。前一类主要有本田的 i-VTEC、丰田的 VVTL-i 等，后一类主要有通用和 FEV 公司推出的无凸轮的电磁气门驱动机构以及福特公司的液压气门驱动机构等。

1. 有凸轮轴的可变气门机构

目前商品化的可变配气系统还是机械式的，分为可变凸轮机构（Variable Camshaft System，VCS）和可变气门正时（Variable Valve Timing，VVT）及其组合，它可以根据发动机的转速实现可变气门正时、可变气门升程和可变气门持续角等功能。下面就日本本田公司开发的智能可变气门正时和升程电子控制系统（Intelligent Variable Valve Timing And Lift Electronic Control，i-VTEC），对有凸轮可变气门机构做一简单介绍。

i-VTEC 系统是众多实现气门正时和升程可变的方案的一种，通过凸轮相位控制器和凸轮型线的变化实现对气门正时和升程等的控制。其他各种技术方案的原理与 i-VTEC 相似，只是具体技术的组合方式及产品结构形式有所差异而已。

（1）VTEC 气门驱动机构　VTEC 系统已有多代多种型号的产品，目前三段式凸轮

VTEC已经应用。该系统为每一缸配有三种不同正时及升程的凸轮，如图11-24所示，它的中间摇臂由大升程的中间凸轮驱动，对应于最大的气门升程和最长的气门开启持续期；右侧主摇臂由中升程的主凸轮推动，产生中等的气门升程和开启持续期；左侧次摇臂由小升程的次凸轮推动，产生的气门升程和开启持续期也最小。三个摇臂的工作状态由ECU指令的液压活塞位置控制，不同的驱动方式组合，实现不同的气门升程和启闭相位。

低速段：两个油道均不提供油压作用，三件摇臂独立运动。左侧次摇臂由左侧低升程凸轮驱动，推动左侧的进气门产生很小的气门升程，右侧中升程凸轮带动右侧主摇臂推动右侧进气门产生中等的气门升程，而中间大升程凸轮并没有推动气门的动作。这样发动机进气可产生一定的进气涡流，促进发动机的燃烧，改善低速经济性。

中速段：有一定压力的润滑油注入中速控制油道，推动图11-24中上部油腔内的正时小活塞左移，使左右两侧的主次摇臂连在一起运动，两气门均产生中等的气门升程和相同的气门正时，而中间摇臂仍独立动作，不对气门运动产生作用。此时，发动机的功率因进气量的增加而增加。

高速段：有一定压力的润滑油同时注入上下两个油道，在油压的作用下，上下油腔内的正时小活塞将三个摇臂连在一起，共同由中间凸轮驱动，产生最大的气门升程和气门开启持续角，发动机的进气量比中速凸轮的大，因而可以在高速工况获得高的功率。

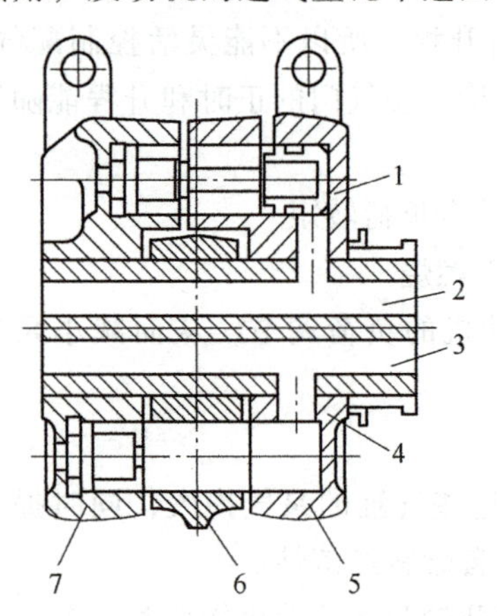

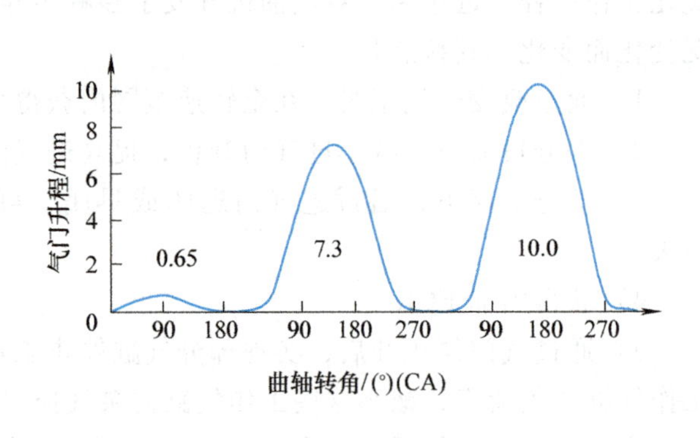

图11-24 VTEC三段式凸轮摇臂机构的工作原理

1—中速控制活塞 2—中速控制油道 3—高速控制油道
4—高速控制活塞 5—主摇臂 6—中间摇臂 7—次摇臂

VTEC系统虽然也能够改变进排气系统的配气相位，但这种改变是阶段性的，也就是它的配气相位改变只是在某一转速下的跳跃，而不是在一定转速范围内连续可变。为了进一步改善发动机的配气系统的性能，在VTEC系统的基础上，增加了一个称为可变正时控制装置VTC（Variable Overlap Timing Control），由此产生一个平移的气门正时控制，两者合起来称为智能可变气门正时和升程电子控制系统，即i-VTEC（VTEC+VTC）。

（2）VTC气门正时控制机构 VTC系统由执行器、油压控制阀、各种传感器以及ECU等组成。如图11-25所示，VTC执行器由与传动链轮一体的壳体、与凸轮轴一体的叶片轮和相位锁销等构成。根据ECU的信号，执行器内气门正时提前室和推后室两个液压腔内的压力可以有提前室压力高、推后室压力高和两室压力相同三种控制状态，分别对应气门提前开启、推后开启和保持该气门正时三种动作。两腔内的压力由VTC油压控制阀控制，两室的压差大小决定调整量的大小，并通过凸轮位置反馈，对配气相位进行实时控制。

i-VTEC 系统可以根据发动机不同的工况改变气门正时和气门升程。其中 VTEC 根据发动机的转速，提供合适的气门升程，在高速高负荷工况下，采用大的升程和持续角，发动机可吸入更多的新鲜充量，增加功率和转矩输出；在低速低负荷时减少气门升程，缩短开启时间，增强进气的扰动，改善燃烧和发动机的工作稳定性。而 VTC 则根据发动机的负荷情况，对进排气相位进行控制，主要是在中小负荷工况，VTC 通过进气门迟闭，减少泵气损失，提高燃油经济性。虽然 i-VTEC 系统能较好地满足发动机在高转速与低转速、大负荷与小负荷时动力性、经济性、废气排放的要求，可以提高发动机性能，但终究是凸轮驱动的，气门正时和升程的可调节量是有限的，还不能达到处处最优。

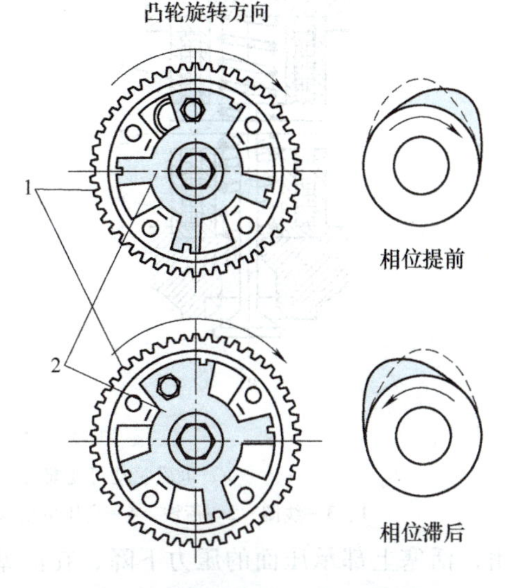

图 11-25　VTC 系统配气相位的调节

1—链轮　2—叶轮

2. 无凸轮轴的可变气门机构

无凸轮驱动可变气门（Camshaftless Valve Actuation）系统取消了传统发动机气门机构中的凸轮轴及其从动件，而直接以电磁、电液、电气或其他方式驱动气门。系统设有电控单元，以检测发动机的工况，接受和处理传感器的信号并根据 MAP 图发出控制信号，控制气门的开启与关闭，由于系统调节不受凸轮型线的制约，气门升程和气门正时等气门参数可按照工况的变化灵活调节。其优点是能对与气门正时和升程相关的所有因素进行控制，在各种工况下获取最佳气门正时和升程，另外，还能关闭部分气缸的气门，实现可变排量，控制内燃机的负荷，它是到目前为止最有潜力的、自由度最大的可变气门系统。

（1）电磁驱动气门机构（Electromagnetic Valve Actuation）　电磁机构驱动气门是利用电磁铁产生的电磁力驱动气门的。图 11-26a 所示为 FEV 公司的电磁驱动气门机构示意，该机构主要由电磁铁线圈 1、3 以及衔铁 2 组成。线圈 1、3 均不通电时，气门在上、下弹簧的作用下保持半开半闭；如果线圈 3 通电而线圈 1 不通电，衔铁就会在线圈 3 电磁力的作用下带动气门克服弹簧的作用力向下运动，实现气门的开启；当线圈 3 断电后，气门在弹簧力的作用下向上运动，接近落座位置时，线圈 1 通电，以实现快速落座，此后线圈 1 继续通电，以保持气门的关闭，如此循环往复。该机构能实现气门正时、持续期和升程的独立控制，控制自由度较大，但存在的主要问题是气门落座时的冲击较大，发动机的可靠性和气门的寿命降低，驱动气门机构的能耗较高。

（2）电液驱动气门机构（Electrohydrodynamic Valve Actuation）　这种机构典型代表是福特公司的电液驱动无弹簧可变配气相位机构，其工作原理如图 11-26b 所示。该机构有高压油源和低压油源各一个，气门顶部装有一个双面作用的液压活塞。活塞上部的油腔既可以与高压油源相连通又可以与低压油源相连通，活塞下部的油腔一直与高压油源相连通。活塞上部的承压面积明显大于活塞下部的承压面积。当需要气门开启时，高压电磁阀打开，高压油进入活塞上部油腔。活塞上下两承压面的压力差使气门加速向下运动。然后，高压电磁阀关

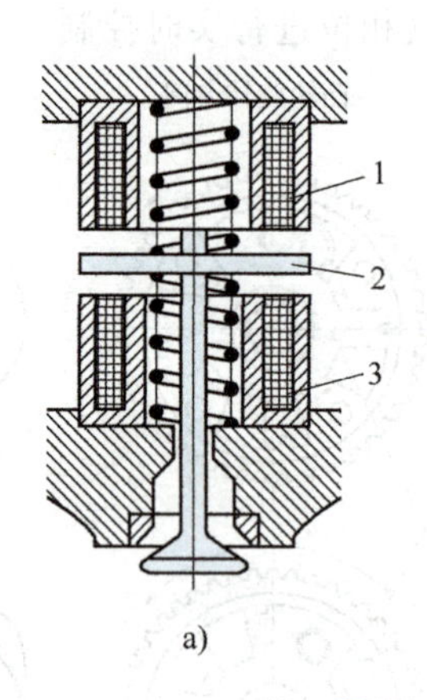

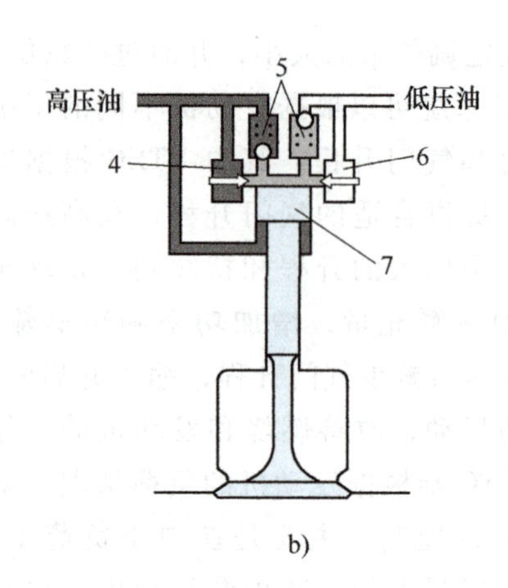

图 11-26 电磁和电液驱动可变配气系统

a）电磁驱动可变配气机构 b）电液驱动无弹簧可变配气系统

1、3—线圈 2—衔铁 4—高压电磁阀 5—单向阀 6—低压电磁阀 7—（双作用）活塞

闭，活塞上部承压面的压力下降，在活塞减速下行的同时，推动活塞下腔的高压油回到高压油源，低压油流经低压单向阀进入活塞上部的油腔。当气门停止向下运动时，低压单向阀关闭，气门保持开启状态。气门关闭过程与气门开启过程类似。低压电磁阀打开，活塞上腔压力降低至低压油源的压力，活塞在上下两承压面压力差的作用下加速上行。然后，低压电磁阀关闭，活塞上腔压力升高，活塞减速上行的同时，推动上腔液压油通过高压单向阀回到高压油源。此时，高压、低压电磁阀和高压、低压单向阀都关闭，活塞上部油腔的压力与低压油源的压力相等，活塞下部油腔的高压油使气门保持关闭状态。

此外，通过一定的机构设计，可变气门机构还可以方便地实现部分气缸的停缸功能等。对可变进气系统有兴趣的还可以参阅本章参考文献［13］。

第七节 润滑系、冷却系与起动系

一、内燃机润滑系

润滑系的主要任务是供应足够数量的具有适当温度的洁净机油到各摩擦表面，使之获得液体润滑，减少摩擦损失，减小零件的磨损，以保证内燃机的动力性、经济性、可靠性和耐久性。

为使内燃机润滑良好，必须使用品质和数量合适的机油，必须用一个紧凑、高效的机油泵保证循环机油流量，必须用高效率的滤清器不断对机油进行净化，必要时用强制冷却装置使机油温度保持在适当的范围内。

现代高速内燃机都采用复合式润滑系。高速重负荷的摩擦表面，如曲轴主轴承、连杆大头轴承、凸轮轴承、摇臂轴承、增压器轴承等，用机油泵强制供油进行压力润滑，以保证润滑可靠；负荷轻（如气缸与活塞）、滑动速度低（如活塞销轴承）或润滑条件较有利（如凸轮与挺柱）的零部件，则用激溅供油润滑，以简化润滑系的结构。个别零部件，如水泵、充电发电机、起动机等轴承，则定期加注润滑脂润滑。

强化柴油机的活塞头部常用机油冷却，这时不仅必须加大机油泵的供油量，同时还要加强机油的冷却。

风冷内燃机热负荷较重，要用较大的机油散热器保证机油不过热。

在多尘地区工作的内燃机，机油受污染的可能性增大，必须加强机油的滤清和净化，以延长机油的使用期。

一般中小功率高速内燃机都用下曲轴箱作为机油储箱，这时下曲轴箱称为油底壳。这种润滑系称为湿曲轴箱润滑系，简称湿式润滑系。其结构简单，但对特殊使用环境适应性差。有些内燃机将用过的机油回收到专门的机油箱中，称为干曲轴箱润滑系，简称干式润滑系。它可缩小内燃机本体的外形尺寸，允许内燃机做大幅度的前后左右倾侧，适用于特种车辆和机械，但结构复杂。

润滑系应以最小的能耗保证可靠润滑。机油在油道中的流速不应超过2m/s，以免阻力过大。要尽量减少各种旁通的机油量，以节约机油泵的功率消耗，减轻机油的老化。最好采用根据主油道压力自动控制油泵转速的电控机油泵。

现有的机油滤清器仍不能令人满意。要开发滤清能力强、流动阻力小、尺寸紧凑、成本低廉的新型机油滤清器。

要改善对机油强制冷却的控制，使机油工作温度更稳定，消耗功率更小。

二、内燃机冷却系

内燃机运转时，与高温燃气相接触的零件强烈受热，不加以适当的冷却会使其过热，导致充量系数下降、点燃式发动机燃烧不正常（爆燃、早燃等）、机油变质、零件的强度刚度下降、摩擦损失增加、磨损加剧，甚至热变形和损坏，结果造成内燃机的动力性、经济性、可靠性和耐久性全面恶化。但是内燃机过冷时，对汽油机来说导致混合气形成不良；对柴油机来说导致燃烧粗暴、CO和HC排放量增加、热损失和摩擦损失加大，尤其是气缸的磨损会成倍增加。

内燃机冷却系的任务是在任何条件下都能保证内燃机在最适宜的温度状态下工作。为了维持这样的温度状态，冷却系的散热能力必须与内燃机的使用工况和气候条件相适应。但是，在水泵、风扇均由曲轴定速比驱动的传统冷却系中，散热需求与散热能力之间并不能永远协调。内燃机在气温高的条件下低速、大负荷运转时，散热需求大，但水泵、风扇转速低，供水量和扇风量均很小，气温又高，使散热器的散热温差减小，冷却系的散热能力小，内燃机易于过热。相反，在气温低的条件下小负荷高速运转时，内燃机易于过冷。实际上仅按照最不利工况设计冷却系避免过热，将导致其他工况下冷却能力的浪费。于是采用可调百叶窗来调节散热器的散热能力，用节温器来调节冷却水的循环流量，但调节范围有限，最终结果是内燃机机械效率下降，燃料经济性恶化。

现在越来越多的变工况内燃机开始采用各种结构的可调风扇，如硅油离合风扇、电磁离合风扇等，可缓和上述冷却不协调问题，减小冷却系的功率损失。效果更好的是采用由水温自动控制的电动冷却风扇。电动风扇布置自由度大，自动控制使风扇工作更灵活，适应性更好。

近年来，内燃机开始采用多回路冷却系。这是因为内燃机气缸盖需要强烈的冷却以免局部过热，而气缸并不需要强烈冷却，在大部分情况下更需要的是保温。增压空气需要最强烈的冷却以便使空气温度尽可能低。多回路冷却能使各部分都各得其所。

三、内燃机起动系

起动系的任务是在任何条件下都能迅速而可靠地起动内燃机。起动系的工作性能对内燃机的机动性、可靠性和耐久性有很大影响。一般要求内燃机在-25℃温度下能在10s内顺利起动。起动后要能很快过渡到正常运转，以减小起动磨损。

汽油机的起动性良好，采用缸内直喷的汽油机尤其突出。柴油机由于广泛采用直接喷射，并应用快速电热塞，起动性能也大为改善。

对于中小功率高速内燃机来说，最常用的起动装置是串励直流电动机，因为其结构紧凑，起动转矩大，工作可靠，操纵方便。起动机应具有足够的功率。电起动的主要缺点是酸铅蓄电池在低温下放电能力大大下降。此外，还有用液压马达、惯性起动机、弹簧起动器等起动内燃机的实例。由于它们在必要时可以用人力充能，而且不大受低温影响，所以可靠性好，但是结构复杂，成本高，只适用于特殊场合。

最近开发了一种与内燃机飞轮集成在一起的一体式电动机-发电机系统，实际上是一种机电混合动力系统。内燃机多余动力通过发电机向蓄电池充电，内燃机动力不足时蓄电池向发动机供电，增加动力输出。汽车制动能量可由发电机吸收，转变为向蓄电池充电。显然，这种系统有优异的起动性能。

为了改善柴油机在极低温度（-30~-50℃）下冷起动的可靠性，同时减小起动磨损，可以应用综合起动加热器（锅炉）。这种加热器本身具有风扇、水泵、喷油和点火系统，用柴油作为燃料，可同时加热主机的冷却液，供应新鲜热空气加热主要运动件、进气系统和蓄电池，并为起动初期供应热空气，加热器排出的高温废气可用于加热曲轴箱里的机油。所以，匹配这种综合起动加热器，可以使柴油机在任何条件下顺利起动。

参考文献

[1] 周龙保，刘忠长，高宗英．内燃机学［M］．3版．北京：机械工业出版社，2013.

[2] 杨连生．内燃机设计［M］．北京：中国农业机械出版社，1981.

[3] 吉林工业大学内燃机教研室．内燃机理论与设计：下册［M］．北京：机械工业出版社，1997.

[4] 陆际清，等．汽车发动机设计：第二册［M］．北京：清华大学出版社，1993.

[5] 吴兆汉，等．内燃机设计［M］．北京：北京理工大学出版社，1990.

[6] PISCHINGER F. Verbrennungsmotoren（Band Ⅰ）［M］．Aachen：Rheinische-Westfalische Technische Hochschule Aachen，1993.

[7] PISCHINGER S，BÄCKER H. Internal Combustion Engines（Volume Ⅰ）［M］．Aachen：Rheinische-Westfalische Technische Hochshule Aachen，2002.

[8] 梅梯格 H. 高速内燃机设计［M］．高宗英，等译．北京：机械工业出版社，1981.

[9] 奥尔林 A C，等．内燃机—活塞式及复合式发动机的结构设计与强度计算［M］．罗远荣，等译．北京：机械工业出版社，1988.

[10] 刘巽俊，等．轿车发动机机械损失的降低［J］．汽车技术，1995（7）：5-9.

[11] 刘巽俊．论非石油燃料车用发动机的前景［J］．汽车技术，2002（3）：13-14.

[12] 刘巽俊，等．用数字化电控平台实现我国车用柴油机的技术革命［J］．汽车技术，2003（6）：1-2，6.

[13] 袁兆成．内燃机设计［M］．北京：机械工业出版社，2008.

思考与练习题

11-1 试针对轿车、货车、工程机械、农业机械、发电机等不同用途的内燃机，分别按主次排列列举其主要的设计要求，并论证其主次的理由。

11-2 试述汽油机与柴油机各自的优缺点，并论证其应用场合。

11-3 试述四冲程和二冲程内燃机各自的优缺点，并分析二冲程内燃机在汽车上的应用前景及面临的技术挑战。

11-4 试述液体冷却和空气冷却内燃机各自的优缺点，论证其应用场合。并讨论油冷内燃机的应用前景。

11-5 试述单列 2、3、4、6 缸和 V 形 4、6、8 缸内燃机各自的优缺点及其应用场合，论证为什么单列 4、6 缸机应用最为广泛。

11-6 试述增压内燃机的发展现状及今后的发展方向。

11-7 试分析活塞平均速度对内燃机动力性、经济性、紧凑性、可靠性和耐久性的影响。

11-8 试讨论气缸尺寸和气缸数对内燃机各种指标的影响。

11-9 试述内燃机行程缸径比对指标的影响及其合理选择。

11-10 如何用评价矩阵法来比较不同的设计方案？试举几个实例进行练习。

11-11 试比较汽油机与柴油机活塞组的结构异同。

11-12 试述柴油机活塞的设计要点。

11-13 试述活塞环的工作原理和设计要点。

11-14 试述连杆长度对连杆设计和内燃机其他有关零件设计的影响。

11-15 试述选择曲轴基本尺寸的依据。

11-16 试述曲轴滑动轴承的材料选择和设计要点。

11-17 试述内燃机气缸轴距的选择依据。

11-18 试比较整体式气缸、干缸套、湿缸套的优缺点及应用场合。

11-19 综述提高机体结构刚度的设计措施。

11-20 针对一台模型发动机按图 11-21b、d、f 设计 3 套配气机构，并估算它们的质量和刚度，加以比较。

11-21 试为一台模型发动机设计一个等加速等减速凸轮和一个高次多项式凸轮，并详细比较两种凸轮的特性，得出相应的结论。

11-22 试为图 11-21f 所示的配气机构的单列 4 缸汽油机安排凸轮轴的各凸轮相对角位置，假定发火顺序和配气正时已知。

11-23 试述内燃机润滑系、冷却系和起动系的设计要求、技术现状和发展方向。